S-Active Mathematics
Student Guide to the Voyage200 in VCE Mathematics

CAS 그래핑계산기와 수학교실

David Tyman·John Dowsey·Lynda Ball 지음
황우형·김경미·박희정·백형윤·조영주 옮김

KYOWOOSA 教友社

소 개
INTRODUCTION

• 소개

CAS 그래핑계산기와 수학교실은 컴퓨터 대수 체계(Computer Algebra Systems; CAS)를 사용하여 학습하고자하는 학생들을 위한 책으로 CAS 계산기를 수학시간에 사용하고자 하는 수학 교사들에게도 도움이 될 것이다.

• 이 책의 활용법

CAS 그래핑계산기와 수학교실은 CAS를 사용해 본 적이 없는 초보자나 사용 경험이 있는 경험자 모두에게 유용하게 활용될 수 있을 것이다. 이 책은 Texas Instruments VoyageTM 200과 T1-89 CAS 계산기를 사용하는 단계적인 절차를 포함하고 있다.
이 책의 구성은 다음과 같다.

• 시작 안내

산술계산이나 기호조작, 그래프 그리기를 빠르게 익히도록 하는데 도움을 주는 절차 (1장에 있음.)

• **예제**

수학 문제들을 해결하기 위한 CAS 사용의 단계적 절차

• 연습문제

예제를 통해 알게 된 CAS 기능들을 연습하기 위한 문제

- 탐구활동

이미 배운 기능들을 사용하여 해결해야 하는 열린 문제나 도전할만한 수학적 과제

- CAS 도움말

CAS를 보다 효율적으로 사용하기 위해서 도움을 주는 도움말, 참고, 주의사항

- 해답

연습문제와 탐구활동에 제시된 문제들의 해답

차 례
CONTENTS

4. 방정식 풀기

5. 삼각함수

6. 지수함수와 로그함수

7. 다양한 함수와 그 특징

12. 확률 분포

13. 수열과 급수

14. 행 렬

부 록

시작 가이드

Quick start guides

1.1 시작하기 – 사용하기 전 준비사항

Voyage 200 계산기를 사용하기 위해서는 계산기 자판 왼쪽 아래에 있는 [on]버튼을 누른다. 그리고 [◆]를 누른 후 [CALC HOME]를 누른다. 이 스크린을 홈 스크린(home screen)이라고 하며 대부분의 계산이 이곳에서 이루어진다.

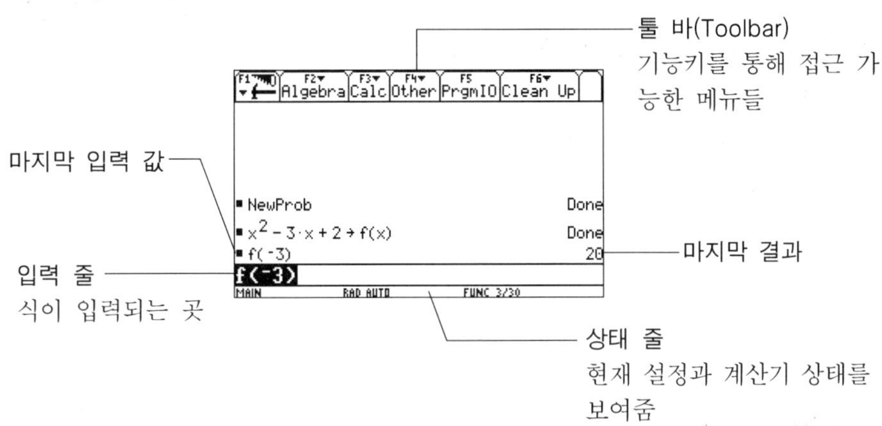

대부분의 계산기처럼 Voyage 200은 설정과 최근 계산 기록을 저장하고 있다. 계산기를 사용하여

새로운 문제를 시작하려면, 초기 설정으로 돌아가야 하고 홈 스크린을 깨끗이 할 필요가 있다. 초기 설정은 다음과 같이 두 가지 방법으로 할 수 있다.

시작 절차 1 – 초기 설정으로 돌아가기

다음 절차는 FUNC(function) graphing 모드, RADIAN 모드, AUTO calculation 모드를 포함하는 초기 설정으로 돌아가게 한다. 이 절차가 메모리나 저장된 프로그램을 삭제하지는 않는다.

1. [2nd] [MEM]를 누른다.
2. (Reset)을 누르고 1:RAM을 선택한 후 방향키 ▶를 누른다.
3. 2:Default를 선택하고 [ENTER]를 누른다.
   명령을 실행하기 위해 [ENTER]를 다시 한 번 누른다.
   그러면 계산기의 초기 설정으로 돌아간다.

시작 절차 2 – 새로운 문제 시작하기

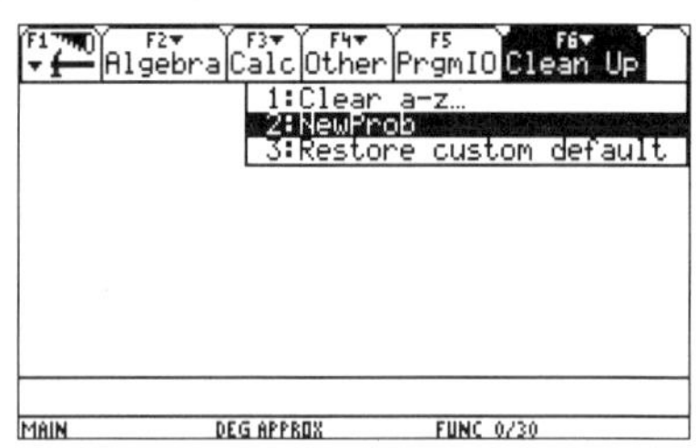

다음 단계는 홈 스크린(home screen)을 지우고 이전에 정의되었던 변수를 모두 삭제한다. 새로운 문제를 시작하기 전에 이 절차를 따를 것을 권장한다.

1. [F6] (1:Clear up)를 누른다.
2. 2:NewProb를 선택하고 [ENTER]를 누른다.
3. 명령을 실행하기 위해 [ENTER]를 다시 한 번 누른다.

1.2 시작하기 – 산술 계산

다음은 계산기를 홈 스크린에서 RADIAN 모드와 AUTO calculation 모드를 포함한 초기 설정으로 실행한 것이다.(만약 홈 스크린(home screen)이 아니라면, [◆][CALC HOME]을 누른다). 초기 설정에 대한 더 많은 정보는 이 장의 시작 부분인 시작 절차 1－초기 설정으로 돌아가기를 참조하여라.

특수키의 위치는 부록 C : 일반키를 참조하여라.

> **CAS 도움말**
>
> - 관련키를 입력한 후, 명령어를 실행하기 위해 [ENTER]를 누른다.
> - 거듭제곱을 입력하려면 [∧]을 누른다.
> - 제곱근을 입력하려면 [2nd] [√]을 누른다.
> - 이전 입력이나 결과를 다시 사용하려면, 방향키 ⓐ를 사용하여 선택한 후 [ENTER]를 눌러 입력 줄에 식을 복사한다.

문제	입력	결과
3.5^2 계산하기	3.5^2	12.25
$\left(\frac{7}{2}\right)^2$ 계산하기	(7÷2)^2	49/4
$\sqrt{24}$ 계산하기	[2nd][√] 24)	$2\sqrt{6}$
$\frac{1}{\sqrt{2}}$ 계산하기	1÷[2nd][√] 2)	$\frac{\sqrt{2}}{2}$
$60°21'$을 π라디안으로 나타내기	60 [2nd][°] 21 [2nd] [']를 입력하고 [ENTER]누르기	$\frac{1207\pi}{3600}$
$60°21'$을 라디안으로 나타내기	60 [2nd][°] 21 [2nd][']를 입력하고 [◆] [ENTER]누르기	1.05331
1.26^c를 degrees, minutes, seconds로 나타내기	1.26 [2nd][MATH]를 누르고 2:Angle에서 8:>DMS 선택하기	$72°11'33.6559''$
6×87000 계산하기	6×87000	522000
$6\times(8.7\times10^4)$계산하기	6×8.7 [2nd][EE]4 입력하기	522000
$(8.3\times10^4)\times(6\times10^{-23})$ 계산하기	8.3[2nd][EE]4×6[2nd][EE][(-)]23 입력하기	4.98E－18
$7^5 < 5^7$인가?	7^5 [2nd][<] 5^7	True
108을 소인수분해하기	[F2](Algebra)를 누르고 2:factor(를 선택한 후 factor(108)입력하기	$2^2 3^3$
10! 계산하기	10 [2nd][MATH]를 누르고 7:Probability에서 1:! 선택하기	3628800

{26.3, 24.1, 22.4, 36.4, 12.2}의 평균 구하기	2nd [MATH]를 누르고 6:Statistics에서 4:mean(를 선택한 후 mean({26.3,24.1, 22.4,36.4,12.2}) 입력하기	24.28
{26.3, 24.1, 22.4, 36.4, 12.2}의 표준편차 구하기	2nd [MATH]를 누르고 6:Statistics에서 6:stdDev(을 선택한 후 stdDev({26.3, 24.1,22.4,36.4,12.2}) 입력하기	8.66701
12와 15의 최소공배수 구하기	2nd [CATALOG] L("L"로 시작하는 항목)을 누르고 lcm(을 선택한 후 lcm(12,15) 입력하기	60

CAS 도움말

계산기의 모든 명령어 목록을 보려면 2nd [CATALOG] 누른다. 목록에서 명령어를 빨리 찾기 위해, 명령어의 첫 글자를 누른다. 예를 들어, 'and'를 찾고자 할 때는 [CATALOG]를 누르고 a를 입력한다. 그 다음 'and'를 발견할 때까지 알파벳순으로 정렬된 목록을 스크롤 한다.

1.3 시작하기 – 문자와 식 계산

이 절은 간단한 문자와 식을 계산하는 문법에 대한 설명이며, 계산기는 초기 설정 상태라고 가정한 것이다. 초기 설정에 대한 더 많은 정보는 이 장의 시작 부분인 시작 절차 1－초기 설정으로 돌아가기를 참조하여라.

CAS 도움말

- 관련키를 입력한 후, 명령어를 실행하기 위해 ENTER를 누른다.
- x, y, z, t이 외의 알파벳 문자를 입력하려면 ENTER를 누르고 문자를 입력한다[TI－89].
- π를 입력하려면 2nd [π]를 누른다.

문제	입력	결과
$x+x$	x＋x	$2 \cdot x$
$x \times x$	x×x	x^2
$xx+x\times x$	xx＋x×x	x^2+xx

$a\times x+b\times x$	a×x+b×x	$(a+b)\cdot x$
$\dfrac{(x^2-y^2)}{(x-y)}$	(x^2−y^2)÷(x−y)	$x+y$
$2(y-x)$	2(y−x)	$-2\cdot(x-y)$
$(x-y)(x-y)$	(x−y)×(x−y)	$(x-y)^2$
$(x-y)(x+y)$	(x−y)×(x+y)	$(x+y)\cdot(x-y)$
$(x^2y^3)^{-2}$	(x^2×y^3)^ (-) 2	$\dfrac{1}{x^4\cdot y^6}$
$\dfrac{55}{6}$를 진분수로 바꾸기	F2 (Algebra)를 누르고 7:propFrac(을 선택한 후 propFrac(55÷6) 입력하기	$9+1/6$
$3x-2$를 $x+1$로 나누기	F2 (Algebra)를 누르고 7:propFrac(을 선택한 후 propFrac((3x−2)÷(x+1)) 입력하기	$3-\dfrac{5}{x+1}$
$r=2\text{cm}$일 때 πr^2 구하기 (참값)	2nd [π]×r^2 2nd [l]r=2을 입력하고 ENTER 누르기	$4\cdot\pi$
$r=2\text{cm}$일 때 πr^2 구하기 (근삿값)	2nd [π]×r^2 2nd [l]r=2을 입력하고 ◆ ENTER 누르기	12.5664
$r=h+3$일 때 πr^2 구하기	2nd [π]×r^2 2nd [l] r=h+3	$(h+3)^2\cdot\pi$
$(x+y)^3$ 전개하기	F2 (Algebra)를 누르고 3:expand(를 선택한 후 expand((x+y)^3) 입력하기	$x^3+3\cdot x^2\cdot y+3\cdot x\cdot y^2+y^3$
x^2-9을 유리수 범위에서 인수분해하기	F2 (Algebra)를 누르고 2:factor(를 선택한 후 factor(x^2−9) 입력하기	$(x-3)\cdot(x+3)$
x^2-3을 유리수 범위에서 인수분해하기	F2 (Algebra)를 누르고 2:factor(를 선택한 후 factor(x^2−3) 입력하기	x^2-3
x^2-3을 실수 범위에서 인수분해하기	F2 (Algebra)를 누르고 2:factor(를 선택한 후 factor(x^2−3,x) 입력하기	$(x+\sqrt{3})\cdot(x-\sqrt{3})$
$\dfrac{2}{x}+\dfrac{3}{y}$을 간단히 하기	F2 (Algebra)를 누르고 6:comDenom(를 선택한 후 comDenom(2÷x+3÷y) 입력하기	$\dfrac{3\cdot x+2\cdot y}{x\cdot y}$
x에 관한 방정식 $x+y-5=2x-5y$ 풀기	F2 (Algebra)를 누르고 1:solve(를 선택한 후 solve(x+y−5=2x−5y,x) 입력하기	$x=6\cdot y-5$

x에 관한 방정식 $x^2-9=0$ 풀기	F2 (Algebra)를 누르고 1:solve(를 선택한 후 solve(x^2−9=0,x) 입력하기	$x=-3$ or $x=3$
$x>0$일 때, x에 관한 방정식 $x^2-9=0$ 풀기	F2 (Algebra)를 누르고 1:solve(를 선택한 후 solve(x^2−9=0,x) 2nd [|]x>0 입력하기	$x=3$
h에 대하여 $V=\pi r^2 h$ 풀기	F2 (Algebra)를 누르고 1:solve(를 선택한 후 solve(v= 2nd [π]×r^2×h,h) 입력하기	$h=\dfrac{v}{\pi\cdot r^2}$

1.4 시작하기 – 함수의 그래프와 표 만들기

다음 절차는 특정 함수의 그래프와 표를 만드는 방법이다. 계산기는 초기 설정 상태라고 가정한 것이다. 초기 설정 저장에 대한 더 많은 정보는 이 장의 시작 부분인 시작 절차 1−초기 설정으로 돌아가기를 참조하여라.

CAS 도움말

이전에 입력한 식을 편집하려면 방향키 ▲을 이용하여 식을 찾고 ENTER를 누른다. 그러면 편집할 입력 줄에 식이 복사된다.

예제

함수 $f(x)=x(x+3)(x-2)$일 때, 다음 물음에 답하여라.

① 함수 f의 그래프를 적절한 윈도우에 그려라.

② $f(-2)$의 값을 구하여라.

③ $x=-2$ 근방에서 극댓값의 좌표를 구하여라.

④ $x\in\{2, 4, 6, 8, 10\}$에 대하여 $f(x)$의 대응표를 만들어라.

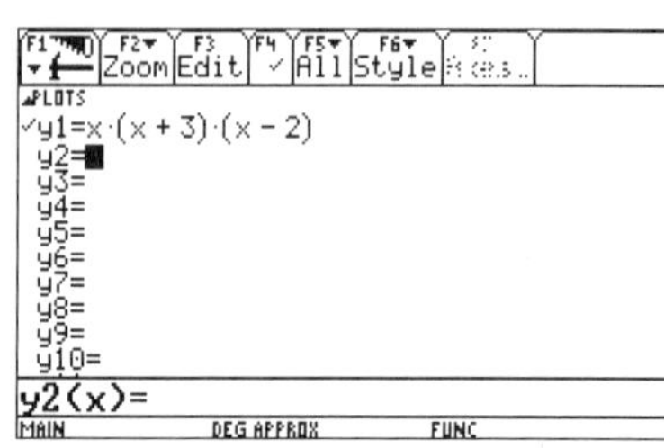

풀이

① ◆[Y=]를 누른다.
y1=x×(x+3)×(x−2)를 입력하고 ENTER를 누른다.
F2(Zoom)를 누르고 6:ZoomStd를 선택한 후 ENTER를 누른다.
이것은 x축과 y축의 범위가 각각 −10에서 10 사이인 윈도우에서 $f(x)$의 그래프이다.
윈도우의 크기를 조정하려면 ◆[WINDOW]를 누른다.

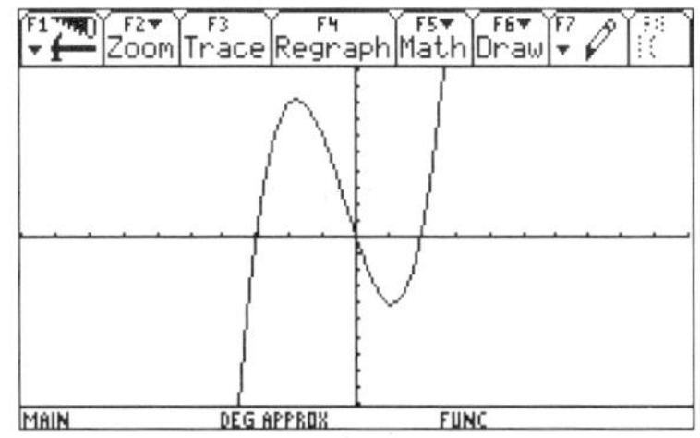

② 좌표값을 나타내려면 F3(TRACE)를 누른다.
xc:(-)2를 입력하고 ENTER를 누른다. 그러면 커서가 그래프 위의 점 (−2, 8)로 이동한다.

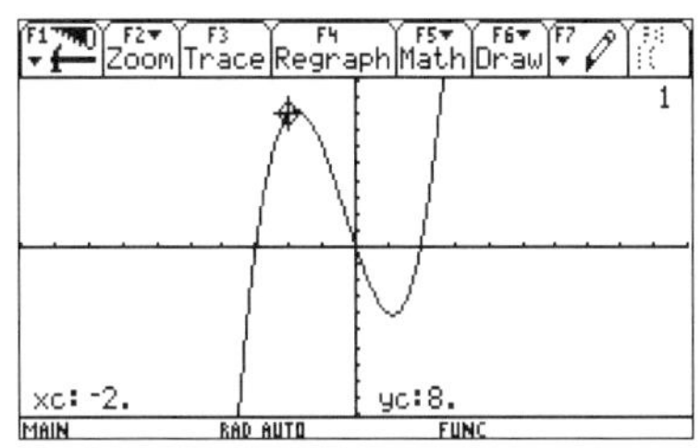

③ F5(MATH)에서 4:Maximum을 선택하고 ENTER를 누른다.
극댓값이 있을 것이라고 추정되는 x의 좌표를 생각한다.
윈도우 왼쪽 아래에 'lower bound'가 보이면, xc:(-)3을 입력하고 ENTER를 누른다.
윈도우 왼쪽 아래에 'upper bound'가 보이면, xc:0을 입력하고 ENTER를 누른다.
그러면 커서가 근삿값 형태의 극댓값을 갖는 좌표 (−1.7863, 8.20882)으로 바로 이동한다.

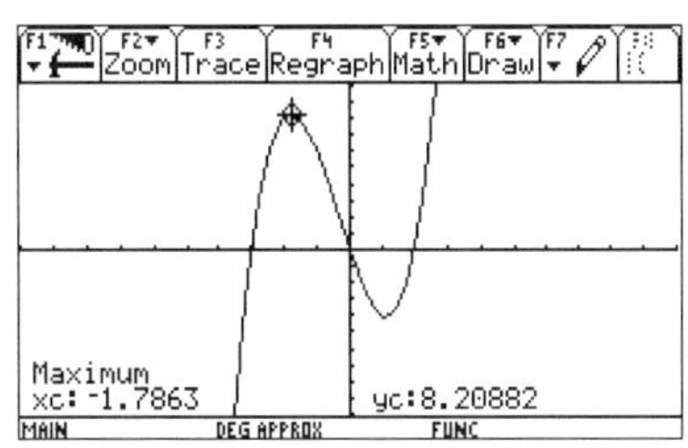

④ ◆[TBLSET]을 누른다.
'tblStart'에 초기값 2를 입력하고 ENTER를 누른다.

방향키를 사용하여 커서를 △tbl로 이동 후 '△tbl'에 표의 간격 2를 입력하고 [ENTER]를 누른다.
설정을 저장하기 위해 [ENTER]를 누른다.

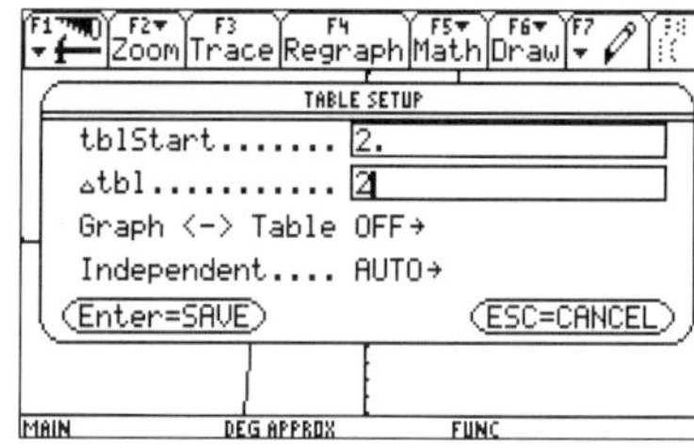

[◆][TABLE]을 누른다.
함수 $f(x)$의 대응표가 나타난다. 윈도우에 보이지 않는 x의 값을 보려면 방향키 ⓐ와 ⓥ를 누른다.

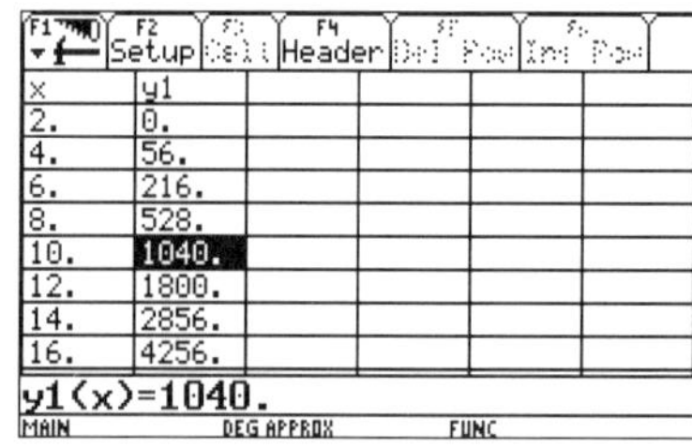

2 문자와 식
Working with variables and expressions

2.1 변수 정의와 사용

변수에 특정 값이나 식을 저장할 수 있다. 계산기는 변수가 초기화될 때까지 변수를 저장된 수나 식으로 인식한다.

CAS 도움말

변수를 사용할 때 그 변수에 지정한 이전의 값이나 식을 지우는 것이 중요하다. 변수를 지우는 가장 쉬운 방법은 [F6](Clean Up)을 누르고 2:NewProb를 선택한 후 [ENTER]를 누르는 것이다.

예제 1

$x=4$일 때, 식의 값을 구하여라.

① $3x$　　② x^2

③ $y+5x$

풀이

새로운 문제를 시작하기 위해서,
[F6](Clean Up)을 누르고 2:NewProb를 선택한 후 [ENTER]를 누른다.
우선 x에 4를 저장한다.
4[STO▸]x를 입력하고 [ENTER]를 누른다.

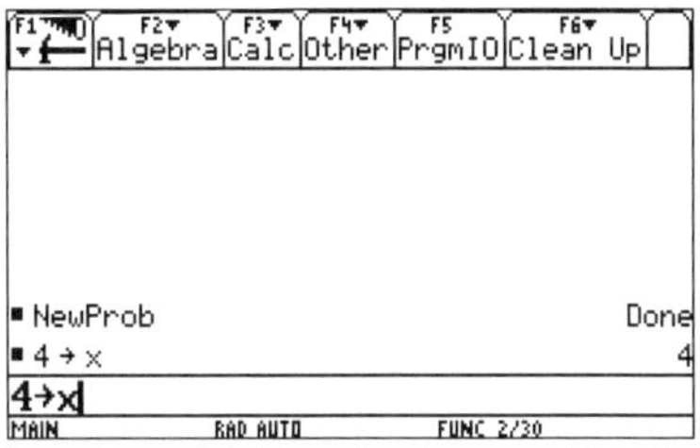

그러면 변수 x에 4가 저장되고, x가 입력될 때마다 계산기는 자동으로 x에 4를 대입한다. 이것은 변수

x가 초기화되거나 NewProb 명령이 실행될 때까지 유지된다.

① 3×x를 입력하고 [ENTER]를 누른다.
결과값은 12이다.

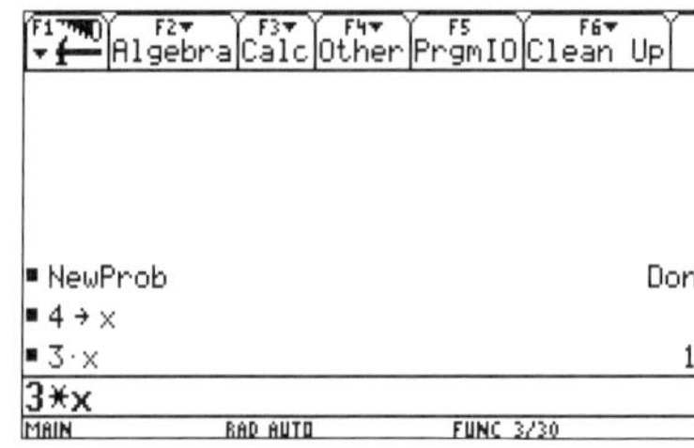

② x^2를 입력하고 [ENTER]를 누른다.
결과값은 16이다.

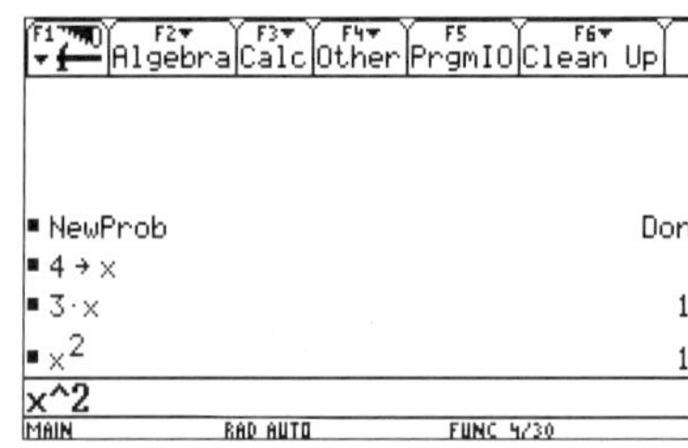

③ y+5×x를 입력하고 [ENTER]를 누른다.
계산기는 각각의 x에 저장된 4를 대입한다. 그러나 저장된 값이 존재하지 않는 y는 변수로 인식되어 'y' 그대로 화면에 나타난다. 이 경우 5×4는 20이므로 결과는 $y+20$이다.

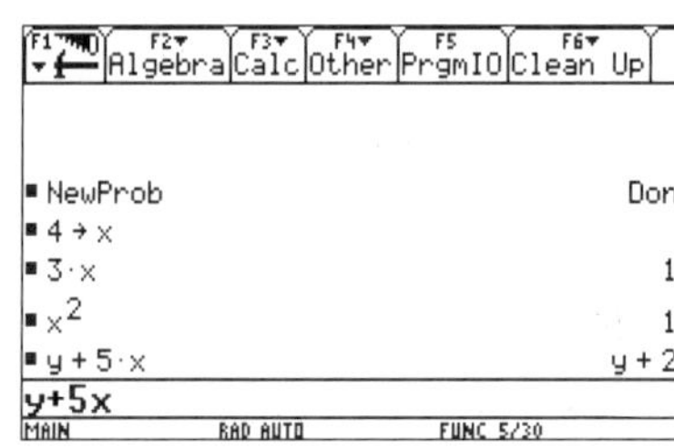

예제 2

$a=\dfrac{2c+3}{5}$, $b=6-4c$일 때, 다음 식의 값을 구하여라.

① $-4a$　　② $2a-3b$

③ mb

CAS 도움말

곱셈 계산에는 항상 곱셈 기호를 사용하여라. CAS계산기는 문자나 식을 곱할 때, 곱셈 기호를 입력하지 않으면 곱셈을 인지하지 못한다. 예를 들어, ab를 입력하면, $a\times b$가 아닌 하나의 대상 'ab'로 인식한다. 이렇게 되면 많은 경우에 틀린 결과값을 얻게 된다.

풀이

이 경우 a, b에 수가 아닌 식을 저장한다.

새로운 문제를 시작하기 위해 [F6](Clean Up)을 누르고 2:NewProb를 선택한 후 [ENTER]를 누른다.

(2×c+3)÷5[STO▸]a를 입력하고 [ENTER]를 누른다.

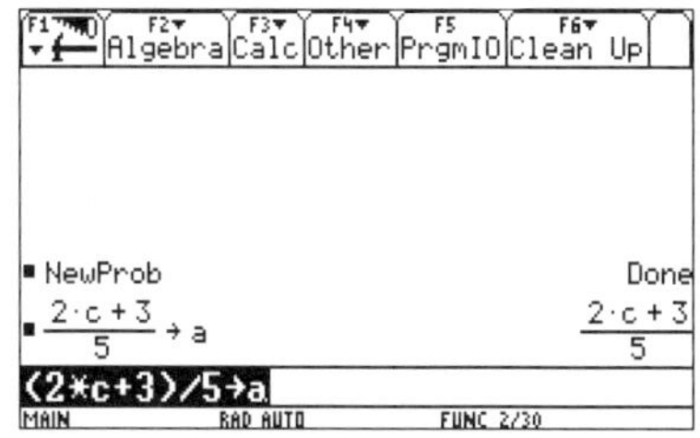

6−4×c[STO▸]b를 입력하고 [ENTER]를 누른다.

a, b가 입력될 때마다 계산기는 a, b에 저장된 식으로 대체한다.

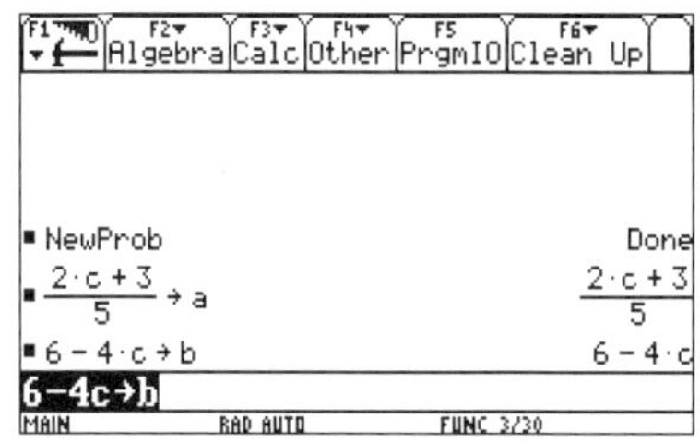

① [(−)]4×a를 입력하고 [ENTER]를 누른다.

결과는 $\dfrac{-4(2c+3)}{5}$이다. 계산기는 a에 저장되어 있는 식을 대입하여 그 결과를 보여준다. 이것은 변수 a가 초기화되거나 NewProb 명령이 실행될 때까지 유지된다.

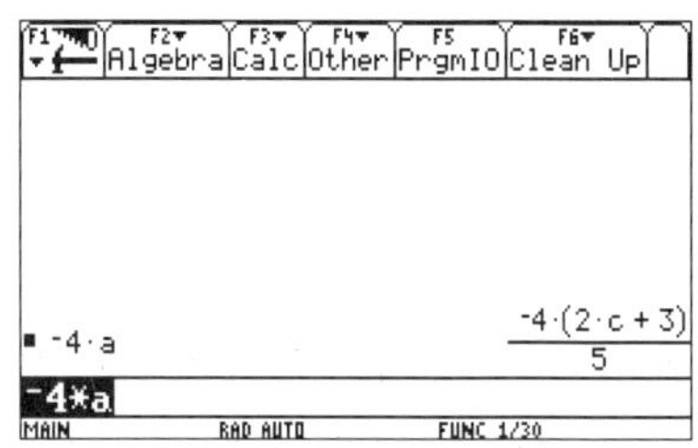

② 2×a−3×b를 입력하고 [ENTER]를 누른다.

결과는 $\dfrac{64c}{5}-\dfrac{84}{5}$이다. 이 경우 계산기는 동류항끼리 계산한다.

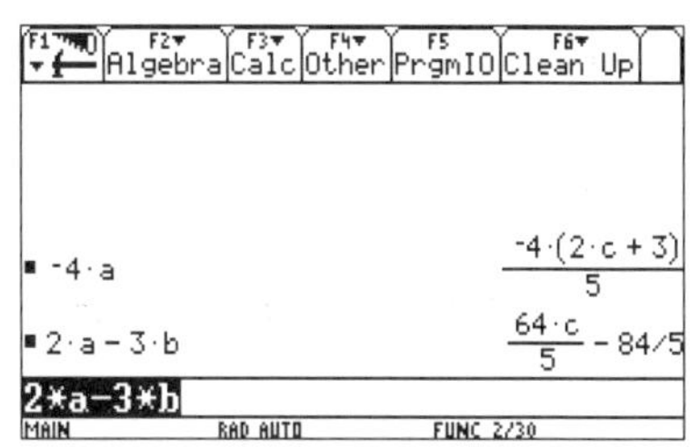

③ m×b를 입력하고 [ENTER]를 누른다.

결과는 $-2(2c-3)m$이다.

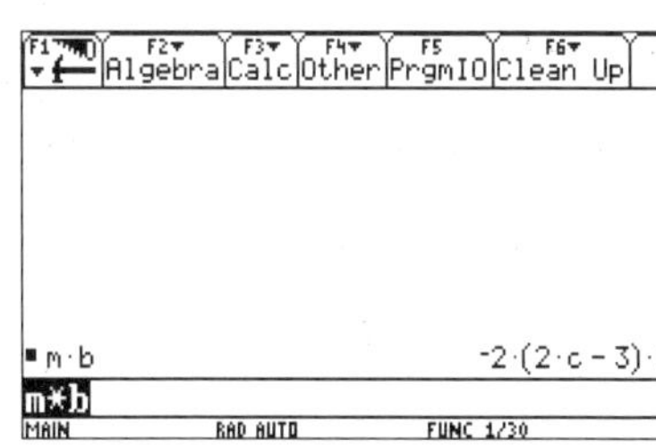

이 결과는 예상했던 것과 다를 수 있는데, 이것은 계산기가 괄호 안의 c의 계수를 양수가 되도록 식을 인수분해 하였기 때문이다. 이 결과는 직접 대입하여 계산한 $6m-4mc$와 동치이다.

> **CAS 도움말**
>
> 변수에 수나 식을 저장할 때, 이전에 저장된 수나 식은 무시하고 실행한다.

연습문제

1. $x=4$, $y=-2$, $z=3$일 때, 다음 식의 값을 구하여라.

① $xyz-y$　　② $\dfrac{x^2+y^2+z^2}{2}$

③ $\dfrac{1}{2}\left(\dfrac{xy+z}{x}\right)$　　④ $(x+z)y-z$

⑤ $x-y^2-y$

2. $a=5c-2$, $b=2-c$일 때, 다음 식을 c에 관한 식으로 나타내어라.

① $a-b$　　② $\dfrac{a^3}{b}$

③ $(a+b)^2$　　④ $(a-b)(a+b)$

⑤ $(ab)^2+5c^2-12+4$　　⑥ $\dfrac{3ab}{c}$

3. $a=6b+c$, $b=-2$, $c=3\left(\dfrac{d}{2}-1\right)$, $d=e+3$일 때, 다음 식을 간단히 하여라.

① $a+b+c+d$　　② $(a+b-c+2d)^2$

③ $\dfrac{a+c+d}{b^2}$

2.2 대입

CAS계산기를 사용하여 대입하는 방법에는 여러 가지가 있다. 대입 목적에 따라 사용 방법은 달라진다. 만약 동일한 식을 여러 번 대입하려면, 변수에 그 식을 저장하는 것이 편리하다.

> **CAS 도움말**
>
> 변수에 수나 식을 대입하는 경우 수나 식은 저장되지 않는다.
> 저장과 대입의 차이를 명확히 아는 것이 중요하다.

예제 1

$y=2x^2$이고 x가 다음과 같을 때, y의 값을 구하여라.

① $x=4$　　　② $x=\frac{3}{5}$

③ $x=a+b$

풀이

먼저 y에 대한 함수로 정의하는 것이 필요하다. 이 예제에서, $y(x)=2x^2$로 정의함으로써 쉽게 x의 값을 대입할 수 있다.

새로운 문제를 시작하기 위해서,
[F6](Clean Up)을 누르고 2:NewProb를 선택한 후 [ENTER]를 누른다.
2×x^2 [STO▸] y(x)을 입력하고 [ENTER]를 누른다.
[ENTER]를 한 번 더 누른다.
새로운 함수 $y(x)$가 정의되었다. 이제 이 함수에 x의 값을 대입한다.

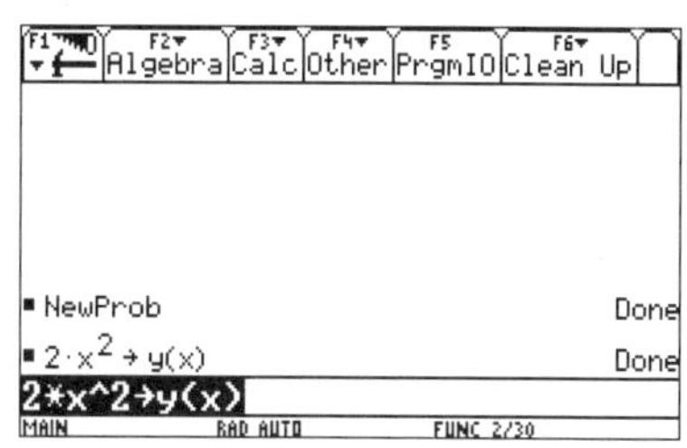

① y(4)를 입력하고 [ENTER]를 누른다.
결과값은 32이다.

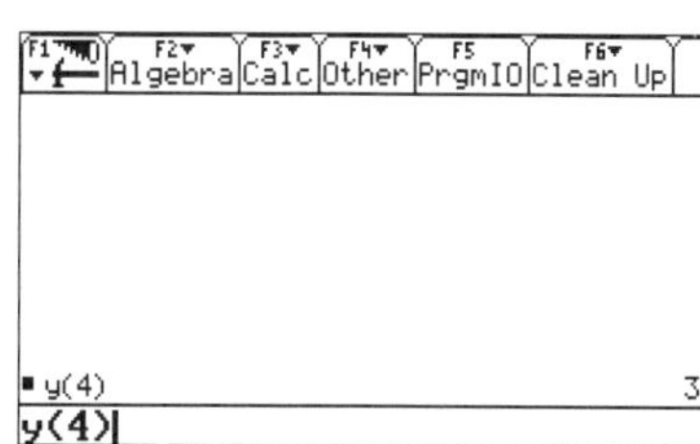

② y(3÷5)를 입력하고 [ENTER]를 누른다.

결과값은 $\dfrac{18}{25}$이다.

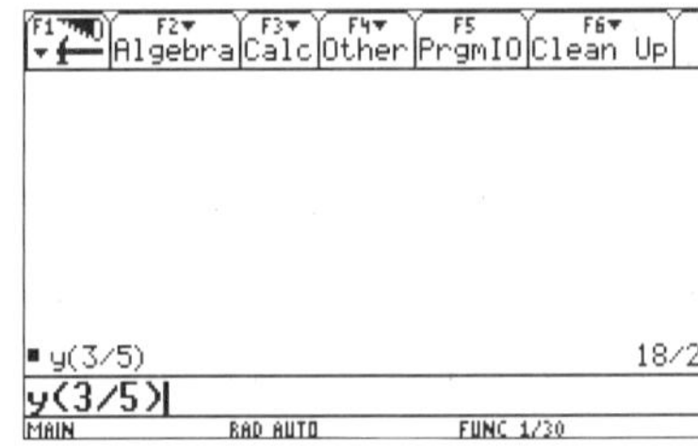

③ y(a+b)를 입력하고 [ENTER]를 누른다.

결과는 $2(a+b)^2$이다.

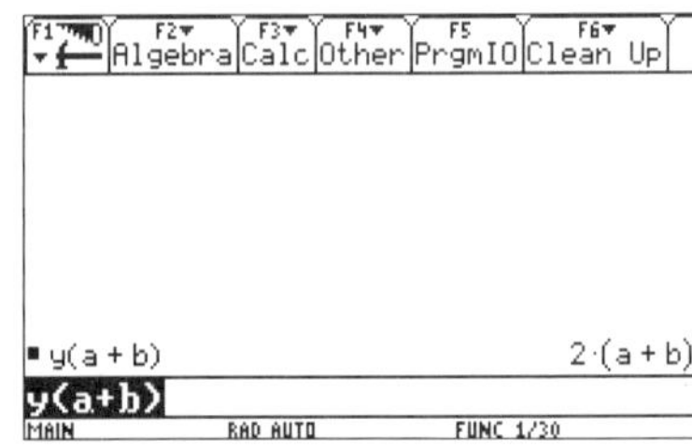

다른 방법

다른 방법으로는 [|]의 기능을 이용하여 대입하는 방법이 있다. 이 방법은 하나의 값 또는 여러 개의 값을 대입할 수 있다.

예를 들어, 위의 문제에서

2×x^2 [2nd] [|] x={4,3÷5,a+b}를 입력하고 [ENTER]를 누르면, 이전 방법과 같은 결과값이 얻어진다.

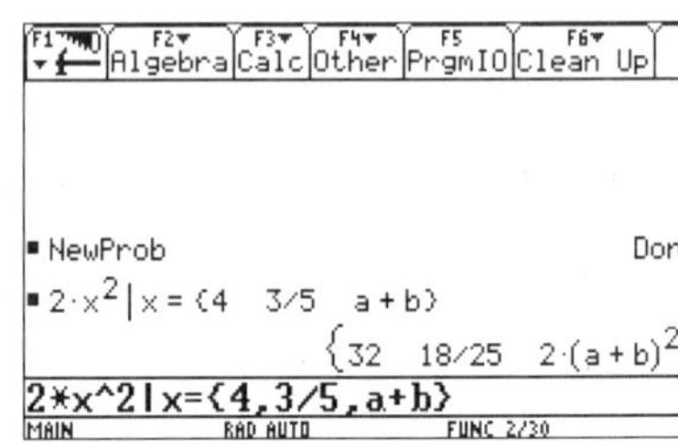

예제 2

$z=y(x+2)^2$ (단, $y=a^2+1$, $x=a^2-1$)일 때, z의 값을 구하여라.

> **CAS 도움말**
>
> 풀이에서 'and' 명령어가 사용되었다. 이것은 직접 입력하거나, [2nd] [CATALOG]를 누르고 and를 선택한 후 [ENTER]를 누르면 된다.

풀이

y×(x+2)^2 [2nd] [l]y=a^2+1 [space] and [space] x=a^2−1를 입력하고 [ENTER]를 누른다.

[**참고** : 'and' 명령은 변수 x, y 모두 z에 관한 식으로 표현되는 것을 나타낸다.]

결과는 $(a^2+1)^3$이다. CAS계산기는 자동으로 대입하고, 식의 값을 간단히 한다.

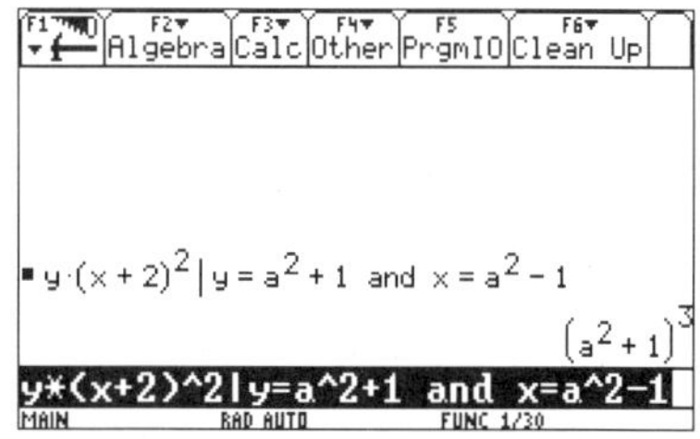

연습문제

1. 함수 $g(x)=(x+3)^2-5$일 때, 다음 식의 값을 구하여라.

① $g(-2)$ ② $g\left(\frac{3}{2}\right)$

③ $g(1.5)$ ④ $g(3a)$

⑤ $g(a-3)+g(a)-g(4)$

2. 반지름이 r이고 높이가 h인 통조림 캔의 부피는 $V=\pi r^2 h$이다. 반지름이 5cm이고 높이가 각각 10cm, 15cm, 25cm인 통조림 캔의 부피를 구하여라.

3. $a=\frac{x(x-y)}{2}$일 때, 다음 x, y의 값에 대하여 a의 값을 구하여라.

① $x=3,\ y=5$ ② $x=d,\ y=d+2$

③ $x=e+3,\ y=e+2$ ④ $x=3+z,\ y=-4$

탐구활동

1. 어떤 상자의 가로, 세로, 높이를 각각 l, w, h라 할 때, 상자의 부피는 $v=lwh$이다.
   ① 가로, 세로가 12cm, 8cm이고 높이가 각각 4.3cm, 5.2cm, 6.7cm인 상자들의 부피를 구하여라.
   ② 세 상자 모두 가로의 길이는 높이의 2배이고, 세로의 길이는 높이의 3.5배이다. 세 상자의 높이가 각각 1.2cm, 4cm, $3a$cm일 때, 이 상자들의 부피를 구하여라.

2. 이차함수 $f(x)$에 대하여 $f(1)=4$, $f(-1)=12$, $f(2)=9$일 때, 이차함수 $f(x)$를 구한 후 $f(10)$의 값을 구하여라.

2.3 전개

CAS계산기를 사용하면 식을 쉽게 전개할 수 있다. 이것은 동치식을 비교하고 식의 형태를 변화시킬 때 유용하다.

예제

다음 식을 전개하여라.

① $(a+b)^2$ ② $(a+b)^3$

③ $(b+a)^4$

풀이

① F2 (Algebra)를 누르고 3:expand(를 선택한 후 ENTER 를 누른다.

expand((a+b)^2)를 입력하고 ENTER 를 누른다.

결과는 $a^2+2ab+b^2$이다.

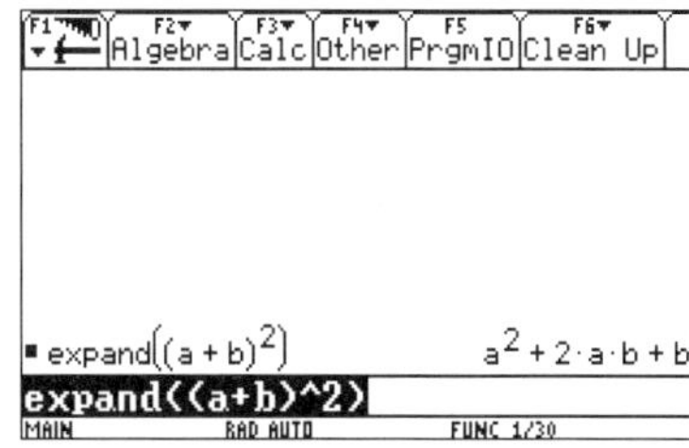

② expand((a+b)^3)를 입력하고 ENTER 를 누른다.

결과는 $a^3+3a^2b+3ab^2+b^3$이다.

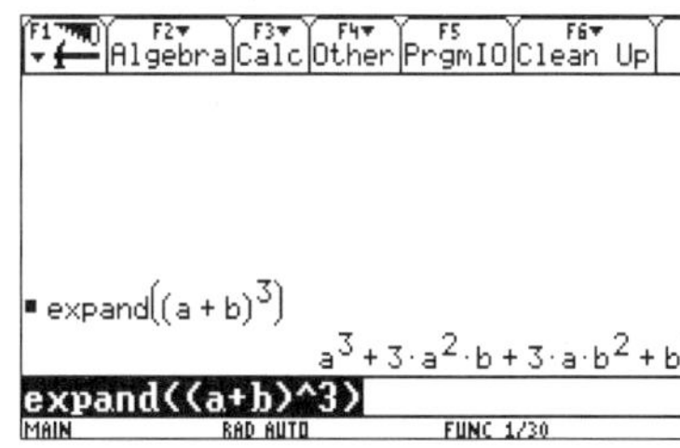

③ expand((b+a)^4)을 입력하고 ENTER 를 누른다.

결과는 $a^4+4a^3b+6a^2b^2+4ab^3+b^4$이다.

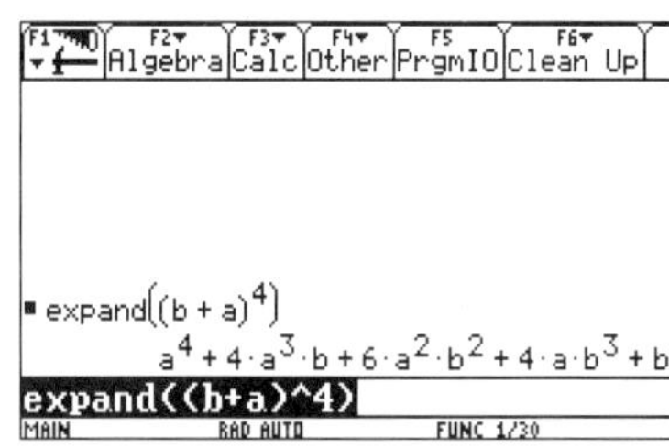

계산기는 a에 관한 내림차순으로 식을 정리한다.

각 항의 계수는 파스칼(Pascal)의 삼각형의 각 행에서 찾을 수 있다. 예를 들어, $(a+b)^2$의 계수는 파스칼의 삼각형의 3번째 행 1, 2, 1에서 찾을 수 있다.

연습문제

1. 다음 식을 전개하여라.

① $(x+y)(3x-4y)$　　② $(ax+y)(x-my)$

③ $a^2\left(a^3-\dfrac{2}{a^5}\right)$ ④ $a^4(a^3-b^2)$

⑤ $(2a+b)^2$ ⑥ $(2a+b^2)^2$

⑦ $(\sqrt{2}x+y)(\sqrt{2}x-y)$ ⑧ $(1+x)^3$

탐구활동

1. $n=\{2, 3, 4, 5, 6\}$일 때, 식 $\left(\dfrac{1}{x}+1\right)^n$을 전개하여라.

   ① 각 전개식의 항의 개수를 써라.

   ② (i) $\left(\dfrac{1}{x}+1\right)^{10}$의 전개식에서 $\dfrac{1}{x}$의 계수를 예상해 보아라.

   (ii) $\left(\dfrac{1}{x}+1\right)^{10}$의 전개식에서 $\dfrac{1}{x^2}$의 계수를 예상해 보아라.

   ③ 계산기에서 $\left(\dfrac{1}{x}+1\right)^n$가 전개되는 방법을 설명하여라.

2.4 인수분해

CAS계산기를 이용한 인수분해는 지필 계산과 다른 결과를 얻을 수 있다. 예를 들어, CAS계산기는 종종 특정 변수를 먼저 괄호 안에 넣어서 식을 재배열한다. 인수분해를 할 때는 동치식을 염두에 두고 식의 형태를 바꾸는 연습이 필요하다. 식을 인수분해한 결과는 주어진 식과 동치가 된다.

예제

다음 식을 인수분해하여라.

① $3xy-6x+3y-6$

② $3x^2-y^2$

③ x^3+x^2-3x-3(유리수 범위)

④ x^3+x^2-3x-3(실수 범위)

풀이

① [F2](Algebra)를 누르고 2:factor(를 선택한 후 [ENTER]를 누른다.
factor(3×x×y−6×x+3×y−6)를 입력하고 [ENTER]를 누른다.
결과는 $3(x+1)(y-2)$이다.

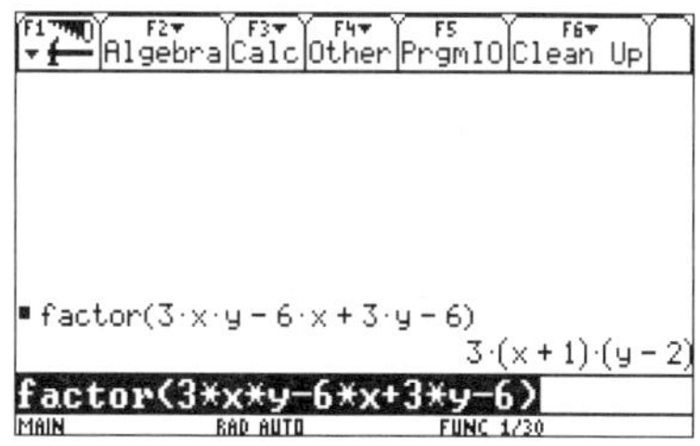

② [F2](Algebra)를 누르고 2:factor(를 선택한 후 [ENTER]를 누른다.
factor(3×x^2−y^2,x)를 입력하고 [ENTER]를 누른다.
결과는 $(\sqrt{3}x+y)(\sqrt{3}x-y)$이다. 계산기는 인수분해에 대한 다양한 알고리즘을 갖고 있으며, 이 경우에는 합차공식이 사용되었다.

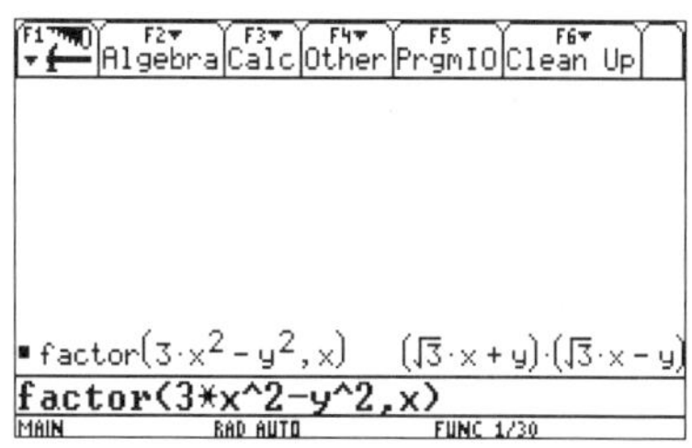

[**참고** : 만약 factor(3×x^2−y^2,y)와 같이 다르게 입력하였다면, 결과는 $-(y+\sqrt{3}x)(y-\sqrt{3}x)$이 된다. 이 두 결과는 동치이지만 형식이 다르다. 명령어의 마지막에 적힌 특정 변수는 그 변수에 대하여 특정한 방식으로 인수분해 하도록 지시한다. 이 예에서, 계산기는 괄호 안에 y항을 먼저 쓰고 있다. 만약 명령어 끝에 변수 x를 지정하면, 괄호 안에 x항을 먼저 쓴다.]

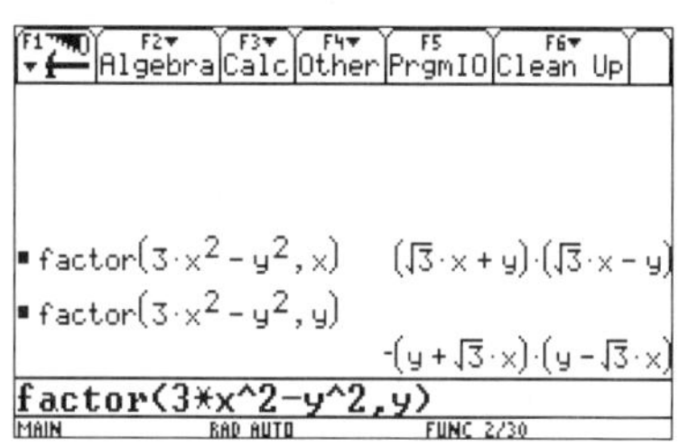

③ [F2] (Algebra)를 누르고 2:factor(를 선택한 후 [ENTER]를 누른다.
factor(x^3+x^2−3x−3)를 입력한 후 [ENTER]를 누른다.

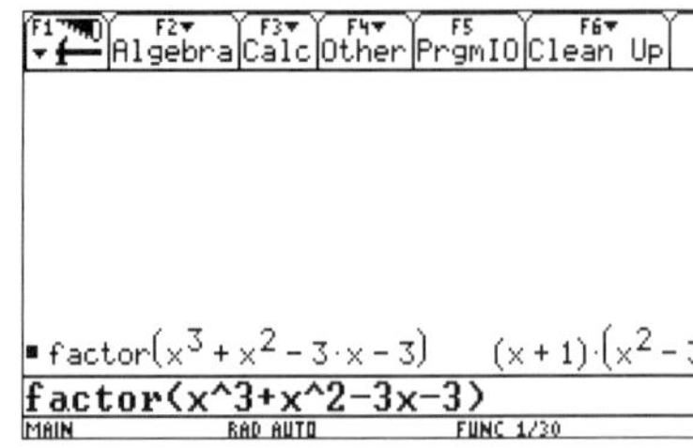

CAS 도움말

이 결과는 일차식과 이차식의 곱으로 주어진다. ', x'를 생략하면 유리수 범위에서 인수분해하게 된다.

④ [F2] (Algebra)를 누르고 2:factor(를 선택한 후 [ENTER]를 누른다.
factor(x^3+x^2−3x−3,x)를 입력하고 [ENTER]를 누른다.

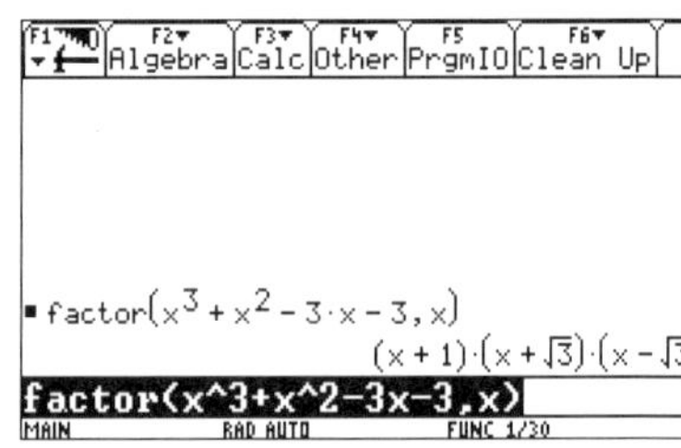

CAS 도움말

위 인수분해 결과는 세 개의 일차식의 곱으로 나타난다. ', x'를 입력하는 것은 계산기가 실수 범위에서 인수분해하도록 명령하는 것이다.

연습문제

1. 다음 식을 인수분해하여라.

① $x+1+ax+a$　　② $16x^2-a^2$

③ $2ce+e^2+c^2$　　④ x^2-x^5

⑤ $\left(\dfrac{x^4}{2}-\dfrac{x^5}{3}\right)$

2. $3(x+1)^2-y(x^2+2x+1)$을 인수분해하여라.

2.5 식의 정리

식을 풀기 위해서 식을 정리하는 것이 필요하다. 식의 정리는 양변에 같은 연산을 단계적으로 함으로써 이루어진다. 그러나 식을 정리하는 가장 쉬운 방법은 한 변수에 대해서 정리하는 것이고, 그 결과의 형태를 바꾸기 위해서 propFrac(진분수), comDenom(통분), expand(전개), factor(인수분해)와 같은 명령어를 사용한다.

예제 1

$\dfrac{2x+5}{3}=x+y+6y^2$에서 x를 y에 관한 식으로 나타내어라.

풀이

[F2](Algebra)를 누르고 1:slove(를 선택한 후 [ENTER]를 누른다.

solve((2×x+5)÷3=x+y+6×y^2,x)를 입력하고 [ENTER]를 누른다.

결과는 $x=-18y^2-3y+5$이다.

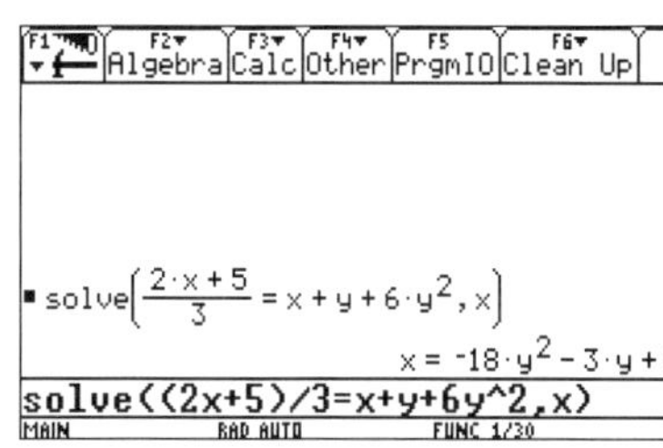

예제 2

다음을 간단히 하여라.

① $a+\dfrac{1}{x}$을 통분하여라.

② $\dfrac{5+t}{t}$를 진분수로 나타내어라.

풀이

① [F2](Algebra)를 누르고 6:ComDenom(를 선택

한 후 [ENTER]를 누른다

ComDenom(a+1÷x)를 입력하고 [ENTER]를 누른다.

결과는 $\dfrac{ax+1}{x}$이다.

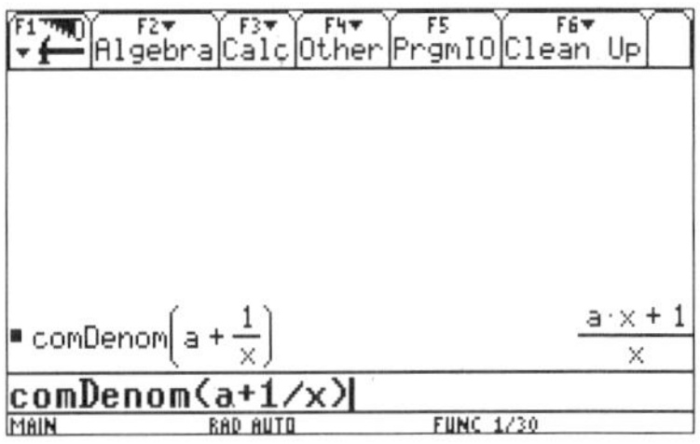

② [F2](Algebra)를 누르고 7:propFrac(을 선택한 후 [ENTER]를 누른다

propFrac((5+t)÷t)를 입력하고 [ENTER]를 누른다.

결과는 $\dfrac{5}{t}+1$이다.

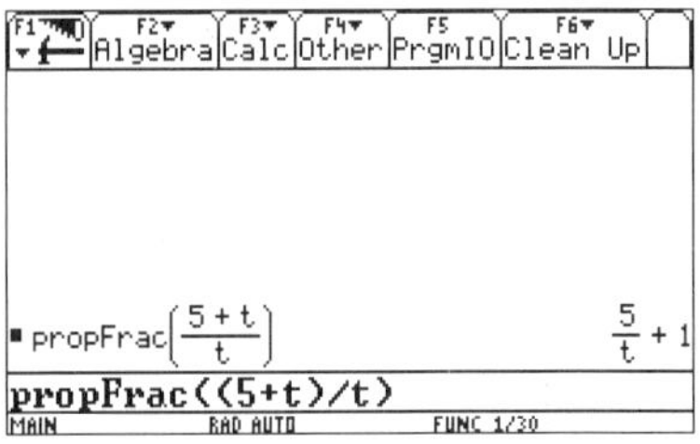

연습문제

1. 등식 $3\left(\dfrac{ax+b}{c}+d\right)=e$에 대해서, 다음 물음에 답하여라.
   ① b에 관하여 풀어라.
   ② d에 관하여 풀어라.
   ③ $ax=$____의 형태로 정리하여라.

2. 반지름이 r인 원의 넓이가 $A=\pi r^2$일 때, 다음 물음에 답하여라.
   ① 반지름을 넓이에 관한 식으로 나타내어라.
   ② 지름을 넓이에 관한 식으로 나타내어라.

3. $a^2=b^2+c^2$을 c에 관하여 풀어라.

4. 밑변의 길이가 b, 높이가 h인 삼각형의 넓이가

$A=\frac{1}{2}bh$일 때, 다음 물음에 답하여라.

① 삼각형의 밑변의 길이를 넓이와 높이에 관한 식으로 나타내어라.

② 높이가 두 배이고, 넓이가 일정하다면, 삼각형의 밑변의 길이는 어떻게 변하는가?

5. $\frac{1}{x}+\frac{1}{y}$를 통분하여라.

6. $\frac{x^2+4}{x}=x+\frac{4}{x}$, $x\neq 0$이 성립함을 보여라.

탐구활동

1. 다음 중 $(a-b)(a+b)$형태로 나타낼 수 있는 것은 어느 것인가?

① $a^2-b^2y^2$　　② $(x-2)^2-4$

③ $x^2+2xy+y^2$　　④ $x^2+2x+1-y^2$

2. 양수 a, b, c에 대하여 $a>b>c$가 성립할 때, 다음 중 $x>1$인 것은 어느 것인가?

① $ax+b=c$　　② $\frac{abc}{a^3}=\frac{1}{x}$

③ $\left(\frac{1}{c}\right)x=a$

함수와 그래프

Functions and graphs

3

3.1 함수 정의와 사용

우리가 종종 사용하는 함수 정의는 유용한 기능이다. 함수는 [STO▸]키(Store) 또는 Define 명령어([F4](other)메뉴)를 사용하여 하나 또는 그 이상의 변수(한 글자 또는 여러 글자)로 정의된다. 함수 이름은 한 글자에서 여덟 글자(문자 또는 숫자)까지 사용할 수 있다. 함수 이름은 숫자로 시작할 수 없으며, Voyage 200에 내장된 이름(예를 들어, sin)도 사용할 수 없다.

> **CAS 도움말**
>
> 시작하기 전에 홈 스크린으로 가서 [F6]메뉴에서 NewProb를 선택한다. 이것은 홈 스크린을 초기화하고, 기존에 정의된 변수를 모두 지운다.

예제 1

함수 $f(x)=x^2-3x$일 때, 다음 물음에 답하여라.

① $f(5)$, $f(6)$, $f(7)$을 구하여라.

② $f(\sqrt{2})$의 참값과 근삿값을 구하여라.

③ $f(a-2)$를 인수분해하고, 전개하여라.

풀이

① [◆][CALC HOME]을 누른다.

F6 (Clean up)을 누르고 2:Newprob를 선택한 후 ENTER 를 누른다.

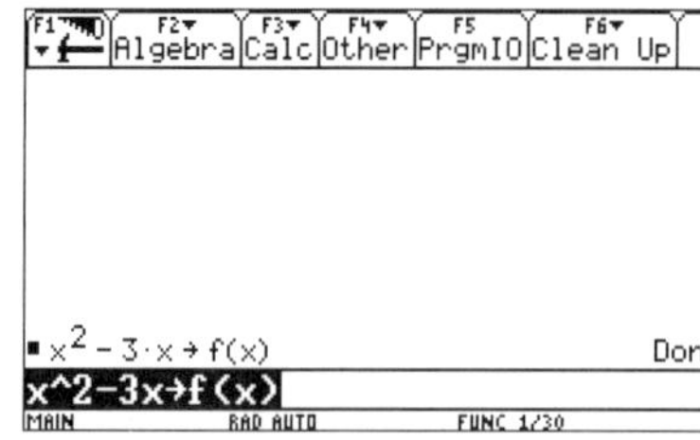

함수식 저장하기 :

x^2−3×x STO▸ f(x)를 입력하고 ENTER 를 누른다.

$f(5)$, $f(6)$, $f(7)$를 한 번에 구하기 :

f(2nd [{]5,6,7 2nd [}])을 입력하고 ENTER 를 누른다.

결과는 $f(5)=10$, $f(6)=18$, $f(7)=28$이다.

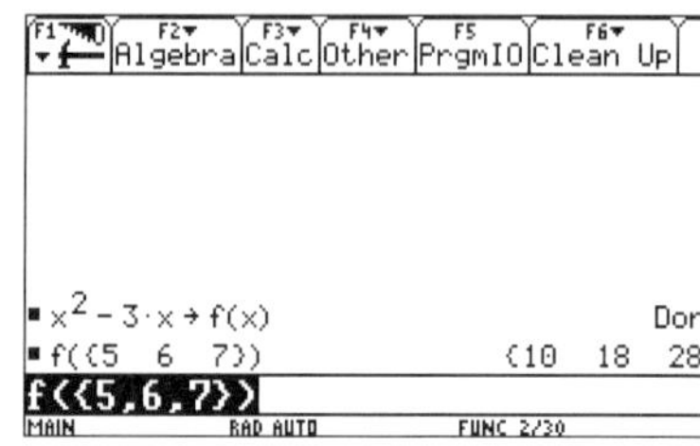

② $f\sqrt{2}$의 참값 계산하기 :

f(2nd [√]2))을 입력하고 ENTER 를 누른다.

$f\sqrt{2}$의 근삿값 계산하기 :

f(2nd [√]2))을 입력하고 ◆ ENTER 를 누른다.

결과값은 약 -2.24이다.

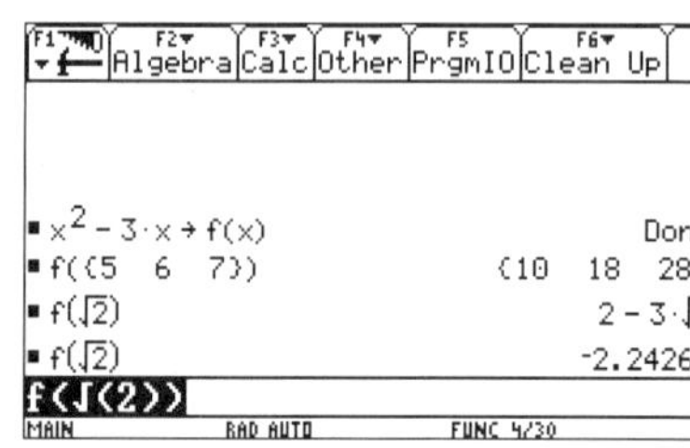

③ $f(a-2)$ 계산하기 :

$f(a-2)$를 입력하고 ENTER 를 누른다.

결과는 $f(a-2)=(a-5)(a-2)$이다.

이 경우에 결과가 자동적으로 인수분해 형태로 나타난다. (항상 이렇게 되는 것은 아니다).

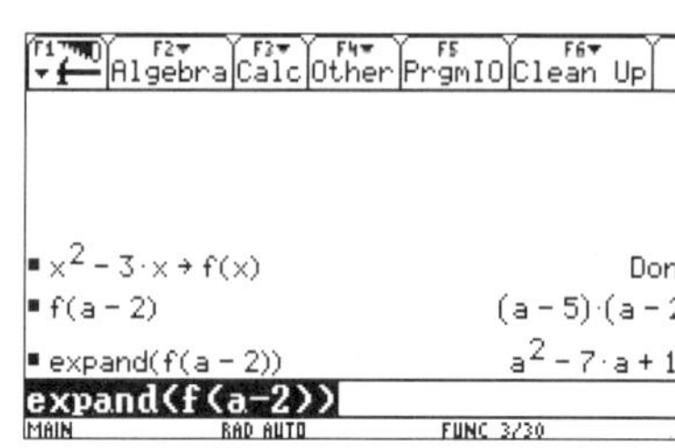

$f(a-2)$ 전개하기 :

F2 (Algebra)를 누르고 3:expand(를 선택한 후 ENTER 를 누른다.

expand(f(a−2))를 입력하고 ENTER 를 누른다.

결과는 $f(a-2)=a^2-7a+10$이다.

예제 2

반지름이 r, 높이가 h인 원기둥의 부피는 $V=\pi r^2 h$이다.

적절한 함수를 정의하여 다음을 구하여라.

① 반지름이 3, 높이가 10인 원기둥의 부피를 구하여라.

② 반지름이 높이의 두 배인 원기둥의 부피를 구하여라.

> **CAS 도움말**
>
> 함수의 독립변수가 하나 이상인 경우라면 $f(a, b, \cdots)=\cdots$와 같이 하나 이상의 독립변수를 정의한다. 때론 $f=\cdots$와 같이 독립변수를 생략하기도 하고, 함숫값을 계산하기 위해서 [2nd][|]를 사용하기도 한다.

풀이

vol 함수는 Define 명령어를 이용하여 정의한다.

[F4](other)을 누르고 1:Define을 선택한 후 [ENTER]를 누른다.

Define vol=[2nd][π]×r^2×h을 입력하고 [ENTER]를 누른다.

[위에 정의한 vol 함수는 변수를 지정하지 않았으나, vol(r,h)=[2nd][π]×r^2×h와 같이 변수 r, h를 지정할 수 있다.]

① $r=3$, $h=10$일 때 부피 구하기 :

vol[2nd][|]$r=3$ and $h=10$을 입력하고 [ENTER]를 누른다.

vol[2nd][|]$r=3$ and $h=10$을 입력하고 [◆][ENTER]를 누른다.

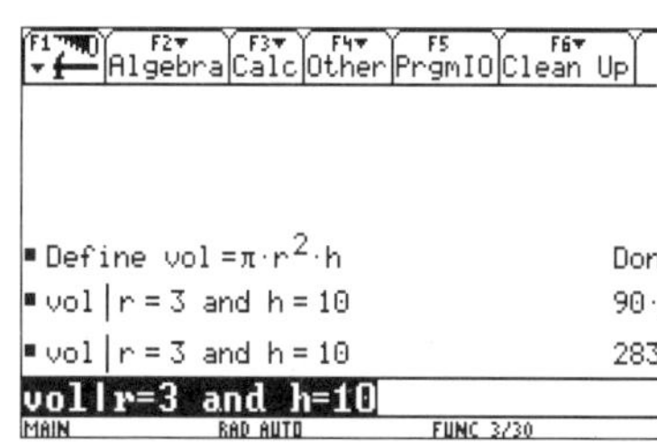

② $r=2h$로 대입하기 :

vol[2nd][|]$r=2h$를 입력하고 [ENTER]를 누른다.

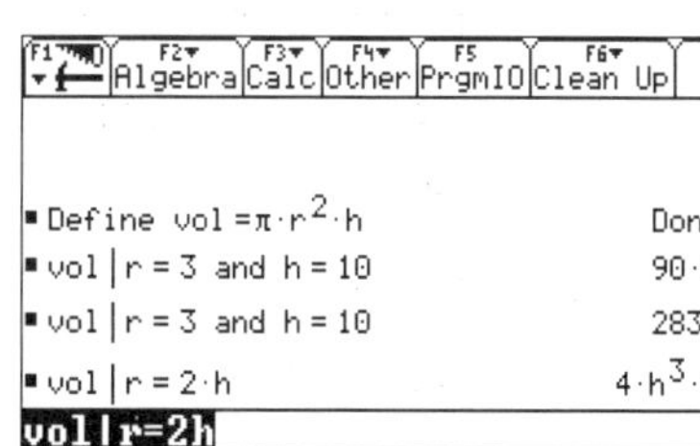

CAS 도움말

정의된 함수식을 저장하기 위해서 Define 명령어를 사용하는 대신에 [STO▸]키를 사용할 수 있다. 예를 들면, 위 예에서 Define vol=[2nd][π]×r^2×h 대신에 [2nd][π]×r^2×h[STO▸]vol을 사용할 수 있다.

연습문제

1. Define 명령어나 [STO▸]키를 사용하여 다음 함수를 정의하고, 다음을 계산하여라.
   ① 함수 $f(x)=2x^2-5x+3$일 때, $f(-3)$, $f(2.1)$, $f(1-2a)$를 인수분해 하여라.
   ② 함수 $g(x)=x(1-2x)(2+3x)$일 때, $g(191)$, $g(2n-4)$를 전개하여라.
   ③ 함수 $cubic(u)=u^3+u$일 때, 13^3+13, 14^3+14, 15^3+15 를 구하여라.

2. 다음 문제를 푸는데 사용될 수 있는 적절한 함수를 구하여라.
   ① 반지름이 1.2, 1.4인 구의 겉넓이를 구하여라.(반지름이 r인 구의 겉넓이는 $4\pi r^2$이다.)
   ② 다음 물음에 답하여라.
      (i) 가로가 6.6cm, 세로가 7.2cm, 높이가 3.4cm인 직육면체 상자의 부피를 구하여라.
      (ii) 두 번째 상자는 첫 번째 상자와 부피는 같다. 두 번째 상자는 첫 번째 상자의 가로의 길이보다 30% 길고, 높이는 10%

짧다. 두 번째 상자의 세로의 길이가 얼마인지 구하여라.

탐구활동

1. 세 수 a, b, c의 평균을 구하기 위한 함수를 정의하여라.
   ① 103, 142, 110의 평균을 구하여라.
   ② $a=122$, $b=135$이고, a, b, c의 평균이 100일 때, c를 구하여라. a, b가 일정하고, 평균이 1000, 10000, 100000, 1000000으로 계속 증가하면 c는 어떤 수에 가까워지는가?
   ③ 120, y, z의 평균이 133일 때, y와 z의 관계식을 구하여라.

2. 함수 $f(x)=x^x$일 때, 다음 물음에 답하여라.
   ① x가 택할 수 있는 가장 큰 수는 무엇인가? (즉, 최대 정의역)
   ② x가 0에 근접할 때 f는 어떻게 변하는가? ($x=0$에 가까운 수를 대입해본다.)
   ③ $x>0$일 때, f의 최솟값을 소수점 아래 둘째 자리까지 구하여라.(적당한 값을 입력해서 알아본다.)

3.2 함수의 그래프 그리기

함수의 그래프를 그릴 때는 보통 Y=Editor(함수 편집기)를 이용한다. 함수는 직접 입력하거나(예를 들면, y1=x^2) 간접적으로(예를 들면, y1이 이미 정의 되어있을 때, y2=1+y1(x) 또는 $f(x)$가 이미 정의되어 있을 때, y3=f(x)) 입력할 수 있다. 독립 변수는 항상 x여야 하고, 그래프 모드는 FUNCTION으로 설정되어 있어야 한다.

다른 방법으로는 홈 스크린에서 [F4](other) 메뉴의 Graph명령어를 사용하여 함수의 그래프를 직접적으로 그릴 수 있다. 이 방법에서는 어떤 변수에 관한 식인지 명확하게 알 수 있다.(그러나 일반적으로 Y=Editor(함수 편집기)를 많이 사용 한다)

> **CAS 도움말**
>
> 시작하기 전에 MODE를 누르고 GRAPH 설정이 FUNCTION으로 되어 있는지 확인하여라.
>
> Y=Editor(함수 편집기)에서 [F1](Tools)을 누르고, 8:Clear Function을 선택하면 현재 함수들을 지울 수 있다. 다른 방법으로 커서를 각 함수식에 이동시킨 후 [ENTER]키를 눌러서 지운다.

예제 1

다음 함수의 그래프를 그려라.

① $y=x^2$

② $y=2x^2$

③ $y=x^2-2,\ y=x^2-1,\ y=x^2+1,\ y=x^2+2$

풀이

① [◆][Y=]를 누른다.

y1= x^2을 입력하고 [ENTER]를 누른다.

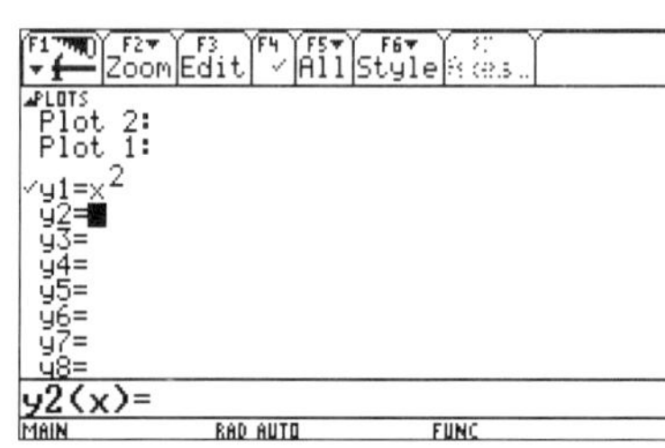

그래프를 그리기 위해서 [◆][GRAPH]를 누른다. 그래프는 이전에 사용된 윈도우 설정으로 보여진다.

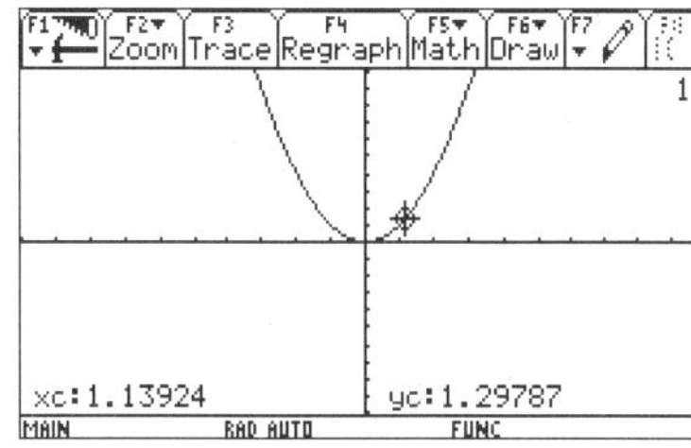

윈도우의 표준 설정

($-10 \leq x \leq 10$, $-10 \leq y \leq 10$) 사용하기 :

[F2](Zoom)을 누르고 6:ZoomStd를 선택한 후 [ENTER]를 누른다.

[F3](Trace)를 누르고 방향키 ◀ 또는 ▶를 눌러 그래프의 자취를 따라간다.

(그래프 윈도우에서 오른쪽 상단에 있는 1은 y1의 그래프의 자취를 따라가고 있다는 표시이다.)

② 하나의 함수가 다른 함수와 관계가 있을 때, 함수식을 그 관계로 표현하는 것이 유용할 수 있다.

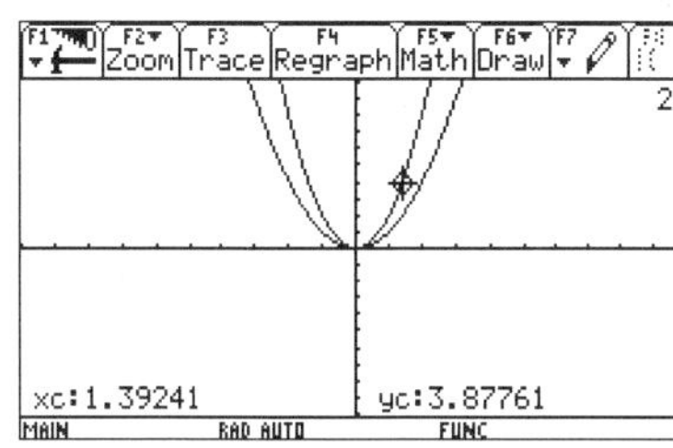

[◆][Y=]을 누른다.

y2=2×y1(x)을 입력하고 [ENTER]를 누른다.

그래프를 그리기 위해서 [◆][GRAPH]를 누른다.

그래프의 자취를 따라 이동하기 위해서 [F3](Trace)를 누르고 방향키 ▲ 또는 ▼를 눌러 두 그래프 사이를 오갈 수 있다.

③ $y=x^2$의 그래프와의 관계를 알아보기 위해서 네 개의 함수를 같이 볼 수 있도록 그릴 수 있다.

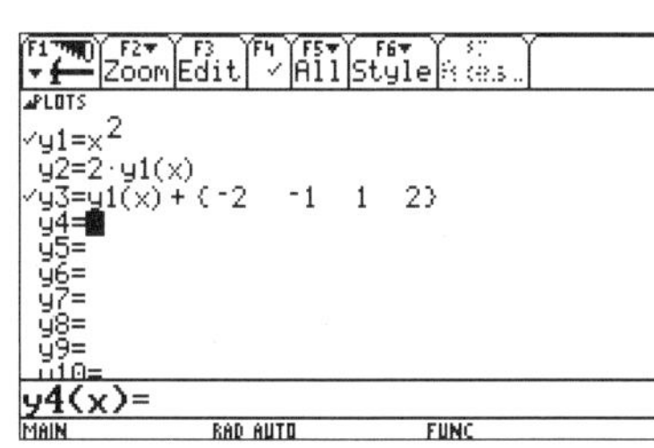

우선 $y2$의 함수식을 비활성화 시키기 :

[◆][Y=]를 누르고 $y2$에 커서를 위치시킨다.

$y2$의 함수식이 선택되지 않도록 [F4]를 누른다.

(이것은 함수식을 지우는 것이 아니라 그래프

만 그려지지 않도록 하는 것이다.)

y3=y1(x)+{[(-)]2,[(-)]1,1,2}을 입력하고 [ENTER]를 누른다.

그래프를 보기 위해서 [◆][GRAPH]를 누르고, 이전에 했던 것처럼 그래프의 자취를 따라 가 보아라.

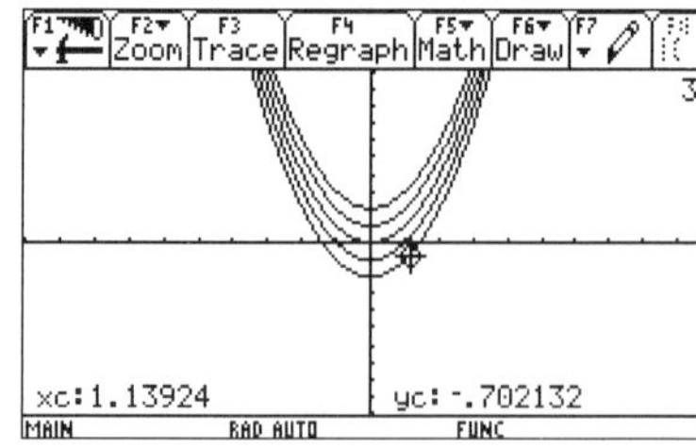

예제 2

함수 $f(u)=3u^2-2u-1$의 그래프를 그려라.

풀이

x가 아닌 독립 변수를 가진 함수식의 그래프 그리기 :

홈 스크린으로 가기 위해서 [◆][CALC HOME]을 누른다.

[F4](other)를 누르고 2:Graph을 선택한 후 [ENTER]를 누른다.

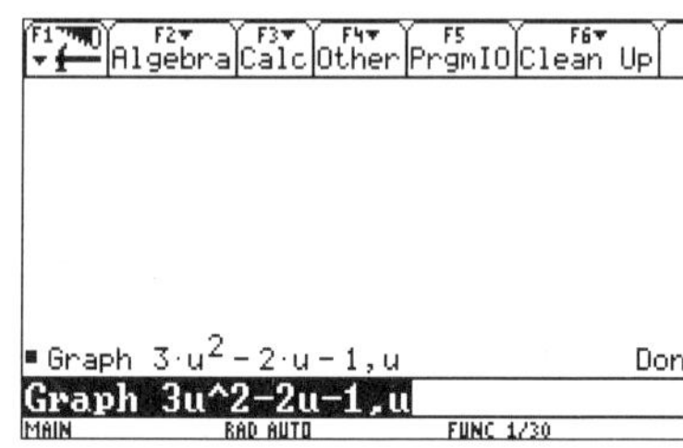

Graph 3×u^2−2×u−1,u를 입력하고 [ENTER]를 누른다.

이 명령어는 홈 스크린에서 함수식의 그래프를 그리게 한다.

(이때, Y=Editor(함수 편집기)를 이용하여 입력된 함수들은 일시적으로 나타나지 않는다.

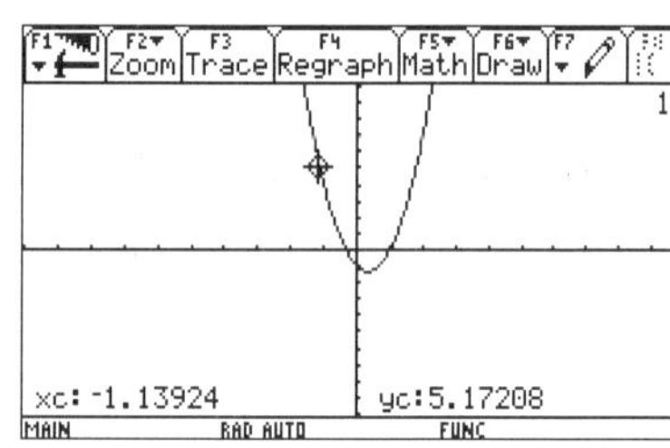

> **CAS 도움말**
>
> 홈 스크린에서 입력한 함수의 그래프를 지우기 위해서는 [◆][CALC HOME]를 누른다. 홈 스크린이 나타나면 [F4](other)를 누르고 5:ClrGraph를 선택한 후 [ENTER]를 누른다.

연습문제

1. Y=Editor(함수편집기)을 사용하여 다음 함수식의 그래프를 그려라.

   ① $y=0.5x^2-x-5$ ② $y=x,\ x^2,\ x^3$

   ③ $f(x)=x^2,\ y=g(x)=f(x+1),$
   $y=h(x)=f(x-1)$

2. Graph 명령어를 사용하여 다음 함수식의 그래프를 그려라.

   ① $f(a)=6-2a-a^2$ ② $f(x)=\frac{1}{5}x^3-3x$

탐구활동

1. $f(x)=(x-1)^m(x+2)^n$ (단, m, n은 $1\leq m\leq 5$, $1\leq n\leq 5$을 만족하는 정수)일 때, 임의의 m, n에 대하여, 함수 $y=f(x)$의 모양을 조사하여라. 특히 m과 n이 각각 홀수 또는 짝수인 모든 경우에 대하여 함수의 모양이 어떻게 되는지 설명하여라.

3.3 적절한 윈도우 설정

표준 윈도우 설정에서는 많은 그래프가 모든 특징을 나타내지 못하거나, 심지어 그래프가 보이지 않는 경우가 있다. 이러한 문제는 윈도우 설정을 조정하거나 Zoom기능을 사용하여 해결할 수 있다.

> **CAS 도움말**
>
> 줌(Zoom) 설정인 ZoomDec와 ZoomInt은 자취의 간격을 설정할 수 있다. 이런 경우에 윈도우 설정의 $xres$는 1로 설정되는 것이 좋다. 일반적으로, $xres$가 $n(1 \le n \le 10)$으로 설정되면, 그래프는 모두 n픽셀 간격으로 그려진다. 모든 픽셀이 사용될 때 즉, $xres=1$일 때 그래프는 가장 정교하게 그려진다. 그러나 계산기의 초기 설정은 $xres=2$로 되어 있다. 즉, 2픽셀 간격으로 그래프가 그려진다. 물론 $xres$의 값이 작으면 그래프는 천천히 그려진다.

예제

다음 함수식의 그래프를 그려라.

① $y=x^2+10x-6$ ② $y=0.1x^3-0.2x$

풀이

① [◆][Y=]를 누른다.

y1=x^2+10x−6을 입력하고 [ENTER]를 누른다. 표준 윈도우(x의 범위가 $[-10, 10]$이고, y의 범위가 $[-10, 10]$)인 그래프를 그리기 위해서 [F2](Zoom)을 누르고 6:ZoomStd를 선택한 후 [ENTER]를 누른다.

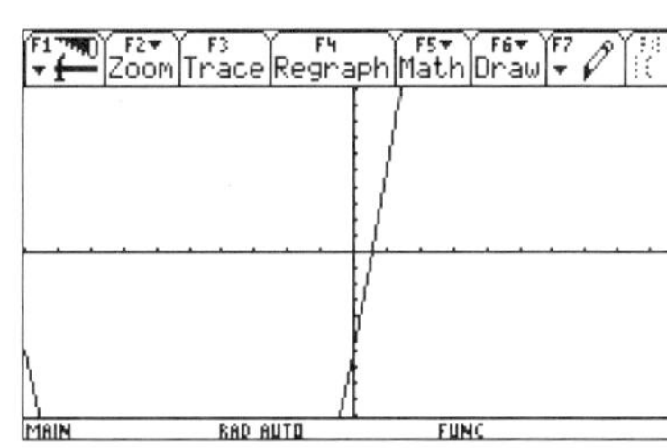

이 경우 최솟값, 절편, 함수의 모양과 같은 특징들이 윈도우에 모두 나타나지 않는다.

이러한 특징을 좀 더 자세히 보기 :

F2 (Zoom)을 누르고 3:ZoomOut을 선택한 후 ENTER 를 누른다.

커서를 새로운 중심인 $(-5, 0)$에 가까이로 이동시키고 ENTER 를 누른다.

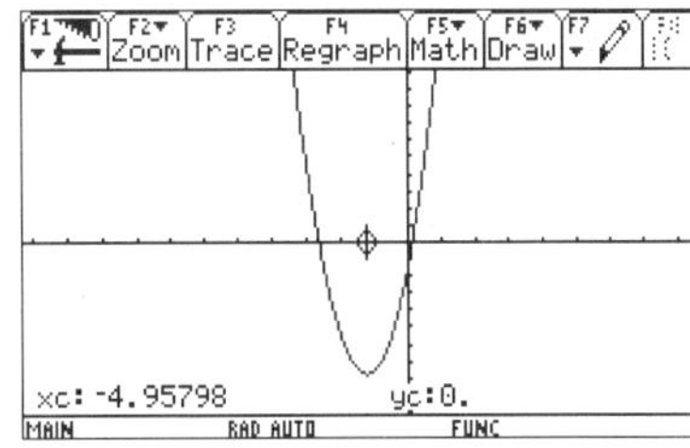

이제 포물선의 중요한 특징이 모두 나타난다.

특정 윈도우를 설정하기 위해 윈도우 편집기 사용하기 :

◆ [WINDOW]를 누르고 필요한 값을 입력한다.

예를 들어 :

xmin = −15

xmax = 5

xscl = 1

ymin = −35

ymax = 50

yscl = 1

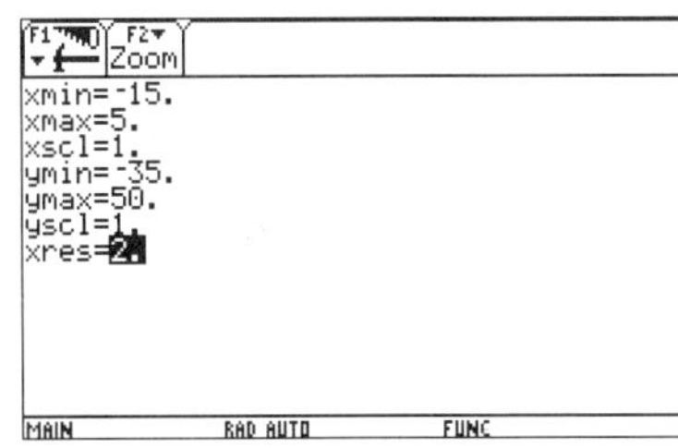

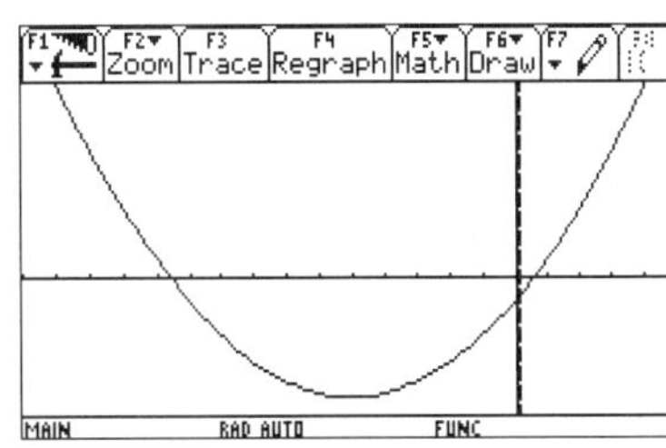

이 윈도우에 그래프를 그리기 위해서 ◆ [GRAPH]를 누른다.

② ◆ [Y=]를 누른다.

y1 = 0.1×x^3 − 0.2×x을 입력하고 ENTER 를 누른다.

정수 간격으로 그래프의 자취를 따라가기 위해서 F2 (Zoom)을 누르고 8:ZoomInt를 선택한 후 ENTER 를 누른다.

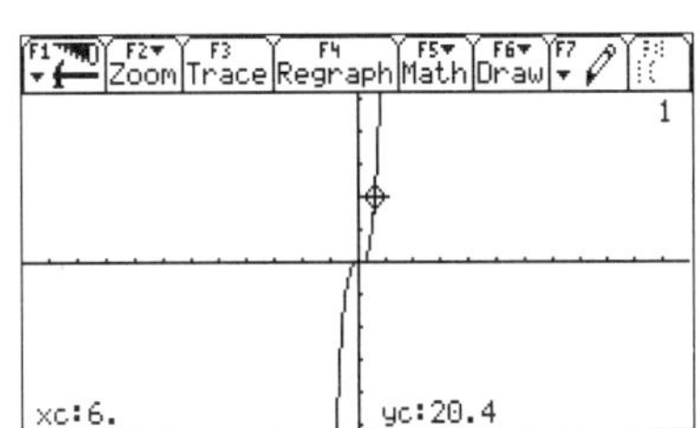

[**참고** : 자취에 정수 아닌 값이 나오면 ◆ [WINDOW]를 누르고 xres = 1을 입력하고 ◆ [GRAPH]를 눌러 그래프의 자취를 따라 간다.]

ZoomBox를 사용하면 처음 그래프를 좀 더 자세히 보여준다. 새로 설정한 박스영역이 새로운 윈도우로 지정된다.

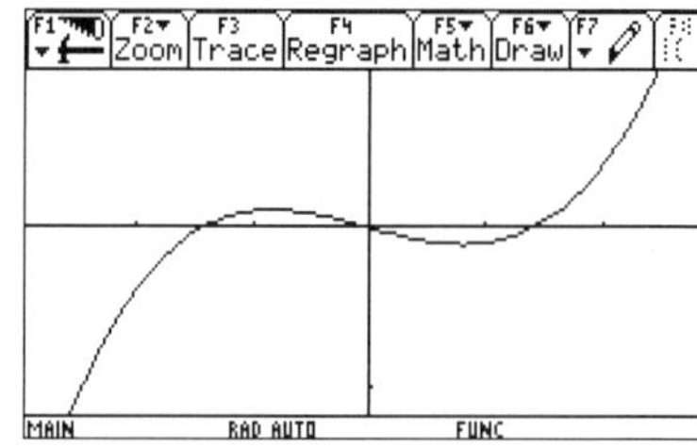

[F2](Zoom)를 누르고 1:ZoomBox를 선택한 후 [ENTER]를 누른다.

방향키를 사용해서 커서를 $(-3,\ 1)$로 이동시키고 [ENTER]를 누른다.

방향키를 사용해서 커서를 $(3,\ -1)$로 이동시키고 [ENTER]를 누른다.

선택된 영역에서 그래프가 새로 그려지며, 이때 극댓값과 극솟값을 확실하게 볼 수 있다

CAS 도움말

정의역의 x의 값의 범위를 안다면, 윈도우 편집기에서 x의 값의 범위를 입력하고 [F2](Zoom)을 누르고 A:ZoomFit을 선택한다. 그러면 정의역 구간에서 그래프가 그려지고, 그래프가 스크린에 적절하게 맞춰진다. ZoomFit은 정의역에서의 최대 y값과 최소 y값을 구하고 ymin과 ymax를 적절하게 설정해준다.

연습문제

1. 줌 기능이나 윈도우 설정을 적절하게 사용하여 다음 함수의 그래프를 그려라.

① $y=-5x^2+x+15$

② $y=100x-x^3$

③ $y=x^3-14x^2+25x-12$

④ $y=-10+f(x-2)+g(x+2)$

(단, $f(x)=x+2x^3,\ g(x)=2-x^2$)

그래프의 중요한 모든 특징들이 보이는지 확인하여라.(때로는 인수분해가 도움이 될 수 있다.)

탐구활동

1. 함수 $f(x)=(x+a)(x+b)^2$(단, a, b : 상수 $-20\le a\le 20$, $-20\le b\le 20$)에서 일정한 b(b는 간단한 값부터 시작)에 대하여 a를 변화시켰을 경우와 일정한 a에 대하여 b를 변화시켰을 경우에 대하여 각각 함수 $y=f(x)$의 그래프에 어떤 영향을 주는지 조사하여라.

3.4 이동 기능

그래프에서 절편과 극점은 중요한 점이다. 그래프 위에 주어진 x값을 한 번에 찾는 것과 주어진 y값에 대응하는 x값을 찾는 기능은 유용하게 사용될 수 있다. 이것은 그래프가 잘 그려진다면, 그래프 스크린에서 이러한 것들을 바로 알아낼 수 있다.

예제

$y=0.1x^3-0.2x$의 그래프에서 다음을 구하여라.

① $x=1.2$일 때, y좌표를 구하여라.

② x절편과 y절편을 구하여라.

③ 극점의 좌표를 구하여라.

풀이

① ◆ [Y=]를 누른다.

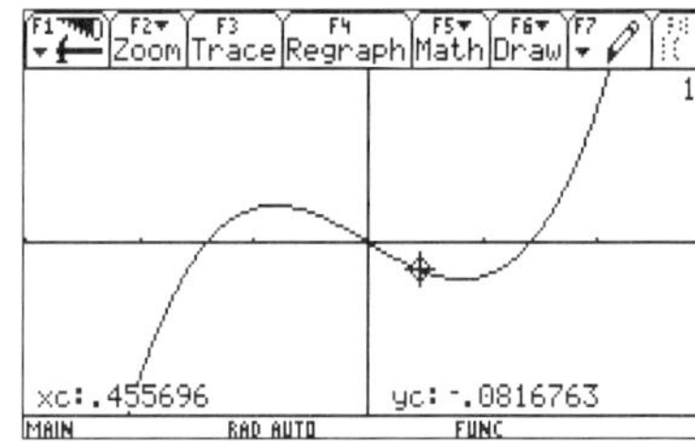

y1=0.1×x^3−0.2×x를 입력하고 ENTER 를 누른다.

◆ [WINDOW]를 누른다.

x축의 범위가 [−3, 3], y축의 범위가 [−0.5, 0.5]인 윈도우를 설정한다.

설정된 윈도우에서 그래프를 보기 위해서 ◆ [GRAPH]를 누른다.

$x=1.2$일 때 그래프로 이동하기 :

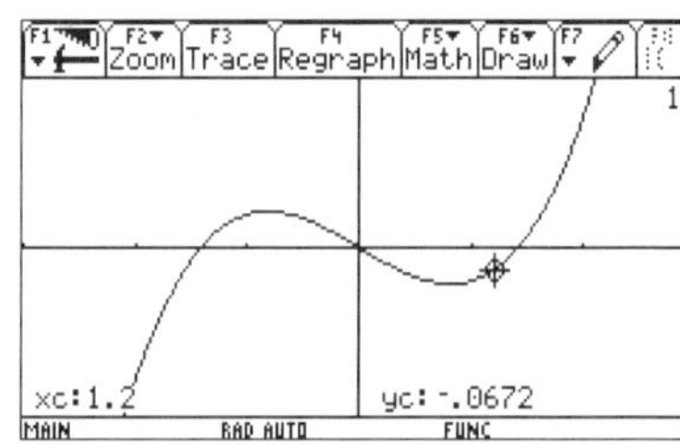

F3 (Trace)를 누른다.

$x=1.2$을 입력하고 ENTER 를 누른다.

대응하는 y값은 −0.0672이다. 커서는 스크린에서 그 점에 가장 가까운 픽셀로 이동한다.

② x절편이 세 개 있다. 그 중 하나는 $x=0$이다. 위에서 설명한 것처럼 $x=0$일 때의 점으로 이동하여 이것을 확인할 수 있다. 이렇게 함으로써 y절편 또한 0임을 알 수 있다.

가장 작은 x절편 구하기 :

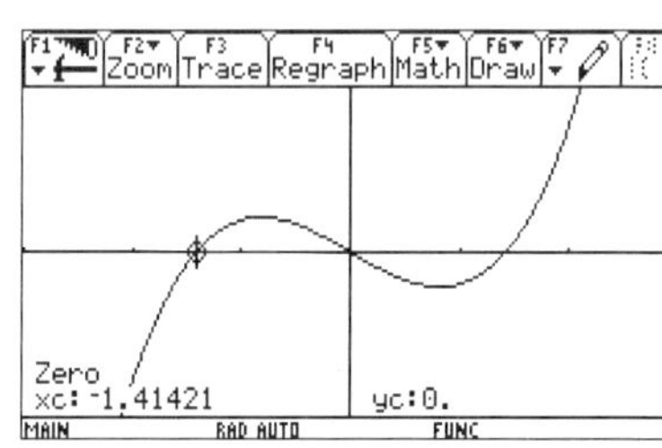

F5 (Math)를 누르고 2:Zero를 선택한 후 ENTER 를 누른다.

y1이 0이 되는 x좌표에서 커서가 깜박일 것이다.

Lower bound라는 글자가 뜨면 −2를 입력하고 ENTER 를 누른다.

Upper bound라는 글자가 뜨면 −1을 입력하고 ENTER 를 누른다.

(다른 방법으로는 방향키 ▶, ◀로 움직인다.)

가장 작은 x절편은 $x=-1.414$이다. 이 절차를

반복하면 가장 큰 x절편을 구할 수 있다. ($x=$ 1.414)

③ 두 개의 극점이 있다. 가장 왼쪽에 있는 극점 구하기 :

F5(Math)를 누르고 4:Maximum을 선택한 후 ENTER를 누른다.

$y1$이 극댓값인 x좌표에서 커서가 깜박일 것이다.

Lower bound라는 글자가 뜨면 −2를 입력하고 ENTER를 누른다.

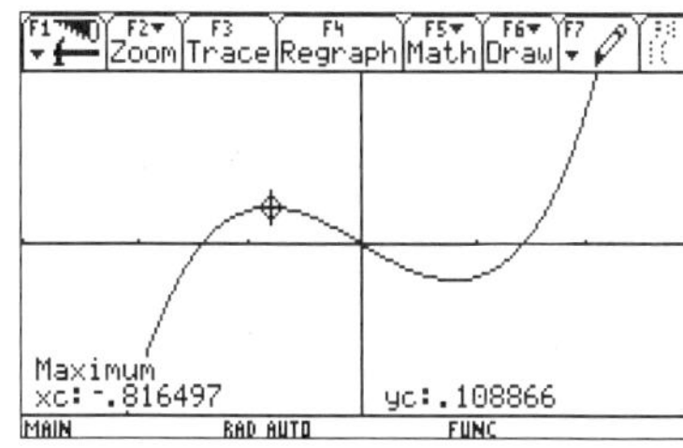

Upper bound라는 글자가 뜨면 0을 입력하고 ENTER를 누른다.

극댓점은 (−0.8165, 0.1089)이다.

이와 유사한 방법으로 극솟값도 구할 수 있다. F5(Math)을 누르고 3:Minimum을 선택한 후 ENTER를 누른다.

극솟점은 (0.8165, −0.1089)이다.

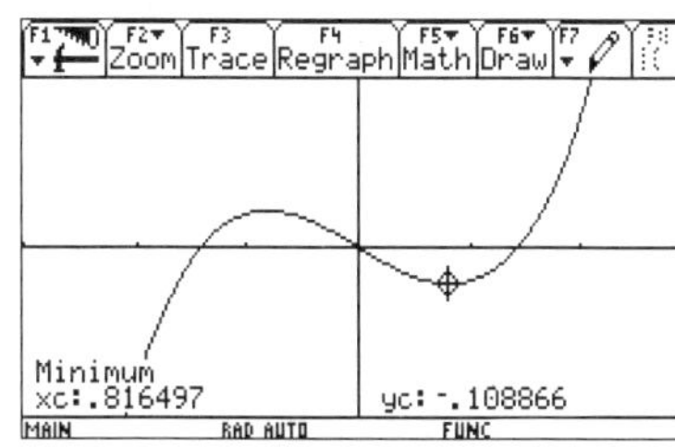

연습문제

1. 다음 그래프에서 절편을 구하고, 극점의 좌표를 구하여라.

① $y=-5x^2+x+15$

② $y=100x-x^3$

③ $y=x^3-14x^2+25x-12$

④ $y=-10+f(x-2)+g(x+2)$

(단, $f(x)=x+2x^3$, $g(x)=2-x^2$)

탐구활동

1. 함수 $f(x)=x^3+ax+1$(단, a는 상수)일 때, a가 변하면, $y=f(x)$의 그래프가 어떻게 변하는지 조사하여라. 즉, a의 값이 다음과 같을 때, 극점과 x절편을 구하여라.

   ① $a=0, 2$일 때, 극점은?

   ② $a=1, 2, 3$일 때, x절편은?

2. 탐구활동 1번을 함수 $f(x)=x^3+bx+1$(단, b는 상수)로 다시 풀어보아라.

3.5 교점

그래프 간의 교점을 구하는 것이 필요한 경우가 있다. ZoomBox와 ZoomIn 기능은 이러한 교점들의 면밀한 조사를 가능하게 하며, Intersection 기능은 교점의 좌표를 빠르게 구할 수 있게 한다.

예제

삼차함수 $y=0.5x^3-2x+3$와 이차함수 $y=7+2x-x^2$에 대하여, 다음 물음에 답하여라.

① 두 함수의 그래프를 적절한 윈도우에 그려라.

② 교점의 좌표를 구하여라.

③ 삼차함수에서 $y=2$일 때, x의 값을 구하여라.

풀이

① [◆][Y=]를 누른다.

y1=0.5×x^3−2×x+3을 입력하고 [ENTER]를 누른다.

y2=7+2×x−x^2을 입력하고 [ENTER]를 누른다.

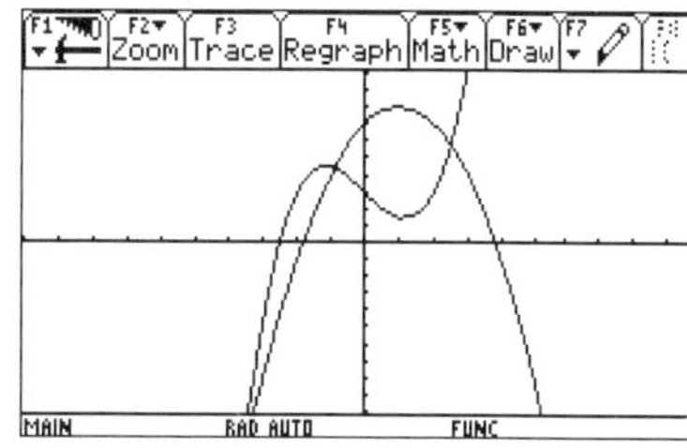

[F2](Zoom)을 누르고 6:ZoomStd를 선택한 후 [ENTER]를 누른다.

표준 윈도우에서 교점이 두 개가 보이지만, 세 번째 교점이 있는 것처럼 보인다.

[◆][WINDOW]를 누르고 다음과 같이 윈도우 설정을 한다.

xmin=−5

xmax=5

ymin=−20

다른 설정은 변경하지 않고, [◆][GRAPH]를 누른다.

이제 세 개의 교점을 모두 볼 수 있다.

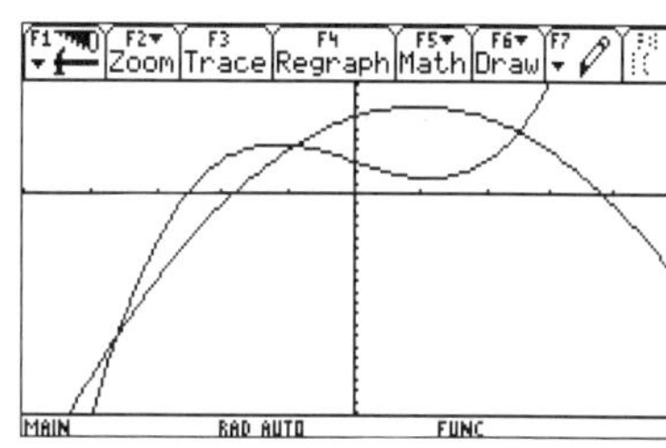

② 가장 왼쪽에 있는 교점 찾기 :

[F5](Math)를 누르고 5:Intersection를 선택한 후 [ENTER]를 누른다.

커서가 그래프 위의 한 점에서 깜박일 것이다.

'1st curve'라는 글자가 뜨면, y1함수에 커서를 놓고 [ENTER]를 누른다.

'2nd curve'라는 글자가 뜨면, y2함수에 커서를 놓고 [ENTER]를 누른다.

Lower bound라는 글자가 뜨면 −4를 입력하고 [ENTER]를 누른다.

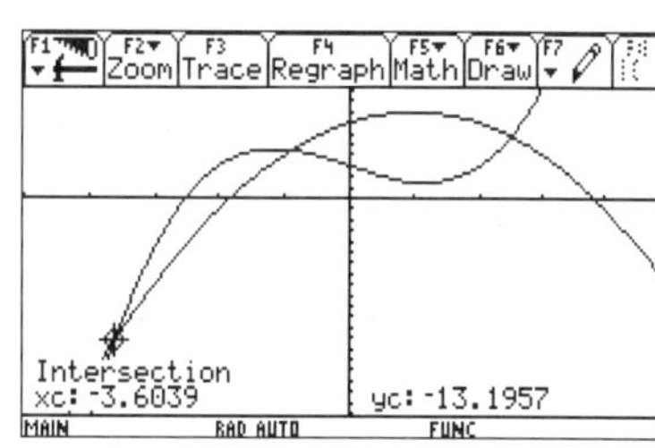

Upper bound라는 글자가 뜨면 −3을 입력하고 [ENTER]를 누른다.

(다른 방법으로는 방향키 ▶◀로 움직인다.)

교점은 (−3.6039, −13.1957)이다

다른 두 교점 (−0.8901, 4.428), (2.494, 5.768)도 유사한 방법으로 구한다.

③ [◆][Y=]를 누른다.

y3=2를 입력하고 [ENTER]를 누른다.

[F2](Zoom)을 누르고 4:ZoomDec을 선택한 후 [ENTER]를 누른다.

수평선 $y=2$ 는 삼차함수와 세 번 만난다. (이차함수와는 두 번 만난다). 위의 방법 ②를 사용하여 삼차함수와의 교점을 구하여라.

[**참고** : 방향키 ▲, ▼로 1, 3번 곡선을 빠르게 선택할 수 있다.]

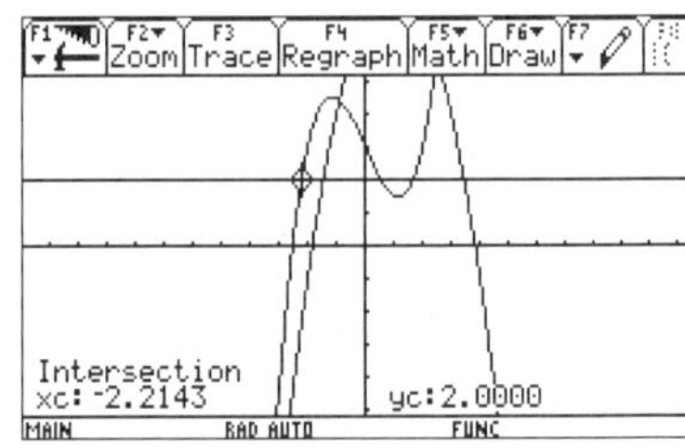

첫 번째 교점의 x값은 $x=-2.214$이고, 다른 두 교점의 x값은 $x=0.5392$, $x=1.675$이다.

연습문제

1. 다음 두 그래프의 교점을 구하여라.

① $y=x^2-x-6$, $y=6x+9$

② $y=10+x-3x^2$, $y=5+3x-x^2$

③ $y=2x^3-6x^2+5x-8$, $y=(x-3)(5-x)$

탐구활동

1. 두 함수 $f(x)=x^2+3$, $g(x)=mx-1$(단, m은 상수)에 대하여 (i) 0, (ii) 1, (iii) 2개의 교점을 가질 때, $f(x)$와 $g(x)$의 그래프에서 m의 값을 구하여라.(방정식을 사용하는 것이 도움이 될 것이다.)

2. 탐구활동 1번을 함수 $g(x)=mx-m$(단, m은 상수)로 다시 풀어보아라.

3.6 변환

주어진 함수와 이 함수의 그래프에 다음과 같은 변환이 있을 수 있다.

- 좌표축에 대한 대칭이동
- x축 방향, y축 방향으로의 평행이동
- 좌표축에 평행하게 늘림

이런 변환은 특히 그래프 화면에서 탐구하기 쉽다.

> **CAS 도움말**
>
> 함수 편집기에서 F6(Style) 메뉴는 몇 가지 유형의 선 모양을 가지고 있다. 이 메뉴에 있는 굵은 선은 그래프들을 구분하는데 유용하다.

예제

함수 $f(x)=1+2x-x^2$일 때, $y=f(x)$의 그래프를 그리고 다음 변환들의 결과를 그래프로 그려 설명하여라.

① $-f(x)$　　② $f(-x)$

③ $f(x-3)$　　④ $f(x)-3$

⑤ $f(2x)$　　⑥ $2f(x)$

풀이

함수 $f(x)$ 입력하기 :

[◆][CALC HOME]을 눌러 홈 스크린으로 이동한다.
[F4](other)를 누르고 1:Define을 선택한 후 [ENTER]를 누른다.
Define f(x)=1+2×x−x^2을 입력하고 [ENTER]를 누른다.

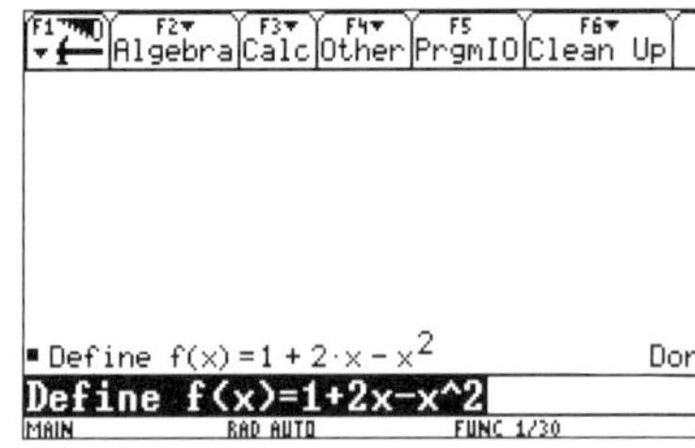

$y=f(x)$의 그래프 그리기 :

[◆][Y=]를 누른다.
y1=f(x)을 입력한다.
[F6](Style)을 누르고 4:Thick을 선택한 후 [ENTER]를 누른다.
[F2](Zoom)를 누르고 4:ZoomDec을 선택한 후 [ENTER]를 누른다.

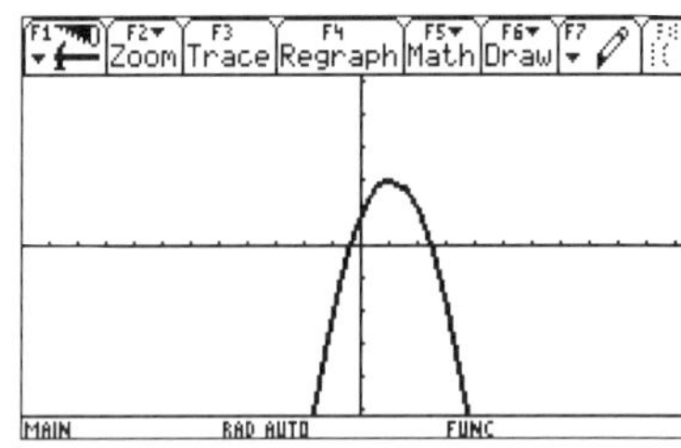

① [◆][Y=]를 누른다.
y2=−f(x)을 입력하고 [ENTER]를 누른다.
[◆][GRAPH]를 누른다.
결과는 처음 그래프를 x축에 대하여 대칭이동한 것이다.

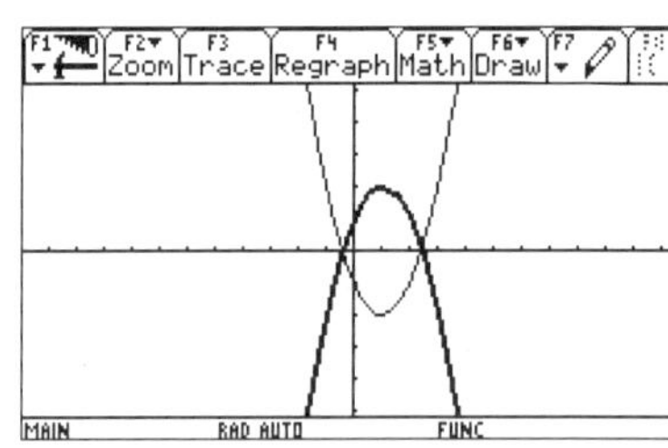

② [◆][Y=]를 누른다.
y2=f(−x)을 입력하고 [ENTER]를 누른다.
[◆][GRAPH]를 누른다.
결과는 처음 그래프를 y축에 대하여 대칭이동한 것이다.

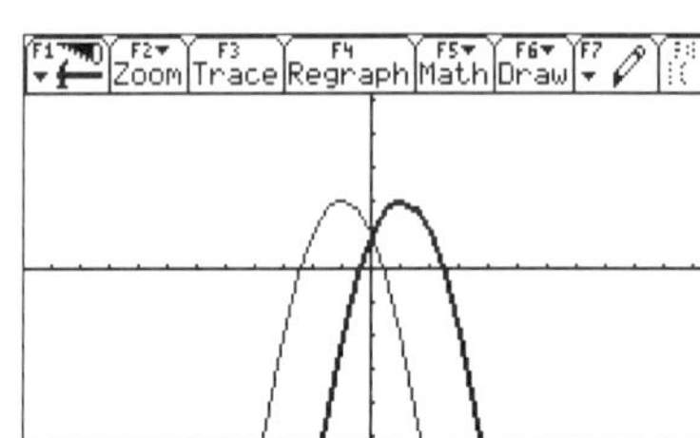

③ ◆[Y=]를 누른다.
y2=f(x−3)을 입력하고 ENTER를 누른다.
◆[GRAPH]를 누른다.
결과는 처음 그래프를 *x*축의 양의 방향으로 3만큼 평행이동한 것이다. 즉, 그래프를 오른쪽으로 3만큼 평행이동한 것이다.

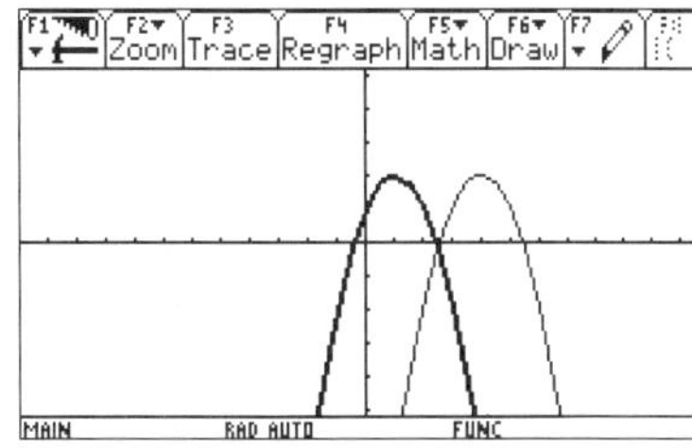

④ ◆[Y=]를 누른다.
y2=f(x)−3을 입력하고 ENTER를 누른다.
◆[GRAPH]를 누른다.
결과는 처음 그래프를 *y*축의 음의 방향으로 3만큼 평행이동한 것이다. 즉, 그래프를 아래쪽으로 3만큼 이동한 것이다.

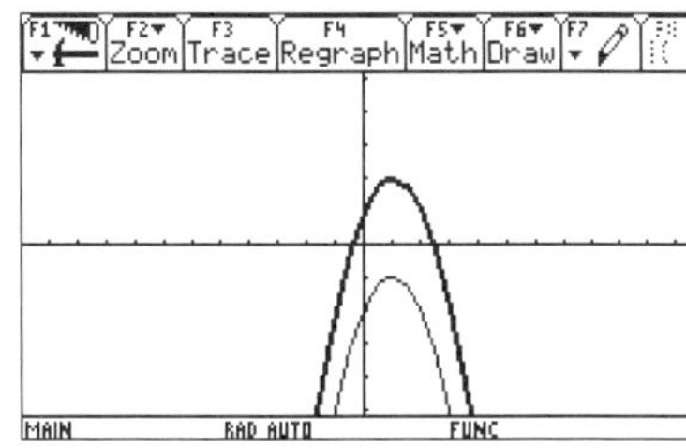

⑤ ◆[Y=]를 누른다.
y2=f(2x)을 입력하고 ENTER를 누른다.
◆[GRAPH]를 누른다.
결과는 처음 그래프를 *x*축 방향으로 1/2배한 것이다. 즉, 그래프는 수평방향으로 그래프의 폭이 절반으로 좁아진다.

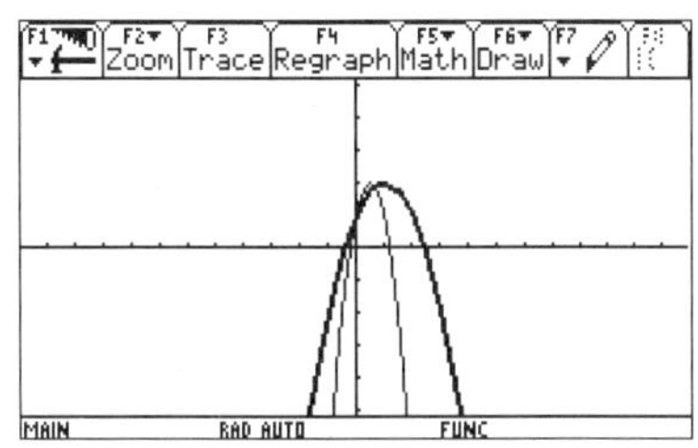

⑥ ◆[Y=]를 누른다.
y2=2f(x)을 입력하고 ENTER를 누른다.
◆[GRAPH]를 누른다.
결과는 처음 그래프가 *y*축 방향으로 2배 늘어난 것이다. 즉, 그래프의 높이가 두 배가 되어 그래프는 수직방향으로 늘어난다.

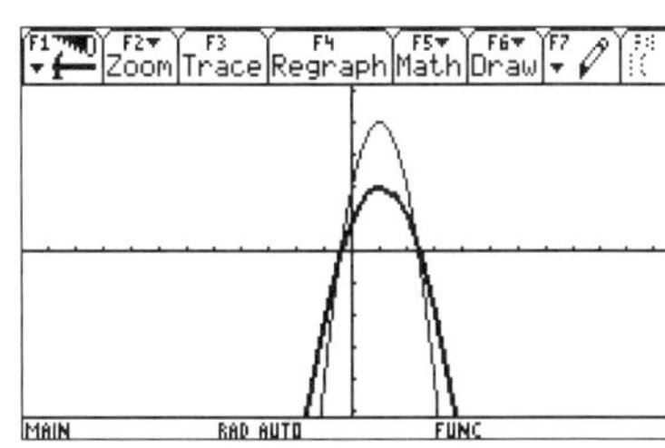

연습문제

1. 함수 $f(x)=x^2-2x-8$일 때, 다음 변환에 대하여 물음에 답하여라.
   ① 함수 $y=f(x)$와 변환 함수의 그래프를 그려라.
   ② 변환 함수를 설명하여라.
   ③ 변환 함수의 식을 구하여라.
   (i) $y=f(-x)$　　(ii) $y=f(x/2)$
   (iii) $y=f(x+4)$　　(iv) $y=f(x)+5$
   (v) $y=-2f(x)$

2. $g(x)=\dfrac{1}{5}(x+1)^2(x-5)$일 때, 다음 변환에 대하여 물음에 답하여라.
   ① 함수 $y=f(x)$와 변환 함수의 그래프를 그려라.
   ② 임의의 상수 a, b, c, d에 대하여 $y=ag(bx+c)+d$ 형태의 변환 식을 구하여라.
   (i) x축에 대칭이동
   (ii) 왼쪽으로 2만큼 평행이동
   (iii) 수직 방향으로 -5만큼 평행이동
   (iv) x축 방향으로 2배 늘리기
   (v) y축 방향으로 1/2배 하기

탐구활동

1. 함수 $y=x^2-x$에 대하여, 다음 연속된 변환을 조사하여라. 특히, 변환의 순서를 정하고, 마지

막으로 변환된 함수식을 구하여라.
[**힌트** : y1에 함수를 입력하고 y1의 변환 함수식을 y2에 입력하고, y2의 변환 함수식을 y3에 입력한다.]

① $\begin{cases} \text{왼쪽으로 2만큼 평행이동하고, } x\text{축에 대칭이동} \\ x\text{축에 대칭이동하고, 왼쪽으로 2만큼 평행이동} \end{cases}$

② $\begin{cases} \text{아래쪽으로 3만큼 평행이동하고, } y\text{축에 대칭이동} \\ y\text{축에 대칭이동하고, 아래쪽으로 3만큼 평행이동} \end{cases}$

③ $\begin{cases} \text{아래쪽으로 5만큼 평행이동하고, } y\text{축 방향으로 2배 늘리기} \\ y\text{축 방향으로 2배 늘리고, 아래쪽으로 5만큼 평행이동} \end{cases}$

④ $\begin{cases} \text{오른쪽으로 3만큼 평행이동하고, } x\text{축 방향으로 1/2배하기} \\ x\text{축 방향으로 1/2배하고, 오른쪽으로 3만큼 평행이동} \end{cases}$

⑤ $\begin{cases} y\text{축에 대칭이동하고, 왼쪽으로 4만큼 평행이동하고, } x\text{축에 대칭이동} \\ x\text{축에 대칭이동하고, 왼쪽으로 4만큼 평행이동하고, } y\text{축에 대칭이동} \end{cases}$

3.7 매개변수 리스트의 사용

매개변수에 의하여 정의된 함수, 예를 들면 $f(x)=x+c$(단, c : 실수 또는 정수)에서 매개변수 c가 변함에 따라 함수 $y=f(x)$의 그래프가 어떻게 변하는지에 대하여 알아보려고 한다. 매개변수 리스트 형식으로 수치 값들의 집합을 매개변수에 할당하는 방법은 유용한 기법이다.

예제

함수 $y=mx+c$(단, m, c : 정수)일 때, 다음 각 경우에 직선은 어떻게 변하는가?
① $c=0$, m은 다양한 값

② $m=1$, c는 다양한 값

③ $c=2m$, m은 다양한 값

풀이

① ◆[CALC HOME]을 누른다.

0 STO▸ c를 입력하고 ENTER를 누른다.

{−3, −2, −1,0,1,2,3} STO▸ m을 입력하고 ENTER를 누른다.

◆[Y=]를 누른다.

y1=m×x+c를 입력한다.

F2(Zoom)을 누르고 6:ZoomStd를 선택한 후 ENTER를 누른다.

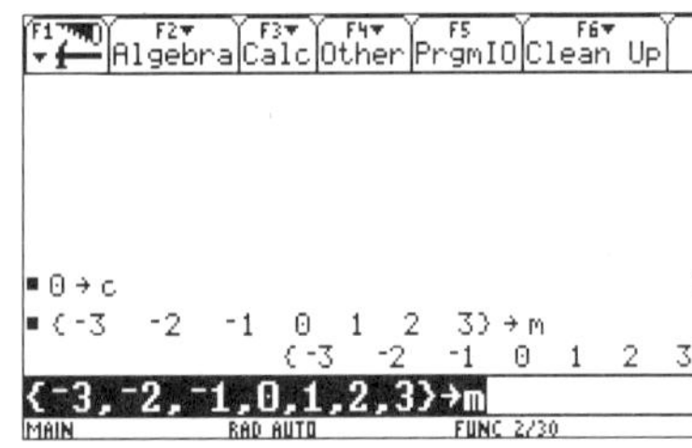

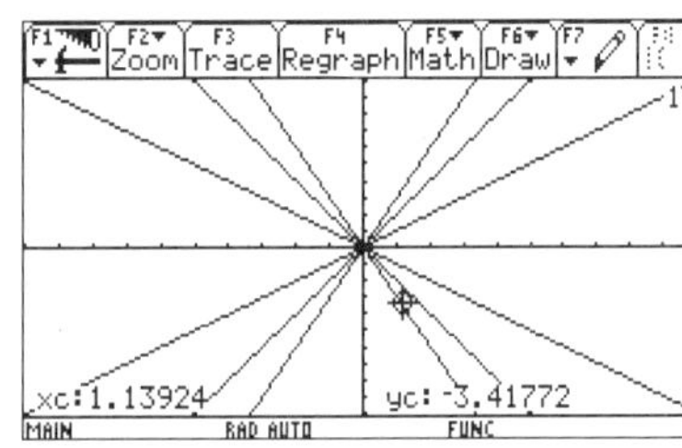

예상한 대로, 그래프는 기울기가 변하면서 원점을 지나는 직선이다. Trace기능을 사용하여 그래프의 자취를 따라가 보아라. 함수 $y=-3x$의 그래프의 자취를 따라가기 시작해서 방향키 ⓥ를 눌러 다음 함수 $y=-2x$의 그래프로 이동한다.

② ◆[CALC HOME]을 누른다.

1 STO▸ m를 입력하고 ENTER를 누른다.

{−3, −2, −1,0,1,2,3} STO▸ c를 입력하고 ENTER를 누른다.

◆[GRAPH]를 누른다.

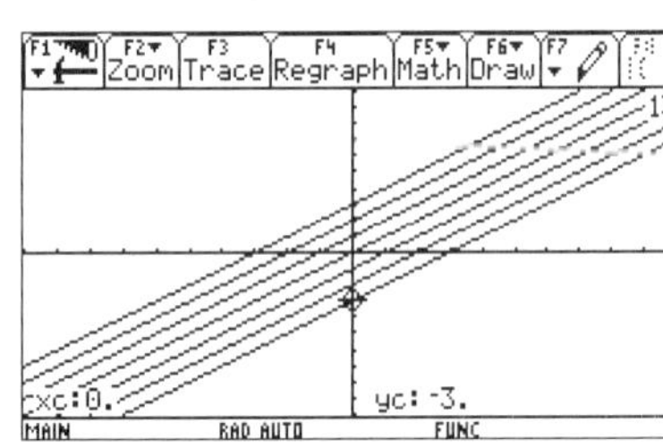

예상대로, 그래프는 기울기가 1이고, y절편이 변하는 직선이 그려진다. 그래프의 자취를 따라가 보아라.

③ ◆ [CALC HOME]을 누른다.
{−3, −2, −1,0,1,2,3} STO▸ m을 입력하고 ENTER 를 누른다.
2×m STO▸ c를 입력하고 ENTER 를 누른다.
◆ [GRAPH]를 누른다.

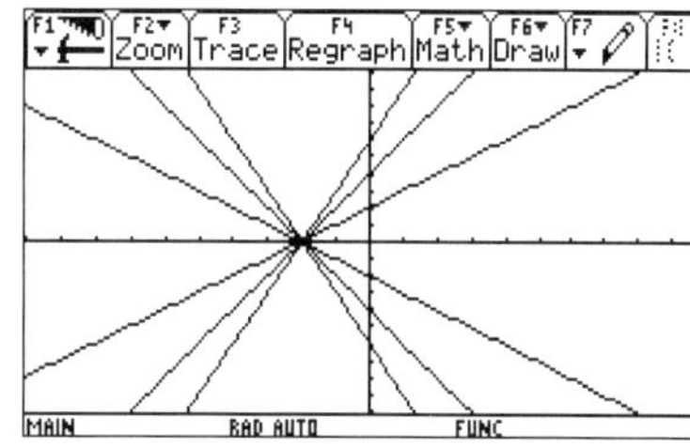

이 그래프는 기울기와 y절편이 변하는 직선이다. 여기서 모든 직선이 x축 위의 공통된 점을 지나는 것을 알 수 있다. 그것은 어떤 점이고, 그 이유는 무엇일까?

연습문제

1. 매개변수 리스트를 사용하여 다음 함수의 그래프를 그려라.

   ① $y=(x-a)^2$
   (단, a : 정수, $-3 \leq a \leq 3$)

   ② $y=x(b-x)$
   (단, b : 정수, $-3 \leq b \leq 3$)

   ③ $y=x^3-cx$
   (단, c : 정수, $-3 \leq c \leq 3$)

2. c가 상수로 일정하고, b가 변할 경우와 b가 상수로 일정하고, c가 변할 경우 각각 $y=(x+b)^2+c$의 그래프에 어떤 영향을 주는지 조사하여라.

탐구활동

1. 아래의 각 그래프들은 매개변수를 가진 하나의 함수로 만들어졌다. 매개변수 리스트는 각 결과를 산출하는데 사용된다. 축은 표시되지 않게 하고, 사용된 함수의 형태와 윈도우 설정은 다음과 같이 주어졌다. 아래 그래프와 같은 결과를 다시 만들어보고, 사용된 함수식과 매개변수 리스트가 어떤 것인지 설명하여라.(Y=Editor(함수 편집기)를 사용하여 축이 표시되지 않게 할 수 있다. 또는 WINDOW Editor(윈도우 편집기)를 이용하거나 GRAPH 스크린에서 [F1]을 누르고 9:Format...을 선택하여 축 설정을 조정할 수 있다.)

① String design(줄 모양) : x축 범위가 $[-8, 6]$이고, y축 범위가 $[-8, 8]$인 1차 함수 형태

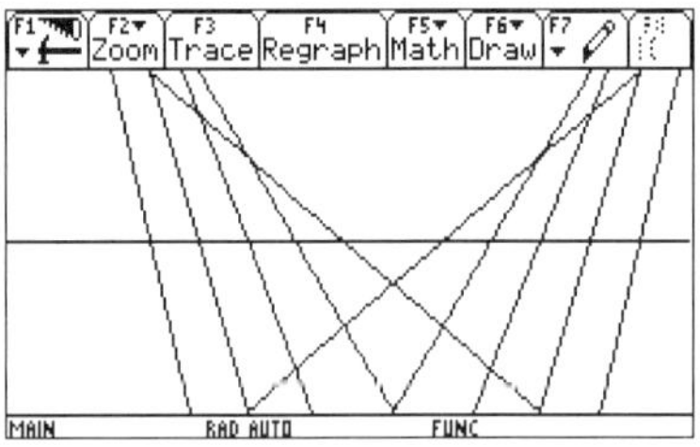

② Hoops(둥근 모양) : x축 범위가 $[-8, 6]$이고, y축 범위가 $[-7, 7]$인 2차 함수 형태

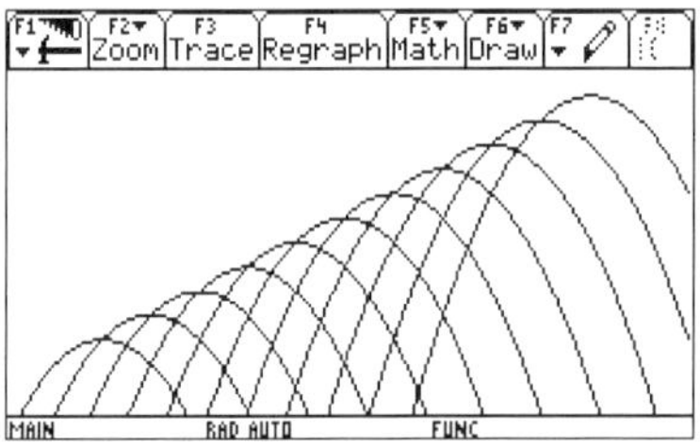

③ Waterfall(폭포모양) : x축 범위가 $[-10, 10]$

이고, y축 범위가 [−8, 6]인 3차 함수 형태

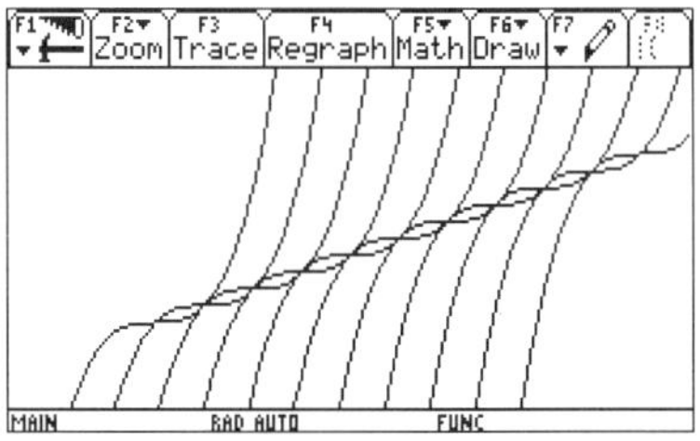

방정식 풀기
Solving equations

4

4.1 방정식 풀기

미지수가 1개인 방정식의 해는 CAS의 Solve 기능을 사용하면 매우 쉽게 구할 수 있다. 간단한 방정식의 경우에는 CAS에 방정식을 입력하는 것보다 지필로 계산하는 것이 더 쉬울 수 있다. CAS를 사용하여 방정식을 풀 때 문법이 정확한지를 확인하기 위해서 계산기에 입력한 내용을 확인해야 한다.

> **CAS 도움말**
>
> CAS에서는 곱셈을 위해 항상 곱셈 기호를 눌러야 한다. 숫자 이외의 다른 어떤 것들(예 : 문자)이 곱해진 경우, CAS는 생략된 곱셈을 인식하지 못한다. 예를 들어, *ab*를 입력할 경우 CAS는 그것을 $a\times b$보다는 '*ab*'라는 하나의 대상으로 인식한다. 이렇게 되면 많은 경우에 오답을 얻을 수 있다.

예제 1

z에 관한 방정식 $1.6z+4=11.5$를 풀어라.

풀이

F2 (Algebra)를 누르고 1:solve(를 선택한 후 ENTER 를 누른다.

solve(1.6×z+4=11.5,z)를 입력하고 ENTER 를 누른다.

해는 $z=4.6875$이다.

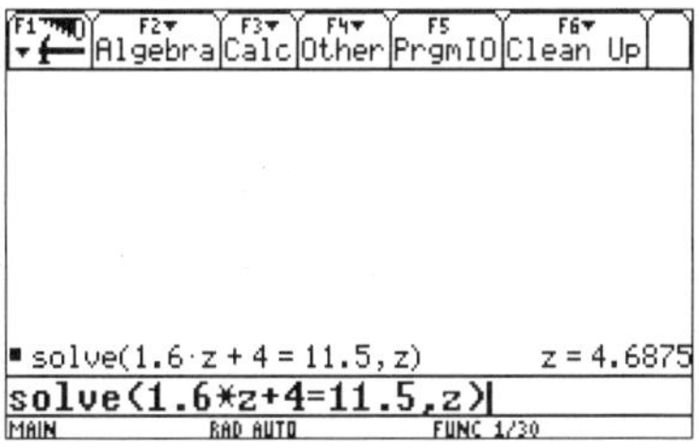

해를 참값으로 바꾸려면 exact 명령어를 사용한다. 2nd [CATALOG]를 누르고 e를 입력한다.
exact 명령어가 선택될 때까지 스크롤한 뒤 ENTER 를 누른다.
가장 최근의 결과 즉, ans(1)을 불러들이기 위해 2nd [ANS]를 누른다.
exact(ans(1))을 입력하고 ENTER 를 누른다.

해는 $z=\dfrac{75}{16}$ 이다.

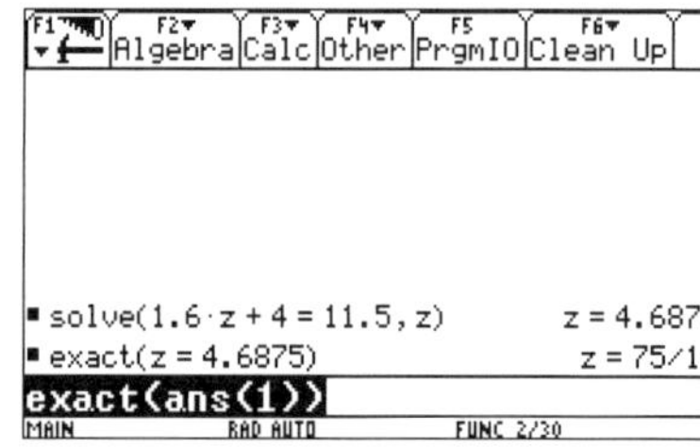

예제 2

방정식 $\dfrac{3x-2}{2y-3}+\dfrac{x+4}{2}=2$에 대하여, 다음 물음에 답하여라.

① 방정식을 y에 관하여 풀어라.

② 방정식의 해를 $\dfrac{a}{x}-b$형태로 간단히 하여라.

풀이

① F2 (Algebra)를 누르고 1:solve(를 선택한 후 ENTER 를 누른다.
solve((3×x−2)÷(2×y−3)+(x+4)÷2=2,y) 을 입력하고 ENTER 를 누른다.
결과는 $y=\dfrac{-(3x-4)}{2x}$ 이다.

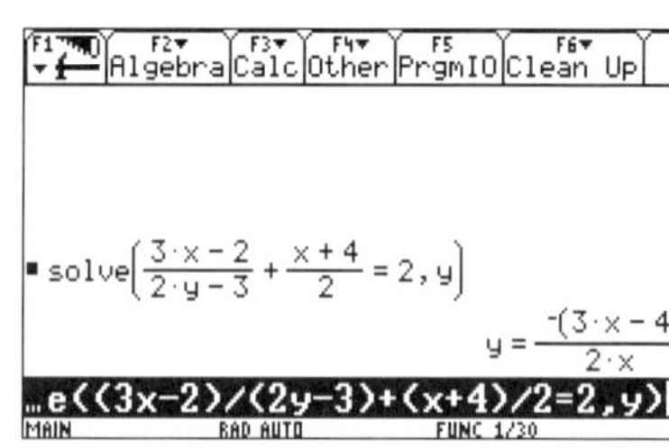

② $\dfrac{a}{x}-b$ 형태의 동치식을 구하기 위해서 propFrac 명령어를 사용한다. 이 경우에 원하는 형태를 얻기 위해 분자를 분모로 나눈다.
F2 (Algebra)를 누르고 7:propFrac(를 선택한 후 ENTER 를 누른다.

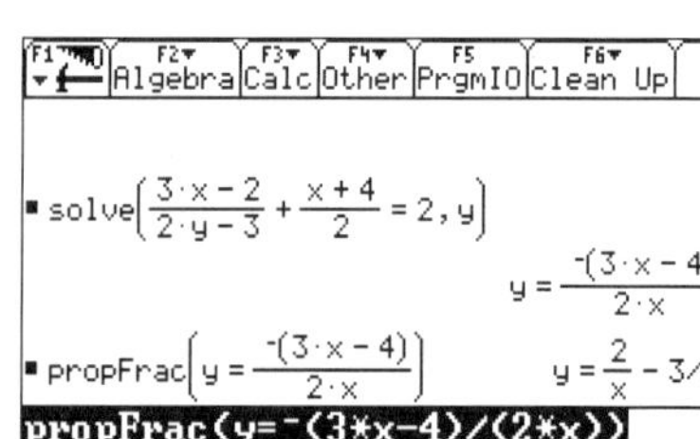

propFrac(y= [(-)] (3×x−4)÷(2×x))을 입력하고 [ENTER]를 누른다.

결과는 $y=\dfrac{2}{x}-\dfrac{3}{2}$로, 이것은 $\dfrac{a}{x}-b$ 형태이다.

연습문제

1. 다음 방정식에서 x를 구하여라.

① $3(x+5)-1=7$　　② $\dfrac{2}{3}x+5=\dfrac{1}{2}$

③ $-3=5+\dfrac{3}{x}$　　④ $\dfrac{2}{x}=\dfrac{x}{3}$

2. 다음 방정식에서 a를 구하여라.

① $2\left(\dfrac{7+3a}{5}\right)+3=6a$　　② $\dfrac{2}{a+4}+1=\dfrac{2}{a}$

③ $6=\dfrac{3y+2}{-3+2a}$　　④ $\dfrac{3a+2}{2x}=6$

⑤ $a^2-3a-4=0$

3. 다음 각 방정식의 해를 구하여라. 참값을 구하고, 참값을 소수점 아래 둘째자리까지 근삿값으로 나타내어라.

① $\dfrac{1}{4}d^2-\dfrac{1}{9}=\dfrac{55}{81}$

② $y^2+3y-5=0$

③ $2y^3-\dfrac{43}{3}y^2+20y+8\dfrac{1}{3}=0$

④ $6m-5=\dfrac{1}{3m+2}$

4. 방정식 $\frac{3}{y+2}+\frac{x}{3}=7$에 대하여, 다음 물음에 답하여라.

① 방정식을 y에 관하여 풀어라.

② 방정식의 해를 $\frac{a}{x-b}-c$ 형태로 간단히 하여라.

탐구활동

1. ① 방정식 $x^2+2x+c=0$를 구하여라.

② 방정식이 중근을 갖게 되는 c의 값을 구하여라.

③ 방정식이 실근을 갖게 되는 c의 범위를 구하여라.

4.2 연립방정식 풀기

미지수가 2개 또는 그 이상인 연립 방정식의 해는 지필로 계산할 때와 같은 방법으로 대부분 대입법을 이용하여 구하거나, Solve기능을 이용하여 한 번에 구할 수 있다.

예제 1

연립방정식 $3a+b=9$, $-a+b=-1$을 풀어라.

풀이

F2 (Algebra)를 누르고 1:solve(를 선택한 후 ENTER 를 누른다.
solve(3×a+b=9 and (-) a+b= (-) 1,{a,b})를 입력하고 ENTER 를 누른다.
[**참고** : and는 계산기 자판에서 직접 and를 입력하거나, 2nd [CATALOG]를 누르고 a를 입력하여 찾을 수 있다.]

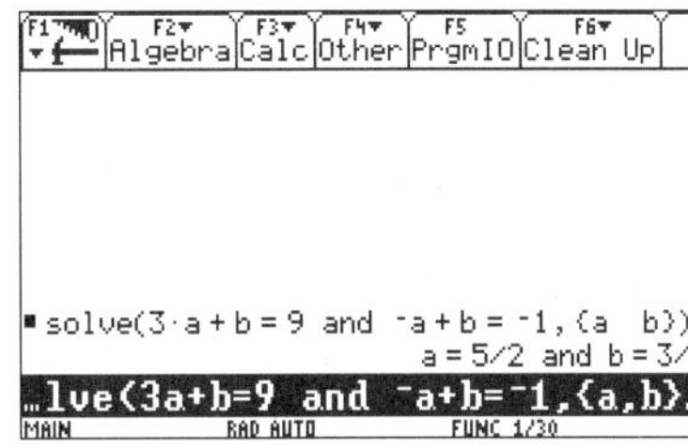

해는 $a=\frac{5}{2}$, $b=\frac{3}{2}$이다.

예제 2

다음 x, y, z에 관한 연립 방정식을 풀어라.

$3x-4y+z=26$

$-2x+3y-2z=-21$

$\frac{x}{2}+5y-3z=-19$

풀이

F2 (Algebra)를 누르고 1:solve(를 선택한 후 ENTER 를 누른다.
solve(3x−4y+z=26 and (-) 2x+3y−2z= (-) 21 and x÷2+5y−3z= (-) 19,{x,y,z})를 입력하고 ENTER 를 누른다.

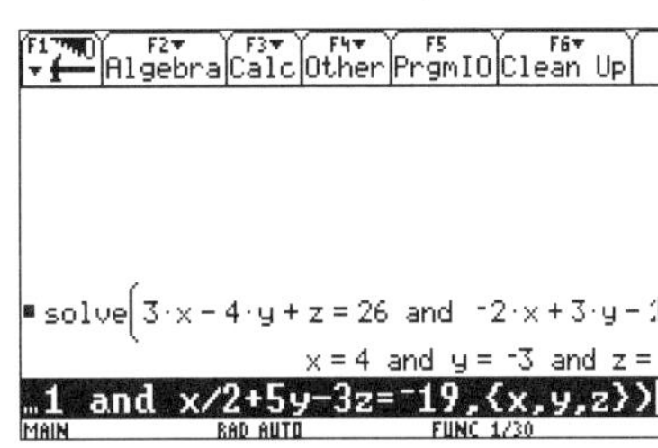

해는 $x=4$, $y=-3$, $z=2$이다.

연습문제

1. 다음 x, y에 관한 연립방정식을 풀어라.

① $2x+y=11$
$3x+4y=24$

② $-2x+4y=16$
$2x-5y=-29$

③ $4y-2x=22$
$2x-y=-10$

④ $-\frac{y}{4}+2x=-7$
$3x+4y=-5$

⑤ $4y-2x=k$
$2x-y=-10$

2. 다음 a, b, c에 관한 연립방정식을 풀어라.

① $2a-3b-c=-2$, $3b-4a+2c=1$,
$c+b+a=14$

② $\frac{b}{a}+c=8$, $a(b+c)=80$, $b+a+c=21$

③ $abc=24$, $2a+3b+c=19$, $\frac{1}{2}(a+bc)=7$

④ $2a+b-c=16$, $-a+3b=2c+9$,
$k=a+b+c$

탐구활동

1. ① 다음 x, y에 관한 연립 방정식을 풀어라.

$$2x+by=6$$
$$3x+4y=5$$

② x, y가 0이 될 수 있는가? 만약 그렇다면,
언제 x, y가 0이 될 수 있는지 설명하여라.

③ x, y 모두 양수가 되도록 b의 값을 구하여라.

④ x는 음수, y는 양수가 되도록 b의 값을 구하여라.

2. ① 정수 t에 대하여 and 명령어를 사용하지 않고, 다음 연립 방정식을 풀어라.

$$3y-2x=t$$
$$2x-y=5$$

② x, y가 양수이려면, t는 어떤 값이어야 하는가?

4.3 동치 확인하기

CAS를 사용할 때 동치식과 동치 방정식을 아는 것은 중요하다. 특히 교과서 뒤에 수록된 답을 확인할 때 동치식을 아는 것은 중요하다. CAS에서 구한 답들이 교과서 뒤에 수록된 답과 같은 형태가 아닐 수 있으므로 식의 형태를 바꾸는 것과 두 식이 동치인지 아닌지를 확인할 수 있는 것은 중요한 기능이다.

CAS 도움말

CAS의 기능을 이용해서 좀 더 간단한 동치식이나 방정식으로 표현할 수 있다. 동치 형태로 식을 다시 쓰고자 할 때, 잠깐의 생각으로 많은 시간을 절약할 수 있다.

예제

다음 중 서로 동치인 것을 구하여라.

① -5, 2

② $3x+5$, $\dfrac{12x+20}{4}$

③ x^2, x

④ $\dfrac{x^2+1}{2+x}$, $x-2+\dfrac{5}{x+2}$

CAS 도움말

두 식이 동치인지를 확인하기 위해서는 식1=식2를 입력하고 [ENTER]를 누른다. 만약 두 식이 항상 동치라면 계산기에는 true라는 결과가 나온다. 계산기 화면에 false라는 결과가 나오면 두 식은 동치가 아니다. 계산기에 입력한 것과 같은 식이 나오면, 그 식은 몇몇의 경우에만 동치이며 항상 동치라고 할 수 없다.

풀이

① $-5=2$를 입력하고 [ENTER]를 누른다.
결과는 false이다.

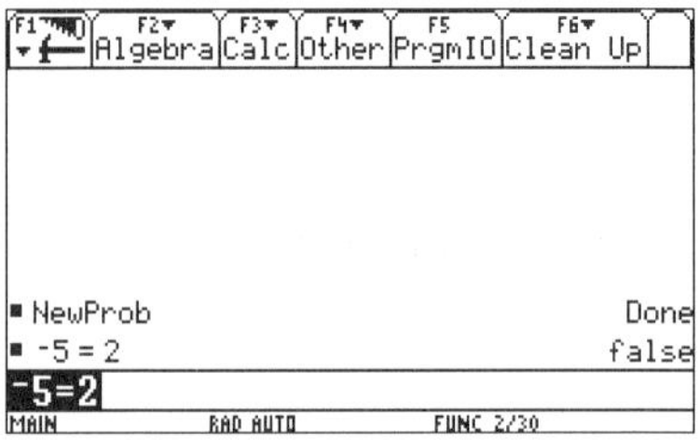

이 예는 좌변식≠우변식인 등식을 입력했을 때, CAS에서는 false의 결과가 나온다는 것을 알려준다. 여기서 false는 입력된 등식이 참이 아님을 의미한다.

② $3x+5=(12x+20)\div4$를 입력하고 [ENTER]를 누른다.
결과는 true이다. 이것은 두 식이 항상 동치임을 의미한다.

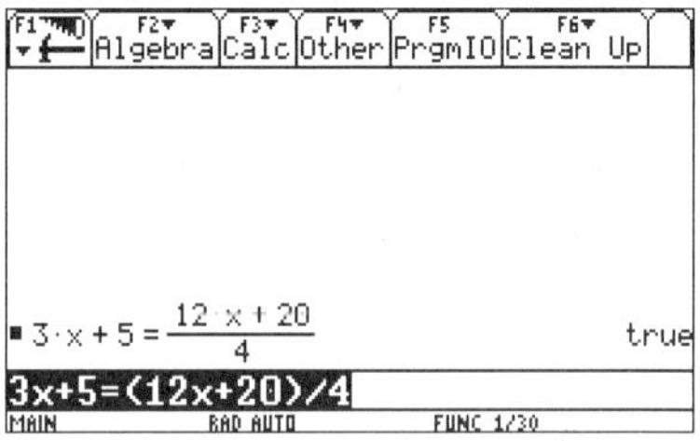

두 번째 식을 4로 나누면, 첫 번째 식을 얻을 수 있기 때문에 두 식이 동치라는 것은 비교적 쉽게 알 수 있다. 이 과정은 방정식의 동치를 확인하는 데 유용하다.
[**참고** : 이 경우에 solve 명령어를 사용해도 true의 결과가 나온다.]

③ x^2=x를 입력하고 ENTER를 누른다.

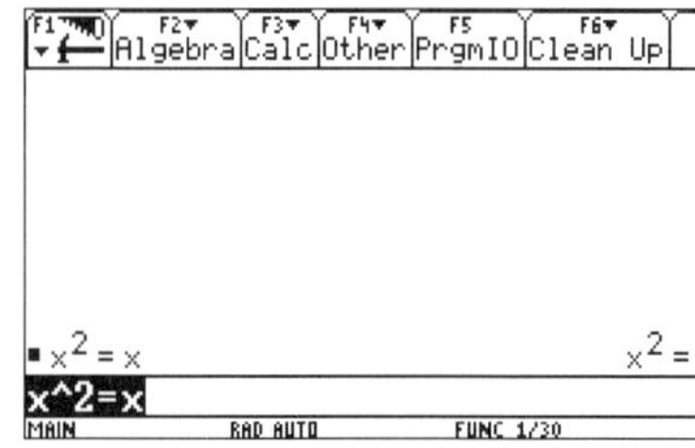

결과는 $x^2=x$이다.

결과가 $x^2=x$로 입력된 식과 동일한 경우는 모든 x값에 대해서 두 식이 동치인 것이 아니고, 특정한 x값에서만 동치인 경우이다. 예를 들면, $x=0$이면 참이다. 그러나 x는 음수일 수도 있지만, x^2은 항상 양수이다.

x에 관한 방정식 $x^2=x$을 풀어보면 좀 더 유용한 결과를 얻을 수 있다.

solve(x^2=x,x)를 입력하고 ENTER를 누른다.

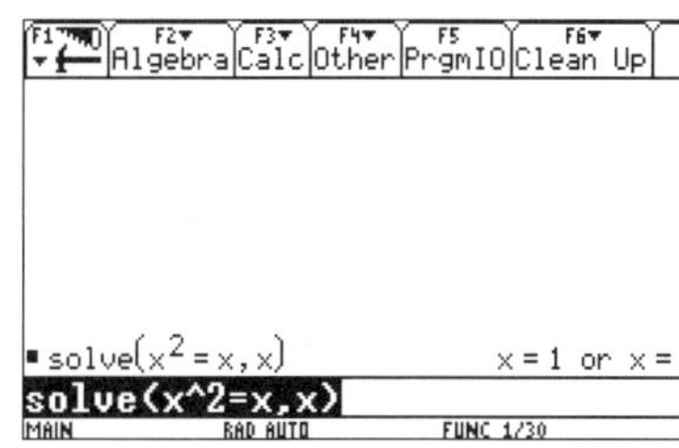

결과는 $x=1$, $x=0$이다. 이것은 위 식이 (방정식을 풀어서 쉽게 구할 수 있는) 두 값($x=1$, $x=0$)에서만 동치라는 것을 의미한다.

④ 두 식이 동치인지 아닌지를 바로 알 수 있는 것은 아니다. 여기에 두 가지 방법이 있다. propFrac(진분수) 명령어는 첫 번째 식을 몫과 나머지의 형태로 바꾸는데 사용될 수 있고, comDenom(통분) 명령어는 첫 번째 식을 간단히 하거나, 두 번째 식의 형태를 첫 번째 식의 형태로 바꾸기 위해 사용될 수 있다.

• 방법 1

F2(Algebra)를 누르고 7:propFrac(를 선택한 후 ENTER를 누른다.

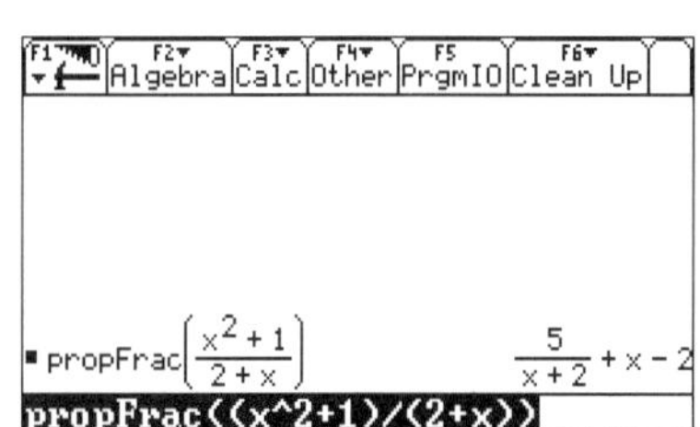

propFrac((x^2+1)÷(2+x))를 입력하고 ENTER를 누른다.

결과는 $\dfrac{5}{x+2}+x-2$이다. 이것은 두 번째 식과 동치이다.

• 방법 2

F2 (Algebra)를 누르고 6:comDenom(를 선택한 후 ENTER를 누른다.

comDenom(5÷(x+2)+x−2)를 입력하고 ENTER를 누른다.

결과는 $\dfrac{x^2+1}{x+2}$이다. 이것은 처음 식과 동치이다.

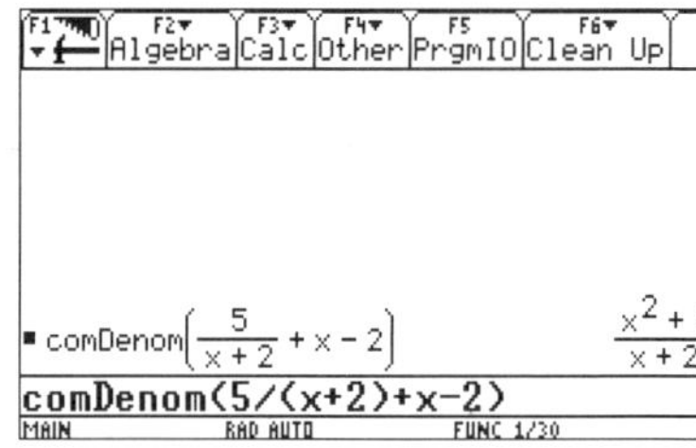

연습문제

1. 다음 두 식이 동치인지 아닌지를 조사하여라.

① $3x-4,\ \dfrac{-8+6x}{2}$

② $3(x+4),\ \dfrac{6x}{2}-\left(-\dfrac{12x}{x}\right)$

③ $3(2x+5)+4,\ 6x+9$

④ $4+x+x^2,\ 2\left(\dfrac{x(1+x)}{2}+2\right)$

⑤ $b^2+a^2+2ab,\ (a+b)^2$

⑥ $3.2d+0.15c,\ \dfrac{320c+15d}{100}$

⑦ $-\sqrt{-x}+y,\ y+\sqrt{x}$

2. $3(6x^2+4)$의 동치식 4개를 구하여라.

3. propFrac 명령어를 사용하여 다음 식의 동치식을 구하여라.

① $\dfrac{x^2+5x+6}{x+1}$ ② $\dfrac{x^2+5x+6}{2(x+1)}$

③ $\dfrac{x^2+5x+6}{4(x+1)}$　　　　④ $\dfrac{x^2+5x+6}{a(x+1)}$

탐구활동

1. 방정식 $ax^2+bx=4$, $cx(x-1)+4+3x^2=6$에 대하여, 다음 물음에 답하여라.
   ① 두 방정식이 동치가 되도록 a, b, c를 구하여라.
   ② 방정식 $ax^2+bx=4$에서 a, b가 ①에서 구한 값일 때, c가 방정식의 근의 개수에 어떤 영향을 주는지 조사하여라.

4.4 일반 해

방정식을 풀 때 CAS는 매개변수들이 포함된 해를 결과로 보여줄 수 있다. 이러한 경우에 매개변수들을 변화시켰을 때의 결과를 탐구해볼 필요가 있다. 이 절에서는 일반 해에 관하여 알아볼 것이다.

예제 1

방정식 $\dfrac{3y+4}{2a^2}=5$에 대하여, 다음 물음에 답하여라.

① 방정식을 y에 관하여 풀어라.

② $a=1$, $\dfrac{1}{2}$, $\dfrac{1}{4}$일 때, y의 값을 구하여라.

풀이

① [F2](Algebra)를 누르고 1:solve(를 선택한 후 [ENTER]를 누른다.
solve((3×y+4)÷(2×a^2)=5,y)를 입력하고 [ENTER]를 누른다.
결과는 $y=\dfrac{2(5a^2-2)}{3}$이다.

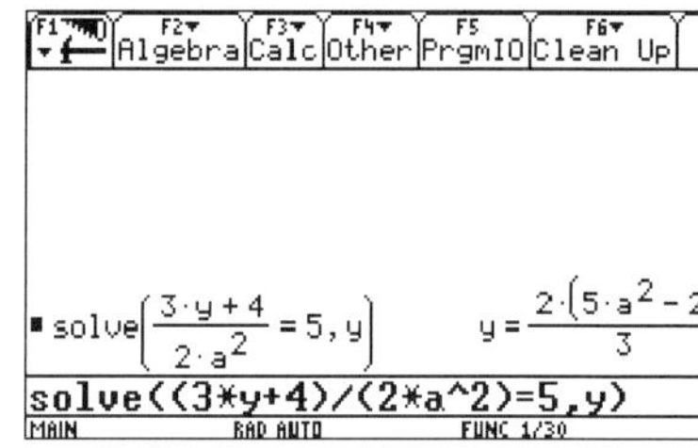

② a에 수를 대입하기 :
입력줄을 지우기 위해서 [CLEAR]를 누른다.
화면에 있는 $y=\dfrac{2(5a^2-2)}{3}$을 선택하기 위해 방향키 ▲를 누른다.
이 결과를 입력줄에 복사하기 위해 [ENTER]를 누른다.
다음과 같이 대입하기 :
y=2×(5×a^2−2)÷3[2nd][I]a={1,1÷2,1÷4}을 입력하고 [ENTER]를 누른다.
결과는 $y=\left\{2,\ -\dfrac{1}{2},\ -\dfrac{9}{8}\right\}$이다.

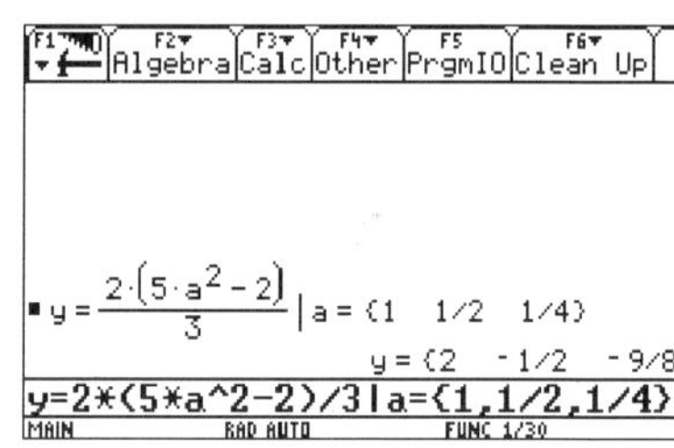

예제 2

연립방정식 $x-2y=3$, $4y-2x+6=0$에 대하여, 다음 물음에 답하여라.

① x, y에 관하여 풀어라.

② 해를 기하학적으로 설명하여라.

풀이

① [F2](Algebra)를 누르고 1:solve(를 선택한 후 [ENTER]를 누른다.
solve(x−2y=3 and 4y−2x+6=0,{x,y})를 입

력하고 [ENTER]를 누른다.

결과는 $x=2\cdot@1+3$ and $y=@1$이다.

'@1'은 연립방정식의 해가 매개변수를 갖는 일반 해라는 것과 매개변수 @1이 어떤 실수값도 될 수 있다는 것을 알려준다. 예를 들어, @1=5일 때, 다음과 같이 해를 구할 것이다.

$x=2\cdot@1+3=2(5)+3=13$ and $y=@1=5$

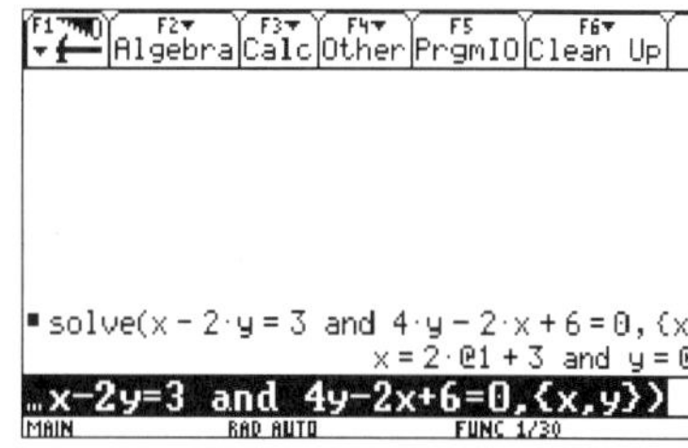

위의 결과 확인하기 :

x=2×@1+3 and y=@1 [2nd] [I]@1=5를 입력하고 [ENTER]를 누른다.

[참고 : '@'기호는 [2nd][@]를 눌러 입력할 수 있다.]

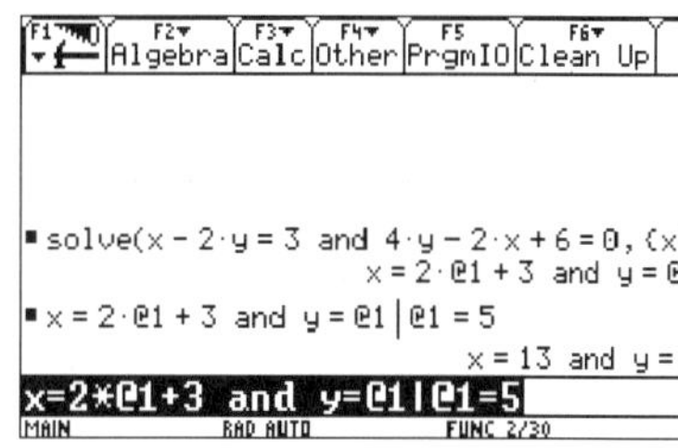

② 방정식을 좀 더 자세하게 조사하면 기하학적으로 설명할 수 있다. 첫 번째 방정식의 양변에 2를 곱하면 두 번째 방정식이 된다. 따라서 두 개의 미지수를 갖는 하나의 방정식$(x-2y=3)$이 되는데, 이것은 하나의 직선 해가 된다.

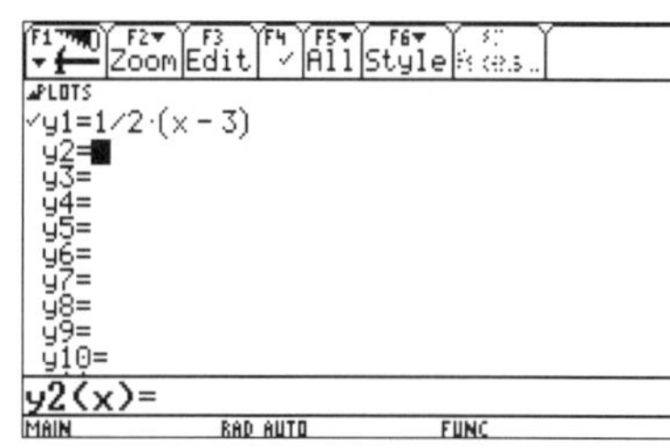

일반 해로부터 직선의 방정식 확인하기 :

$x=2\cdot@1+3$ 이므로 $@1=\frac{1}{2}(x-3)$이다.

$y=@1$이므로,

$y=@1=\frac{1}{2}(x-3) \Rightarrow 2y=x-3 \Rightarrow x-2y=3$이 된다.

기하학적으로 이것을 '동치해'라 하며, 두 직선은 식 $y=\frac{1}{2}(x-3)$으로 서로 일치한다.

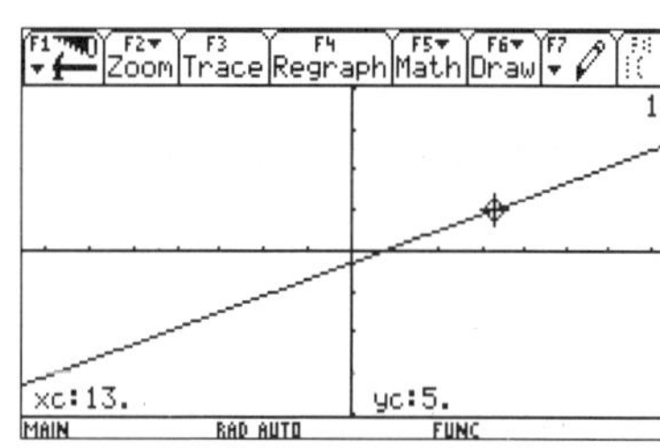

예제 3

반지름이 r, 높이가 h인 원기둥의 겉넓이가 $A=2\pi r^2+2\pi rh$이다. 겉넓이가 1200cm^2일 때, 다음 물음에 답하여라.

① r을 h로 나타내어라.

② 높이가 5cm, 10cm, 15cm일 때, 원기둥의 반지름을 구하여라.

풀이

① r을 h로 나타내기 위해서 방정식 $1200=2\pi r^2+2\pi rh$를 r에 관하여 푼다.

[F2] (Algebra)를 누르고 1:solve(를 선택한 후 [ENTER]를 누른다.

solve(1200＝2× [2nd] [π]×r ^ 2＋2× [2nd] [π]× r×h,r)를 입력하고 [ENTER]를 누른다.

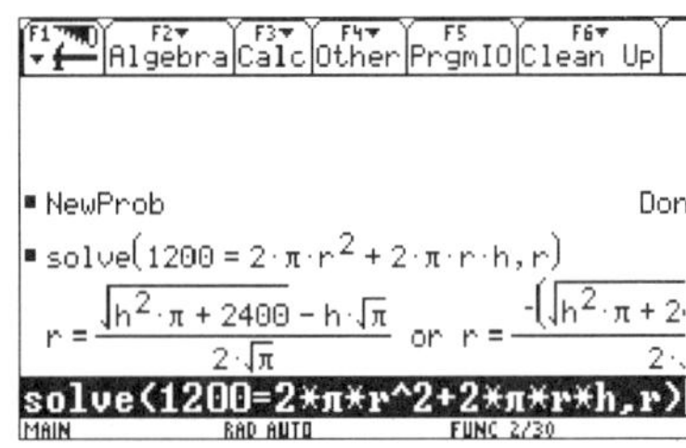

결과는 $r=\dfrac{\sqrt{h^2\pi+2400}-h\sqrt{\pi}}{2\sqrt{\pi}}$ 또는

$r=\dfrac{-(\sqrt{h^2\pi+2400}+h\sqrt{\pi})}{2\sqrt{\pi}}$이다.

② $h=5,\ 10,\ 15$cm일 때, 반지름 구하기 :

가장 최근의 결과를 불러오기 위해서 [2nd] [ANS]를 누른다.

$ans(1)$ [2nd] [|] $h=\{5,\ 10,\ 15\}$ 을 입력하고 [ENTER]를 누른다.

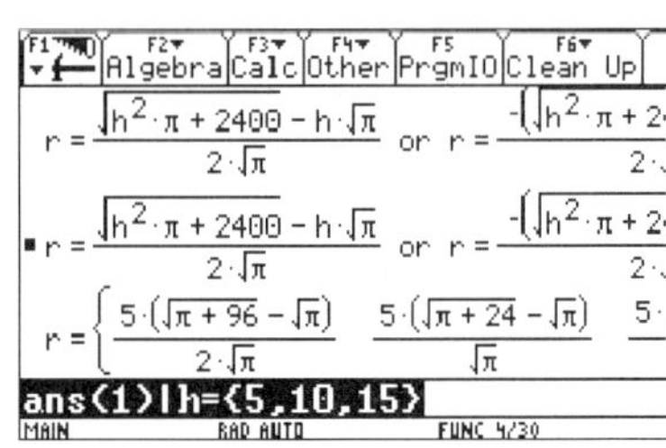

결과는 무리수이다.

r을 소수의 근삿값으로 바꾸기 :

[◆] [ENTER]를 누른다.

소수점 아래 둘째자리에서 반올림한 결과는
$r=\{11.54,\ 9.70,\ 8.22\}$,
$r=\{-16.54,\ -19.7,\ -23.22\}$이다.

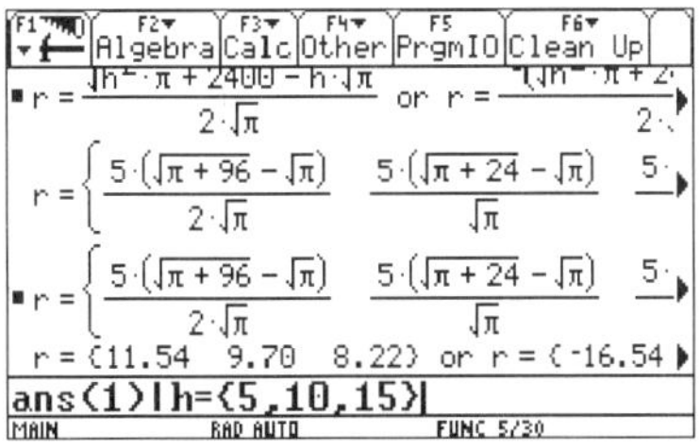

r이 반지름이기 때문에 양수인 첫 번째 집합의 값들만 가능하다.

연습문제

1. 다음 방정식을 x에 관하여 풀고, $a=1,\ 2,\ -1$ 일 때, x의 값을 구하여라.

   ① $\dfrac{2a+3x}{5}=4$　　② $\dfrac{5}{-3x+a}-6=0$

   ③ $\dfrac{a}{2}+\dfrac{3a}{x}=4$

2. 다음 방정식을 y에 관하여 풀고, c의 값을 구하여라.

   ① $2y+c=5$　　② $cy+4y=7$

   ③ $2cy^2+5y-1=0$　　④ $\dfrac{4}{c-2}y=5$

3. 방정식 $x+2y=1,\ 6y+3x-3=0$에 대하여, 다음 물음에 답하여라.

   ① $x,\ y$에 관하여 풀어라.

   ② 해를 기하학적으로 설명하여라.

탐구활동

1. ① 방정식 $ax^2-x+1=0$을 x에 관하여 풀어라.

   ② 방정식 $ax^2-x+1=0$의 두 근의 중간값을 구하여라.

삼각함수
Trigonometric functions 5

5.1 삼각함수의 그래프 그리기

삼각함수의 그래프는 윈도우 크기를 적절하게 조절하면 더욱 쉽게 그릴 수 있다. 또한 x축 간격을 조절하는 xscl 설정도 고려해야 한다. $\frac{\pi}{24}$ 간격으로 그래프의 자취를 보여주는 ZoomTrig 윈도우 설정 또한 유용하다.

CAS 도움말

작업을 시작하기 전에 계산기가 라디안(Radian) 모드로 설정되어 있는지를 확인하여라.(스크린의 하단에 RAD라고 표시되어 있어야 한다.)
디그리(Degree) 모드로 되어 있다면, MODE 키를 누르고 Angle설정을 변경하여라.

예제

$x \in [0, 2\pi]$일 때, 함수 $f(x) = \sin x$, $g(x) = \sin 3x$에 대하여 다음 물음에 답하여라.

① 적절한 윈도우에 두 함수의 그래프를 그려라.
② 주어진 정의역에서 두 함수의 첫 번째 교점의 좌표를 구하여라.

풀이

① [◆][Y=]를 누른다.

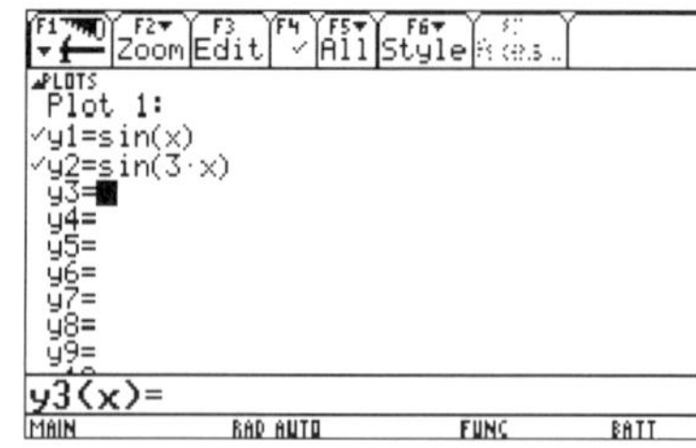

y1(x) = sin(x)를 입력하고 [ENTER]를 누른다.

y2(x) = sin(3x)를 입력하고 [ENTER]를 누른다.

[◆][WINDOW]를 누르고 다음과 같이 입력하기 :

xmin = 0

xmax = 2[2nd][π]

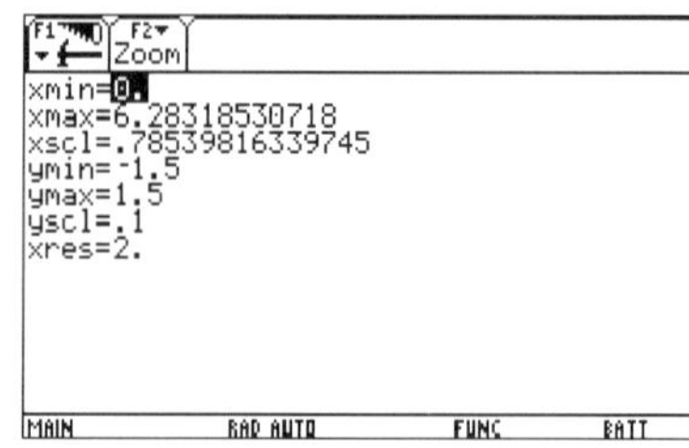

xscl = [2nd][π] ÷ 4

ymin = [(-)]1.5

ymax = 1.5

yscl = 0.1

xres = 2

그래프를 그리기 위해 [◆][GRAPH]를 누른다.

② [F5](Math)를 누르고 5:Intersection을 선택한 후 [ENTER]를 누른다.

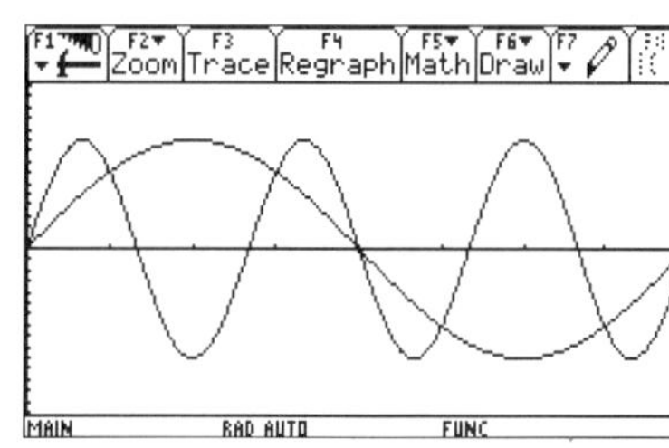

커서가 깜박일 때, 다음 값을 입력하기 :

1st Curve라는 글자가 나타나면 y1을 선택하고 [ENTER]를 누른다.

2nd Curve라는 글자가 나타나면 y2를 선택하고 [ENTER]를 누른다.

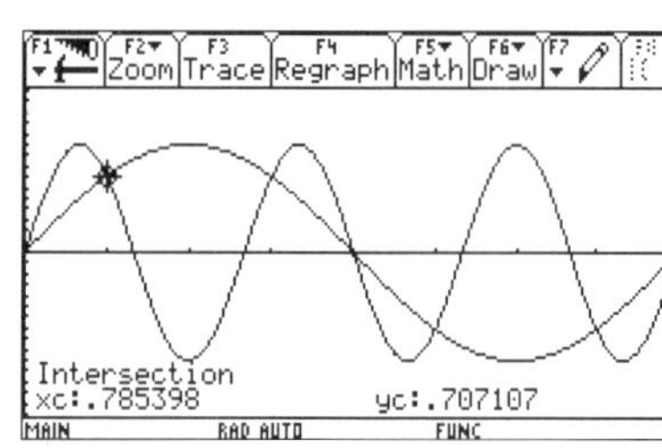

Lower Bound라는 글자가 나타나면 커서를 첫 번째 교점의 왼쪽에 위치시키고 [ENTER]를 누른다.

Upper Bound라는 글자가 나타나면 커서를 첫 번째 교점의 오른쪽에 위치시키고 [ENTER]를 누른다.

교점의 근삿값의 좌표가 나타난다.

(0.7854, 0.7071)

연습문제

1. $x \in [0, 2\pi]$일 때, 함수 f와 g의 그래프를 그려라.

   ① $f(x) = \sin x$, $g(x) = 2\sin x$

   ② $f(x) = 2\cos x$, $g(x) = -\cos x$

   ③ $f(x) = \tan x$, $g(x) = \tan(x-\pi)$

2. 함수 $f(x)$와 $g(x)$가 다음과 같을 때, $f(x)$를 $g(x)$로 바꾸기 위해 어떤 변환이 필요한가?

   ① $f(x) = \cos x$, $g(x) = -f(x)$

   ② $f(x) = \sin x$, $g(x) = f(-x)$

   ③ $f(x) = \cos x$, $g(x) = f(x-\pi)$

   ④ $f(x) = \tan x$, $g(x) = f(x) + 2$

   ⑤ $f(x) = \sin x$, $g(x) = -f\left(2x - \frac{\pi}{3}\right) - 2$

3. $x \in [0, 2\pi]$일 때, 그래프를 그려서 다음 방정식의 해를 소수점 아래 넷째 자리까지 구하여라.

   ① $\sin x = \cos x$　　② $-2\sin x - \tan x = 0$

   ③ $\sin x + 1 = \frac{x}{3}$

탐구활동

1. 코사인함수는 사인 함수와 동일한 모양으로 변환될 수 있다. 다음의 사인함수와 동일한 모양의 코사인함수를 구하여라.

   ① $f(x) = \sin x$　　② $f(x) = \sin(x-\pi)$

③ $f(x)=\sin\left(\frac{\pi}{2}-x\right)$ ④ $f(x)=\sin(2x-\pi)$

2. 함수 $f(x)=\cos x$, $g(x)=\frac{x}{2}+c$(단, $x\in[0, 2\pi]$, c : 정수)일 때, 주어진 정의역에서 c값이 방정식 $f(x)=g(x)$의 근의 개수에 어떤 영향을 주는지 알아보아라.

3. 함수 $f(x)=\cos x$, $g(x)=kx$ (단, $x\in[0, 2\pi]$, k : 정수)일 때, 주어진 정의역에서 k값이 방정식 $f(x)=g(x)$의 근의 개수에 어떤 영향을 주는지 알아보아라.

5.2 삼각방정식 풀기

삼각함수를 포함한 방정식에서 solve 명령어는 구하려는 해보다 더 많은 해를 구할 수 있으므로 주의해서 사용해야 한다. 이 문제는 구하려는 해의 정의역을 지정함으로써 해결할 수 있다.

예제

함수 $f(x)=\sin x$, $g(x)=\frac{1}{2}$일 때, 다음 물음에 답하여라.

① 방정식 $f(x)=g(x)$의 일반 해를 구하여라.
② 방정식 $f(x)=g(x)$를 만족하는 가장 작은 양수해 6개를 구하여라.
③ $x\in[-2\pi, 0]$일 때, 방정식 $f(x)=g(x)$의 모든 해를 구하여라.

풀이

① ◆ [CALCHOME]을 누른다.

F6 (Clean Up)을 누르고, 2:NewProb를 선택한 후 ENTER 를 누른다.

F2 (Algebra)를 누르고 1:solve(를 선택한 후 ENTER 를 누른다.

solve(sin(x) = 1 ÷ 2,x)를 입력한다.

방정식의 해는

$$x=2\cdot@n1\cdot\pi+\frac{5\pi}{6},\ x=2\cdot@n1\cdot\pi+\frac{\pi}{6}$$

이다.

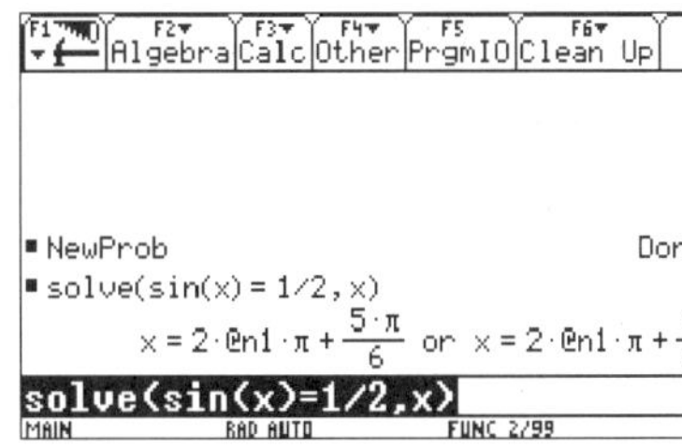

여기서 '$@n1$'을 정수인 매개변수 k로 생각하면 도움이 된다. 위의 해는 다음과 같이 일반해로 좀 더 명확하게 나타낼 수 있다.

$$x=2k\pi+\frac{5\pi}{6},\ x=2k\pi+\frac{\pi}{6}\ \ (\text{단, } k\in J)$$

② 가장 작은 6개의 양수해를 구하기 위해서 일반해에 있는 $@n1$에 수를 대입한다.

[**참고** : '@'는 2nd [@]를 눌러 입력한다.]

가장 최근의 결과를 불러오기 위해서 2nd [ANS]를 누른다.

ans(1) 2nd [I] 2nd [@]n1 = {0,1,2}를 입력하고 ENTER 를 누른다.

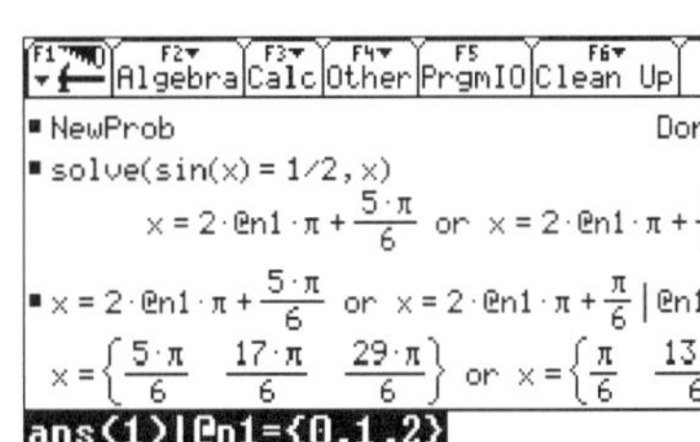

방정식의 해는

$$x=\left\{\frac{5\pi}{6},\ \frac{17\pi}{6},\ \frac{29\pi}{6}\right\},\ x=\left\{\frac{\pi}{6},\ \frac{13\pi}{6},\ \frac{25\pi}{6}\right\}$$

이다.

따라서 가장 작은 6개의 양수해는

$$x=\left\{\frac{\pi}{6},\ \frac{5\pi}{6},\ \frac{13\pi}{6},\ \frac{17\pi}{6},\ \frac{25\pi}{6},\ \frac{29\pi}{6}\right\}$$

이다.

③ 정의역 $x \in [-2\pi, 0]$에 포함된 해들만 구하고자 할 때는 Solve 명령어를 제한조건이 포함되도록 변경한다.

Solve 명령어 편집하기 :

solve(sin(x) = 1 ÷ 2,x) [2nd] [|] x ≥ [(-)] 2 [2nd] [π] and x≤0

[**참고** : ≤를 입력하려면 [2nd] [<] [=]을 누르고, ≥을 입력하려면 [2nd] [>] [=]을 누른다.]

방정식의 두 해는

$$x = \frac{-11\pi}{6},\ x = \frac{-7\pi}{6}$$

이다.

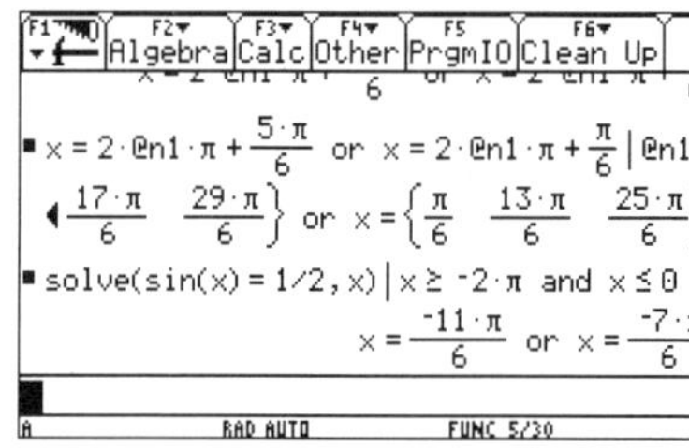

연습문제

1. 다음 각 방정식에 대하여 일반 해를 가장 간단한 형태로 나타내어라.

   ① $3\cos x = -2$ ② $2\sin\left(x - \frac{\pi}{4}\right) = 1$

   ③ $\tan(2x + 1.426) = -2.156$

2. 주어진 정의역에서 다음 각 방정식의 해를 구하여라.

   ① $\cos x = \frac{1}{\sqrt{2}},\ x \in [0, 2\pi]$

   ② $\sin\left(x + \frac{\pi}{6}\right) = \frac{1}{\sqrt{2}},\ x \in [0, 3\pi]$

   ③ $2\sin 2x = \sqrt{2},\ x \in [-\pi, \pi]$

④ $\tan 3x = \sqrt{3}$, $x \in [0, \pi]$

탐구활동

1. $2\sin\left(x-\frac{\pi}{3}\right)=-\sqrt{3}$ 과 동일한 일반 해를 갖으면서 사인함수를 포함하고 있는 방정식 세 개를 구하여라.

2. $2\sin\left(x-\frac{\pi}{3}\right)=-\sqrt{3}$ 과 동일한 일반 해를 갖으면서 코사인함수를 포함하고 있는 방정식 세 개를 구하여라.

5.3 삼각함수의 응용

이 절에서는 삼각함수와 삼각함수의 변환들에 대하여 알아보고자 한다.

예제 1

두 항구 A, B 중에서 B는 A의 정 서쪽에 있고, A는 S지점에 위치한 배의 정 북쪽에 있다. 배는 $328° 17'$T를 향하고 있고, 25km/h의 속력으로 3시간 동안 항해하여 B에 도착하였다. 다음을 계산하여라.

① $\angle$ASB

② $\overline{AB}$, $\overline{AS}$의 거리

③ 배가 S에서 A까지 이동하는데 걸리는 시간

풀이

① [◆][CALC HOME]을 누른다.

[F6](Clean Up)을 누르고 2:NewProb를 선택한 후 [ENTER]를 누른다.

360[2nd][°]−328[2nd][°]17[2nd][′]를 입력하고 [ENTER]를 누른다.

결과값은 라디안(Radian) 형태이다.

결과값을 degree(도)와 minute(분)으로 변환하기 :

이전 결과를 선택하기 위해 방향키 ⓐ를 누른다.

이 결과를 입력줄에 복사하기 위해서 [ENTER]를 누른다.

[2nd][MATH]를 누르고 2:Angle를 선택한다.

8: ▸DMS를 선택하고 [ENTER]를 누른다.

이 명령을 실행하기 위해서 [ENTER]를 누른다.

결과는 31°43′이다.

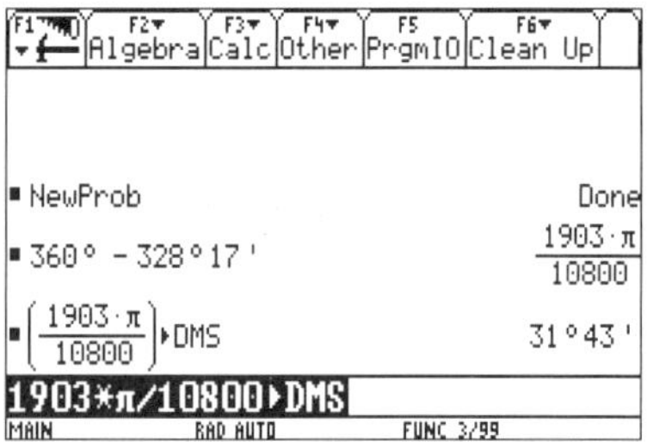

② $\overline{AB}$의 거리를 계산하고 저장하기 :

75sin(31[2nd][°]43[2nd][′])[STO▸]ab를 입력하고 [◆][ENTER]를 누른다.

결과값은 39.43km이다.

피타고라스 정리에 의해 $\overline{AS}=\sqrt{75^2-\overline{AB}^2}$이므로 다음과 같이 입력하기 :

[2nd][√](75^2−ab^2)[STO▸]as를 입력하고 [ENTER]를 누른다.

결과값은 $\overline{AS}=63.80$km이다.

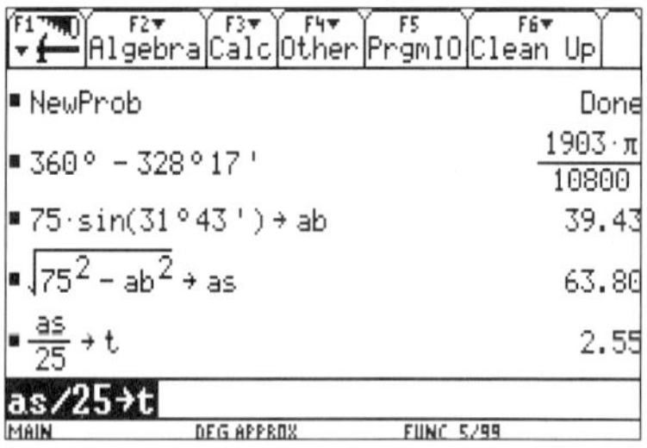

③ 시간$(AS)=\dfrac{\text{거리}(AS)}{\text{속력}(AS)}$이므로 배가 A에서 S까지 이동하는 데 걸리는 시간 계산하기 :

as÷25[STO▸]t를 입력하고 [ENTER]를 누른다.

결과값은 $t=2.55$(시간)이다.

예제 2

놀이 공원에 지상 12미터 지점에서 출발하여 위 아래로 움직이는 놀이기구가 있다. 놀이기구가 출발한지 t 초 후 지상으로부터 놀이기구까지의 거리 $h(t)$를

$$h(t)=12+5\sin\frac{\pi t}{3},\quad t\geq 0$$

라 할 때, 다음 물음에 답하여라.

① 지상으로부터 놀이기구까지의 최고 높이는 몇 미터이고, 몇 초 후에 그 높이에 도달하는가?

② 놀이기구가 지상 10미터 이하인 높이에 있을 때의 시간과 전체 시간의 비율은 얼마인가?

풀이

① $\sin\frac{\pi t}{3}=1$일 때 최고 높이가 되므로 최고 높이는 $h(t)=12+5[1]=17$미터이다.

놀이기구가 최고 높이가 될 때까지의 시간을 구하기 위해서 $h(t)=17$을 만족하는 첫 번째 양수 해를 구한다.

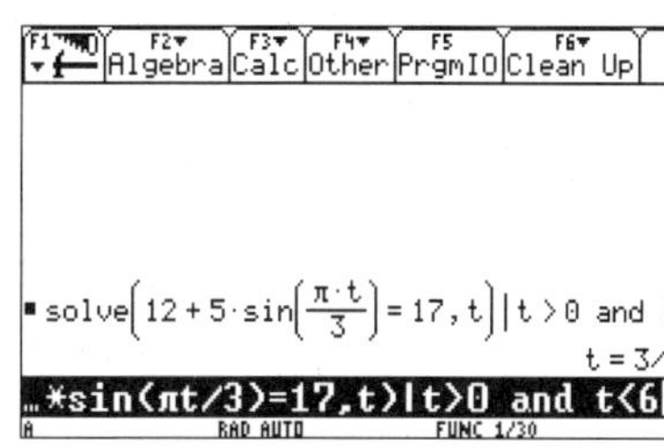

놀이기구의 주기가 $P=\frac{2\pi}{n}=\frac{2\pi}{\frac{\pi}{3}}=6$초이므로 이 시간 동안의 해를 구한다.

[F2](Algebra)를 누르고 1:solve(를 선택한 후 [ENTER]를 누른다.

solve(12+5sin([2nd][π]t÷3)=17,t)[2nd][|]t>0 and t<6을 입력하고 [◆][ENTER]를 누른다.

결과값은 $t=\frac{3}{2}$초이다. 놀이기구는 출발한 지

1.5초 후에 최고 높이 17미터에 처음 도달한다.

② 지상으로부터 놀이기구까지의 높이 $h(t)$의 주기인 6초 동안 놀이기구가 지상 10m 아래에 있었던 시간을 구하기 위해서 방정식

$12+5\sin\dfrac{\pi t}{3}=10(0<t<6)$의 해를 구한다.

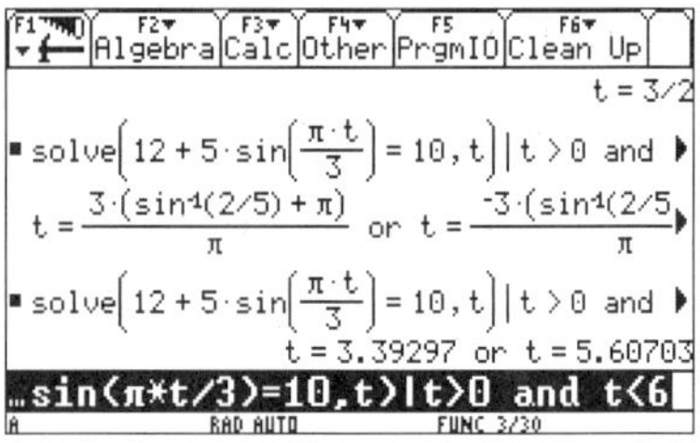

F2 (Algebra)를 누르고 1:solve(를 선택한 후 ENTER 를 누른다.

solve(12+5sin(2nd [π]t÷3)=10,t) 2nd [|]t>0 and t<6을 입력하고 ◆ ENTER 를 누른다.

결과값은 $t=3.39$, $t=5.61$초이다. 첫 번째 주기에서 $3.39\le t\le 5.61$일 때 $h(t)\le 10$임을 알 수 있다.

놀이기구가 지상 10미터 아래에 있을 때의 시간 비율 계산하기 :

(5.60703−3.39297)÷6×100을 입력하고 ENTER 를 누른다.

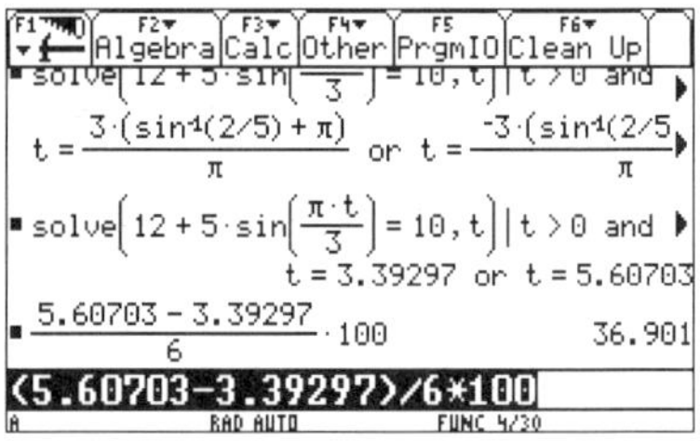

결과는 36.901%이다.

각 주기가 동일하다고 가정할 때, 놀이기구는 탑승시간의 약 37% 동안에 지상 10미터 이하의 높이에 있다.

연습문제

1. 한 학생이 국기 게양대의 맨 꼭대기를 바라보았다. 그때의 각이 10°23′였다. 이 학생이 14미터를 걸어간 후 다시 게양대의 맨 꼭대기를 바라보았을 때의 각이 20°49′였다면 국기 게양대의 높이는 얼마인지 구하여라.

2. 용수철에 추를 매달아 용수철을 진동시켜 추의 중간지점의 변위를 관찰하였다. t초 후 추의 변위는 $d(t)=2.5\sin(10.2t+0.4)$, $t\geq 0$이었다. 추가 처음 위치에서 가장 멀리 떨어져 있을 때까지의 거리(최대 변위)와 이때까지의 시간을 구하여라.

지수함수와 로그함수
Exponential and logarithmic functions

6

6.1 지수함수와 로그함수의 그래프 그리기

이 절에서는 지수함수와 로그함수의 그래프에 대하여 알아볼 것이다. 여기에서는 밑이 e인 경우를 다루지만 밑이 10인 경우도 거의 유사하다.

CAS 도움말

대부분의 계산기처럼 Voyage 200은 밑이 10이거나 자연상수 e인 지수함수와 로그함수의 연산이 가능하다. 자연로그 함수 $\log_e x$ (또는 $\ln x$)를 입력하려면 [LN]키를 누르면 되고, 함수 $\log_{10}x$를 입력하려면 [2nd][CATALOG]를 누르고 log(를 선택하면 된다.
TI−89의 경우 $\log_e x$(또는 $\ln x$)은 [2nd][LN]을 누르고, $\log_{10} x$는 [CATALOG]를 누르고 log(를 선택한다.

예제

함수 $f(x)=e^x$, $g(x)=\log_e x$, $h(x)=x$일 때, 지수함수와 로그함수의 관계를 보여주기 위해 하나의 윈도우에 함수 f, g, h의 그래프를 그려라.

풀이

[◆][Y=]를 누르고, 다음과 같이 입력하기 :

y1 = [2nd][e^x](x)

y2 = [LN](x)

y3 = x

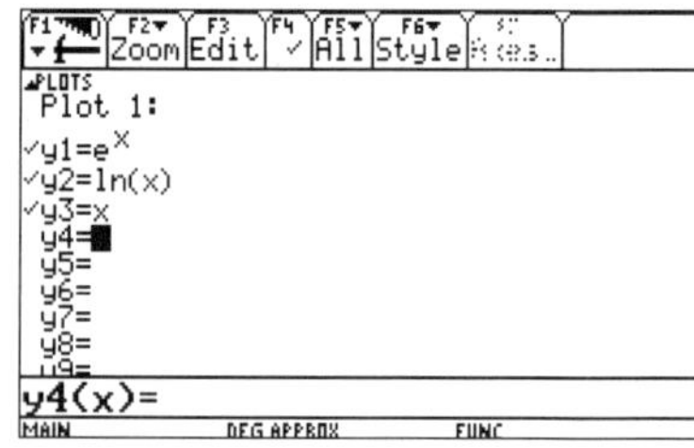

[F2](Zoom)을 누르고 4:ZoomDec를 선택한 후 [ENTER]를 누른다. 다음과 같이 윈도우를 설정한다.

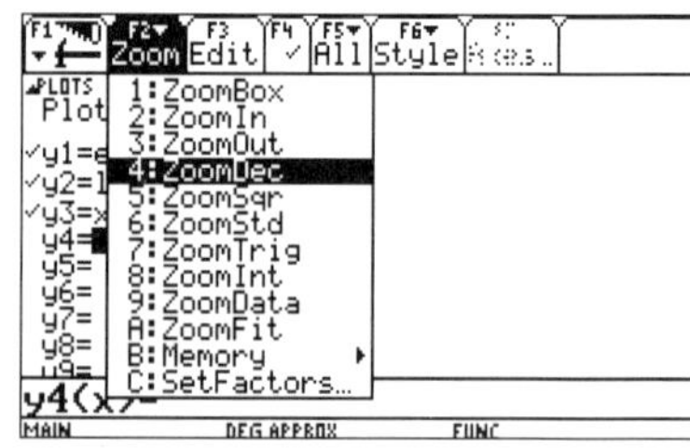

xmin = −11.9

xmax = 11.9

xscl = 1

ymin = −5.1

ymax = 5.1

yscl = 1

xres = 2

두 좌표축의 비율은 유지되면서 작은 크기의 윈도우가 생긴다. 이 값들은 두 좌표축이 동일한 크기일 때 보다 작은 윈도우를 만든다. 이것은 함수 f, g가 $y=x$에 대하여 서로 대칭이라는 것을 설명하는데 도움이 된다.

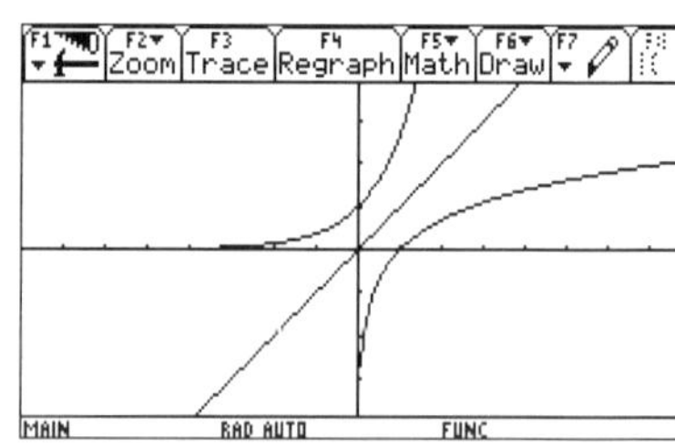

연습문제

1. 함수 $f(x)$, $g(x)$의 그래프를 적절한 윈도우에 나타내고 각각의 그래프를 종이에 간단하게 그려라. 함수 $f(x)$의 그래프 위의 점들이 어떻게 함수 $g(x)$의 그래프 위의 점들로 변환되었는지

설명하여라.

① $f(x)=e^x$, $g(x)=e^{x+2}$

② $f(x)=e^x$, $g(x)=e^x+2$

③ $f(x)=e^x$, $g(x)=e^{2x}$

2. 함수 $f(x)$, $g(x)$의 그래프를 적절한 윈도우에 나타내고 각각의 그래프를 종이에 간단하게 그려라. 함수 $f(x)$의 그래프 위의 점들이 어떻게 함수 $g(x)$의 그래프 위의 점들로 변환되었는지 설명하여라.

① $f(x)=\log_e x$, $g(x)=\log_e x+2$

② $f(x)=\log_e x$, $g(x)=\log_e (x+2)$

③ $f(x)=\log_e x$, $g(x)=\log_e 2x$

3. 함수 $f(x)$가 $g(x)$로 되기 위해 어떤 변환이 필요한가?

① $f(x)=e^x$, $g(x)=-f(x)$

② $f(x)=\ln x$, $g(x)=f(-x)$

③ $f(x)=\ln x$, $g(x)=f(3x-2)$

④ $f(x)=e^x$, $g(x)=3f(x)-2$

⑤ $f(x)=\ln x$, $g(x)=-f(2x-1)-5$

4. 오른쪽 세 그림은 집합 $\{-3, -2, -1, 0, 1, 2, 3\}$의 수들을 지수함수나 로그함수에 결합하여 만든 그래프 패턴이다.
ZoomDec 윈도우에 각 그래프 패턴들이 나타나도록 함수식을 구하여라.

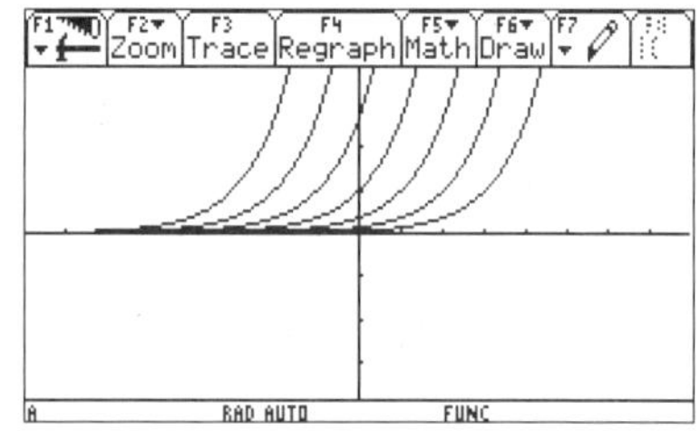

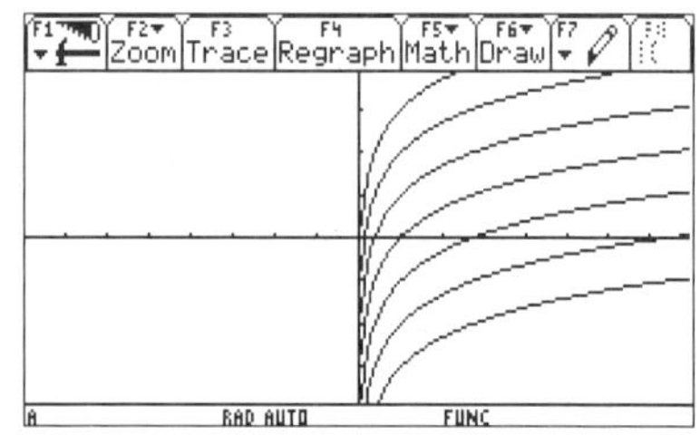

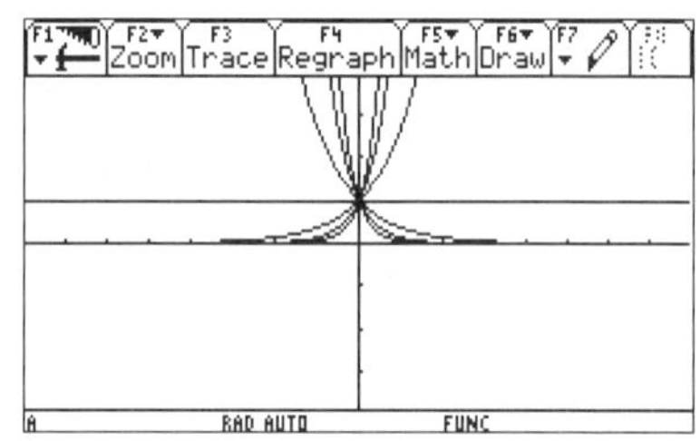

탐구활동

1. 함수 $f(x)=e^{x-k}$(단, $k=1, 2, 3, 4$)의 그래프를 그려라. 함수 $g(x)=2$의 그래프를 그리고 $f(x)=g(x)$인 모든 점을 구하여라.
이 점들이 갖는 공통점이 무엇이고, 왜 그러한 공통점을 갖는지를 설명하여라.

2. 밑이 각각 a, b인 두 로그함수를 곱할 경우 $\log_a x=\log_a b\times\log_b x$이 성립한다. 이것은 밑변환 공식 $\log_a x=\dfrac{\log_e x}{\log_e a}$을 사용한 것이다.
이 식은 (10과 e 같이) 잘 알려진 밑을 갖는 로그에서 (2와 3 같이) 특정한 밑을 갖는 로그를 계산하는데 도움을 준다. 예를 들어, $\log_2 50$은 $\log_2 50=\dfrac{\log_e 50}{\log_e 2}$을 사용하여 계산한다.
밑 변환 공식을 이용하여 $f(x)=\log_2 x$의 함수식을 만들고, 표나 그래프를 이용하여 $f(8)$, $f(64)$의 값을 구하여라.

6.2 지수 방정식과 로그 방정식 풀기

solve 명령어는 밑변환 공식 $\log_a x = \dfrac{\ln x}{\ln a}$과 e^x와 $\ln x$ 사이의 역함수 관계를 이용한다.

예제

다음 x에 관한 방정식을 풀어라.

① $2^x = 8$　　② $2^x = 7$

③ $e^x = 7$　　④ $7e^x = e^{2x} + 6$

⑤ $\ln x = 8$

풀이

① [◆][CALC HOME]을 누른다.
[F6](Clean Up)을 누르고 2:NewProb를 선택한 후 [ENTER]를 누른다.
[F2](Algebra)를 누르고 1:solve(를 선택한 후 [ENTER]를 누른다.
solve(2^x=8,x)를 입력하고 [ENTER]를 누른다.
해는 $x=3$이다.

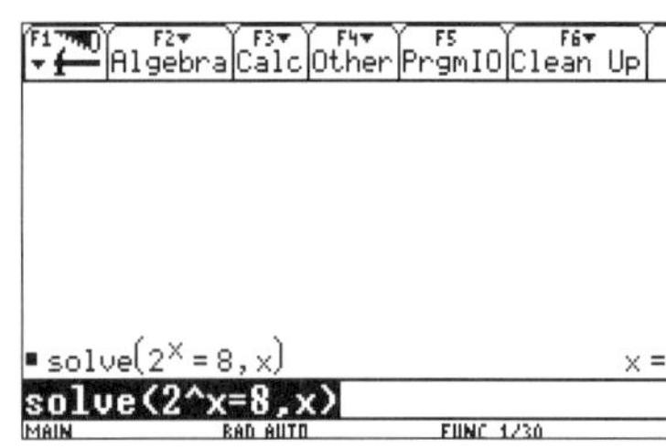

② [F2](Algebra)를 누르고 1:solve(를 선택한 후 [ENTER]를 누른다.
solve(2^x=7,x)를 입력하고 [ENTER]를 누른다.
해는 $\dfrac{\ln 7}{\ln 2}$이다.
[**참고** : 이 결과는 문제 풀이 과정에서 밑변환 공식 $\log_a x = \dfrac{\log_e x}{\log_e a}$이 사용되었음을 보여준다.]

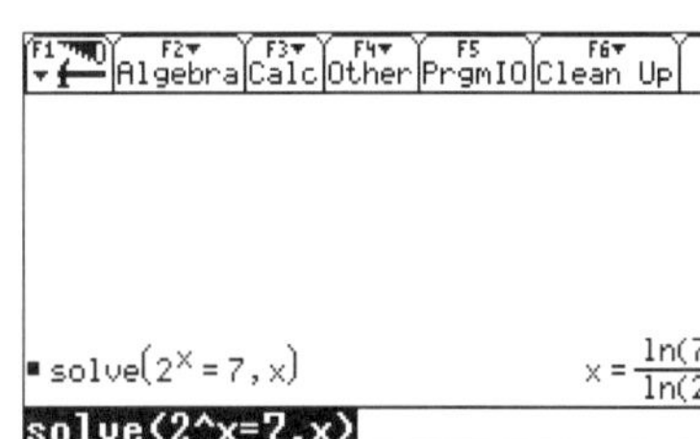

③ F2 (Algebra)를 누르고 1:solve(를 선택한 후 ENTER 를 누른다.

solve(2nd $[e^x]$(x) = 7,x)를 입력하고 ENTER 를 누른다.

해는 $x = \ln 7$이다.

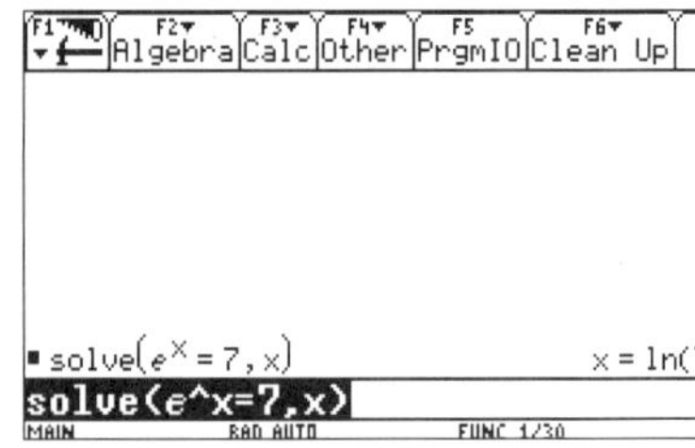

④ F2 (Algebra)를 누르고 1:solve(를 선택한 후 ENTER 를 누른다.

solve(7 2nd $[e^x]$(x) = 2nd $[e^x]$(2x) + 6,x)를 입력하고 ENTER 를 누른다.

해는 $x = \ln 6$, $x = 0$이다.

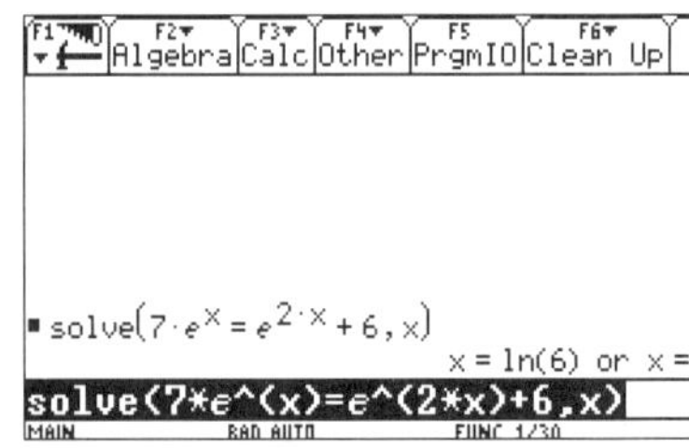

⑤ F2 (Algebra)를 누르고 1:solve(를 선택한 후 ENTER 를 누른다.

solve(LN (x) = 8,x)를 입력하고 ENTER 를 누른다.

해는 $x = e^8$이다.

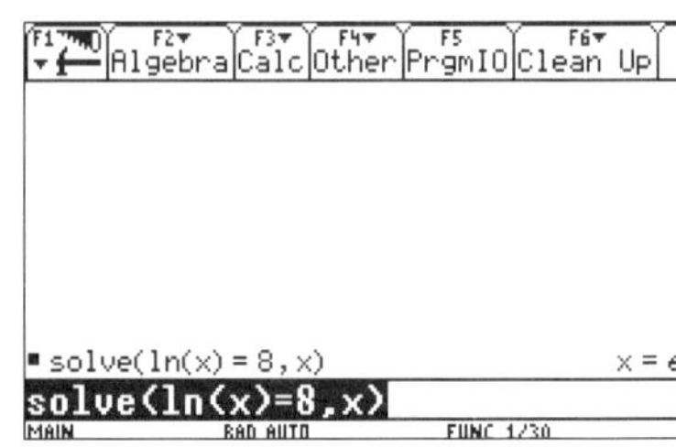

연습문제

1. 다음 x에 관한 방정식을 풀어라.

   ① $3^x = 8$　　② $2^x - 3 = 0$

   ③ $2e^x = 3$　　④ $2e^x = e^{2x}$

   ⑤ $\ln x = 5$

2. x에 관한 방정식 $e^{2x} - 5e^x + 4 = 0$을 풀어라.

3. 방정식 $y = 3e^{x-2} + 1$을 x에 관한 식으로 나타내

어라.

4. 방정식 $y=-2\ln(3-x)$를 x에 관한 식으로 나타내어라.

6.3 지수 함수와 로그 함수의 응용

예제 1

1900년 호주의 인구는 약 380만 명이었다. 호주의 연 평균 인구 증가율이 약 1.7%일 때, 다음 물음에 답하여라.

① 호주의 인구를 지수 함수식 $p(n)$으로 나타내어라. (단, n은 1900년 이후의 년도 수이고, 인구의 단위는 100만이다.)

② ①에서 구한 지수 함수식을 이용하여 호주의 인구가 2500만 명이 되는 해를 구하여라.

③ 호주의 인구가 1900년의 두 배가 되려면 1900년으로부터 몇 년이 지나야 하는가?

풀이

① [◆][CALC HOME]을 누른다.

[F6](Clean up)을 누르고 2:NewProb를 선택한 후 [ENTER]를 누른다.

식은 $p(n)=3.8(1.017)^n$이다.

식 정의하기 :

3.8×(1.017)^n[STO▸]p를 입력하고 [ENTER]를 누른다.

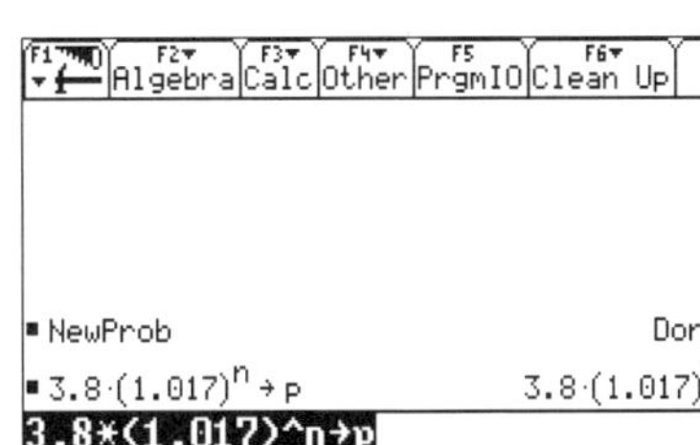

② 인구가 2500만 명이 되는 해를 구하기 위해서 $p(n)=25$를 n에 관하여 푼다.

[F2](Algebra)를 누르고 1:solve(를 선택한 후 [ENTER]를 누른다.

solve(p=25,n)을 입력하고 [ENTER]를 누른다.

결과값은 $n=111.755$, 약 112년(2012년)이다.

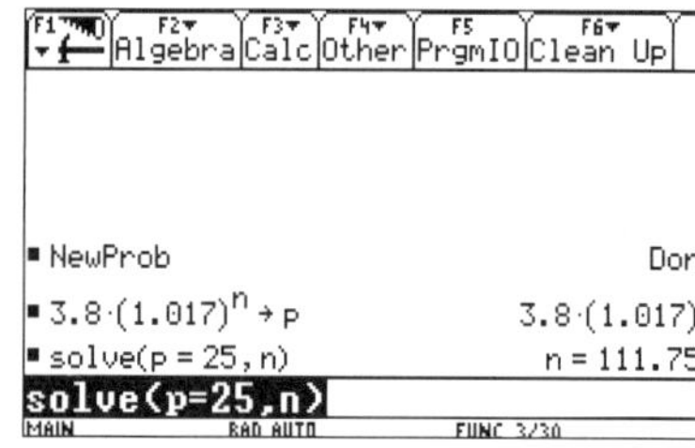

③ $p(n)=2(3.8)=3.8(1.017)^n$을 만족하는 n을 구한다.

solve(p=2×3.8,n)을 입력하고 [ENTER]를 누른다.

결과값은 $n=41.11$로, 1900년 인구의 두 배인 760만 명이 되는 데 약 41년이 걸린다는 것을 알 수 있다.

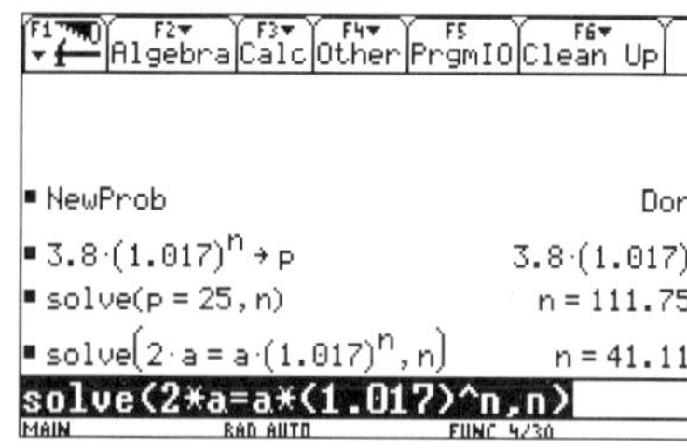

solve(p=2×7.6,n)을 입력하고 [ENTER]를 누른다.

결과값은 $n=82.23$으로, 인구가 760만 명에서 두 배인 1520만 명이 되는 데 약 41년이 걸린다는 사실을 알 수 있다.

solve(2×a=a×(1.017)^n,n)을 입력하고 [ENTER]를 누른다.

결과값은 $n=41.19$로, 인구가 a백만 명에서 두 배인 $2a$백만 명이 되는 데 약 41년이 걸린다는 것을 알 수 있다.

예제 2

공이 10m 높이에서 떨어지면 떨어진 높이의 80%까지만 다시 튀어 오른다. 공이 9번 튀어 오른 후에 정지하였을 때, 다음 물음에 답하여라.

① 9번째 튀어 오른 공의 높이는 얼마인가?

② 공이 9번 튀어 오르는 동안 움직인 거리의 총합은 얼마인가?

풀이

① [◆][CALC HOME]을 누른다.

[F6](Clean up)을 누르고 2:NewProb를 선택한 후 [ENTER]를 누른다.

식은 $h(n)=10(0.8)^n$이다.

10×(0.8)^n[STO▸]h를 입력하고 [ENTER]를 누른다.

9번째 튀어 오른 공의 높이를 구하기 위해 h[2nd][I]n=9를 입력하고 [ENTER]를 누른다.

결과값은 $h=1.34\text{m}$이다.

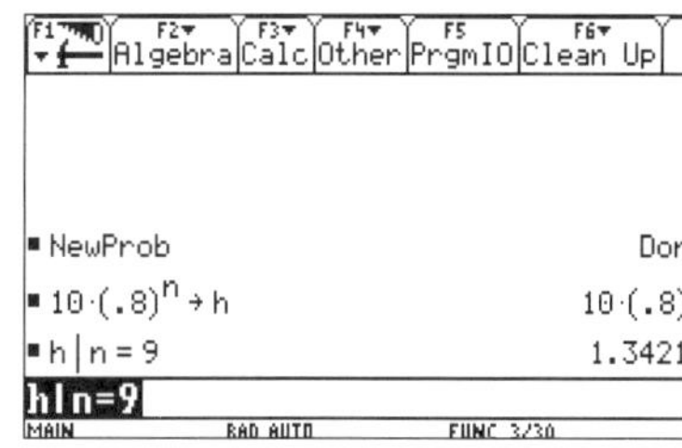

② 공이 움직인 거리의 총합을 구할 때, 공이 한 번 튀어 오를 때의 이동 거리는 튀어 오른 높이의 두 배이다. 따라서 움직인 거리의 총합은 $10+2\times h(1)+2\times h(2)+\cdots+2\times h(9)$이다.

[F3](Calc)를 누르고 4:Σ(Sum을 선택한다.

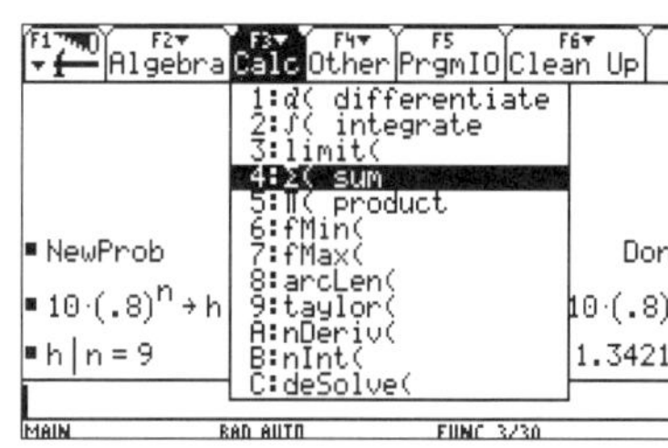

$\sum(10+2h,\ n,\ 1,\ 9)$를 입력하고 [ENTER]를 누른다.

결과값은 159.263m이다. 공은 9번 튀어 오르는 동안 약 159m를 움직인다.

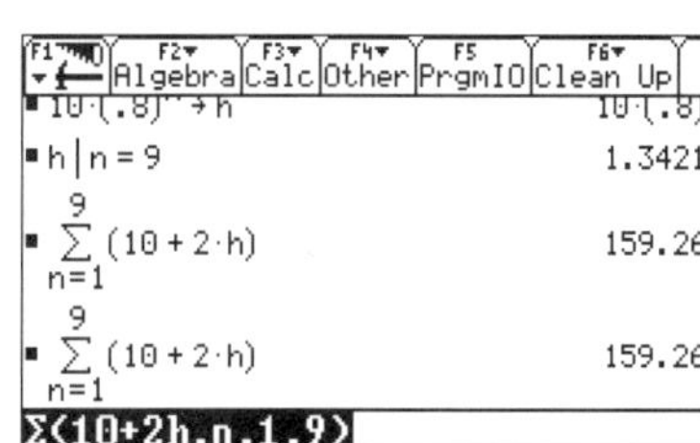

연습문제

1. ① 원래 광물에 존재하는 방사능 물질의 양을 A_0라 할 때, t시간이 흐른 후 광물에 존재하는 방사능 물질의 양은 $A(t)=A_0e^{kt}$이다. 방사능 물질의 양이 반으로 줄어드는 데 필요한 시간에 관한 일반식을 구하여라.(이 시간을 물질의 반감기(half-life)라 한다.)

   ② 어떤 방사능 원소의 반감기가 4,000년이라 한다. 초기 원소의 양이 10g이었다면, 10,000년 후 남아있는 방사능 원소의 양은 얼마인가?

2. 농구공이 2미터 높이에서 떨어지면 떨어진 높이의 60%만 다시 튀어 오른다. 공이 12번 튀어 오른 후에 정지하였을 때, 다음 물음에 답하여라.

   ① 12번째 튀어 오른 공의 높이는 얼마인가?

   ② 공이 12번 튀어 오르는 동안 움직인 거리의 총합은 얼마인가?

탐구활동

1. 원금 A_0를 연 이율 r%의 복리로 n년 동안 저축하였을 때의 원리합계는 $A(n)=A_0\left(1+\dfrac{r}{100}\right)^n$ 원이다.(단, 복리 기간은 1년 단위) 원금이 두 배가 되는데 필요한 연도 수 n을 r에 관한 식으로 나타내어라.

2. '72의 법칙'은 종종 복리 계좌가 두 배가 되는데 걸리는 시간을 개략적으로 예측하기 위한 식으로 많이 사용된다. 이 식은 연 이율 r%로 저축하였을 때, 저축액이 두 배가 되는데 걸리는 시간을 $n=\frac{72}{r}$로 예측한다.

이 방법과 탐구활동 1의 방법을 그래프로 그려서 비교하여라. 두 배가 되는 시간을 예측하는 방법으로 '72의 법칙'이 적합한지 말하여라.

다양한 함수와 그 특징
Advanced functions and features
7

7.1 제한된 정의역에서의 함수

이 절에서는 제한된 정의역에서의 함수에 대해 생각해보기로 한다. 이러한 경우에는 Define 명령과 [2nd][|]을 사용한다.

> **CAS 도움말**
>
> 이 경우에는 [2nd][|]과 [STO▸]를 함께 사용하면 안된다. 왜냐하면 [2nd][|]을 사용하면 정의역의 제한이 무효화되기 때문이다.

예제

다음에 주어진 정의역에서 함수 $f(x)=x^2-2x$를 정의하여라.

① $x>0$

② $-1\leq x\leq 5$

각 경우에 대하여 $x=-5,\ 0,\ 5,\ 10$일 때의 함숫값을 구하고, 함수의 그래프를 그려라.

풀이

① [◆][CALC HOME]을 누른다.

[F4](Other)를 누르고 1:Define을 선택한 후 [ENTER]를 누른다.

Define f(x)=x^2−2×x[2nd][|]x>0 을 입력한

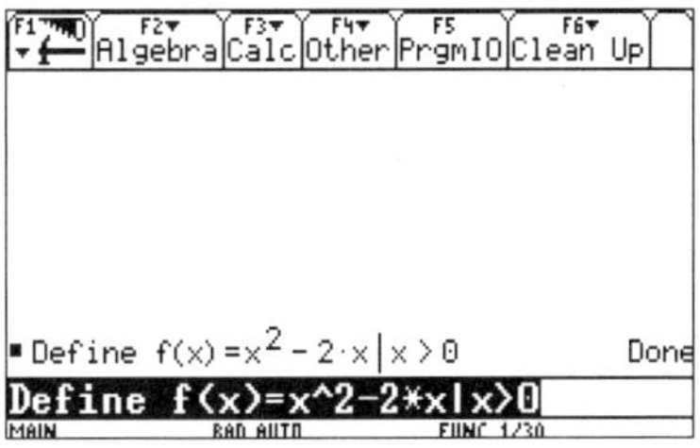

후 [ENTER]를 누른다.

$f(-5)$, $f(0)$, $f(5)$, $f(10)$을 계산하기 :

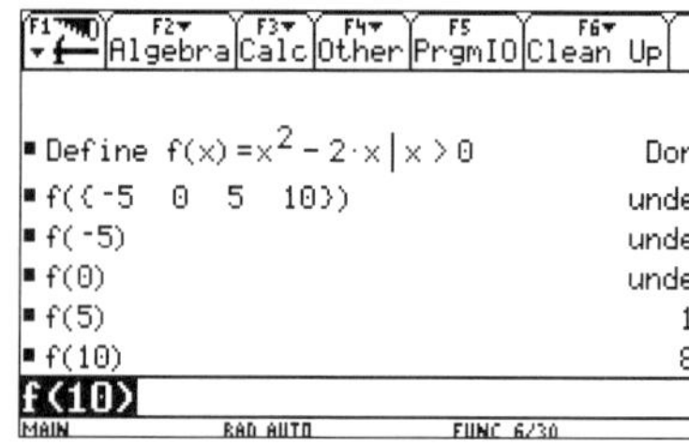

f({[(-)]5,0,5,10})을 입력한 후 [ENTER]를 누른다.
(이러한 방식으로 정의된 함수는 {}를 사용해서 값을 구할 수 없다. 각각의 값을 하나씩 계산해야 한다.)
f([(-)]5)를 입력한 후 [ENTER]를 누른다.
f(0)을 입력한 후 [ENTER]를 누른다.
f(5)를 입력한 후 [ENTER]를 누른다.
f(10)을 입력한 후 [ENTER]를 누른다.
결과를 보면 영역이 제한되었음을 알 수 있다.
그래프를 그리기 위해,
[◆][Y=]을 누른다.
y1=f(x)를 입력하고 [ENTER]를 누른다.
[F2](Zoom)을 누르고 6:ZoomStd를 선택한 후 [ENTER]를 누른다.

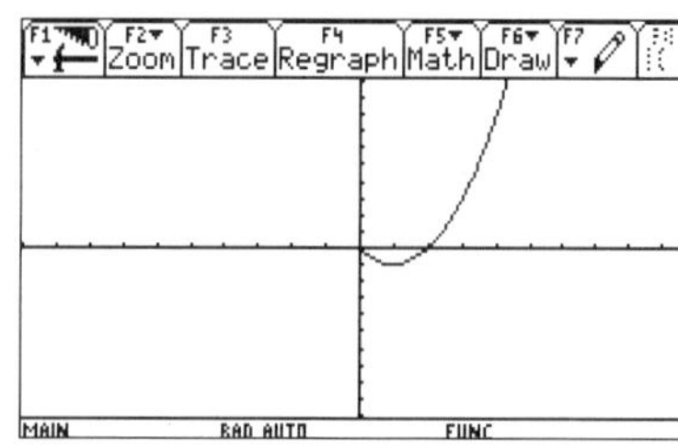

② [◆][CALC HOME]을 누른다.
[F4](Other)를 누르고 1:Define을 선택한 후 [ENTER]를 누른다.
Define f(x)=x^2−2×x[2nd][|] x≥0 and x≤5 를 입력하고 [ENTER]를 누른다.

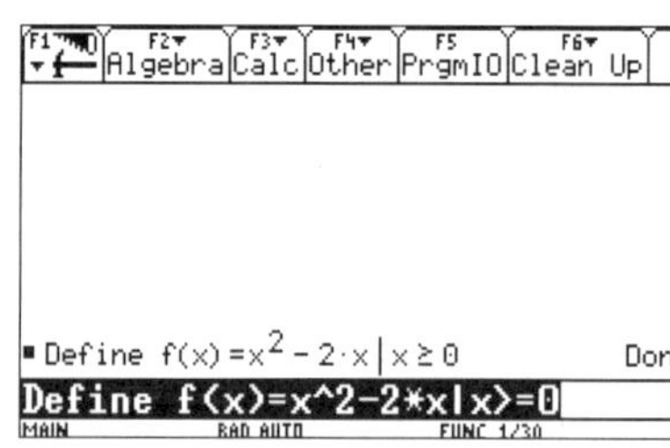

$f(-5)$, $f(0)$, $f(5)$, $f(10)$을 계산하기 :

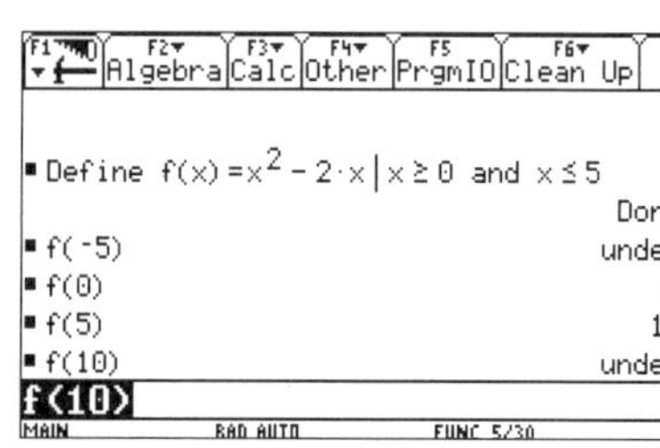

f([(-)]5)를 입력하고 [ENTER]를 누른다.
f(0)을 입력하고 [ENTER]를 누른다.
f(5)를 입력하고 [ENTER]를 누른다.
f(10)을 입력하고 [ENTER]를 누른다.

적절한 윈도우에 그래프 그리기 :
[◆][WINDOW]를 누른다.
ymax=20을 입력하고 [ENTER]를 누른다.
[◆][GRAPH]를 누른다.

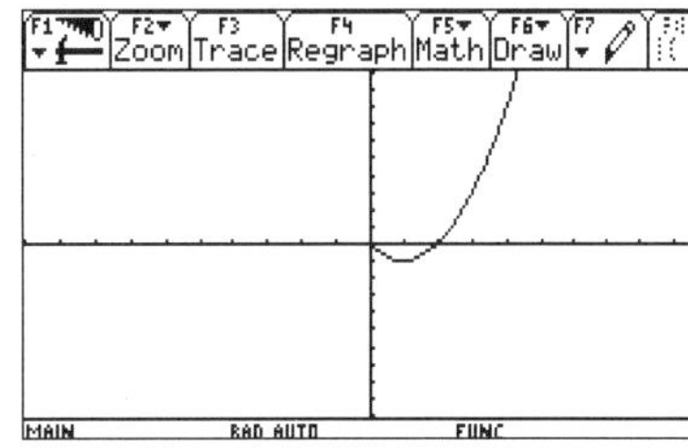

연습문제

1. 다음 함수를 정의하고, 함수의 그래프를 그린 후 다음 물음에 답하여라.
   ① $f(x)=x^2-4x+7$ $(x\geq 0)$일 때, 함숫값 $f(0)$, $f(1+k)$을 구하여라.
   또, $k=-2$일 때, $f(1+k)$의 값을 구하여라.
   ② $g(x)=x+1-\dfrac{3}{x}$ $(0<x\leq 5)$일 때, 함숫값 $g(0)$, $g(2)$, $g(5)$, $g\left(\dfrac{1}{x}\right)$를 구하여라.

CAS 도움말

부등호 ≥를 입력하려면, >=를 입력하거나 [◆]>를 입력한다. ≤를 입력하려면 [◆]<를 입력하면 된다.

2. 다음 문제를 푸는 데 사용할 수 있는 적절한 함수를 정의하여라.
   ① 반지름이 2, 4, 6인 구의 겉넓이를 구하여라.
   [**힌트** : $r>0$일 때, 변수 r을 사용하여 이 함수를 정의한다.]
   겉넓이가 6.61인 구의 반지름을 소수 둘째 자리까지 구하여라.
   (solve 명령은 함수의 정의역을 고려하지 않고 방정식을 푼다는 것에 주의하자. 정답을 얻으려면 solve 명령어 끝에 조건을 달아야 한다.)
   ② t초 후 공의 높이는 $h(t)=20-5t^2$ $(0\leq t\leq 2)$이다.

(i) 1.5초 후 공의 높이를 구하여라.

(ii) 공이 5m의 높이에 있을 때의 시간을 t (시간)에 대한 h(높이)의 함수로 나타내고 그 함수의 그래프를 그려라. (단, 소수점 아래 첫째자리까지 구하여라.)

7.2 역함수

주어진 정의역 범위에서 함수의 역함수 f^{-1}를 구하려면 주어진 함수의 치역의 범위를 찾고 역함수 식을 구해야 한다. 역함수가 존재하기 위해서는 원래 함수가 **일대일 대응 함수**(모든 x값은 정확히 하나의 y값에 대응하고, 역도 마찬가지이다.) 이어야 한다. 주어진 함수와 역함수의 그래프를 동일한 좌표 평면에 그리는 것은 매우 의미 있는 일이다.

CAS 도움말

모든 함수는 역이 있지만, 역은 관계이지 함수가 아니다. 함수식이 주어졌다고 하더라도 정의역이 주어지지 않았다면, 역함수가 존재하는 함수가 되도록 하기 위해서는 정의역을 제한해야 한다.

예제 1

모든 실수 x에 대하여 함수 $f(x)=e^{o.5x-1}$일 때, 다음 물음에 답하여라.

① 함수 f의 그래프를 그려라.

② 역함수 f^{-1}를 구하여라.

③ 함수 f와 f^{-1}의 그래프를 동일한 좌표 평면에 그려라.

풀이

① [◆][Y=]을 누른다.

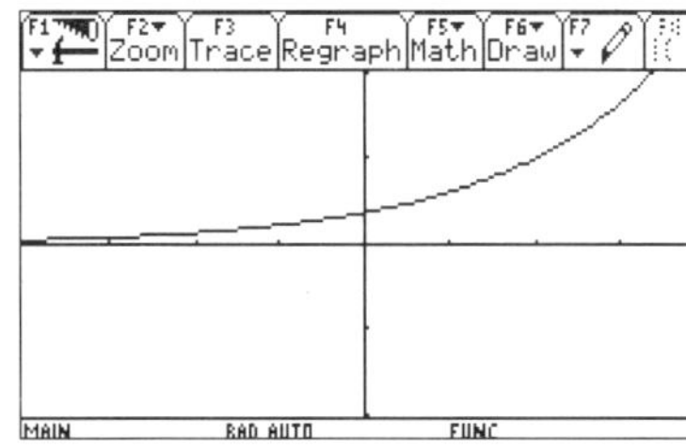

y1=[2nd][e^x](0.5x−1)을 입력하고 [ENTER]를 누른다.

[◆][WINDOW]를 누르고 다음과 같이 입력하기 :

xmin = [(−)]4

xmax = 4

ymin = [(−)]2

ymax = 2

[◆][GRAPH]를 누른다.

함수는 R^+의 범위에서 일대일 대응이다. 따라서 R^+의 범위에서 역함수가 존재한다.

② 역함수의 식을 구하기 위해서 원래 함수에서 x와 y를 바꾸고 y를 구해보자.

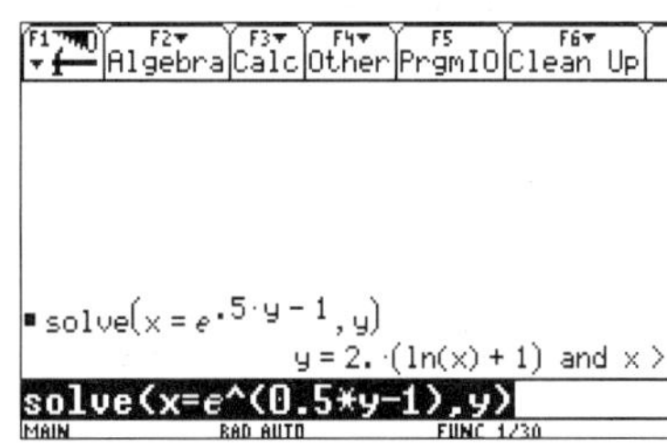

즉, $x=e^{0.5y-1}$를 y에 관하여 풀어보자.

[◆][CALC HOME]을 누른다.

[F2]를 누르고 1:solve(를 선택한 후 [ENTER]를 누른다.

solve(x=[2nd][e^x](0.5y−1),y)를 입력하고 [ENTER]를 누른다.

역함수 식은 $y=2(\log_e(x)+1)$이고, 이 경우 계산기는 정확한 정의역을 표시해준다.

역함수는 $f^{-1}(x)=2(\log_e(x)+1)\ \ (x>0)$이다.

③ [◆][Y=]을 누른다.

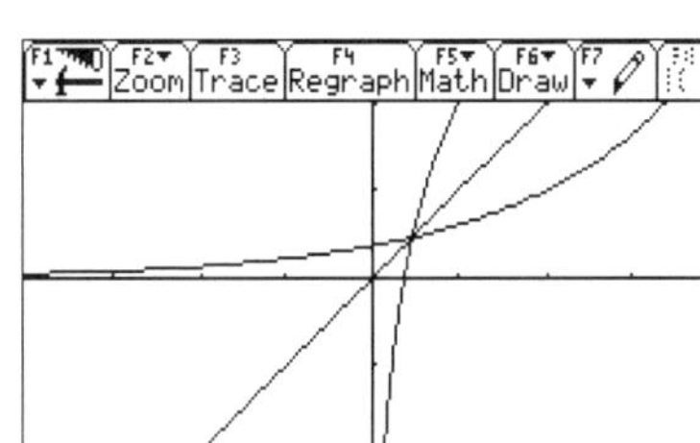

y2=2([LN](x)+1)을 입력하고 [ENTER]를 누른다.

y3=x를 입력하고 [ENTER]를 누른다.

커서를 y3에 위치시킨다.

[F6](Style)을 누르고 2:Dot를 선택한 후 [ENTER]를 누른다.

[F2](Zoom)을 누르고 5:ZoomSqr를 선택한 후 [ENTER]를 누른다.

ZoomSqr은 x축과 y축의 간격이 동일한 그래프를 그리도록 한다. (x와 y크기의 증가분이 동일하다.) 원시 함수와 역함수, 직선 $y=x$를 동일한 좌표 평면에 그리면 주어진 함수와 역함수는 직선 $y=x$에 대하여 대칭이라는 것을 알 수 있다.

그래프를 관찰하기에 더 좋은 윈도우 설정하기 :

[◆][WINDOW]를 누르고 ymax를 6으로 바꾼다.

[F2](Zoom)을 누르고 5:ZoomSqr를 선택한 후 [ENTER]를 누른다.

두 그래프는 직선 $y=x$와 두 점에서 만난다.

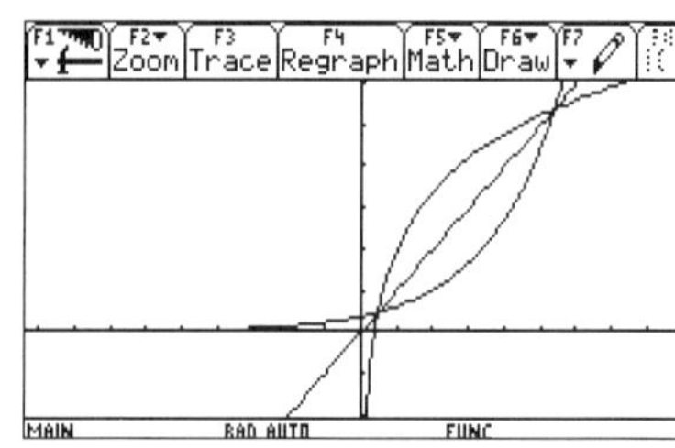

예제 2

함수 $f(x)=-1+\sqrt{2x+4}\ (x\geq -2)$일 때, 다음 물음에 답하여라.

① 함수 f의 그래프를 그리고, [F6](Draw) 명령을 사용하여 동일한 좌표 평면에 f의 역함수를 그려보아라.

② 역함수 f^{-1}를 구하여라.

③ 함수 입력창을 사용하여 함수 f와 역함수 f^{-1}의 그래프를 동일한 좌표 평면에 그려라.

CAS 도움말

ZoomSqr는 화면의 x축과 y축의 눈금의 크기가 동일하도록 화면 설정을 조절한다.

풀이

① ◆ [Y=]를 누른다.

y1 = (-) 1 + 2nd [√](2x+4)를 입력하고 ENTER 를 누른다.

F2 (Zoom)을 누르고 4:ZoomDec를 선택한 후 ENTER 를 누른다.

포물선의 반만 나타나고, 함수가 일대일 대응이라는 것을 알 수 있다.

$f(-2)=-1$이기 때문에 함수의 치역은 $[-1, \infty)$이다. 따라서 역함수는 $[-1, \infty)$의 정의역에서 존재한다.

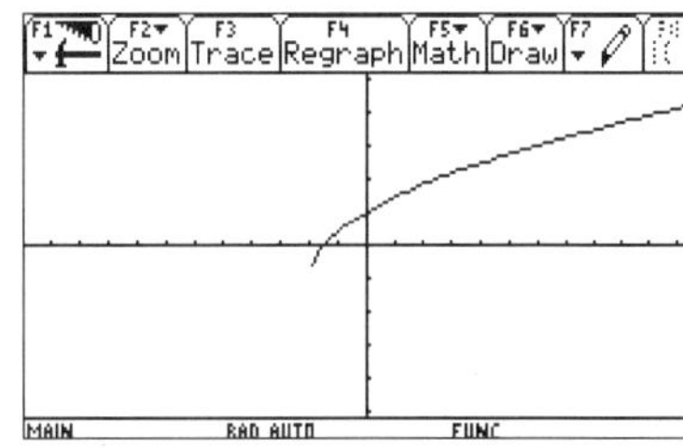

다음과 같이 역함수 그리기 :

F6 (Draw)를 누르고 3:DrawInv를 선택한 후 ENTER 를 누른다.

DrawInv y1(x)를 입력하고 ENTER 를 누른다.

그려진 역함수는 단지 역함수의 형태만 보여주며 자취를 따라가거나 역함수의 식을 구할 수 없다.

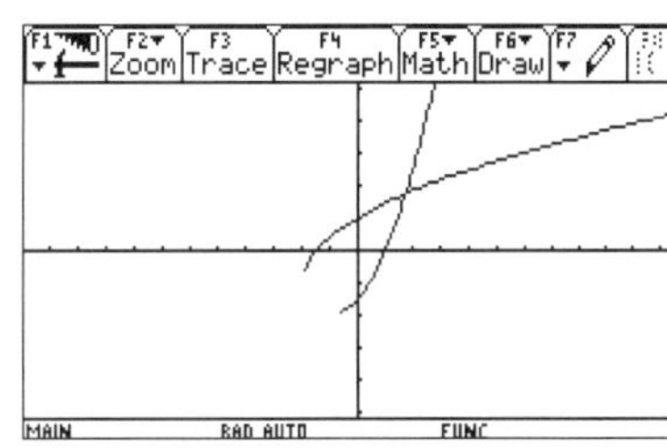

② 역함수를 구하기 위해 주어진 함수의 x와 y를 바꾼 후 y를 구해 보자.

즉, $x=-1+\sqrt{2y+4}$ 에서 y를 구해보자.

◆ [CALC HOME]을 누른다.

F2 를 누르고 1:solve(를 선택한 후 ENTER 를 누른다.

solve(x = (-) 1 + 2nd [√](2y+4),y)를 입력하고 ENTER 를 누른다.

역함수는 $y=0.5x^2+x-1.5$이고, 계산기는 정확한 정의역을 표시해준다. 따라서 역함수는 $f^{-1}(x)=0.5x^2+x-1.5 \ (x \geq -1)$이다.

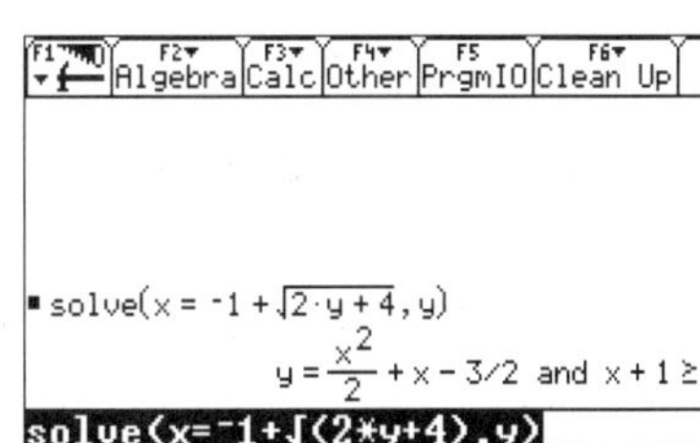

③ ◆[Y=]를 누른다.

y2=0.5×x^2+x−1.5 2nd [I]x≥ (−) 1을 입력하고 ENTER를 누른다.

y3=x를 입력하고 ENTER를 누른다.

커서를 y3으로 이동시키고, F6(Style)을 누르고 2:Dot를 선택한다.

◆[GRAPH]를 누른다.

정의역을 제한하는 것에 주의해야 한다. 그렇게 하지 않으면 역함수가 아니라 포물선 전체가 그려진다.

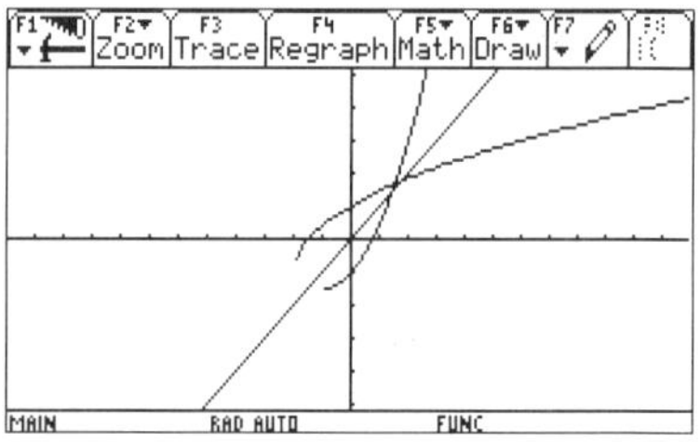

연습문제

1. 다음 각각의 함수에 대하여 역함수를 구하고 주어진 함수와 역함수의 그래프를 동일한 좌표 평면에 그려라.

   ① $f(x)=1-x^3,\ f: R \to R$

   ② $g(x)=\log_e(x-1)-2,\ g: (1, \infty) \to R$

   ③ $h(x)=6-\sqrt{3x-9},\ h: [3, \infty) \to R$

   ④ $j(x)=-2+\sqrt{2x-x^2},\ j: [0, 1] \to R$

2. 다음 각각의 함수 f에 대하여 역함수가 존재하지 않는 이유를 설명하여라. 역함수가 존재하면서 f와 식이 같은 함수 g를 구하여라.(단, 정의역은 가능한 크게 한다.) 함수 g와 g^{-1}의 그래프를 동일한 좌표 평면에 그려라.

   ① $f(x)=4-4x+x^2,\ f: R \to R$

   ② $f(x)=x^2+5x-6,\ f: R \to R$

   ③ $f(x)=3-\sqrt{4-x^2},\ f: [-2, 2] \to R$

탐구활동

1. f의 역함수 f^{-1}가 f와 일치하는 경우가 있다. 예를 들어, $f(x)=x \ \ (f: R \to R)$의 역함수는 $f^{-1}(x)=x \ \ (f^{-1}: R \to R)$이다. 이러한 함수를 '역함수가 자신이 되는 함수(self-inverse)'라고 한다.

   ① 일차함수 $f(x)=ax+b(f: R \to R)$를 '역함수가 자신이 되는 함수(self-inverse)'로 만드는 a, b의 값은 무엇인가? 그래프를 그려 설명하여라.

   ② 함수 $y=a+b\sqrt{c-x^2}$를 '역함수가 자신이 되는 함수(self-inverse)'로 만드는 a, b, c의 값을 구하고, 그 함수의 정의역을 구하여라. 그래프를 그려 설명하여라.

7.3 구간함수

어떤 함수들은 x값의 범위에 따라 식이 달라진다. 이러한 함수를 구간 함수(Hybrid functions) 또는 부분적으로 정의된 함수(Piecewise defined function)라고 부른다. when 명령은 구간 함수를 정의하고 그래프를 그리는 데 사용할 수 있다.

> **CAS 도움말**
>
> 구간 함수에서 함숫값은 홈스크린에서 각각의 값을 직접 대입하거나 table(표) 기능을 사용해서 구할 수 있다. 홈스크린에서는 { }를 사용해서 함수값을 구할 수 없다.

예제 1

함수 $f(x)=\begin{cases} -x & x<0 \\ x^2+1 & x \geq 0 \end{cases}$일 때, 다음 물음에 답하

여라.

① 구간 함수의 식을 입력하고, $x=-5,\ 0,\ 5,\ 10$ 일 때의 값을 구하여라.

② 함수의 그래프를 그려라.

풀이

① [◆][Y=]를 누른다.

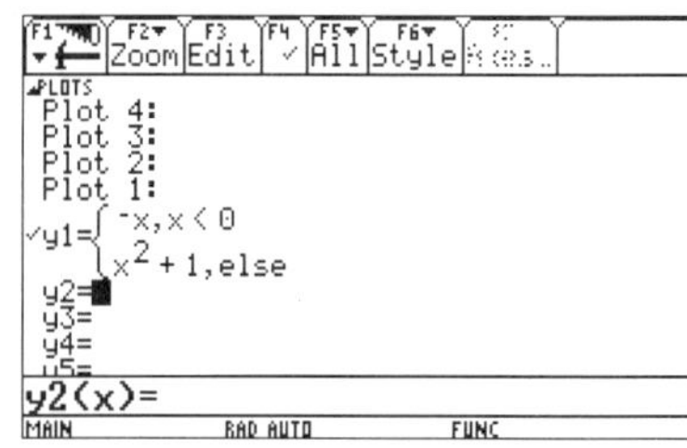

y1=when(x<0, [(-)]x, x^2+1)을 입력하고 [ENTER]를 누른다.

[**참고** : [2nd][CATALOG]를 누르고 when을 선택하거나, 자판에서 when을 직접 입력한다.]

'else'는 다른 모든 x의 값을 의미한다.

(이 경우에는 $x \geq 0$)

table(표) 기능을 이용해 함수 값을 계산해 보자.

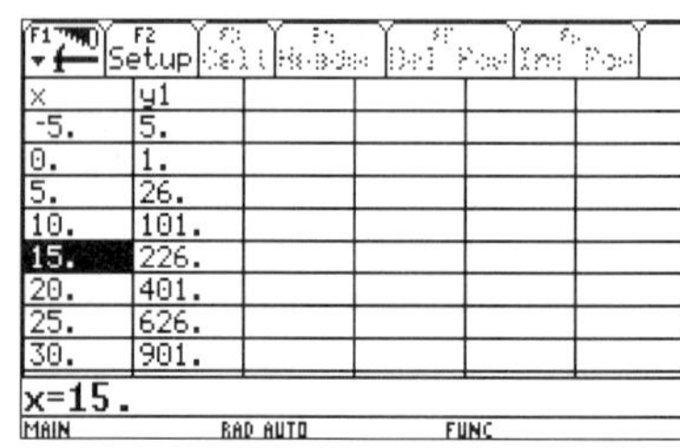

[◆][TblSet]을 누른다.

tblStart=[(-)]5를 입력한다.

△tbl = 5를 입력한다.

[ENTER]를 눌러서 새로운 값을 저장한다.

[◆][TABLE]을 누른다.

table(표)에 값이 나타난다.

② [◆][GRAPH]를 누른다.

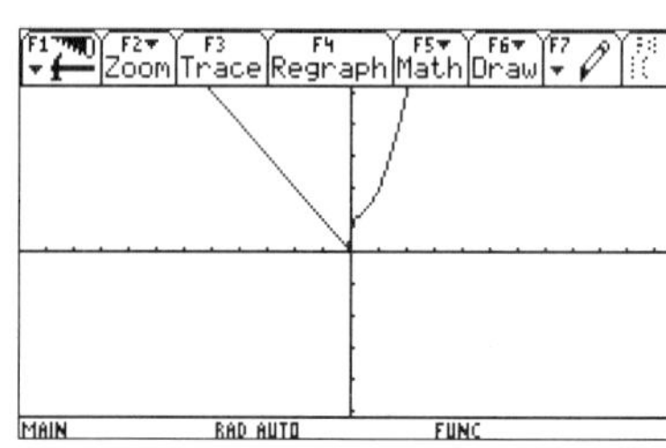

[F2](Zoom)을 누르고 4:ZoomDec를 선택한 후 [ENTER]를 누른다.

그래프의 두 구간으로 구분되어, 일반적인 방법으로 자취를 찾거나 값을 구할 수 있다.

예제 2

함수 $f(x)=\begin{cases} 1 & x<0 \\ \sin x & 0 \leq x \leq \pi \\ 1 & x>\pi \end{cases}$ 일 때, 다음 물음에 답하여라.

① $x=-\pi/4$에서 $\pi/4$씩 증가할 때, x에 대한 함숫값을 구하여라.

② 함수의 그래프를 그려라.

풀이

① ◆ [Y=]를 누른다.

y1=when(x<0 or x> 2nd [π],1, SIN (x))를 입력한 후 ENTER 를 누른다.

위에 입력한 식이 y1에 나타난다.

('else'는 $0\le x\le\pi$ 범위의 x값을 의미한다.)

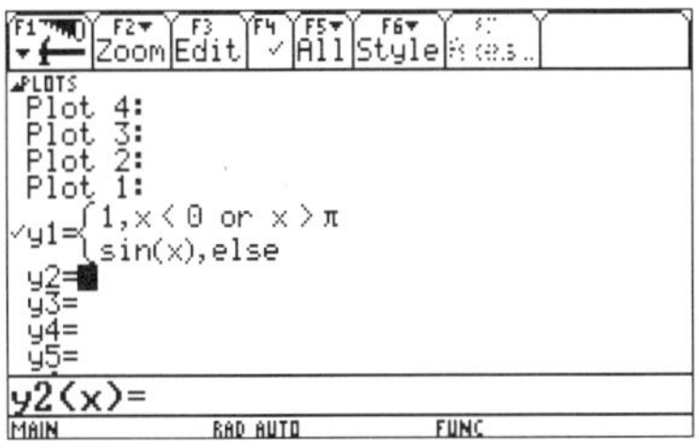

table(표) 기능을 이용하여 함숫값 구하기 :

◆ [TblSet]를 누른다.

tblStart= (-) 2nd [π]÷4를 입력한다.

$\triangle$tbl= 2nd [π]÷4를 입력한다.

ENTER 를 눌러 새로운 값을 저장한다.

◆ [TABLE]을 누른다.

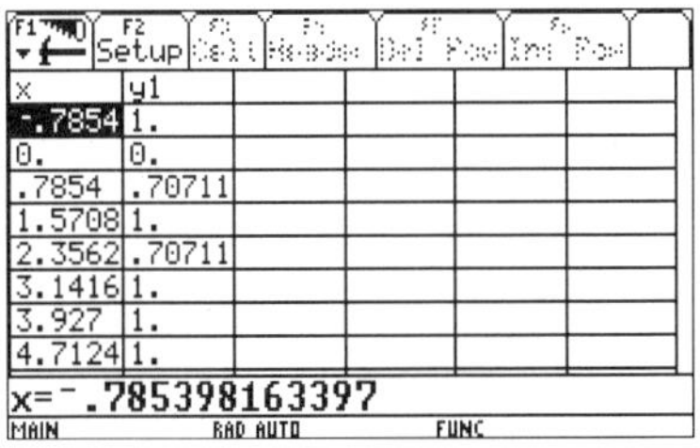

② ◆ [WINDOW]를 누르고 다음 값들을 입력하여라.(π의 실수 배는 sin함수 구간의 자취를 쉽게 찾게 해 준다.)

xmin = (-) 2nd [π]÷4

xmax = 5 2nd [π]÷4

xscl = 2nd [π]÷4

ymin = (-) 0.5

ymax = 1.5

yscl = 1

xres = 1

◆ [GRAPH]을 누른다.

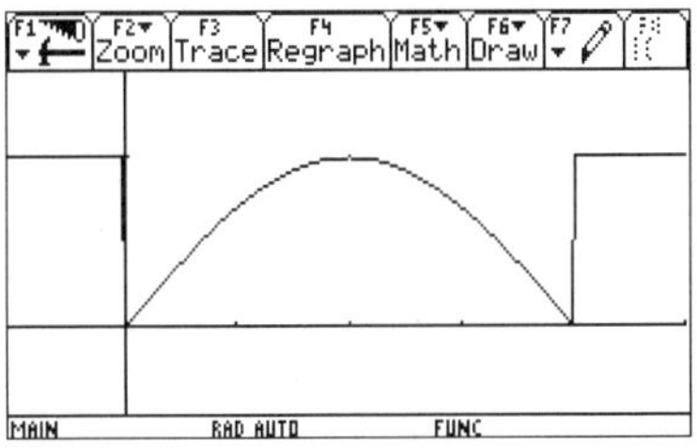

그래프가 세 구간으로 나누어 나타나고, 일반적인 방법으로 그래프의 자취를 찾거나 함숫값을 계산할 수 있다.

[**참고** : 위 함수에서 두 선분의 끝점은 포함하지 않고, sin함수 그래프의 양 끝점은 포함한다. 그런데 두 선분과 sin함수 그래프 사이에 수직선이 생기는 것은 그래프를 그리는 기능이 연속적인 픽셀의 값을 단순하게 합하기 때문이다.]

CAS 도움말

예제 2에서 첫 번째와 세 번째 구간의 식이 같다는 것을 이용하였다. 각 구간마다 식이 다른 경우에는 when 조건을 여러 차례 사용할 수 있다. 예를 들면, when(x≤π, when(x<0,1,sin(x)),1)은 예제 2의 식과 같은 의미로 사용될 수 있다.

연습문제

1. 다음의 구간 함수를 정의하고 그래프를 그려라.

① $f(x)=\begin{cases}-x & x<0\\ x & x\geq 0\end{cases}$

② $g(x)=\begin{cases}-x^2 & x<0\\ x^2 & x\geq 0\end{cases}$

③ $h(x)=\begin{cases}e^x & x<0\\ e^{-x} & x\geq 0\end{cases}$

2. 다음의 구간 함수를 정의하고 그래프를 그려라.

① $f(x)=\begin{cases}-1 & x<0\\ 0 & x=0\\ 1 & x>0\end{cases}$

② $g(x)=\begin{cases}-\log_e(x) & 0<x\leq 1\\ -1 & x\leq 0 \text{ 또는 } x>1\end{cases}$

③ $h(x)=\begin{cases}2+x & x<-1\\ 1 & -1\leq x\leq 1\\ 2-x & x>1\end{cases}$

7.4 절댓값함수

음이 아닌 수의 절댓값은 원래 수 그대로이고, 음수의 절댓값은 원래 수의 부호를 양으로 바꾼 것이다. 절댓값의 수학적 기호는 $|\cdots|$이지만 $abs(\cdots)$를 사용하기도 한다. 그래서 $|1|=abs(1)=1$, $|0|=abs(0)=0$, $|-5|=abs(-5)=5$이다. 절댓값함수는 x의 절댓값을 포함하는 여러 형태의 함수이다. 절댓값함수의 기본형은 $y=|x|$이다.

CAS 도움말

절댓값을 입력하려면, [2nd][MATH]를 누르고, 1:Number를 선택한 후 2:abs(를 선택하고 명령어를 완성한다. 또는 [2nd][CATALOG]를 누르고 abs(를 선택하거나 직접 자판에서 입력한다.

예제 1

절댓값함수 $y=|x|$의 그래프를 그려라. 다른 좌표평면에 다음 함수의 그래프를 그려라.

① $y=-|x|$ ② $y=|-x|$

③ $y=2|x-1|$ ④ $y=2|x|-1$

⑤ $y=|2x-1|$ ⑥ $y=\sqrt{x^2}$

풀이

[◆][Y=]를 누른다.
y1=abs(x)를 입력하고 [ENTER]를 누른다.
[F2](Zoom)를 누르고 4:ZoomDec를 선택한 후 [ENTER]를 누른다.
그래프는 원점을 중심으로 하는 V자 모양이다. abs(...)는 음수가 될 수 없기 때문에 그래프의 어떤 부분도 x축 아래에 놓일 수 없다.

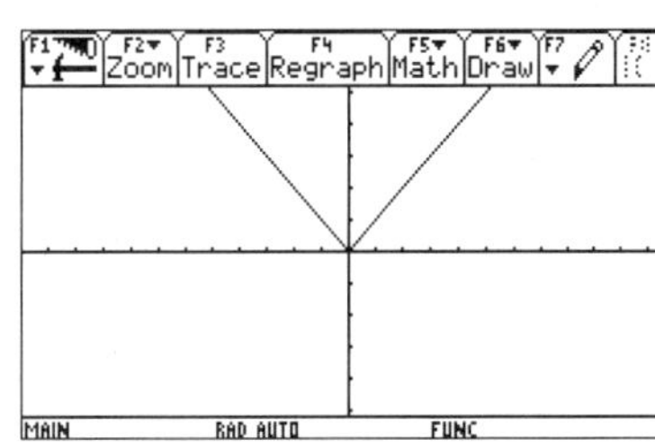

① [◆][Y=]를 누른다.
y1=[(-)]abs(x)를 입력하고 [ENTER]를 누른다.
[◆][GRAPH]를 누른다.
그래프는 $y=|x|$의 그래프와 x축 대칭이다.

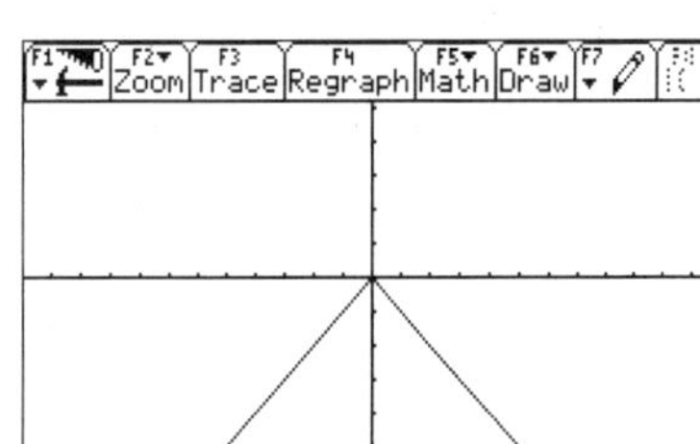

② [◆][Y=]를 누른다.
y1=abs([(-)]x)를 입력하고 [ENTER]를 누른다.
[◆][GRAPH]를 누른다.
그래프는 $y=|x|$의 그래프와 같다. 음의 부분은 양의 부분을 y축에 대칭시킨 것이고, 그래프는 $x=0$에 대하여 대칭이다.($y=(-x)^2$를 입력했을 때 $y=x^2$이 그려지는 것과 유사하다.)

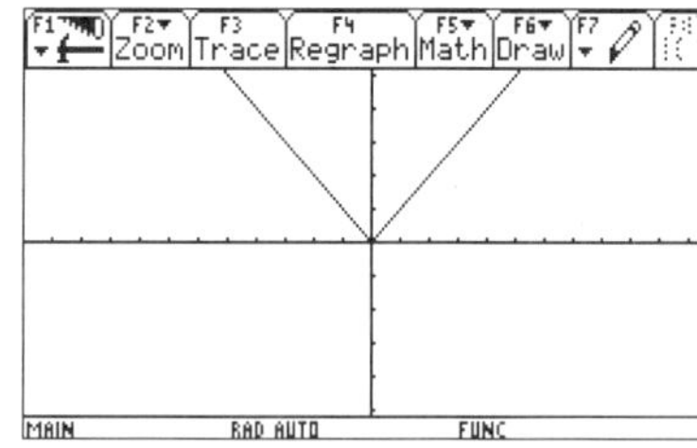

③ [◆][Y=]를 누른다.
y1=2×abs(x−1)을 입력하고 [ENTER]를 누른다.
[◆][GRAPH]를 누른다.
이 그래프는 V자 모양이지만 기본 그래프보다 2배 더 가파르다.(폭이 좁다.) 그래프는 오른쪽으로 1만큼 평행이동 되어 (1, 0)을 중심으로 한다.

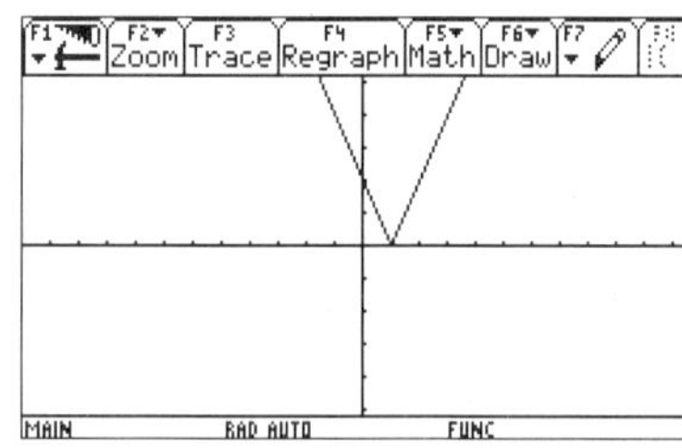

④ [◆][Y=]를 누른다.
y1=2×abs(x)−1을 입력하고 [ENTER]를 누른다.
[◆][GRAPH]를 누른다.
그래프 또한 V자 모양이고, ③의 그래프와 가파른 정도가 같다.(폭이 같다.) 그러나 아래로 1만큼 평행이동 되어 (0, −1)을 중심으로 한다.

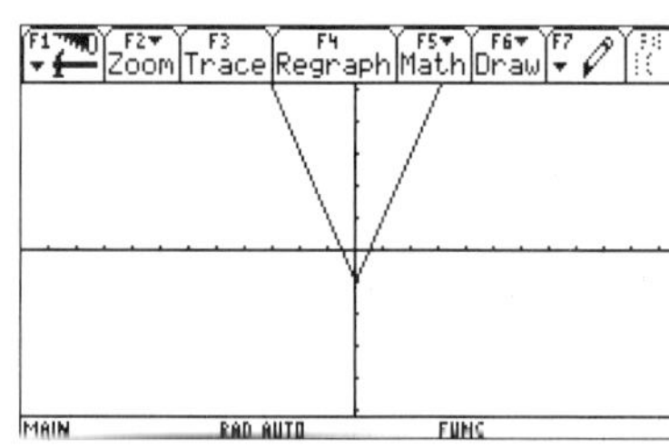

⑤ [◆][Y=]를 누른다.
y1=abs(2×x−1)을 입력하고 [ENTER]를 누른다.
[◆][GRAPH]를 누른다.
그래프는 V자 모양이고, ③의 그래프와 가파른 정도가 같다(폭이 같다) 그러나 오른쪽으로 0.5만큼 평행이동 되어 $\left(\frac{1}{2}, 0\right)$을 중심으로 한

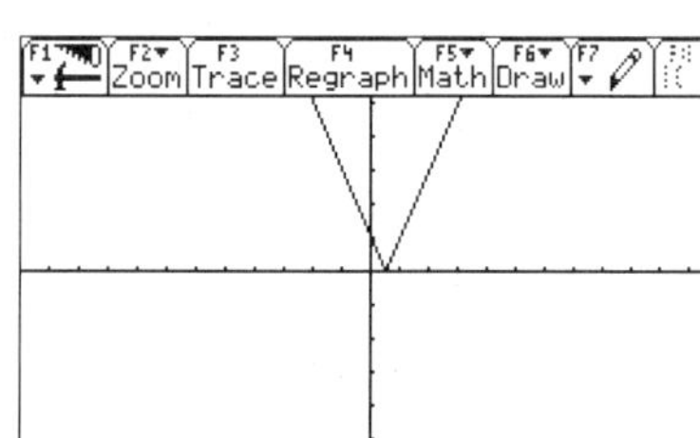

다. 식을 $y=\left|2\left(x-\frac{1}{2}\right)\right|$로 써보면 이유를 알 수 있다.

⑥ [◆][Y=]를 누른다.

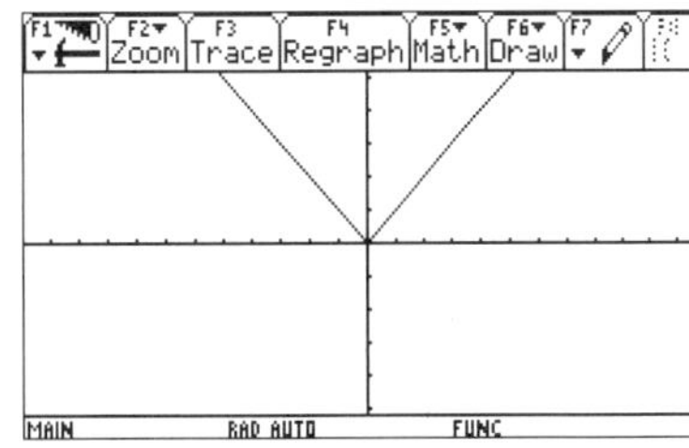

y1=[2nd][√](X^2)을 입력하고 [ENTER]를 누른다.
[F2](Zoom)을 누르고 4:ZoomDec를 선택한 후 [ENTER]를 누른다.
[◆][GRAPH]를 누른다.
그래프는 $y=|x|$의 그래프와 동일하다.

예제 2

다음 함수의 그래프를 그려라.

① $y=3-2|x|$

② $y=|3-2|x||$

③ $y=|3-2x|+|3+2x|$

풀이

① [◆][Y=]를 누른다.

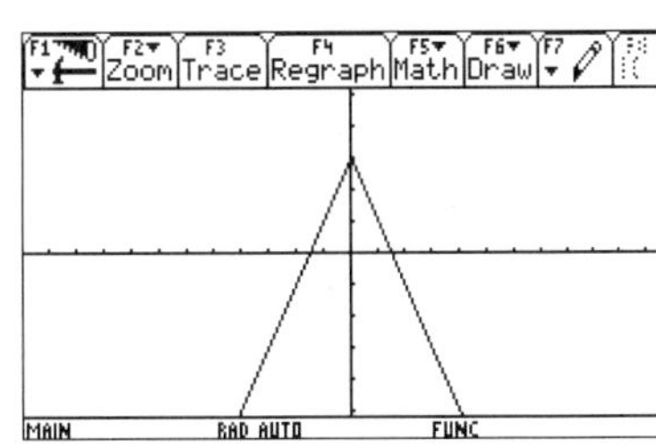

y1=3−2×abs(x)를 입력하고 [ENTER]를 누른다.
[F2](Zoom)을 누르고 4:ZoomDec를 선택한 후 [ENTER]를 누른다.
[◆][GRAPH]를 누른다.
계수가 −2이기 때문에 뒤집힌 V자 모양의 그래프이다.
중심은 (0, 3)이다.

② [◆][Y=]를 누른다.

y1=abs(3−2×abs(x))를 입력하고 [ENTER]를 누른다.

[◆][GRAPH]를 누른다.

왜 W 모양의 그래프가 되는가?

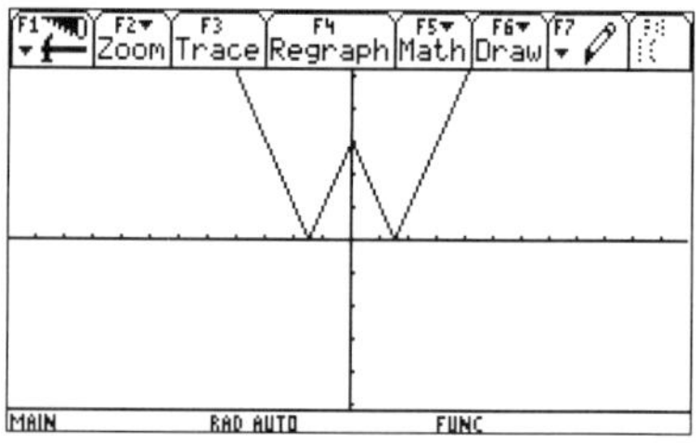

③ [◆][Y=]를 누른다.

y1=abs(3−2x)+abs(3+2x)를 입력하고 [ENTER]를 누른다.

[◆][WINDOW]를 누르고 다음의 값으로 바꾼다.

ymin=0

ymax=20

[◆][GRAPH]를 누른다.

왜 이런 모양의 그래프가 되는가?

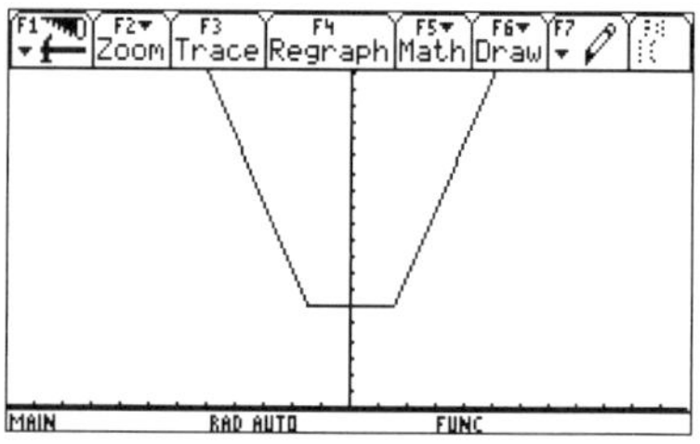

연습문제

1. 동일한 평면에 다음 함수의 그래프를 그려라.

① (i) $y=|x|$ (ii) $y=2|x|$

(iii) $y=3|x|$ (iv) $y=-|x|$

(v) $y=-2|x|$ (vi) $y=-3|x|$

② (i) $y=0.5|x|$ (ii) $y=0.5|x-1|$

(iii) $y=0.5|x|-1$ (iv) $y=|0.5x-1|$

(v) $y=|0.5|x|-1|$

2. ① 동일한 평면에 다음 함수의 그래프를 그려라.

(i) $y=4+0.5|x|$ (ii) $y=4-0.5|x|$

(iii) $y=-4+0.5|x|$ (iv) $y=-4-0.5|x|$

② 다른 평면에 다음 함수의 그래프를 그려라.

(i) $y=|x-2|+|x+2|$

(ii) $y=|x-2|-|x+2|$

(iii) $y=|x+2|-|x-2|$

3. 다음 함수의 그래프를 그려라.

① $y=|x-2|+|x|+|x+2|$

② $y=|x-2|-|x|+|x+2|$

③ $y=|x-2|+|x|-|x+2|$

탐구활동

1. 실수인 매개변수 k의 값이 변하면 다음 함수의 그래프들이 어떻게 변하는지 설명하여라.

① $|x|+|y|=k$

② $|x|-|y|=k$

[**힌트** : ①에서 k의 값은 양수이어야 한다. 왜 그럴까? 이 경우 x값의 범위를 구분할 필요가 있다.(y값도 마찬가지이다.) 제한된 변역은 무엇인가? 이와 유사하게, ②의 변수의 값도 범위를 구분해야 한다.]

> **CAS 도움말**
>
> 좌표축이 화면에 나타나지 않게 하려면 [◆][Y=] 또는 [◆][WINDOW] 또는 [◆][GRAPH]를 누르고 [F1]을 누른 후, 9:Format을 선택하여 Axes를 off로 설정하면 된다.

2. 다음 각각의 그래프는 절댓값함수의 그래프이다. 좌표축은 표시하지 않았고 윈도우의 범위는 다음과 같다.

다음의 그래프를 그려보고, 그래프의 함수식을 구하여라.

① 카펫 모서리

(윈도우의 범위 : x의 범위 $[-5,5]$, y의 범위 $[-2,1]$)

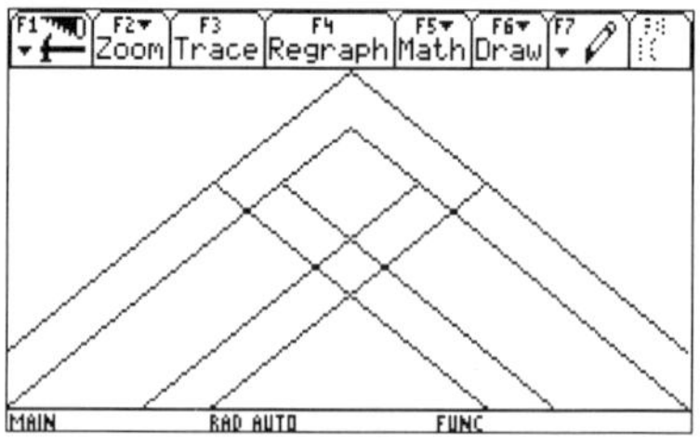

② 터널

(윈도우의 범위 : x의 범위 $[-10,10]$, y의 범위 $[-10,10]$)

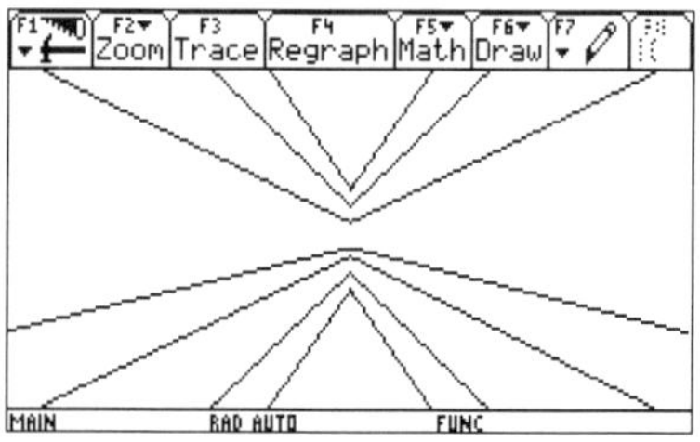

7.5 역수함수

함수 $f(x)$에 대하여 함수 $\dfrac{1}{f(x)}$을 역수함수(inverse function)라 한다.($\dfrac{1}{5}$은 5의 역수인 것과 같다.) 두 함수 사이의 관계를 알아보기 위해서 동일한 좌표 평면에 두 그래프를 그리는 것이 유용하다. $y=\dfrac{1}{x}$과 같이 역수함수의 그래프는 직각 쌍곡선이다.

예제 1

함수 $y=x-2$에 대하여 함수의 그래프와 역수함수의 그래프를 그려라.

풀이

[◆][Y=]를 누른다.

y1=x−2를 입력하고 [ENTER]를 누른다.

y2=1÷y1(x)를 입력하고 [ENTER]를 누른다.

커서를 y1으로 이동한다.

[F6](Style)을 누르고 4:Thick을 선택한 후 [ENTER]

를 누른다.

이렇게 하면 그래프가 굵은 선으로 그려져서 비교하기가 쉬워진다.

F2 (Zoom)을 누르고 4:ZoomDec를 선택한 후 ENTER 를 누른다.

굵은 그래프는 직선이고, 두 개의 곡선은 역수함수 $y=\dfrac{1}{x-2}$의 그래프를 나타낸다.

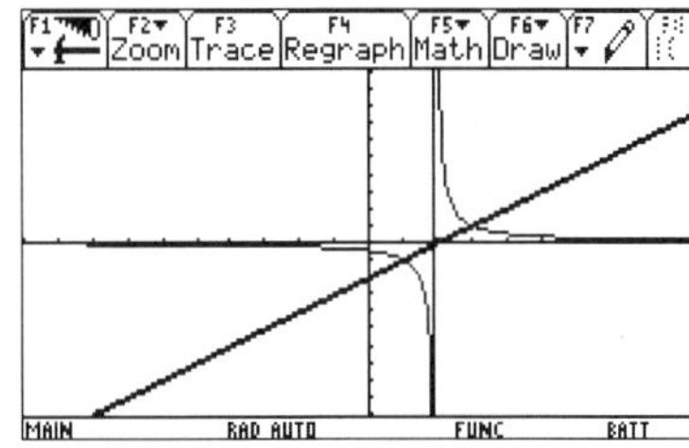

그래프를 정확히 보기 :

◆ [WINDOW]를 누른다.

xres를 1로 바꾼다.

◆ [GRAPH]를 누른다.

이제 수직선이 없어서 더 사실적인 그래프를 볼 수 있다. Trace 기능인 그래프의 자취 따라가기를 이용하여 $x=2$에서 y값이 정의되지 않음을 알 수 있다.($\dfrac{1}{0}$은 정의되지 않는다.)

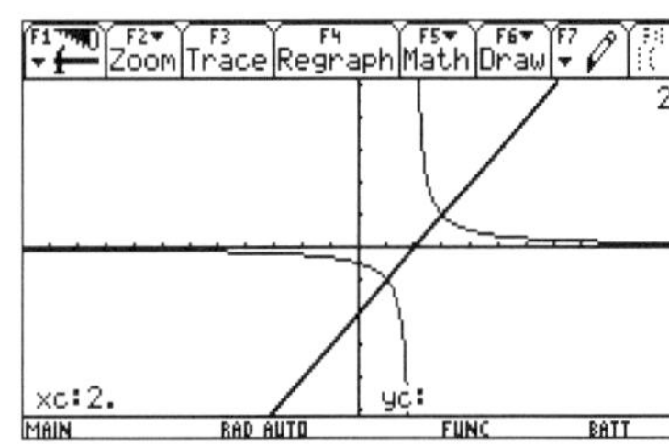

CAS 도움말

그래프에 왜 수직선이 생길까? 대부분의 CAS 그래핑 소프트웨어는 이웃한 점을 연결한다. 예제 1에서 직선은 왼쪽 곡선 위의 마지막 점(1.9, −10)과 그 다음 점인 오른쪽 곡선 위의 점(2.1, 10)을 연결한다. (y2의 자취를 확인해보자.) 수직선은 실제로 존재하지 않으며 그래프의 일부분이 아니다. ZoomDec를 선택하고 xres 설정을 1로 하면 이 선이 제거된다.

[참고 : 최신 버전의 계산기는 이 문제를 해결하였다.]

예제 2

함수 $y=\dfrac{1}{x}$의 그래프를 이용하여 다음 함수의 그래프를 그려라.

① 동일한 좌표 평면 위에서 오른쪽으로 3만큼, 아래쪽으로 1만큼 평행이동 한 그래프를 그려라.

② 변환된 함수식을 공통분모를 가지는 분수식의 형태로 나타내어라.

풀이

① ◆ [Y=]를 누른다.

y1=1÷x를 입력하고 ENTER를 누른다.

F6(Style)을 누르고 4:Thick을 선택한 후 ENTER를 누른다.

F2(Zoom)을 누르고 4:ZoomDec를 선택한 후 ENTER를 누른다.

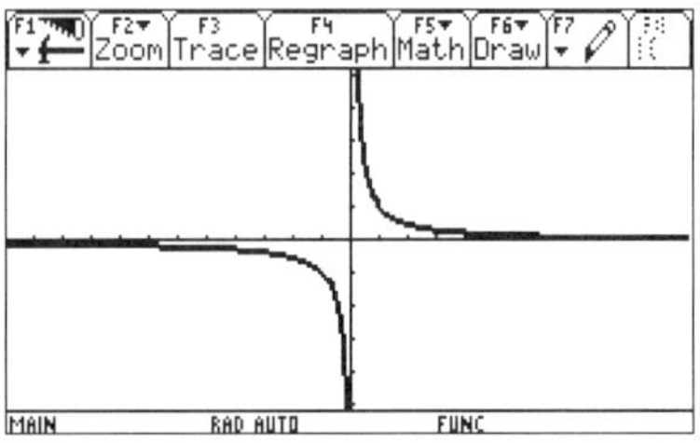

구하는 함수식은 $y=\dfrac{1}{x-3}-1$이다.

◆ [Y=]를 누른다.

y2=1÷(x−3)−1을 입력하고 ENTER를 누른다.

◆ [WINDOW]를 누른다.

xres를 1로 바꾼다.

◆ [GRAPH]를 누른다.

처음 그래프의 점근선은 x축($y=0$)과 y축($x=0$)이지만, 평행이동된 그래프의 점근선은 $y=-1$과 $x=3$이다.

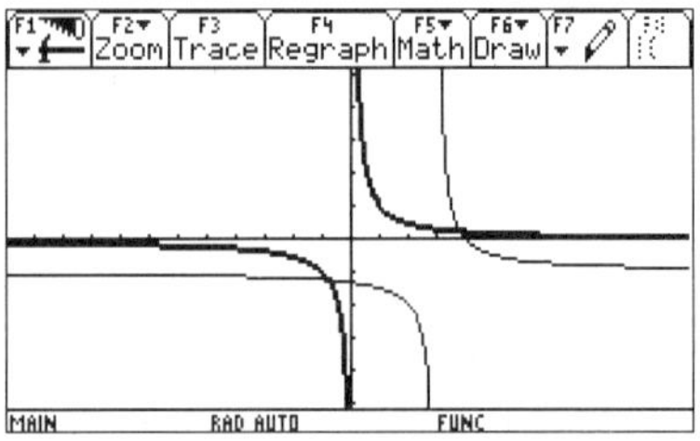

② ◆ [CALC HOME]을 누른다.

F2(Algebra)를 누르고 6:ComDenom(을 선택한 후 ENTER를 누른다.

ComDenom(y2(x))를 입력하고 ENTER를 누른다.

식은 $y=\dfrac{4-x}{x-3}$와 동치이다.

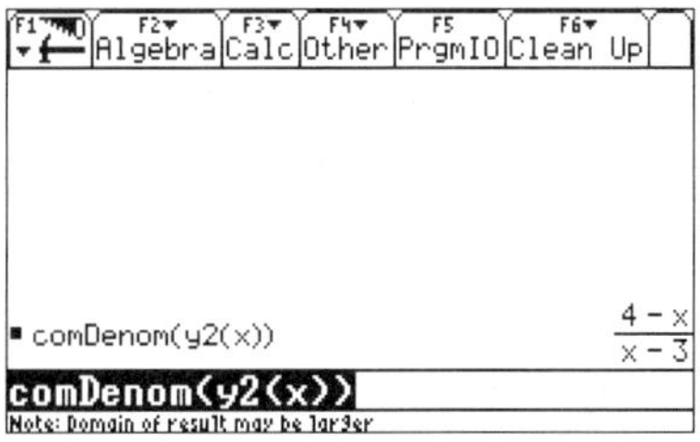

연습문제

1. 다음의 함수에 대하여 함수와 이 함수의 역수 함수의 그래프를 그려라.
   ① $y=x+5$ ② $y=2x-7$
   ③ $y=1-3x$ ④ $y=(x-2)^2$

2. 역함수 $y=\dfrac{1}{x}$의 그래프와 다음에 주어진 조건에 의해 변환된 함수의 그래프를 동일한 좌표평면에 그려라.
   ① 왼쪽으로 4만큼, 아래쪽으로 2만큼 평행이동
   ② 수평방향(x축)으로 -3만큼, 수직방향 (y축)으로 1만큼 평행이동
   ③ x축에 대하여 대칭이동하고, 위로 2만큼 평행이동
   ④ 오른쪽으로 3만큼 평행이동하고, y축에 대하여 대칭이동

   각각의 경우에 대하여 좌표축과의 교점과 점근선의 식을 구하라. 그리고 변환된 함수식을 공통분모를 가진 분수식의 형태로 표현하여라.

> **CAS 도움말**
>
> 그래프의 점근선 근방의 점들이 수직으로 연결되지 않게 하기 위한 다른 방법은 Y=Editor(함수편집기)에서 선의 style(모양)을 바꾸는 것이다. 이렇게 하려면 관련된 함수에 커서를 위치시키고, [F6](style)을 누르고 2:Dot를 선택한 후 [ENTER]를 누른다. 이제 화면의 점이 연결되지 않을 것이다.
> 그래프의 기울기가 가파를 때, 계산된 점 사이의 간격이 충분하지 못할 수도 있다는 점에 유의해야 한다.

3. 다음 함수의 그래프를 그려라.
   ① $y=\dfrac{x+4}{x-1}$ ② $y=\dfrac{2-x}{x-3}$

   각각의 경우에 대하여 좌표축과의 교점을 말하고, 점근선의 식을 구하여라. $y=\dfrac{1}{x}$의 그래프를 어떻게 변환하면 이 그래프가 되는지 설명하여라.

[**힌트** : propFrac명령어가 이 문제에서 유용하게 사용될 수 있다.]

탐구활동

1. 함수 $f(x)=x^2+a$(a는 실수)일 때, a가 변함에 따라 함수 $y=f(x)$와 $y=\dfrac{1}{f(x)}$의 그래프 사이의 관계들을 조사하여라.
   좌표축과의 교점, 점근선, 변곡점, 두 그래프 사이의 교점을 구하여라.

2. 함수 $f(x)=x+\dfrac{1}{x}$일 때, 다음 물음에 답하여라. (단, $x>0$)
   ① $f\left(\dfrac{1}{5}\right)$, $f\left(\dfrac{1}{2}\right)$, $f(2)$, $f(5)$의 값을 구하여라. 구한 값들을 통해서 무엇을 알 수 있는가?
   ② $f\left(\dfrac{1}{x}\right)=f(x)$를 만족하는 x값을 구하면 어떻게 되는지 설명하여라.
   ③ 함수 $y=f(x)$의 그래프를 그려라.
   함수 f를 역수함수가 자기 자신이 되는 함수(self-reciprocal function)라 한다.
   $g(x)=\dfrac{1}{f(x)}$로 새로운 함수를 정의하자.
   ④ 함수 $y=g(x)$의 그래프를 그려라.
   ⑤ $g(x)$를 간단히 하면 어떻게 되는가?
   g는 역수함수가 자기 자신이 되는 함수 (self-reciprocal function)인가?
   ⑥ 함수 $h(x)=\dfrac{x}{ax^2+b}$가 역수함수가 자기 자

신이 되는 함수(self-reciprocal function)가 될 조건은 무엇인가?
(a, b의 값과 함수의 정의역을 고려하여라.)

7.6 유리함수

함수 f, g가 다항 함수일 때, 함수 $\frac{f}{g}$를 유리함수라 한다.($\frac{2}{5}$를 유리수라고 부르는 것과 마찬가지이다.) 7.5절의 예제 2는 f, g가 일차함수라면, 유리함수는 단순한 직교 쌍곡선(표준 쌍곡선을 확대하고 평행이동한)이라는 것을 보여준다. 이 절에서는 함수 f, g 중 하나 또는 두 함수 모두가 2차식인 경우에 대하여 알아볼 것이다.

> **CAS 도움말**
> 유리함수에서 약간의 대수적인 조작을 통해 함수식의 형태를 바꾸는 것은 종종 유용할 수 있다. 이렇게 하면 그래프를 파악하는 데 도움이 될 수 있다. 이러한 상황에서 유용한 기능이 홈스크린에서 [F2](Algebra) 메뉴의 3:expand(명령어이다.

예제 1

유리함수 $y=\frac{x^2-x-2}{x+2}$일 때, 다음 물음에 답하여라.

① 함수의 그래프를 그려라.
② 함수의 점근선을 설명하여라.
③ 점근선을 그려라.

풀이

① [◆][Y=]를 누른다.
y1=(x^2−x−2)÷(x+2)를 입력하고 [ENTER]를 누른다.
[F2](Zoom)을 누르고 8:ZoomInt를 선택한 후 [ENTER]를 누른다.

그래프가 거의 직선으로 보인다. 그러나 원점 근처에서는 뒤틀려 있다. 무엇 때문에 그렇게 되는 것일까? 역수함수와 마찬가지로 정확한 그래프를 보는데 어려움이 생길 수 있다.

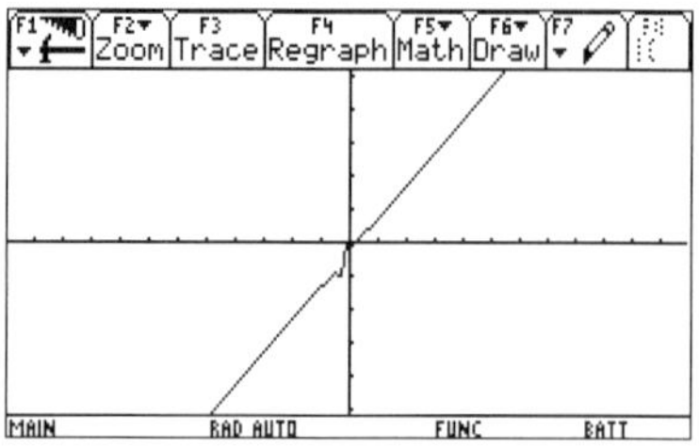

F2 (Zoom)을 누르고 4:ZoomDec를 선택한 후 ENTER 를 누른다.

전의 그래프와는 전혀 다르게 보인다.

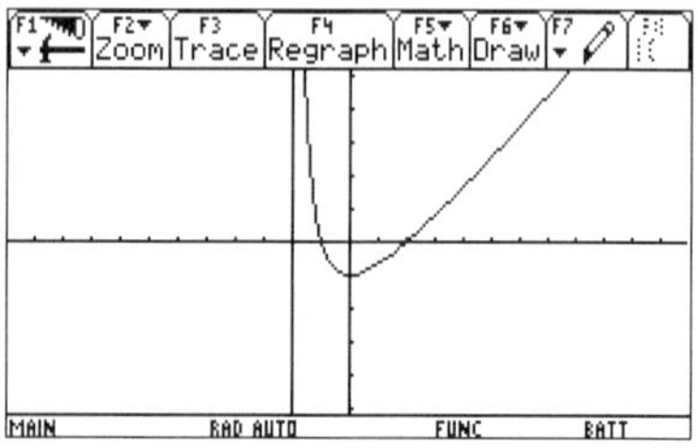

F2 (Zoom)을 누르고 6:ZoomStd를 선택한 후 ENTER 를 누른다.

화면 아래쪽에는 그래프의 나머지 부분이 나타난다.

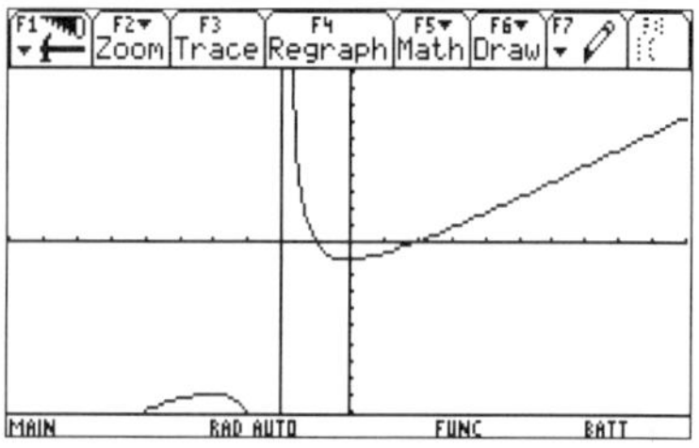

② $x=-2$일 때 분모가 0이므로 역수함수에서처럼 수직의 점근선이 나타날 것이다.

함수의 그래프를 더 잘 보기 위해서는 F2 (Zoom)을 누르고 4:ZoomDec를 선택한 후 ENTER 를 누른다.

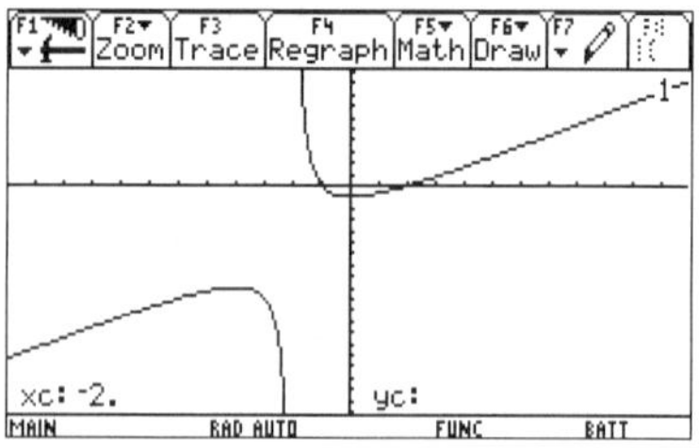

◆ [WINDOW]를 누르고, 다음 값을 입력하기 :

ymin = (-) 20

ymax = 10

xres = 1

◆ [GRAPH]을 누르고 F3 (Trace)를 누른다.

직선처럼 보이던 점들은 사라지고 수직의 점근선의 양 옆으로 두 부분으로 구분된 그래프를 볼 수 있다. 또한, 수직의 점근선에서 멀어지면 멀어질수록 그래프는 점점 더 직선이 되는 경향이 있음을 알 수 있다.

◆ [CALC HOME]을 누른다.

F2 (Algebra)을 누르고 7:propFrac(을 선택한 후 ENTER 를 누른다.

PropFrac(y1(x))를 입력하고 ENTER 를 누르거나 expand(y1(x))를 입력하고 ENTER 를 누른다.

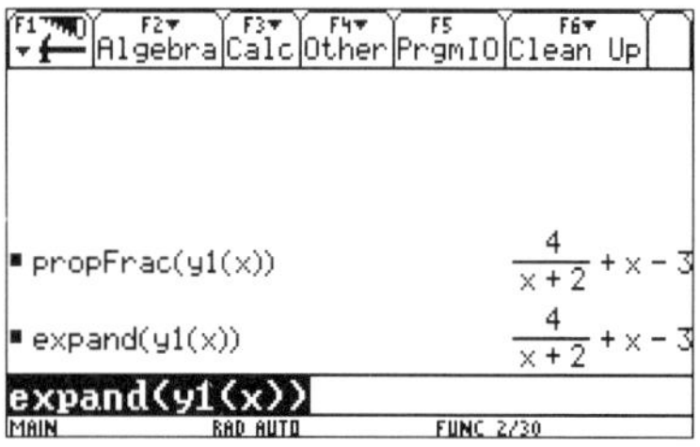

쌍곡선과 직선을 조합해보자. x가 매우 큰 값이면, 처음 항은 거의 0이다. 그래서 그래프는 거의 직선에 가깝다. 직선 $y=x-3$은 비스듬한 점근선이다.

③ 그래프의 점근선을 그리기 위하여 직선의 그래프를 그린다.

◆ [Y=]를 누른다.

y2=x−3을 입력하고 ENTER 를 누른다.

◆ [GRAPH]를 누른다.

F7 을 누르고 6:Vertical을 선택한 후 ENTER 를 누른다.

$x=-2$가 될 때까지 방향키 ◀을 누르고 ENTER 를 누른다. 점근선을 가진 그래프가 나타난다.

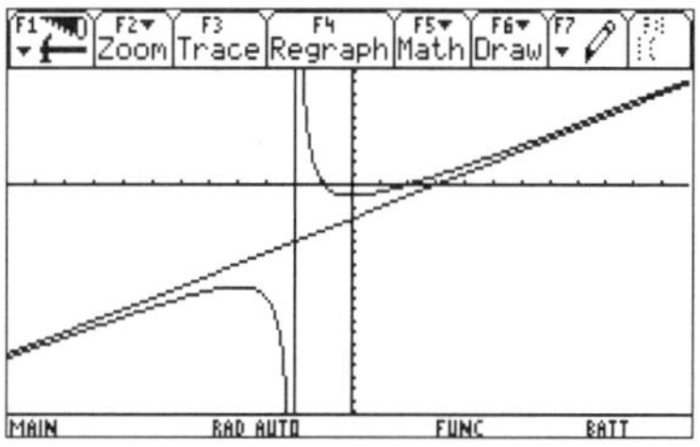

예제 2

유리함수 $y=\dfrac{x+2}{x^2-x-2}$일 때, 다음 물음에 답하여라.

① 함수의 그래프를 그려라.

② 함수의 점근선을 구하여라.

풀이

① ◆ [Y=]를 누른다.

y1=(x+2)÷(x^2−x−2)를 입력하고 ENTER 를 누른다.

F2 (Zoom)을 누르고 4:ZoomDec를 선택한 후 ENTER 를 누른다.

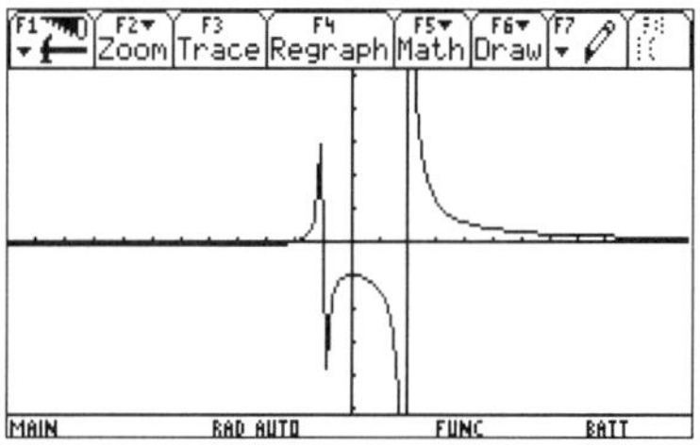

수직의 점근선 두 개로 구분되는 세 부분의 영역이 나타난다.

② ◆[CALC HOME]을 누른다.

F2(Algebra)를 누르고 3:expand(를 선택한 후 ENTER를 누른다.

expand(y1(x))를 입력하고 ENTER를 누른다.

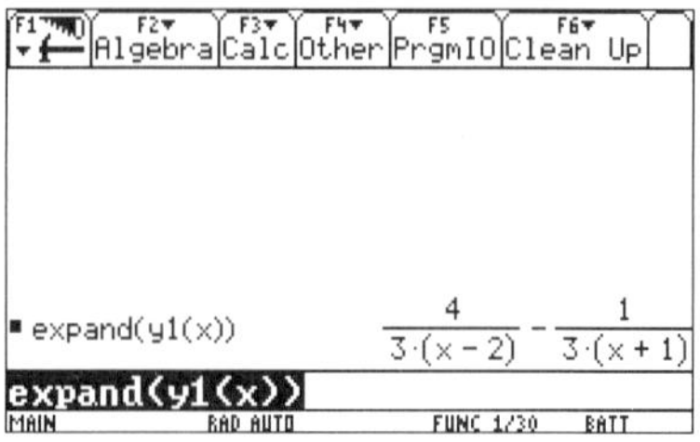

식은 $y=\dfrac{4/3}{x-2}-\dfrac{1/3}{x+1}$과 동치이다. 따라서 $x=-1$, $x=2$에서 수직의 점근선이 존재한다. x의 값이 커질수록 각 항이 0에 가까이 간다. 그러므로 $y=0$이 수평의 점근선이다.

윈도우 설정에서 xres를 1로 바꾸면 수직의 점근선 두 개의 존재가 확실해진다.

◆[WINDOW]를 누르고, xres를 1로 바꾼다.

◆[GRAPH]를 누른다.

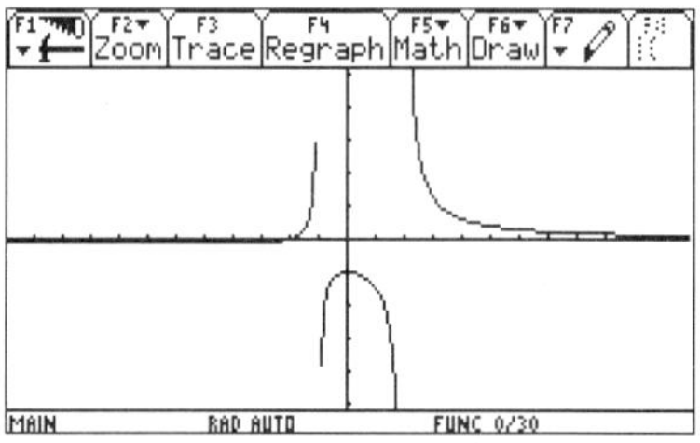

연습문제

1. 다음의 유리함수에 대하여 함수의 그래프를 그리고, 점근선을 구하여라.

① $y=\dfrac{x^2-1}{x}$ ② $y=\dfrac{x^2+x+1}{x-1}$

③ $y=\dfrac{x^3-x^2+1}{x+1}$ ④ $y=\dfrac{x^3-x^2-x+1}{x+1}$

2. 다음의 유리함수에 대하여 함수의 그래프를 그리고, 점근선을 구하여라.

① $y=\dfrac{x+2}{x^2+1}$ ② $y=\dfrac{x^2+x+1}{x^2-1}$

③ $y=\dfrac{1+5x}{1-x^2}$ ④ $y=\dfrac{x^2}{x^2+4x+4}$

탐구활동

1. 함수 $f(x)=\dfrac{x+c}{x^2+x-2}$(단, c는 실수)일 때, c가 변함에 따라 $y=f(x)$의 그래프가 어떻게 변하는지 조사하여라. 특히, 그래프가 몇 부분으로 나누어지는지 설명하고, 그래프의 점근선을 구하여라.

2. $f(x)=\dfrac{x}{x^2+2x+a}$(단, a는 실수)일 때, a가 변함에 따라 $y=f(x)$의 그래프가 어떻게 변하는지 조사하여라. 특히, 그래프가 몇 부분으로 나누어지는지 설명하고, 그래프의 점근선을 구하여라.

7.7 합함수($f+g$)

f와 g가 함수일 때, $f+g$를 합함수(sum function)라고 한다. 함수의 그래프를 그리는 소프트웨어는 합함수의 그래프를 쉽게 그려주지만, 함수 f와 g의 그래프를 모두 그리는 것이 유용할 수 있다. 임의의 x값에 대하여 y값은 $y=f(x)+g(x)$(f와 g의 y좌표 값의 합)으로 구할 수 있다. 따라서 합함수의 그래프를 그리는 과정은 y값의 덧셈으로 생각할

수 있다.

예제

정의역 R에서 다음과 같이 주어진 함수 f와 g에 대하여 f, g, $f+g$의 그래프를 그려라.

① $f(x)=x$, $g(x)=\cos(x)$

② $f(x)=\sin(x)$, $g(x)=\cos(x)$

풀이

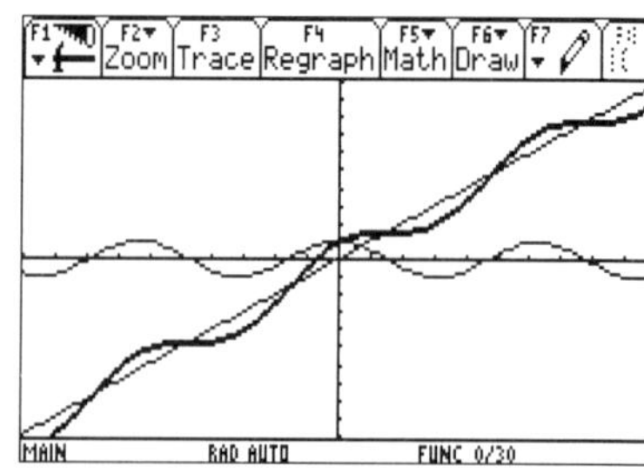

① 각을 라디안(Radian)으로 설정해야한다.

[◆][Y=]를 누른다.

y1=x를 입력하고 [ENTER]를 누른다.

y2=[COS](x)를 입력하고 [ENTER]를 누른다.

y3=y1(x)+y2(x)를 입력하고 [ENTER]를 누른다.

y3으로 커서를 옮기고 [F6](Style)을 누르고 4:Thick을 선택한 후 [ENTER]를 누른다.

[F2](Zoom)을 누르고 6:ZoomStd를 선택한 후 [ENTER]를 누른다.

$y=x+\cos(x)$의 그래프는 굵은 곡선으로 나타난다.

그래프는 다음의 성질을 갖는다 :

- $\cos(x)=0$일 때, 그래프는 $y=x$의 그래프와 만난다.(이들 점에 0을 더하는 것이므로)
- $\cos(x)>0$일 때, 그래프는 $y=x$의 그래프 위에 놓인다.(이들 점에 양의 값을 더하는 것이므로)
- $\cos(x)<0$일 때, 그래프는 $y=x$의 그래프 아래에 놓인다.(이들 점에 음의 값을 더하는 것이므로)

> **CAS 도움말**
>
> 위의 예에서 (y=Editor(함수 편집기)에서 [F4]를 눌러) $y1$과 $y2$과의 그래프를 비활성화시키면 $y=x+\cos(x)$의 그래프 하나만 남는다.

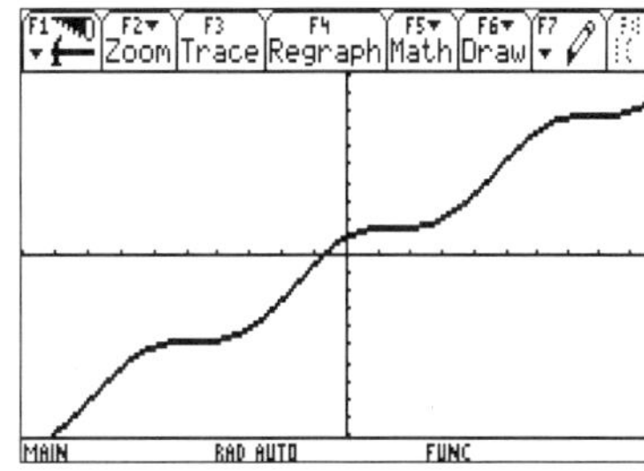

② [◆][Y=]를 누른다.

y1=[SIN](x)를 입력하고 [ENTER]를 누른다.

y2=[COS](x)를 입력하고 [ENTER]를 누른다.

[F2](Zoom)을 누르고 7:ZoomTrig를 선택한 후 [ENTER]를 누른다.

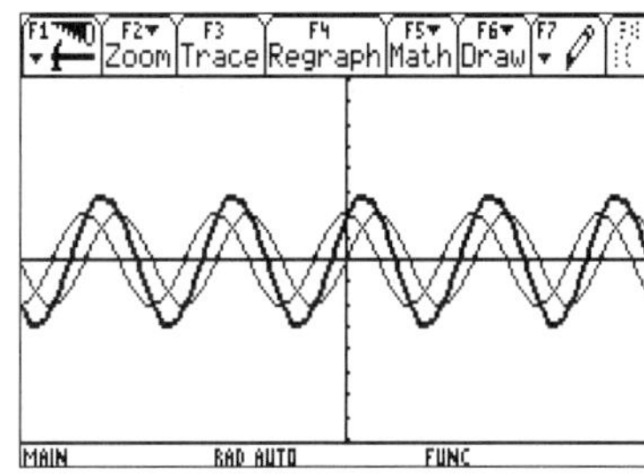

굵은 곡선(y3)은 $y=\sin(x)+\cos(x)$의 그래프이다. ①에서 성립한 주요한 성질들은 유지된다. 특히 $\cos(x)=0$일 때, 이 그래프는 $y=\sin(x)$와 만난다. 그리고 $\sin(x)=0$일 때, 그래프는 $y=\cos(x)$의 그래프와 만난다.

y1과 y2의 그래프를 비활성화 시키고 다시 그래프를 그려서 $y=\sin(x)+\cos(x)$의 그래프 하나만 남기도록 한다. 곡선은 $y=\sin x$곡선을 확장하고 평행이동한 모양이다.

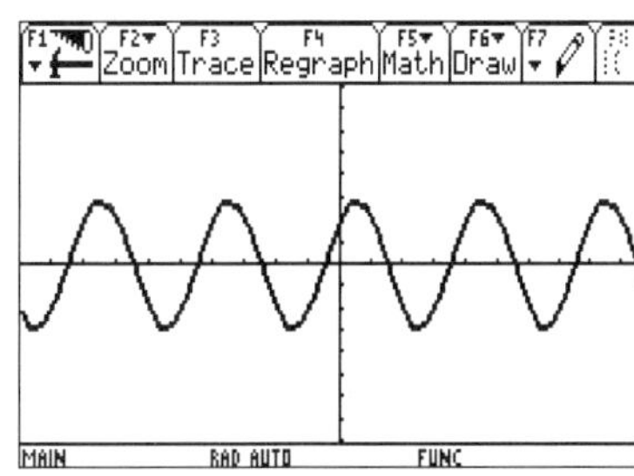

> **CAS 도움말**
>
> f, g의 그래프 형태를 먼저 그려보고, f와 g의 합의 모양을 생각해 본 후 예제의 풀이 방법을 사용하는 것이 유용한 연습 방법이다. CAS계산기로 그래프를 그린 후 자신의 생각이 맞는지 확인할 수 있다.

연습문제

1. 정의역 R에서 주어진 함수 f와 g에 대하여 f, g, $f+g$의 그래프를 그려라.

   ① $f(x)=\cos^2(x)$, $g(x)=\sin^2(x)$

   ② $f(x)=x^2$, $g(x)=\sin(x)$

   ③ $f(x)=e^{-x}$, $g(x)=-0.5x$

   ④ $f(x)=e^x$, $g(x)=-\cos(x)$

2. y의 값의 합을 이용하여 다음 함수의 그래프를 그려라.

   ① $y=\cos^2(x)-\sin^2(x)$

   ② $y=x+\log_e(x)$, $x>0$

   ③ $y=x^2+\cos^2(x)$

   ④ $y=e^x-e^{-x}$

   ⑤ $y=x-\dfrac{1}{x}$, $x\neq 0$인 모든 실수

   ⑥ $y=|x-3|+|x+1|$

   ⑦ $y=|\cos(x)|+|\sin(x)|$

탐구활동

1. y의 값의 합을 이용하여 $y=\cos(x)-\sin(x)$의 그래프의 모양을 생각해 보고, CAS계산기를 사용하여 그 생각이 맞는지 확인하여라.

   a, b, c, d가 실수일 때, 그래프는 $y=a\sin(bx+c)+d$의 식으로 나타남을 주의깊게 살펴보고, a, b, c, d의 값을 구하여라.

7.8 곱함수($f \times g$)

함수 f와 g에 대하여 $f \times g$를 곱함수(product function)라고 한다. CAS계산기를 사용하면 곱함수의 그래프를 쉽게 그릴 수 있다. 그러나 y값의 합과 마찬가지로 f와 g의 그래프를 모두 그리는 것이 유용할 수 있다. 임의의 x값에 대하여 y값은 $y=f(x) \times g(x)$(함수 f와 g의 y값의 곱)으로 구할 수 있다. 곱함수의 그래프에서 함숫값이 0 또는 ± 1일 때 함수의 중요한 성질이 나타난다.

예제

정의역 R 에서 다음 함수 f와 g에 대하여 f, g, $f \times g$의 그래프를 그려라.

① $f(x)=x$, $g(x)=\cos(x)$

② $f(x)=\sin(x)$, $g(x)=-e^{0.2x}$

풀이

① 각을 라디안(Radian)으로 설정해야한다.

[◆][Y=]를 누른다.

y1=x를 입력하고 [ENTER]를 누른다.

y2=[COS](x)를 입력하고 [ENTER]를 누른다.

y3=y1(x)×y2(x)를 입력하고 [ENTER]를 누른다.

y3으로 커서를 옮기고 [F6](Style)을 누르고 4:Thick을 선택한 후 [ENTER]를 누른다.

[F2](Zoom)을 누르고 6:ZoomStd를 선택한 후 [ENTER]를 누른다.

$y=x\cos(x)$의 그래프는 굵은 곡선으로 나타난다.

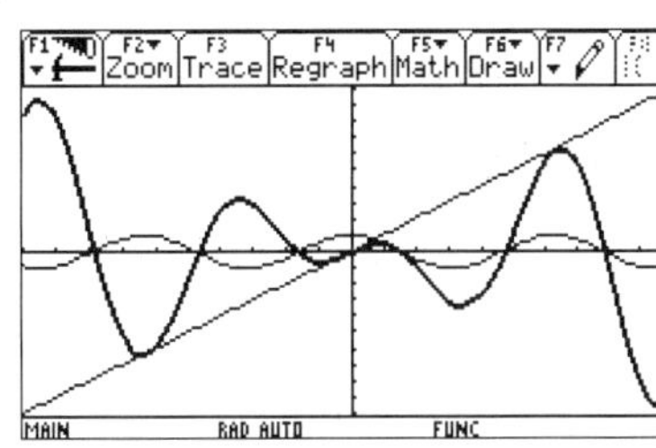

그래프는 다음의 성질을 갖는다 :

- $x=0$ 또는 $\cos(x)=0$일 때, 그래프는 x축을 지난다.(이들 점에 0이 곱해지기는 것이므로)
- $\cos(x)=1$일 때, 그래프는 $y=x$의 그래프와 접한다.(이들 점에서 x에 1을 곱하는 것이므로)
- $\cos(x)=-1$일 때, 그래프는 $y=-x$의 그래프와 접한다.(이 점들에서 x에 -1이 곱해지는 것이므로) $y=-x$의 그래프를 그려서 이 성질을 확인하여라.

[◆][Y=]를 누른다.
y4=[(-)]x를 입력하고 [ENTER]를 누른다.
[◆][GRAPH]를 누른다.

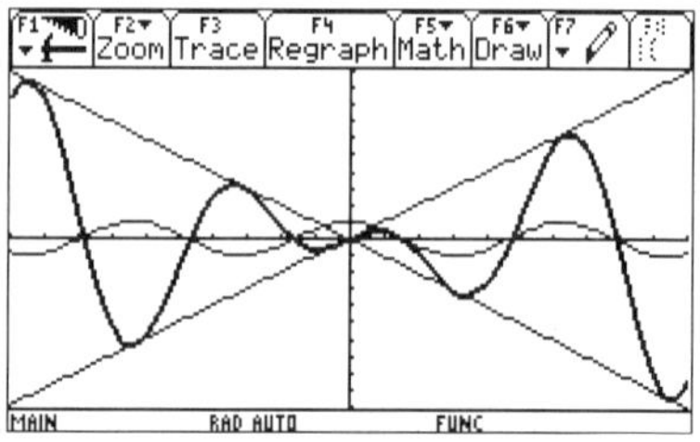

(y=Editor(함수편집기)에서 [F4]를 눌러) y2의 그래프를 비활성화시키고, 그래프를 좀 더 잘 보기위해 다시 그려보아라.
이렇게 되면 $y=x$와 $y=-x$ 사이에 낀 그래프를 볼 수 있다.(왜 일까?)

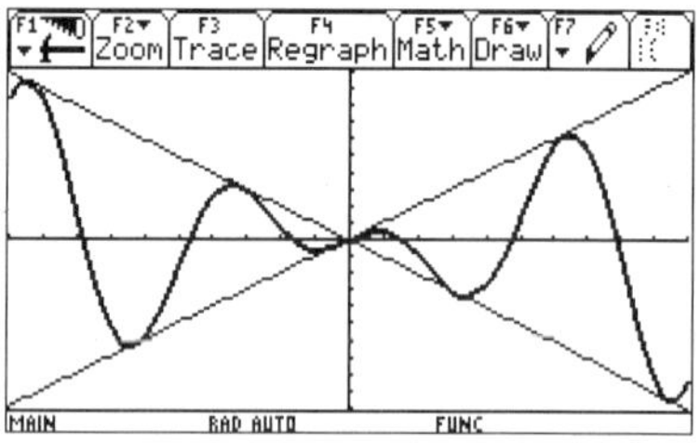

y1과 y4의 그래프를 비활성화시켜 함수 $y=x\cos(x)$ 그래프만 보이게 할 수 있다.

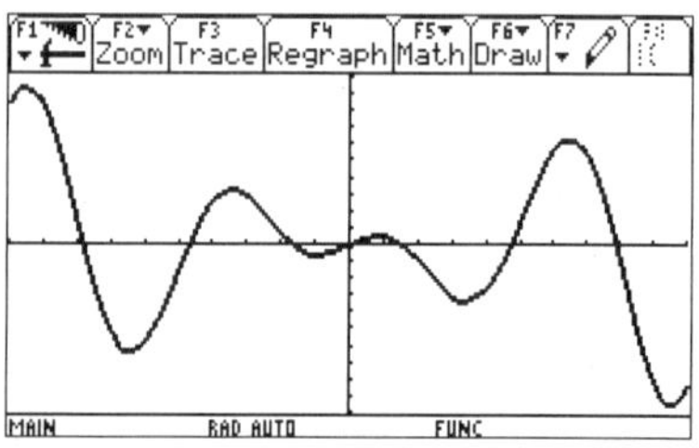

② [◆][Y=]를 누른다.
y1=[SIN](x)를 입력하고 [ENTER]를 누른다.
y2=[(-)] [2nd] [e^x](0.2×x)를 입력하고 [ENTER]를

누른다.

y3=y1(x)×y2(x)를 입력하고 [ENTER]를 누른다.

y3으로 커서를 옮기고 [F6](Style)을 누르고 4:Thick을 선택한 후 [ENTER]를 누른다.

[F2](Zoom)을 누르고 4:ZoomDec를 선택한 후 [ENTER]를 누른다.

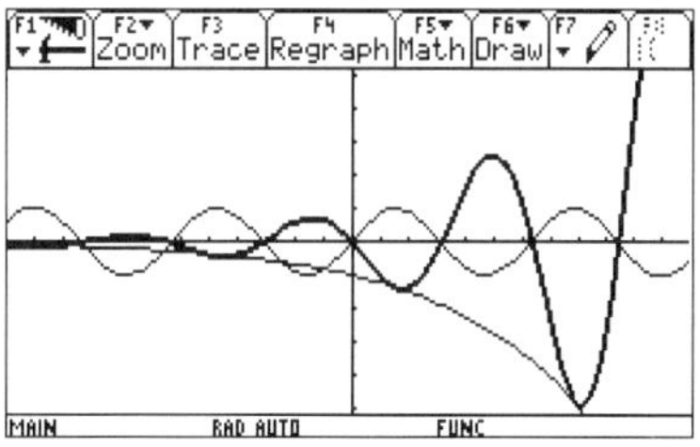

$y=-\sin(x)e^{0.2x}$의 그래프는 굵은 곡선으로 나타난다.

위와 마찬가지로 다음과 같은 주요한 특징을 갖는다.

- $\sin(x)=0$일 때, 그래프는 x축을 지난다.
- $\sin(x)=1$일 때, 그래프는 $y=-e^{0.2x}$와 접한다.
- $\sin(x)=-1$일 때, 그래프는 $y=e^{0.2x}$와 접한다.

$y=e^{0.2x}$의 그래프를 그리고 y1을 비활성화시키면 그래프가 $y=-e^{0.2x}$와 $y=e^{0.2x}$사이에 다시 나타난다.

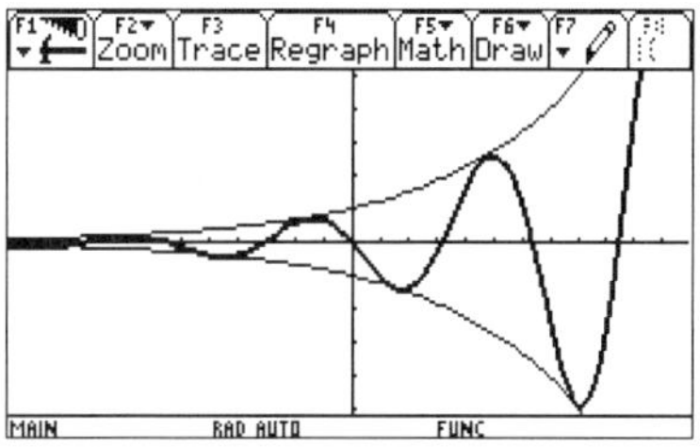

y3을 제외한 모든 그래프들을 비활성화시키고 그래프를 다시 그리면 함수 $y=-\sin(x)e^{0.2x}$ 하나만 보인다.

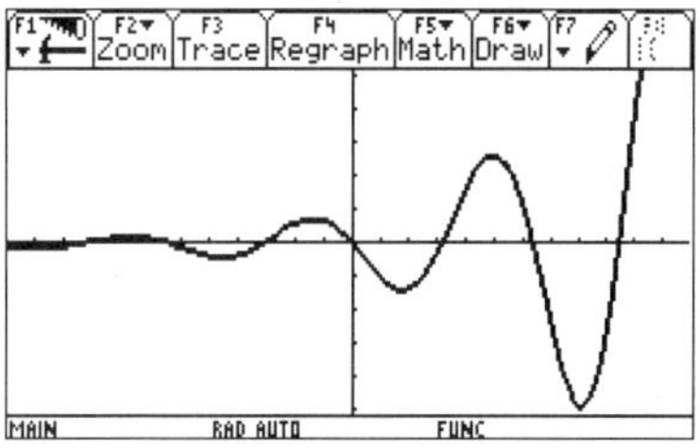

CAS 도움말

함수 f, g의 그래프의 형태를 그려보고, 곱함수의 그래프의 모양을 생각해 본 후 예제의 풀이를 사용하는 것이 유용한 연습방법이다. CAS계산기로 그래프를 그려 자신의 생각이 맞는지 확인할 수 있다.

연습문제

1. 정의역 R에서 주어진 함수 f, g에 대하여 f, g, $f \times g$의 그래프를 그려라.
   ① $f(x)=x,\ g(x)=\cos^2(x)$
   ② $f(x)=-x,\ g(x)=\sin(x)$
   ③ $f(x)=e^{0.25x},\ g(x)=\sin(2x)$
   ④ $f(x)=\sin(x),\ g(x)=\cos(x)$

2. 곱함수에 관한 아이디어를 사용하여 다음 함수의 그래프를 그려라.
   ① $y=x^2\sin(x)$
   ② $y=(2x+1)\cos(x)$
   ③ $y=-\cos(x)\log_e(x),\ x>0$
   ④ $y=\dfrac{\sin(x)}{x},\ x\neq 0$

7.9 합성함수

함수 f, g에 대하여 $f(g(x))$, $g(f(x))$와 같은 형태의 함수를 합성함수라 한다. 합성함수의 최대 정의역은 안쪽함수의 정의역보다 클 수 없다. 안쪽함수의 함숫값을 바깥쪽함수에 대입할 때 즉, 안쪽함수의 함숫값이 바깥쪽함수의 정의역의 원소일 때 합성함수가 성립한다. 따라서 안쪽함수의 치역은 합성함수의 바깥쪽함수 정의역의 부분집합이어야 한다. 그러므로 합성함수의 정의역은 안쪽함수의 정의역이나 이 정의역의 부분집합으로 나타난다.

CAS 도움말

CAS 소프트웨어는 합성함수의 그래프를 쉽게 그려주지만, 정의역은 제한해 주어야 한다. 계산기는 대입을 하거나 식을 간단하게 할 수는 있지만 정의역을 자동으로 제한할 수는 없다. 사용자가 직접 정의역을 제한해야만 한다.

예제

다음 함수 f, g에 대하여 정의역을 나타내어라. 또한 합성함수 $f(g(x))$, $g(f(x))$의 최대 정의역을 쓰고, 이 합성함수를 간단히 한 후 $y=f(g(x))$, $y=g(f(x))$의 그래프를 그려라.

① $f(x)=x^3$, $g(x)=\cos(x)$

② $f(x)=x^2$, $g(x)=\sqrt{x}$

풀이

① 각 함수의 정의역을 R이라 할 때, 합성함수도 정의역 R에서 정의된다.

[◆][CALC HOME]을 누른다.

[F4](Other)를 누르고 1:Define을 선택한 후 [ENTER]를 누른다.

Define f(x)=x^3을 입력하고 [ENTER]를 누른다.

Define g(x)=cos(x)을 입력하고 [ENTER]를 누른다.

f(g(x))을 입력하고 [ENTER]를 누른다.

g(f(x))을 입력하고 [ENTER]을 누른다.

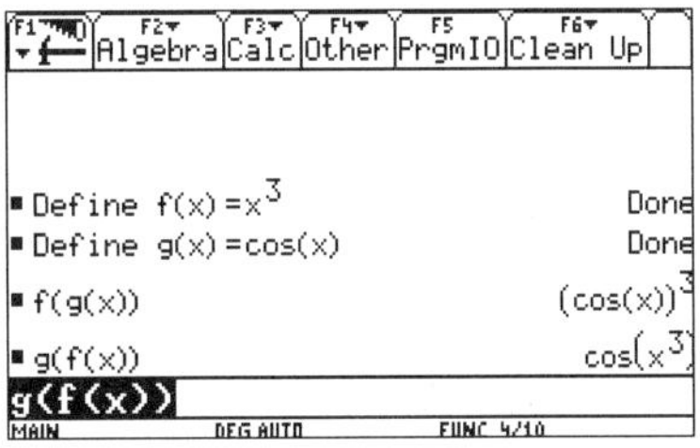

첫 번째 합성함수는 $f(g(x))=\cos^3(x)$이다.

[◆][Y=]를 누른다.

y1=f(g(x))을 입력하고 [ENTER]을 누른다.

[F2](Zoom)를 누르고 7:ZoomTrig를 선택한 후 [ENTER]를 누른다.

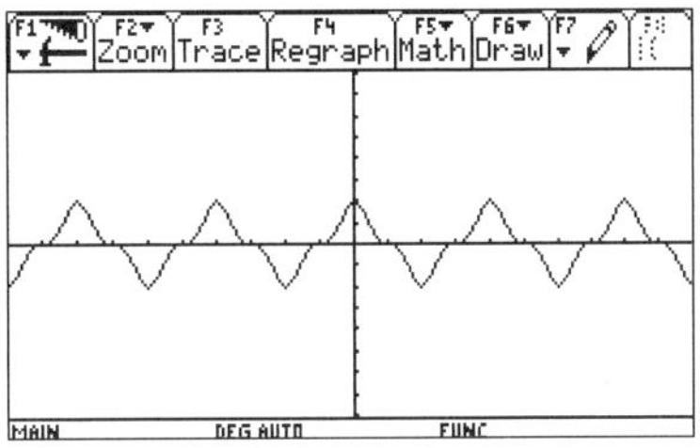

예상했던 것처럼 그래프는 $y=\cos(x)$와 같은 곳에서 x축과 만난다. 극댓점과 극솟점 또한 예상했던 대로 나타난다.

두 번째 합성함수는 $g(f(x))=\cos(x^3)$이다.

[◆][Y=]를 누른다.

y1=g(f(x))로 바꾸어 입력하고 [ENTER]을 누른다.

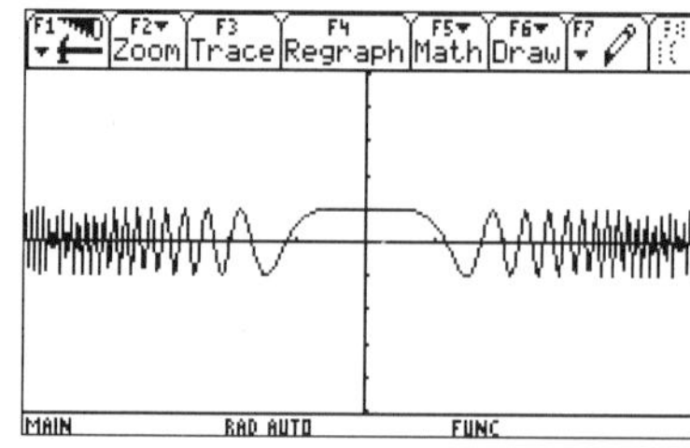

[◆][GRAPH]를 누른다.

그래프가 이상해 보인다. 그 이유는 $\cos(x)$ 보다 더 자주 x축과 만나기 때문이다.

$(x^3=\frac{\pi}{2}, \frac{3\pi}{2}, \frac{5\pi}{2}$ 등일 때) 그리고 계산기 스크린의 제한된 픽셀의 수 때문에 그래프를 제대로 보기 어렵다.

[◆][WINDOW]을 누르고 다음의 값을 입력하기 :

xmin=[(-)]3

xmax=3

xscl=1

ymin=[(-)]1.5

ymax=1.5

yscl=1

xres=1

[◆][GRAPH]를 누른다.

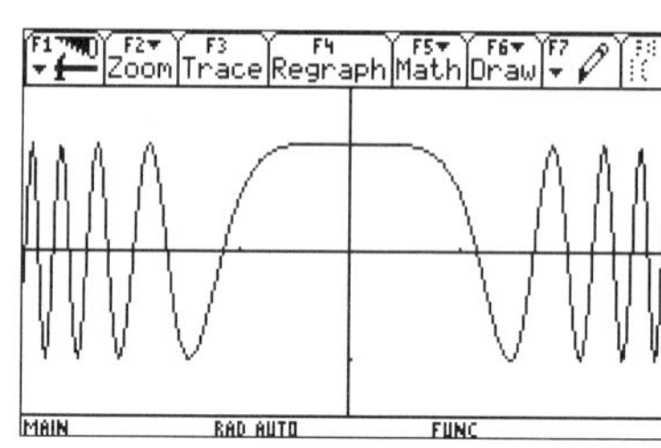

함수의 그래프가 더욱 보기 좋게 나타나며 안쪽함수의 결과가 $y=\cos(x)$의 그래프로 나타나는 것을 알 수 있다.

② 함수 f의 정의역은 R이고 함수 g의 정의역은 $[0, \infty)$이다. 함수 f와 g의 치역은 모두 $[0, \infty)$이다.(그래프를 확인하여라.) 이때, $\mathrm{ran}\, g \subseteq \mathrm{dom} f$이면 합성함수 $f(g(x))$는 영역 $[0, \infty)=\mathrm{dom}\, g$로 정의된다. 마찬가지로, $\mathrm{ran} f \subseteq \mathrm{dom}\, g$이면

합성함수 $g(f(x))$는 $R=\mathrm{dom} f$로 정의된다.

◆ [CALC HOME]을 누른다.

F4 (Other)을 누르고 1:Define을 선택한 후 ENTER 을 누른다.

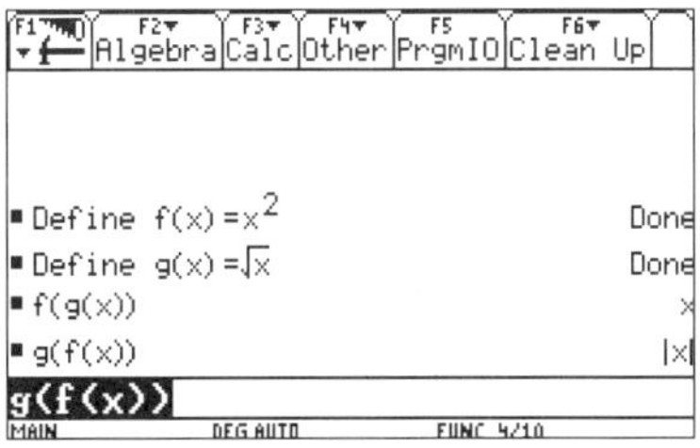

Define f(x)=x^2을 입력하고 ENTER 를 누른다.

Define g(x)= 2nd [√](x)를 입력하고 ENTER 를 누른다.

f(g(x))=x를 입력하고 ENTER 를 누른다.

g(f(x))=x를 입력하고 ENTER 를 누른다.

첫 번째 합성함수는 $f(g(x))=x$이다.

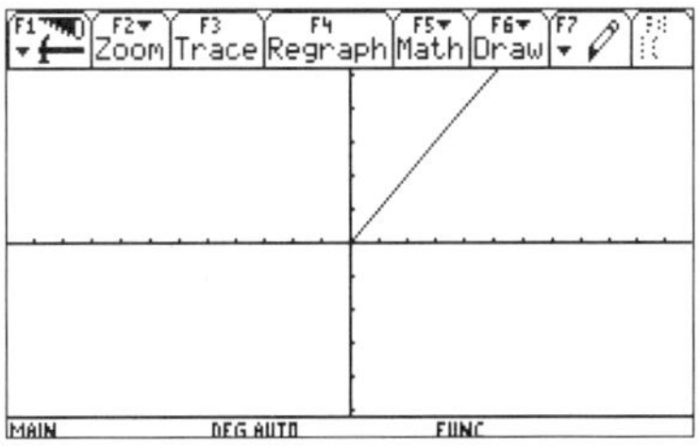

◆ [Y=]를 누른다.

y1=f(g(x)) 2nd [|]x≥0을 입력하고 ENTER 를 누른다.

F2 (Zoom)을 누르고 4:ZoomDec를 선택한 후 ENTER 를 누른다.

정의역을 제한하는 것은 필수적이다. 만약 이를 생략하면 합성함수는 $[0, \infty)$에서만 정의되는데, $y=x$의 그래프는 모든 실수 x에 대하여 나타나게 된다.

두 번째 합성함수는 $g(f(x))=|x|$이다.

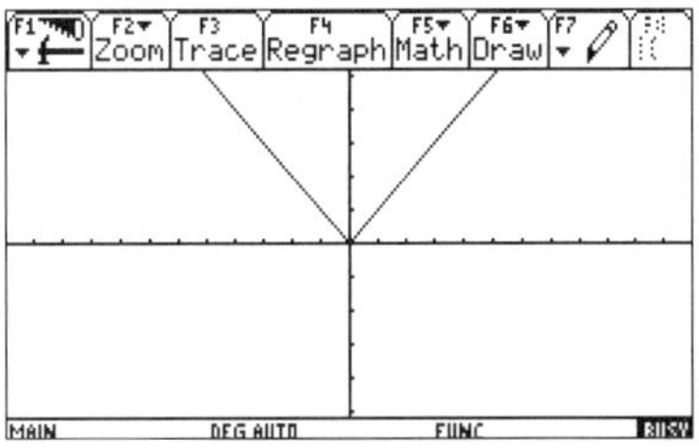

◆ [Y=]를 누른다.

y1=g(f(x))을 입력하고 ENTER 를 누른다.

◆ [GRAPH]를 누른다.

여기서는 정의역이 R이기 때문에 정의역을 제한할 필요가 없다.

연습문제

1. 다음 함수 f와 g에 대하여 다음 물음에 답하여라.
   ① 함수들의 정의역을 구하여라.
   ② 합성함수 $f(g(x))$와 $g(f(x))$의 최대 정의역을 구하여라.
   ③ 두 합성함수의 식을 간단히 나타내어라.
   ④ $y=f(g(x))$와 $y=g(f(x))$의 그래프를 그려라.
   (i) $f(x)=x^2,\ g(x)=\sin(x)$
   (ii) $f(x)=|x|,\ g(x)=x^3-x$
   (iii) $f(x)=e^{-2x},\ g(x)=\log_e(x)$
   (iv) $f(x)=\sqrt{x},\ g(x)=\dfrac{1}{x^2}$
   (v) $f(x)=3\sin(x),\ g(x)=\left|2x-\dfrac{\pi}{2}\right|$
   (vi) $f(x)=\log_e(x-1),\ g(x)=\dfrac{1}{x}$
   (vii) $f(x)=\sin(x),\ g(x)=e^x$
   (viii) $f(x)=\sqrt{x},\ g(x)=|x|$

7.10 함수방정식

함수방정식은 구해야 하는 미지의 함수를 포함하는 방정식이다. 예를 들면 $f(kx)=kf(x)$(단, k는 상수)와 $f(x+y)=f(x)\times f(y)$가 있다. 방정식을 만족하는 함수의 유형을 구하라는 문제가 종종 있다. 사실, 방정식을 만족하는 많은 다른 종류의 함수가

CAS 도움말

Define명령(F4 (other) 메뉴)는 유용한 기능이다. 이 절에서는 함수를 합성하고 식을 간단히 하는 CAS계산기의 강력한 기능을 사용한다.

있을 수 있다. 함수방정식을 살펴보는 중요한 이유는 함수를 더 잘 이해하기 위해서이다.

예제 1

함수방정식 $f(2x)=2f(x)$에 대하여 다음 물음에 답하여라.

① 주기 함수인 사인함수가 주어진 함수방정식을 만족하지 않음을 보여라.

② 주기 함수인 코사인함수가 주어진 함수방정식을 만족하지 않음을 보여라.

③ 다음 함수 중에서 위의 함수방정식을 만족하는 함수를 구하여라.

(i) 원점을 지나는 일차 함수

(ii) 꼭짓점이 원점인 이차 함수

(iii) 지수함수 $f(x)=e^x$

풀이

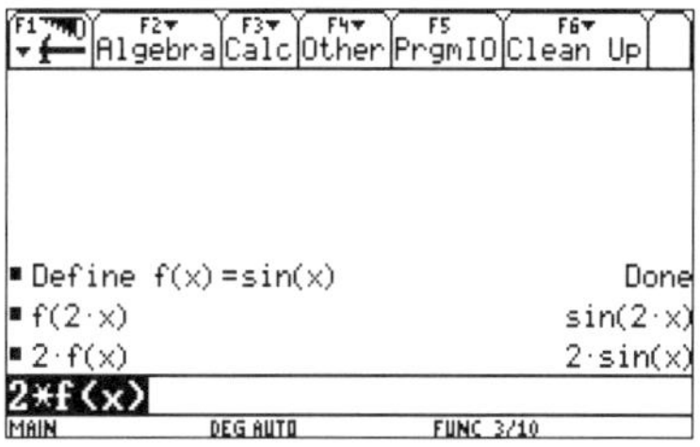

① ◆ [CALC HOME]을 누른다.
F4 (Other)을 누르고 1:Define을 선택한 후 ENTER 을 누른다.
Define f(x)=sin(x)를 입력하고 ENTER 를 누른다.
f(2x)를 입력하고 ENTER 를 누른다.
2×f(x)를 입력하고 ENTER 를 누른다.
두 식이 동일하게 나타나지 않지만, 두 번째 식은 첫 번째 식을 간단히 정리한 것일 수도 있다. F2 (Algebra)를 사용하여 이를 확인해보아라.
F2 (Algebra)를 누르고 9:Trig에서 1:tExpand(를 선택한 후 ENTER 를 누른다.
tExpand(sin(2x))를 입력하고 ENTER 를 누른다.
이제 두 식이 같지 않다는 것을 확실히 알았다.
따라서 사인 함수는 함수방정식 $f(2x)=2f(x)$

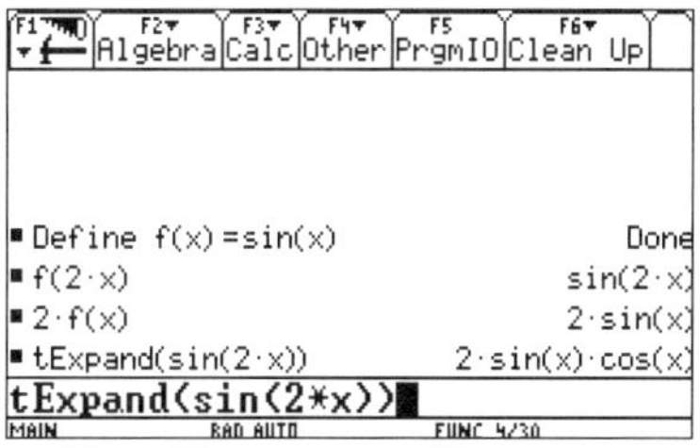

를 만족하지 않는다.

② 코사인함수에 대해서도 위와 같은 방법으로 알아보아라.

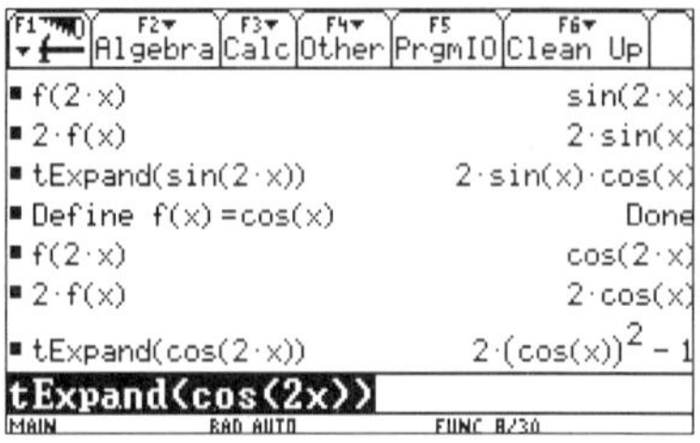

F4 (Other)을 누르고 1:Define을 선택한 후 ENTER 을 누른다.

Define f(x)=cos(x)를 입력하고 ENTER 를 누른다.

f(2x)를 입력하고 ENTER 를 누른다.

2×f(x)를 입력하고 ENTER 를 누른다.

F2 (Algebra)를 누르고 9:Trig에서

1:tExpand(를 선택한 후 ENTER 를 누른다.

tExpand(cos(2x))를 입력하고 ENTER 를 누른다.

두 식이 같지 않음을 분명하게 확인하였다.

따라서 코사인함수도 함수방정식 $f(2x)=2f(x)$ 를 만족하지 않는다.

③ (i) 원점 (0, 0)을 지나는 일차함수 정의하기 :

Define f(x)=m×x를 입력하고 ENTER 를 누른다.

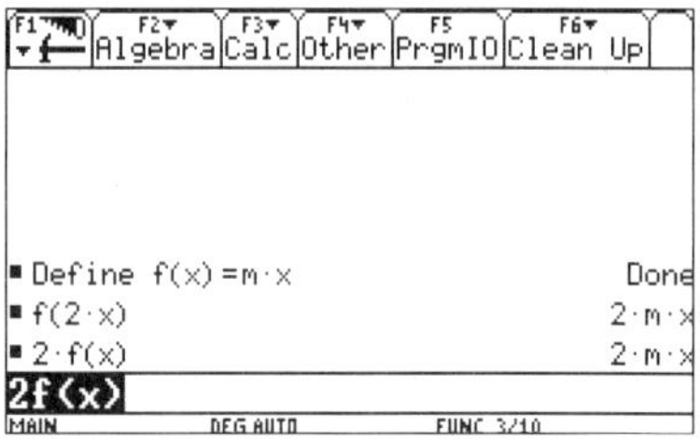

f(2x)를 입력하고 ENTER 를 누른다.

2×f(x)를 입력하고 ENTER 를 누른다.

두 식이 동일하게 나타나므로 이 일차함수는 함수방정식 $f(2x)=2f(x)$를 만족한다. 이것은 무엇을 의미하는가?

(ii) 꼭짓점이 (0, 0)인 이차함수 정의하기 :

Define f(x)=a×x^2을 입력하고 [ENTER]를 누른다.

f(2x)를 입력하고 [ENTER]를 누른다.

2×f(x)를 입력하고 [ENTER]를 누른다.

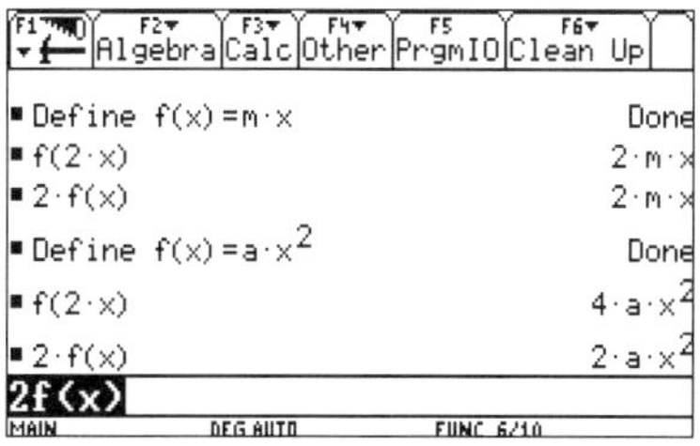

두 식이 같지 않다는 것을 쉽게 확인할 수 있다. 따라서 이차함수는 함수방정식 $f(2x)=2f(x)$를 만족하지 않는다.

(iii) 지수함수 정의하기 :

Define f(x)=[2nd][e^x](x)를 입력하고 [ENTER]를 누른다.

f(2x)를 입력하고 [ENTER]를 누른다.

2×f(x)를 입력하고 [ENTER]를 누른다.

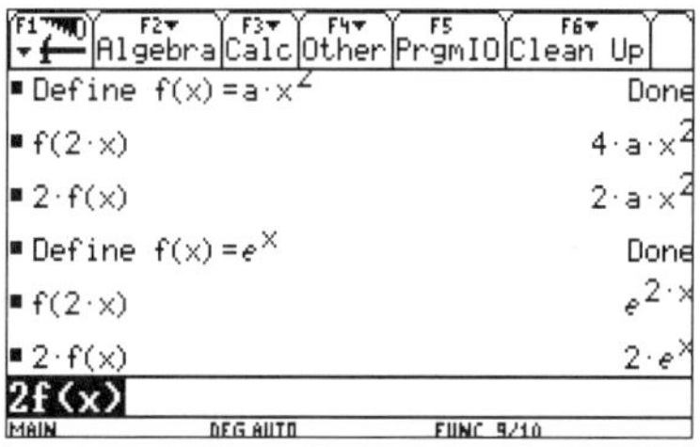

두 식이 같지 않다는 것을 분명하게 알 수 있다. (예를 들어, $x=0$일 때, $f(2x)=1$이고 $2f(x)=2$이다.) 따라서 지수함수는 함수방정식 $f(2x)=2f(x)$를 만족하지 않는다.

예제 2

함수방정식 $f(x+y)=f(x)\times f(y)$에 대하여 생각해 보자. 다음의 함수들이 이 함수방정식을 만족하는가?

① 제곱근 함수 $f(x)=\sqrt{x}$

② 코사인함수 $f(x)=\cos(x)$

③ 지수함수 $f(x)=e^x$

풀이

① [◆][CALC HOME]을 누른다.

[F4](Other)을 누르고 1:Define을 선택한 후 [ENTER]를 누른다.

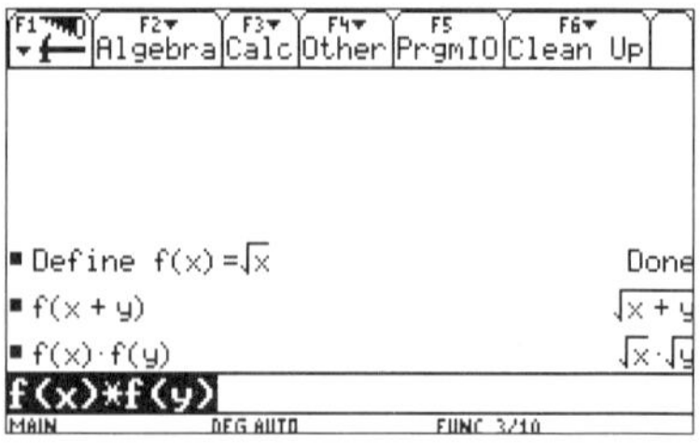

Define f(x)=[2nd][√](x)를 입력하고 [ENTER]를 누른다.

f(x+y)를 입력하고 [ENTER]를 누른다.

f(x)×f(y)를 입력하고 [ENTER]를 누른다.

두 식이 일치하지 않는 것처럼 보인다. 이것을 확인하는 가장 쉬운 방법은 값을 구해보는 것이다.

$x=1$, $y=1$일 때,

$f(x+y)=\sqrt{1+1}=\sqrt{2}$ 인 반면에,

$f(1)\times f(1)=\sqrt{1}\times\sqrt{1}=1$임을 쉽게 알 수 있다. 따라서 두 식이 같지 않으므로 제곱근함수는 함수방정식 $f(x+y)=f(x)\times f(y)$를 만족하지 않는다.

② 코사인함수에 대하여 위와 같은 방법으로 알아보기 :

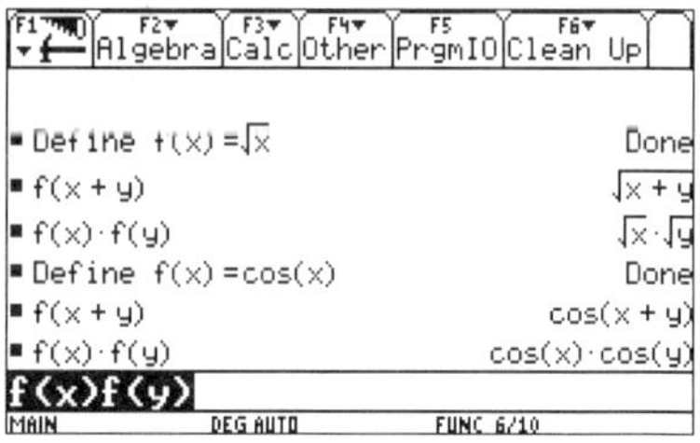

Define f(x)=cos(x)를 입력하고 [ENTER]를 누른다.

f(x+y)를 입력하고 [ENTER]를 누른다.

f(x)×f(y)를 입력하고 [ENTER]를 누른다.

두 식이 일치하지 않는 것처럼 보인다. 직접 값을 구하거나 [F2](Algebra)를 이용하여 확인할 수 있다.

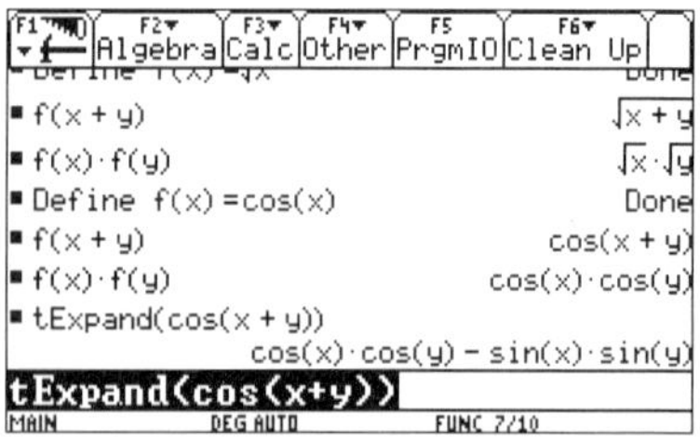

[F2](Algebra)을 누르고 9:Trig에서 1:tExpand(를 선택한 후 [ENTER]을 누른다.

tExpand(cos(x+y))를 입력하고 [ENTER]를 누른다. 두 식이 같지 않음을 분명히 알 수 있으므로 주어진 코사인함수는 함수방정식 $f(x+y)=f(x)\times f(y)$를 만족하지 않는다.

③ 지수함수에 대하여 알아보기 :

Define f(x)=[2nd][e^x](x)를 입력하고 [ENTER]를 누른다.

f(x+y)를 입력하고 [ENTER]를 누른다.

f(x)×f(y)를 입력하고 [ENTER]를 누른다.

이때, 두 식은 일치한다. 따라서 지수함수는 함수방정식 $f(x+y)=f(x)\times f(y)$를 만족한다.

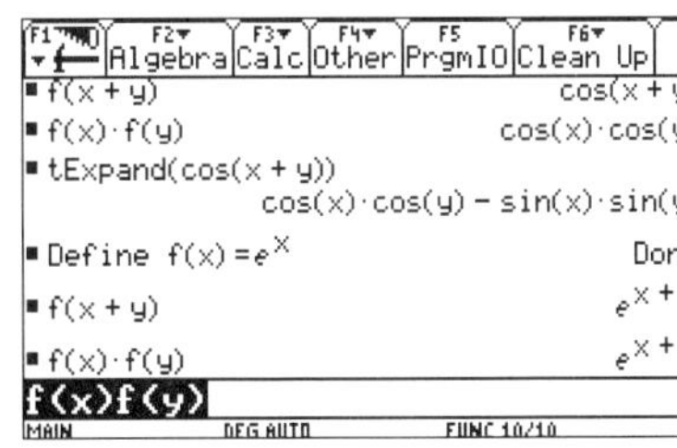

연습문제

1. 다음 함수 중에서 함수방정식 $f(x+\pi)=f(x)$를 만족하는 함수를 구하여라.

   ① $f(x)=\sin(x)$ ② $f(x)=\cos(2x)$

   ③ $f(x)=\tan(x)$ ④ $f(x)=\sin(\pi x)$

   ⑤ $f(x)=\sin(ax)$(단, a는 홀수)

   ⑥ $f(x)=\sin(bx)$(단, b는 짝수)

   결과를 설명하여라.

2. 함수방정식 $f(x)=f(2-x)$에 대하여 다음 물음에 답하여라.

   ① 일차함수 f는 위의 함수방정식을 만족하는가? 만족한다면 그 예를 들어보고, 만족하지 않는다면 그 이유를 설명하여라.

   ② 이차함수 f는 위의 함수방정식을 만족하는가? 만족한다면 그 예를 들어보고, 만족하

지 않으면 그 이유를 설명하여라.

③ 삼차함수 f는 위의 함수방정식을 만족하는가? 만족한다면 그 예를 들어보고, 만족하지 않는다면 그 이유를 설명하여라.

④ 함수 $f(x)=\cos(\pi x)$가 위의 함수방정식을 만족함을 보이고, 그 의미를 그래프를 그려 설명하여라.

탐구활동

1. ① 함수 $f(x)=\dfrac{x}{1+x^2}$가 함수방정식 $f(x)=f\left(\dfrac{1}{x}\right)$ (단, $x\neq0$)을 만족함을 보여라.

② 함수 $f(x)=\dfrac{ax+b}{x^2+cx+d}$ (a, b, c, d는 변수)가 함수방정식 $f(x)=f\left(\dfrac{1}{x}\right)$(단, $x\neq0$)을 만족함을 보여라.

2. 아래에는 다섯 개의 함수방정식과 매개변수 a를 포함하는 네 개의 표준함수가 있다.
각 함수방정식과 그것을 만족하는 표준함수를 연결하여라. 그리고 나머지 방정식을 만족하는 표준함수를 구하여라.

$f(x)=f(-x)$	$f(x)=ax$
$f(x+y)=f(x)+f(y)$	$f(x)=e^{ax}$
$f(xy)=f(x)f(y)$	$f(x)=x^a$
$f(xy)=f(x)+f(y)$	$f(x)=a\log_e x$
$f(x-y)=\dfrac{f(x)}{f(y)}$	

CAS 도움말

특정 함수가 주어진 함수방정식을 만족하는지 CAS 계산기를 통해 확인해 볼 수 있다.

예를 들어, 함수 $f(x)=e^x$는 함수방정식 f(x+y)=f(x)×f(y)를 만족한다. Define $f(x)=e^x$라 하고, f(x+y)=f(x)×f(y)를 입력하면 CAS 계산기는 모든 x값에 대하여 주어진 함수가 함수방정식을 만족한다는 의미로 'True(참)'이라는 결과를 윈도우에 나타낸다.

8 미 분
Differential calculus

8.1 극한

이 절에서는 함수의 극한을 계산하는 방법에 대하여 알아볼 것이다. 또한 좌극한과 우극한(즉, 우/위로 극한, 좌/아래로 극한)에 대해서도 살펴볼 것이다.

CAS 도움말

limit 명령어의 문법은 limit(식, 변수 x, x가 접근하는 값, 방향)이다. 마지막 인수인 방향의 선택사항은 다음과 같다.

0	극한
−1	좌극한
+1	우극한

인수가 생략되면 limit 명령어는 극한값이 존재하는 경우 극한값을 구한다.

예제 1

다음 중 극한이 존재하면 극한값을 구하고, 존재하지 않는다면 그 이유를 설명하여라.

① $\lim_{x \to 1} \frac{x-1}{x}$ ② $\lim_{x \to 0} \frac{1}{x^2}$

③ $\lim_{x \to 0} \frac{x^2-1}{x-1}$ ④ $\lim_{x \to \infty} \frac{1}{x}$

⑤ $\lim_{x \to 0} \frac{1}{x}$

풀이

① [◆][CALC HOME]을 누른다.

[F6](Clean Up)을 누르고 2:New Prob를 선택한 후 [ENTER]를 누른다.

[F3](Calc)를 누르고 3:limit(를 선택한 후 [ENTER]를 누른 다음, limit((x−1)÷x,x,1)을 입력하고 [ENTER]를 누른다.

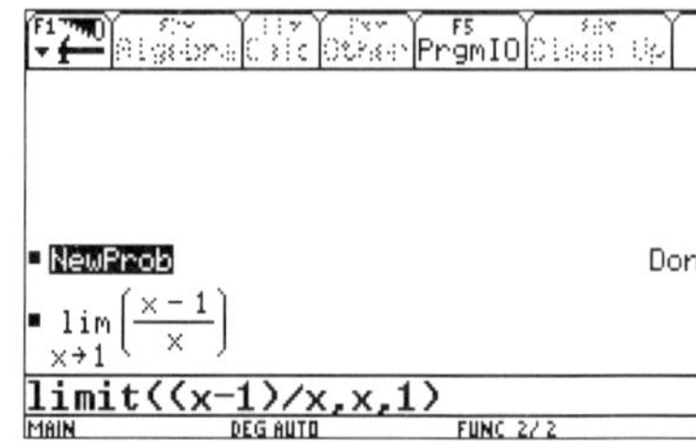

② [F3](Calc)를 누르고 3:limit(를 선택한 후 [ENTER]를 누른 다음, limit(1÷x^2,x,0)을 입력하고 [ENTER]를 누른다.

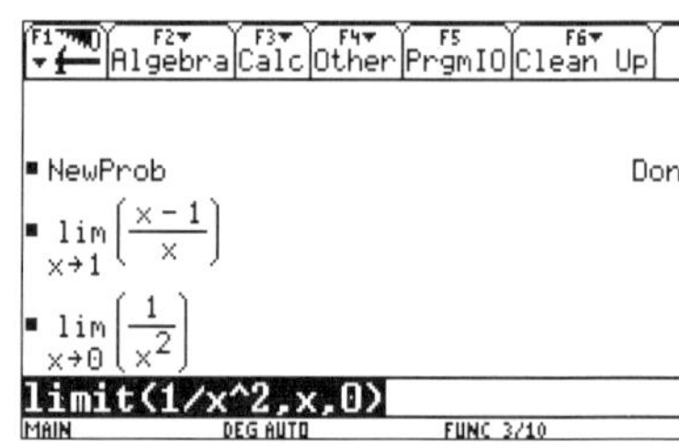

③ [F3](Calc)를 누르고 3:limit(를 선택한 후 [ENTER]를 누른 다음, limit((x^2−1)÷(x−1),x,1)를 입력하고 [ENTER]를 누른다.

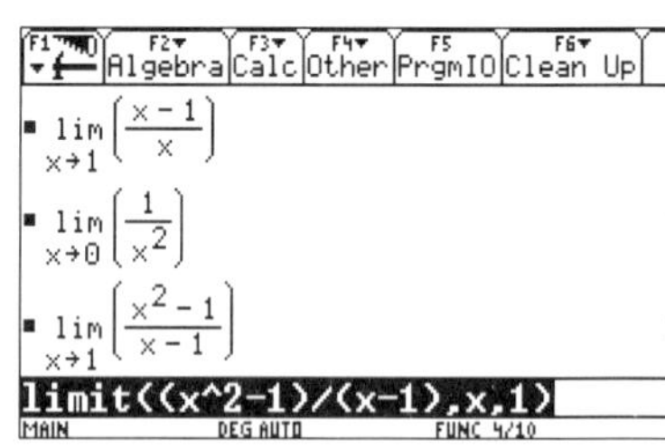

④ [F3](Calc)를 누르고 3:limit(를 선택한 후 [ENTER]를 누른 다음, limit(1÷x,x,[2nd][∞])를 입력하고 [ENTER]를 누른다.

[**참고** : 무한대 기호 ∞는 [2nd][CATALOG]를 이용하여 입력할 수도 있다.]

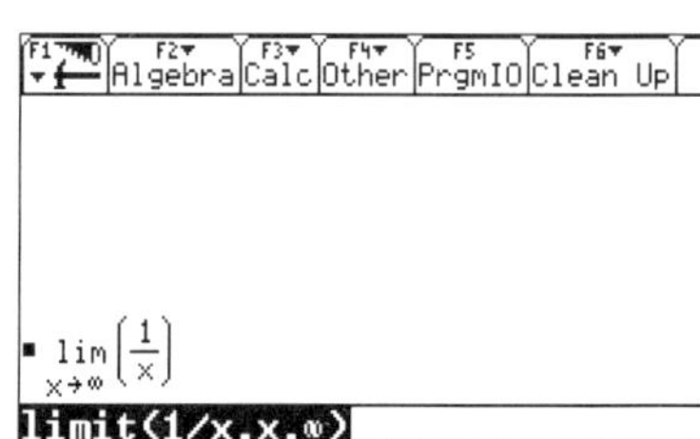

⑤ [F3](Calc)를 누르고 3:limit(를 선택한 후 [ENTER]를 누른 다음, limit(1÷x,x,0)을 입력하고 [ENTER]를 누른다.

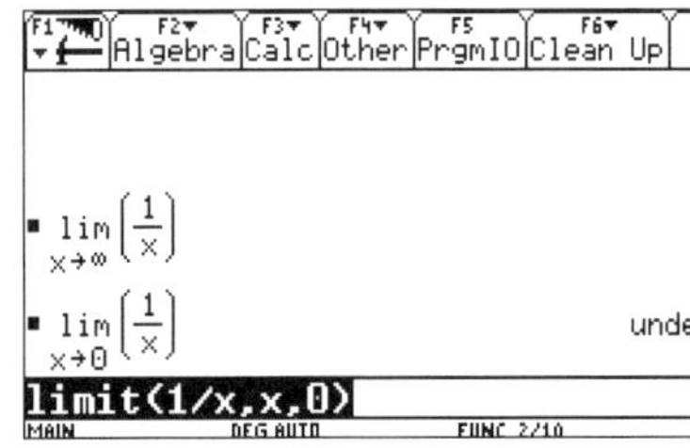

극한이 정의되지 않을 때를 주목하라. $x \to 0$일 때, 좌극한($x<0$)과 우극한($x>0$)을 계산하면 그 이유를 알 수 있다.

limit 명령어의 문법은 다음과 같다.

limit(식, 변수, x값, 방향)

마지막 인수인 방향 지시는 다음과 같다.

0	극한
−1	좌극한
+1	우극한

극한값이 존재하는 경우는 이 인수를 생략해도 된다.

따라서 좌극한은

limit(1÷x,x,0,−1)로 계산하고

우극한은 limit(1÷x,x,0,1)로 계산한다.

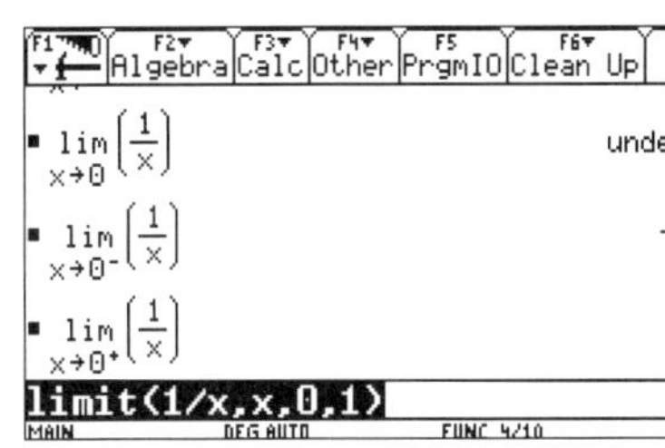

$\lim\limits_{x \to 0^-} \dfrac{1}{x} = -\infty$과 $\lim\limits_{x \to 0^+} \dfrac{1}{x} = +\infty$은 같지 않기 때문에 이 극한은 $x=0$에서 극한값을 갖지 않는다.

예제 2

함수 $f(x) = \dfrac{x^3+3x^2+2x}{x+2}$는 $x=-2$에서 불연속이다.

① ZoomStd를 이용하여 표준 윈도우에 그래프를 나타내 보고, 불연속의 그래프가 나타나는 이유에 대하여 설명하여라.

② $x=-2$ 근방에서의 그래프에 대하여 설명하여라.

③ $x=-2$에서 그래프를 확대하여라. 불연속 구간이 확대되어 보이는가?

④ 함수 $f(x)$의 식을 간단히 하고, 그래프가 불연속인 이유를 설명하여라.

풀이

① [◆][Y=]를 누른다.

y1=(x^3+3x^2+2x)÷(x+2)을 입력하고 [ENTER]를 누른다.

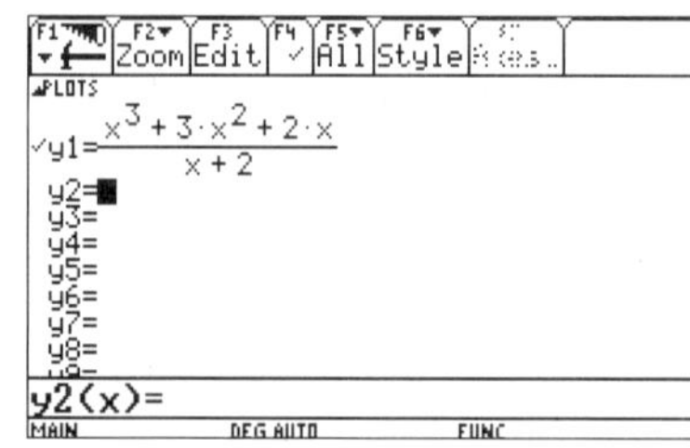

그래프를 표준 윈도우에 나타내기 :

[F2](Zoom)을 누르고 6:ZoomStd를 선택한 후 [ENTER]를 누른다.

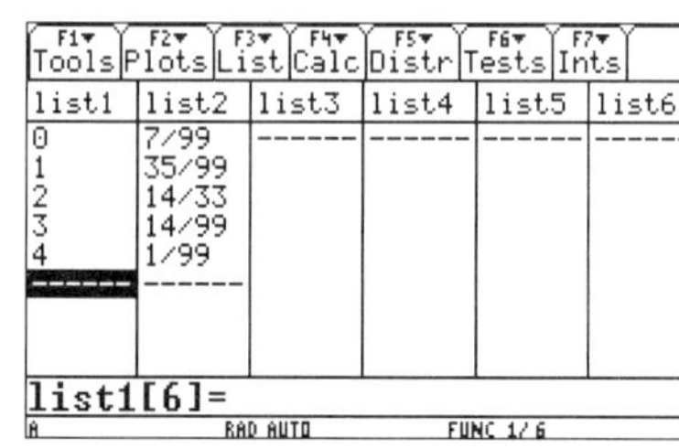

이차함수의 그래프가 나타난다. 이것은 0이 아닌 분모로 분자를 나누어 이차식이 되었기 때문이다.

② $x=-2$ 근방에서의 그래프를 설명하기 위해 윈도우를 설정한다.

[F2](Zoom)을 누르고 4:ZoomDec를 선택한 후 [ENTER]를 누른다.

[◆][WINDOW]를 누르고 xres에 1를 입력한다.

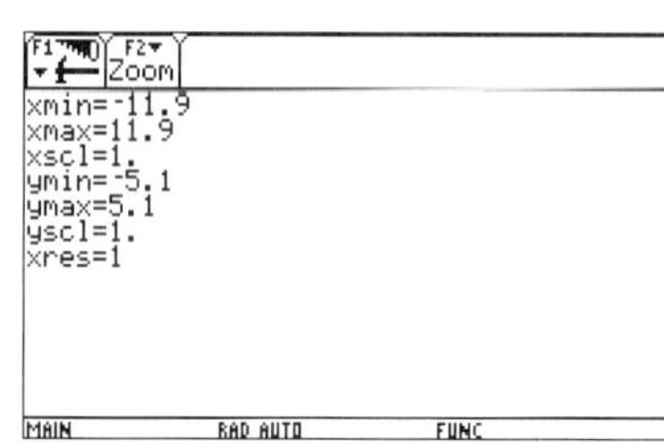

그래프를 그리기 위해 [◆][GRAPH]를 누른다.

[F3](Trace)를 누르고 그래프의 커서를 $x=-2$ 지점으로 움직여 본다. 그 점에서 y좌표가 나타나지 않고, 불연속임을 알 수 있다.

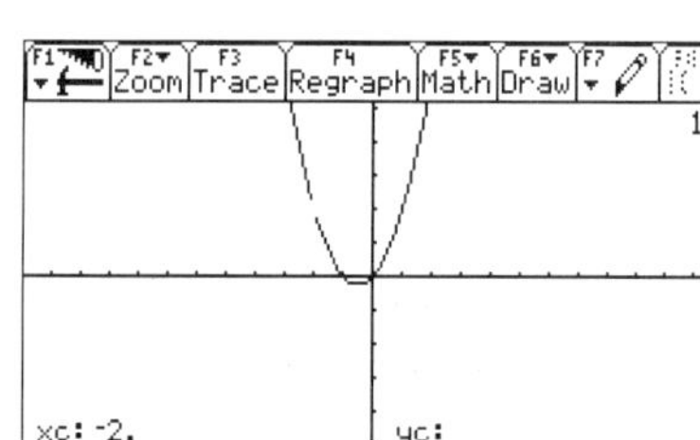

③ F2 (Zoom)을 누르고 2:ZoomIn을 선택한 후 ENTER 를 누른다.
확대하려는 부분 근처에서 새로운 중심을 선택할 수 있도록 커서가 반짝일 것이다.

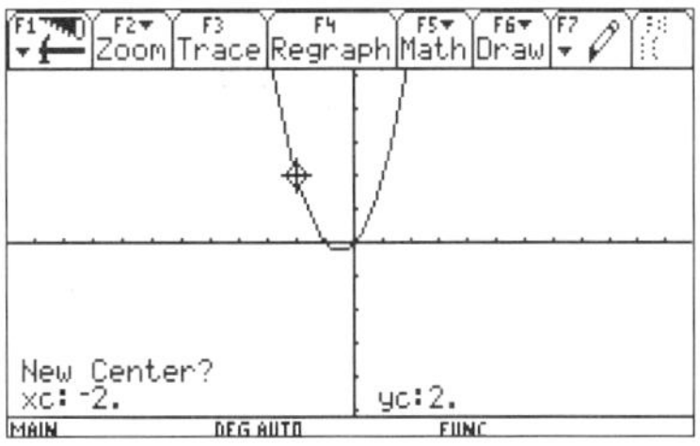

커서를 점(−2, 2)에 놓고 ENTER 를 누른다.

점(−2, 2) 근방에서 이 작업을 여러 번 반복해 보아라. 그 영역을 여러 번 확대했음에도 불구하고 그래프에서의 불연속 구간은 확대되지 않는다.

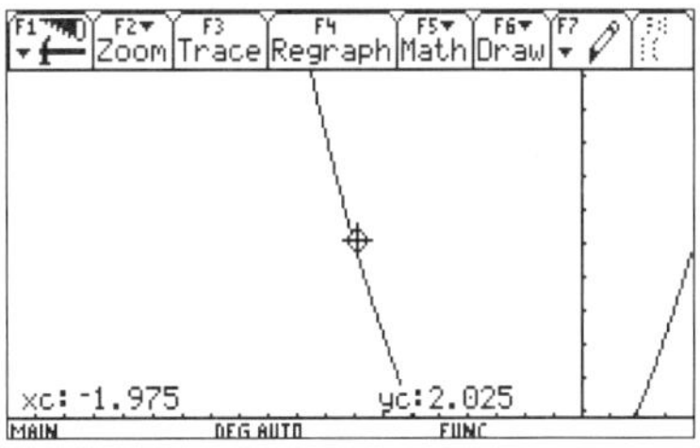

④ ◆ [CALC HOME]을 누른다.
F2 (Algebra)를 누르고 2:factor(를 선택한 후 ENTER 를 누른다. factor(x^3+3x^2+2x)를 입력하고 ENTER 를 누른다.
$x\neq 2$일 때, 분모와 분자에서 약분할 수 있는 공통인 인수 $(x+2)$가 나타난다.
(x×(x+1)×(x+2))÷(x+2)를 입력하고 ENTER 를 누르면 결과 창에 $x(x+1)$이 나타난다. 그러나 함수의 정의를 고려하면

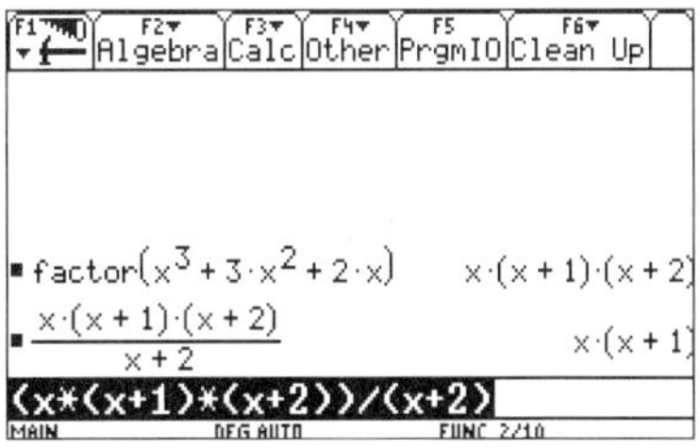

$$f(x)=\frac{x^3+3x^2+2x}{x+2}=x(x+1)\,(\text{단, } x\neq -2)$$

이다.

연습문제

1. 다음 함수의 극한을 계산하고, 적절한 윈도우에서 함수의 그래프를 그려라.

① $\lim_{x \to 1} \frac{x+1}{x-1}$　② $\lim_{x \to -2} \frac{4x^2-4}{x+2}$

③ $\lim_{x \to 0} \frac{\sin x}{x}$　④ $\lim_{x \to \infty} \frac{x^2+1}{x^3+1}$

⑤ $\lim_{x \to \infty} \frac{x+1}{x^3+1}$　⑥ $\lim_{x \to -1} \frac{x+1}{x^3+1}$

⑦ $\lim_{x \to 0} \frac{\tan 2x}{x}$

> **CAS 도움말**
>
> ZoomDec는 $[-11.9,\ 11.9]$에서 $[-5.1,\ 5.1]$까지 화면의 크기(dimension)를 변화시켜 준다. xmax−xmin의 값은 $11.9-(-11.9)=23.8$이다. voyage 200의 화면에서는 238개의 증가량을 확인할 수 있다.
> 한 번에 증가하는 양은
> $$\frac{(x\text{의 최댓값})-(x\text{의 최솟값})}{(\text{증가 횟수})} = \frac{23.8}{238} = 0.1$$
> 이다. 따라서, 그래프의 증가분 0.1을 확인하기 위해서는 $xres=1$이어야만 한다.

탐구활동

1. 함수 $f(x)=\frac{3x+1}{x+2}$일 때, $f(5)$, $f(10)$, $f(50)$, $f(100)$, $f(1000)$을 table을 사용하여 분수와 소수의 형태로 각각 나타내어라.

이 결과를 이용하여 $x \to \infty$일 때의 $f(x)$의 변화를 설명하여라.

8.2 변화율

함수 $f(x)$의 구간 $[a, b]$에서 평균변화율은 $\frac{f(b)-f(a)}{b-a}$이다. 다시 말하면, h가 x의 증분일 때, $\frac{f(x+h)-f(x)}{h}$로 계산할 수 있다. CAS를 사용해서 변화율을 계산하는 가장 쉬운 방법은 함수 $f(x)$를 정의하고 함수 기호를 사용하는 것이다.

예제

① 다음의 주어진 값들 사이에서 함수 $f(x)=x^3$의 평균변화율을 구하여라.

(i) $x=2$, $x=2.1$

(ii) $x=2$, $x=2.05$

(iii) $x=2$, $x=2.001$

(iv) $x=2$, $x=2+h$

② 극한과 위 문제의 결과를 이용하여 $x=2$에서의 순간변화율을 구하여라.

풀이

① [F4](Other)을 누르고 1:Define을 선택한 후 [ENTER]를 누른다. Define f(x)=x^2을 입력하고 [ENTER]를 누른다.

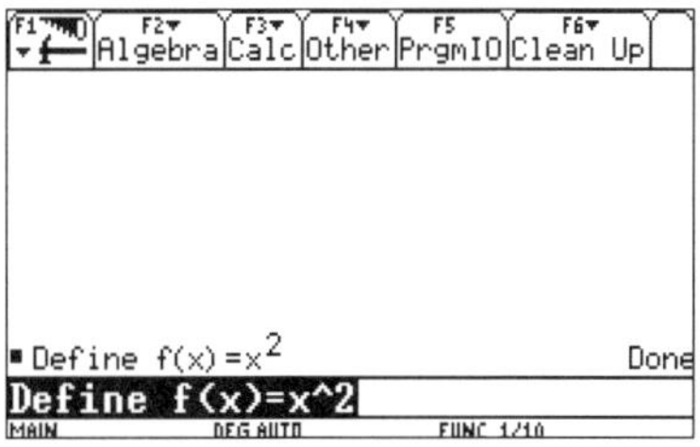

하나의 함수를 사용하여 결과를 구할 수 있다.

이제 각각의 평균변화율을 구하여 보자.

(i) $x=2$, $h=0.1$인 경우

(f(2.1)−f(2))÷0.1을 입력하고 ENTER를 누른다.

결과값은 4.1이다.

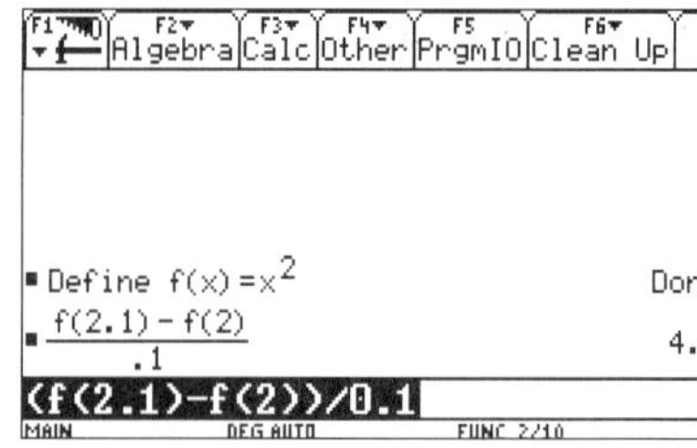

CAS 도움말

입력된 식이 정확한지 확인하기 위해서는 'pretty print'를 이용하여 확인하는 것이 좋다.

(ii) $x=2$, $h=0.05$인 경우

(f(2.05)−f(2))÷0.05를 입력하고 ENTER를 누른다.

결과값은 4.05이다.

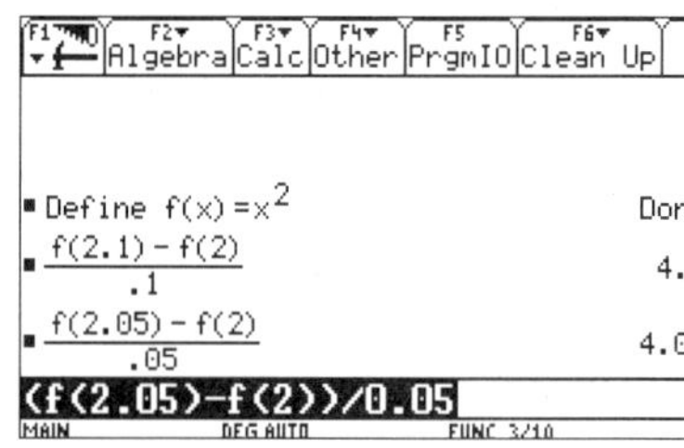

(iii) $x=2$, $h=0.001$인 경우

(f(2.001)−f(2))÷0.001을 입력하고 ENTER를 누른다.

결과값은 4.001이다.

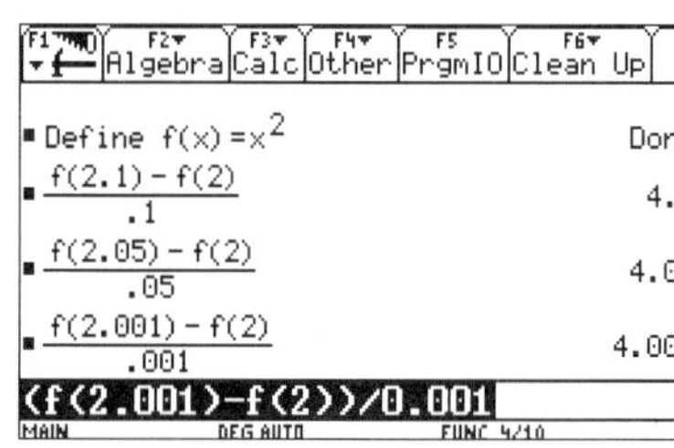

h의 증분이 작을수록 평균변화율은 4에 가까워진다.

즉, h가 0에 접근할수록 평균변화율은 4에 가까워진다.

(iv) $x=2$, $h=h$인 경우

(f(2+h)−f(2))÷h를 입력하고 ENTER를 누른다.

결과는 $4+h$이다. 평균변화율이 '4에 증분 h를 더한 것'이라는 이전 결과를 확인할 수 있다.

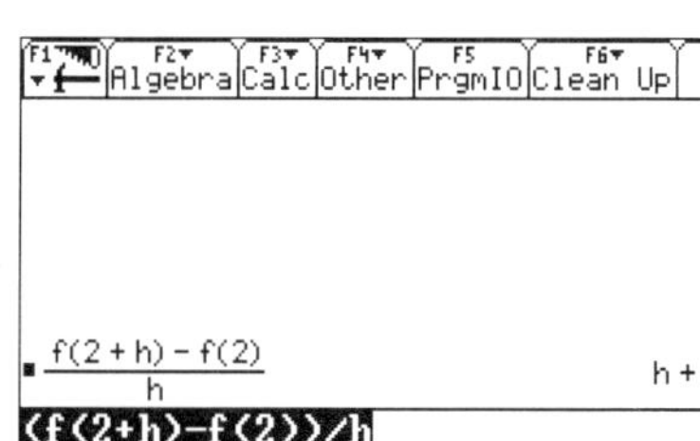

② $x=2$에서의 순간변화율을 구하기 위해서는 h가 0에 가까이 갈 때 평균변화율의 극한을 구해야 한다.

즉, $\lim_{h \to 0} \frac{f(2+h)-f(2)}{h}$을 계산해야 한다.

limit((f(2+h)−f(2))÷h,h,0)을 입력하고 [ENTER]를 누른다. $x=2$에서의 순간변화율은 4이다.

[**참고** : 이것을 $x=2$에서의 도함수라고 한다.]

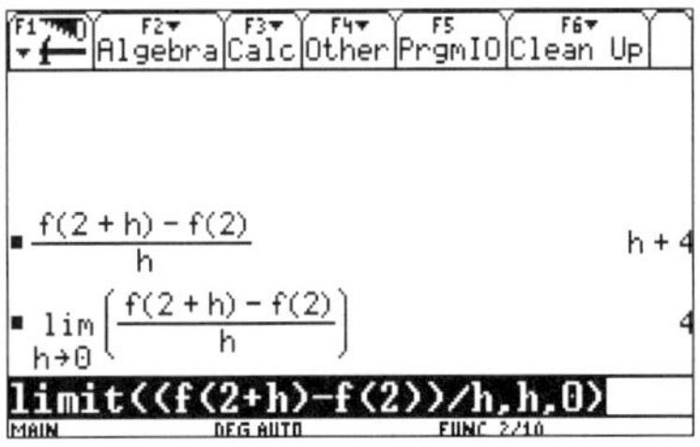

연습문제

1. 함수 $f(x)=x^3$에서 x값이 각각 다음과 같이 변할 때, 평균변화율을 구하여라.

① $x=3$, $x=3.2$ ② $x=3$, $x=3.1$

③ $x=3$, $x=3.001$ ④ $x=4$, $x=4.001$

⑤ $x=5$, $x=5.00001$

⑥ 위의 결과를 이용하여 $x=3, 4, 5$일 때, 함수의 평균변화율의 근사값을 구하여라.

⑦ 극한을 이용하여 $x=3, 4, 5$에서의 순간변화율을 구하여라.

> **CAS 도움말**
>
> 함수를 정의해서 순간변화율을 구할 수도 있다.
> limit(f(x+h)-f(x))÷h,h,0) [STO▸] der는 현재 정의된 함수 $f(x)$의 도함수(또는 순간변화율)를 계산하기 위한 함수 der을 정의한다.

2. 함수 $f(x)=3x+4$에서 x의 값이 각각 다음과 같이 변할 때, 평균변화율을 구하여라.

① $x=3$, $x=3.1$ ② $x=3$, $x=3.01$

③ $x=4$, $x=4.05$ ④ $x=5$, $x=5.001$

⑤ 각 점에서의 함수의 평균변화율에 대하여 설명하여라.

탐구활동

1. 함수 $f(x)=e^x$에 대하여 다음 물음에 답하여라.

   ① x의 값이 각각 다음과 같이 변할 때, 평균변화율을 구하여라.

   (i) $x=3$, $x=3.1$ (ii) $x=3$, $x=3.01$

   (iii) $x=3$, $x=3.001$ (iv) $x=3$, $x=3.0001$

   (v) $x=3$에서의 함수의 순간변화율을 예상해 보아라.

   ② 위의 문제 1에서 $x=4$와 4에 충분히 근접한 세 수 사이의 평균변화율을 구하여라.

   ③ 위의 문제 1에서 $x=2$와 $x=2$에 충분히 근접한 세 수 사이의 평균변화율을 구하여라. 또한 $x=5$와 $x=5$에 충분히 근접한 세 수 사이의 평균변화율을 구하여라.

   ④ 함숫값 $f(2)$, $f(3)$, $f(4)$, $f(5)$를 구하여라.

   ⑤ 다양한 x값을 대입해 봄으로써 함수 $f(x)$에 대해 알 수 있는 것은 무엇인지 설명하라. 또한 증분 h가 매우 작을 때의 평균변화율에 대하여 설명하여라.

8.3 미분계수

미분계수를 알면 주어진 x값에서 곡선에 접하는 접선의 기울기에 대한 근사값을 알 수 있다. 이 값은 충분히 작은 h에 대한 평균변화율로 주어진다. CAS계산기의 그래프 그리는 메뉴를 이용하여 함수의 미분계수를 구할 수 있다.

예제

$x=\frac{3}{5}$에서 $y=x^2$의 미분계수를 구하여라.

풀이

우선 $y=x^2$의 그래프를 그려보자.

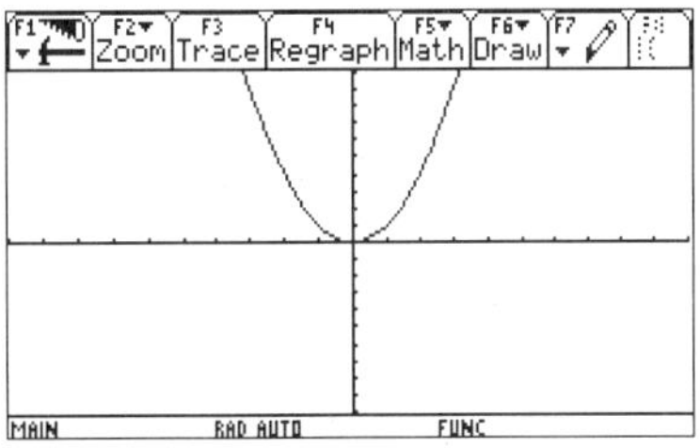

[◆][Y=]를 누른다.

y1=x^2을 입력하고 [ENTER]를 누른다.

[F2](Zoom)을 누르고 6:ZoomStd를 선택한 후 [ENTER]를 누른다.

x축의 범위가 [−10, 10]이고, y축의 범위가 [−10, 10]인 화면에 그래프를 그린다. 이 경우 표준 윈도우가 적절하다.

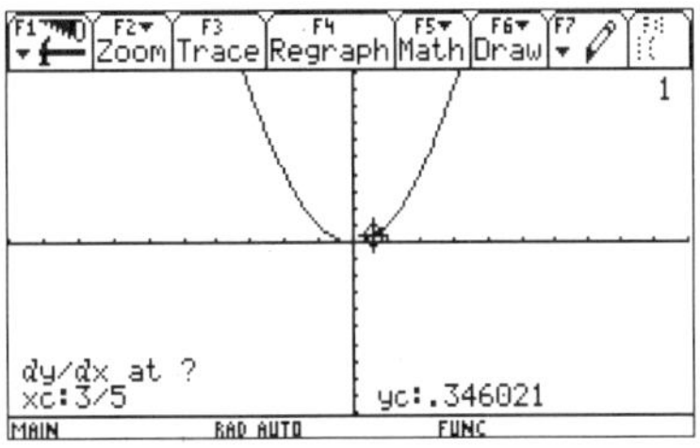

미분계수 구하기 :

[F5](Math)를 누르고 6:Derivatives를 선택한 후 [ENTER]를 누른다.

1:dy÷dx를 선택하고 [ENTER]를 누른다.

CAS계산기에서는 구하려는 미분계수의 x값을 입력하도록 커서가 깜박인다.

3÷5를 입력하고 [ENTER]를 누른다.

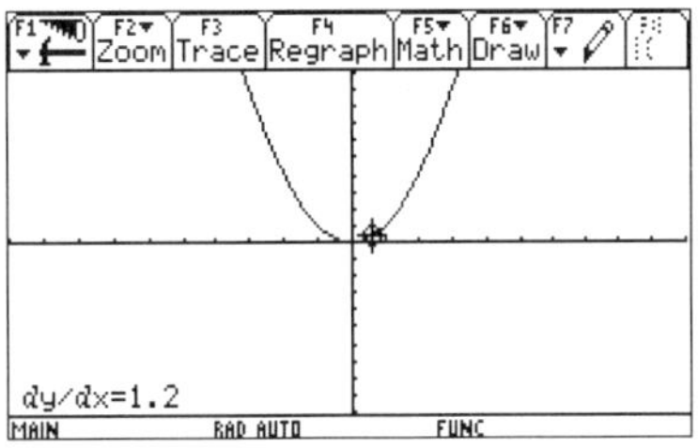

커서는 곡선 위의 입력한 x값에 위치한다. 미분계수의 값은 1.2이다.

연습문제

1. 다음에 주어진 x의 값에서 각 함수의 미분계수를 구하여라.

   ① $y=x^3$ $(x=1.6)$

   ② $y=\sin(x)$ $\left(x=\dfrac{\pi}{4}\right)$

   ③ $f(x)=e^{2x}$ $(x=1.1)$

   ④ $g(x)=\cos(x)$ $\left(x=\dfrac{\pi}{2}\right)$

   ⑤ $y=(x-1)^2+3$ $(x=\{0,\ 1,\ 2.5,\ 4\})$

탐구활동

1. ① 함수 $y=e^{2x}$의 그래프를 그려라.

   ② $\{-2,\ -1,\ 0,\ 1,\ 2\}$에서 함숫값을 구하여라.

   ③ 위의 x값에서의 미분계수를 구하여라.

   ④ 임의의 x값에서 미분계수와 함숫값을 비교했을 때 알 수 있는 것은 무엇인가?

   ⑤ $x=3$에서 미분계수를 예상하여라. 그래프를 그려 예상이 맞는지 확인하여라.

   ⑥ $y=e^{2x}$의 미분계수는 임의의 x값에서 어떻게 나타난다고 예상할 수 있는가?

8.4 도함수

CAS계산기는 함수의 도함수를 구할 수 있다. 그러나 간단한 식은 지필로 계산하는 것이 더 쉬울 수 있다.

> **CAS 도움말**
> 도함수 명령어는 [F3](Calc)메뉴 또는 [2nd][d]를 눌러서 입력할 수 있다. [d]는 8키에 위치한다.

예제

다음에 주어진 함수의 도함수를 구하여라.

① $5x^{\frac{1}{4}}$ ② $e^x(\cos x)$

풀이

① [2nd][d](5×x^(1÷4),x)를 입력하고 [ENTER]를 누른다.

결과값은 $\dfrac{5}{4x^{\frac{3}{4}}}$이다.

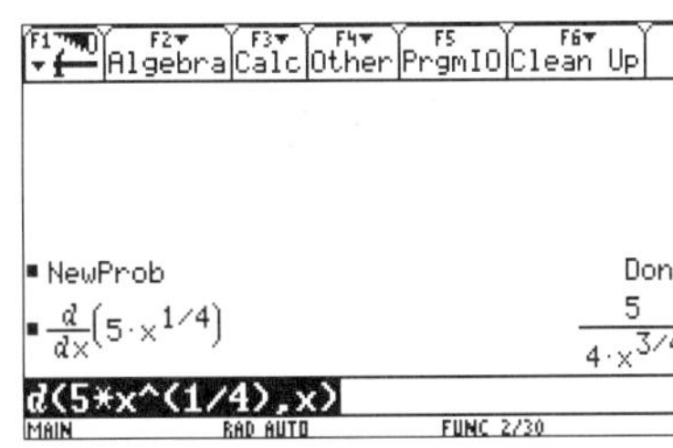

[**참고** : 계산기는 결과값을 $\dfrac{5}{4}x^{-\frac{3}{4}}$의 형태로 표시하지 않고, 양의 지수를 사용한 식으로 정리하여 나타낸다.]

② [2nd][d]([2nd][e^x](x)×[COS](x),x)를 입력하고 [ENTER]를 누른다.

결과값은 $e^x\cos x - e^x\sin x$이다.

사용자가 $e^x(\cos x - \sin x)$로 직접 인수분해를 할 수도 있겠지만, CAS계산기의 인수분해를 이용하여 식을 정리할 수도 있다.

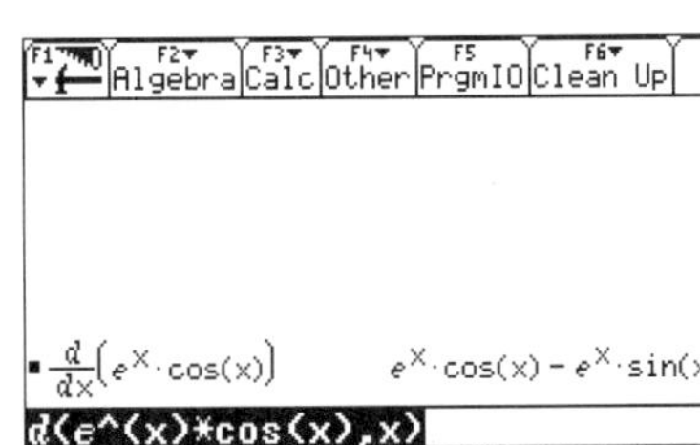

연습문제

1. 다음 식을 x에 관하여 미분하여라.

① $4x^5+x^3$　　② $\frac{5}{6}x^3-\frac{2}{x^2}$

③ $\sin(x)\cos(x)$　　④ $\frac{x^2-4x}{e^x}$

⑤ $e^{2x}(3x^4-2)$　　⑥ $\cos^4(x)$

⑦ $\cos(x^4)$　　⑧ e^{3x-4x^2}

탐구활동

1. ① 다음 도함수를 계산하여라.

(i) $\frac{d}{dx}(\sin(x))$　　(ii) $\frac{d}{dx}(\sin^2(x))$

(iii) $\frac{d}{dx}(\sin^3(x))$　　(iv) $\frac{d}{dx}(\sin^4(x))$

② 위의 ①을 참고하여 도함수 $\frac{d}{dx}(\sin^n(x))$의 값을 예측하여라.

2. CAS계산기를 사용하여 일반화된 식을 찾을 수 있다. 다음 도함수를 CAS계산기에 입력하고 결과를 써보아라.

① $\frac{d}{dx}(f(x)g(x))$　　② $\frac{d}{dx}\left(\frac{f(x)}{g(x)}\right)$

이 과정을 통해 곱의 미분과 몫의 미분에 대한 일반화된 식을 알 수 있다.

이제, 두 함수 $f(x)$, $g(x)$에 대하여 $\frac{d}{dx}[f(g(x))]$을 실행한 결과를 생각해 보자. CAS계산기는 초기에 입력된 값으로 되돌아간다. 이렇게 해서는 $\frac{d}{dx}[f(g(x))]$의 일반화된 식을 만들 수는 없다. 다음의 예를 사용하여 일반화된 식을 구하여라.

$$f(x)=x^3,\ g(x)=x^2+3,$$

$$h(x)=e^x,\ m(x)=\sin x$$

일 때, 다음의 도함수를 구하여라.

③ $\frac{d}{dx}[f(g(x))]$ ④ $\frac{d}{dx}[f(h(x))]$

⑤ $\frac{d}{dx}[f(m(x))]$ ⑥ $\frac{d}{dx}[h(m(x))]$

⑦ $\frac{d}{dx}[h(f(x))]$ ⑧ $\frac{d}{dx}[h(g(x))]$

위의 결과를 이용하여 두 함수 $f(x)$, $g(x)$에 대하여 도함수 $\frac{d}{dx}[f(g(x))]$의 일반화된 식을 예측하여라.

8.5 최댓값과 최솟값

이 절에서는 미분의 일반적인 응용을 다룬다. 극댓값과 극솟값은 주어진 상황에 대한 최적값을 구하기 위해 사용된다.

예제 1

오른쪽 그림은 함수 $f(x)=(x-5)^2+3$의 그래프이다.

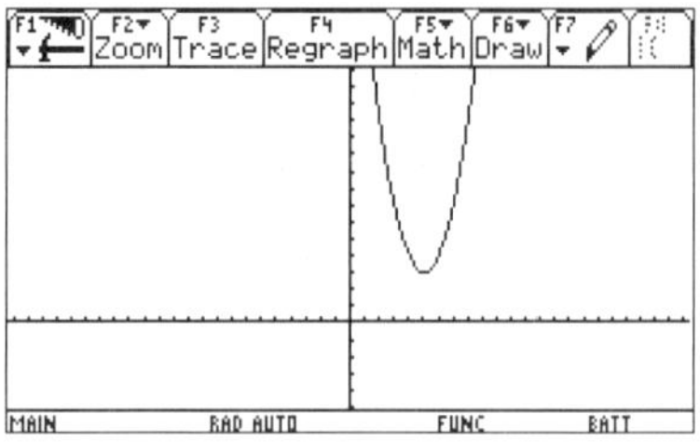

① 원점에서 함수 f의 꼭짓점까지의 거리를 구하여라.

② 점 P는 함수 f의 그래프 위의 한 점이다. 원점으로부터 점 P까지의 거리에 대한 함수를 구하여라.

③ 원점에서 점 P까지의 거리가 최소인 점 P의 좌표를 구하여라.

풀이

① 함수 $f(x)=(x-5)^2+3$의 그래프의 꼭짓점은 (5, 3)이다. 이 점과 원점 사이의 거리는 거리 공식에 의해 계산된다.

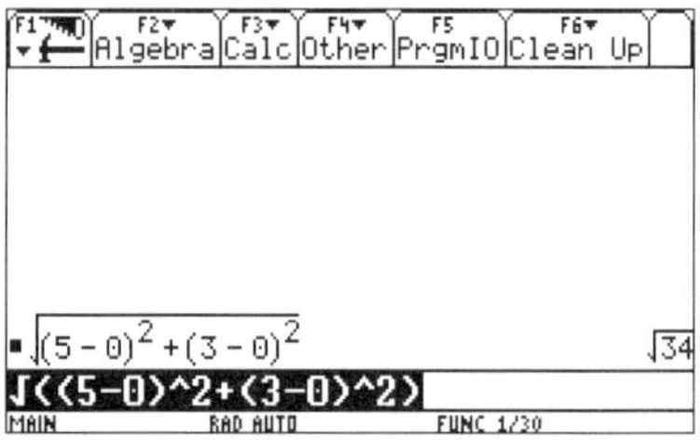

$$d=\sqrt{(x_2-x_1)^2+(y_2-y_1)^2}$$
$$=\sqrt{(5-0)^2+(3-0)^2}=\sqrt{34}$$

② $y=(x-5)^2+3$일 때, $P(x, y)$라고 하면, $(x_1, y_1)=(0, 0)$, $(x_2, y_2)=(x, y)$이므로

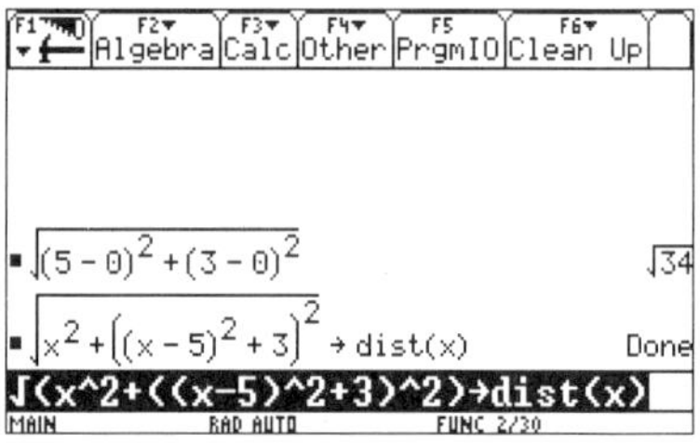

$$d=\sqrt{x^2+y^2}=\sqrt{x^2+((x-5)^2+3)^2}$$

x에 대한 함수로 거리 저장하기 :

[2nd] [√](x^2+((x−5)^2+3)^2) [STO▸] dist(x)

를 입력하고 [ENTER]를 누른다.

③ 원점으로부터 점 P까지의 최단 거리를 구하기 위해 $\frac{d}{dx}(dist(x))$를 구하고, x에 대한 방정식

$\frac{d}{dx}(dist(x))=0$를 계산하여라.

F2 (Algebra)를 누르고 1:solve(를 선택한 후 ENTER 를 누른다. solve(2nd [d](dist(x),x)=0,x)를 입력하고 ◆ ENTER 를 누른다.
결과값은 $x=4.36045$이다.

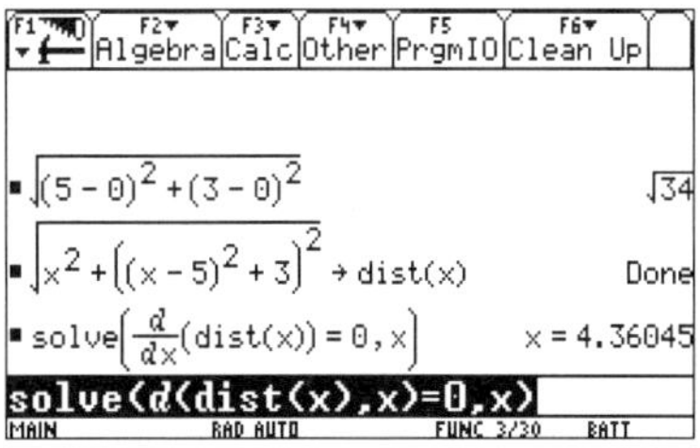

x 좌표에 대응하는 y 좌표 계산하기 :
dist(4.36045)를 입력하고 ENTER 를 누른다.
따라서 점 P 좌표의 근사값은 (4.36, 5.53)이다.

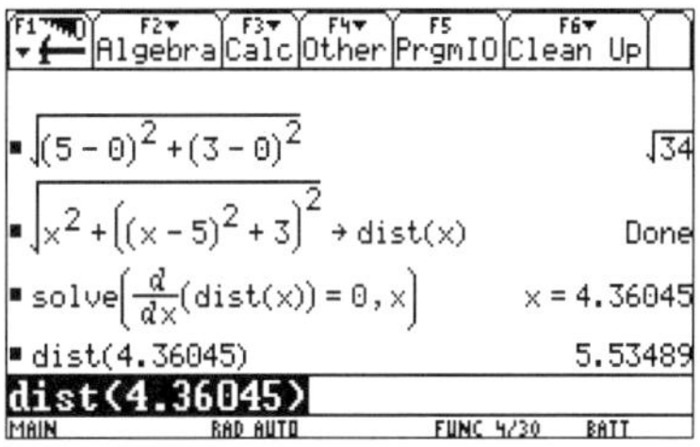

예제 2

k가 임의의 실수일 때, 함수족 $f_k : R \to R$,
$f_k(x)=e^{2x}+4ke^x+5$에 대하여 다음 물음에 답하여라.

① k의 값이 얼마일 때, f_k의 극점이 존재하는가?
② 극점이 존재한다면 극점의 좌표를 구하여라.
③ f_k의 그래프가 x축과 접할 때, k의 값을 구하여라.

풀이

① 먼저 $f(x)$ 정의하기 :

2nd [e^x](2x) + 4k × 2nd [e^x](x) + 5 STO▸ f(x)를 입력하고 ENTER 를 누른다.
f_k의 극점이 있는지를 알아보기 위해 $f_k'(x)=0$을 만족하는 x를 구한다.

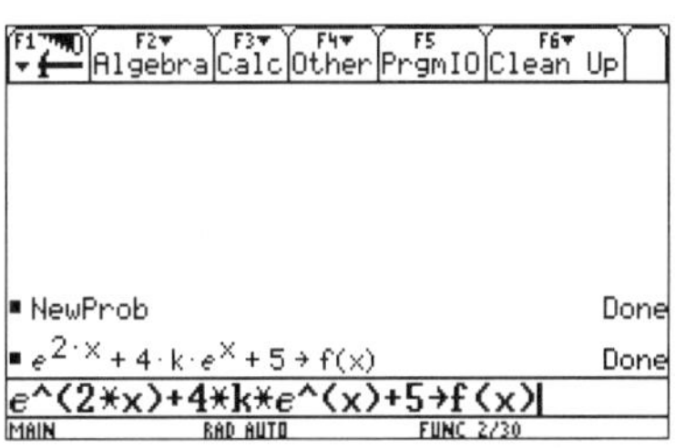

F2 (Algebra)를 누르고 1:solve(를 선택한 후 ENTER 를 누른다.

solve(2nd [d](f(x),x)=0,x)를 입력하고 ENTER 를 누른다.

따라서 미분계수가 0인 점은 $k<0$인 $x=\ln(-2k)$에서 존재한다. 미분계수가 0인 점은 그래프에서 볼 수 있는 것처럼 극점이다.

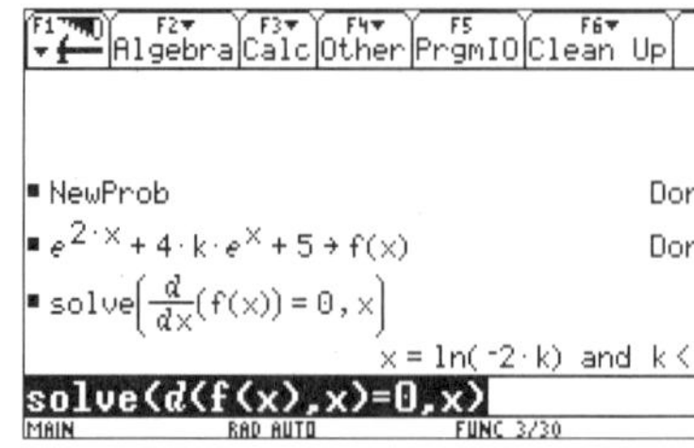

② 만약 극점이 존재한다면, 그 좌표는 $x=\ln(-2k)$, $y=f(\ln(-2k))$이다.

y값 구하기 :

f(LN ((-) 2k))를 입력하고 ENTER 를 누른다.

극점의 좌표는$(\ln(-2k),\ 5-4k^2)$이다.

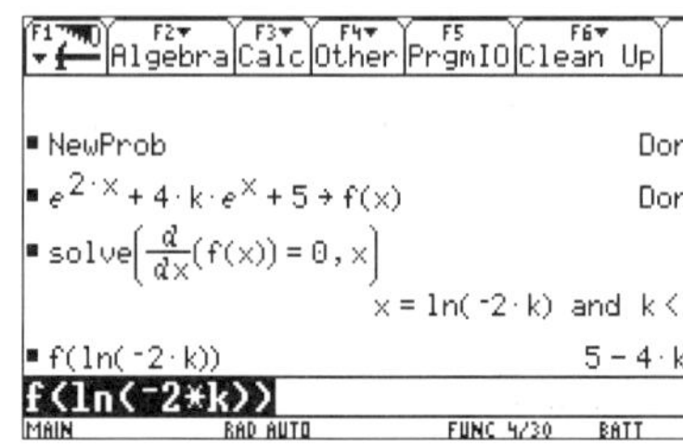

③ 만약 y좌표가 0이라면 극점은 x축과 접하게 될 것이다. 식을 0으로 두고 풀면 결과값을 얻을 수 있을 것이다.

F2 (Algebra)를 누르고 1:solve(를 선택한 후 ENTER 를 누른다. solve(5−4k^2=0,k)를 입력하고 ENTER 를 누른다.

결과값은 $k=\dfrac{\pm\sqrt{5}}{2}$이다. $k<0$이므로 $k=\dfrac{-\sqrt{5}}{2}$일 때 극점이 x축에 접한다.

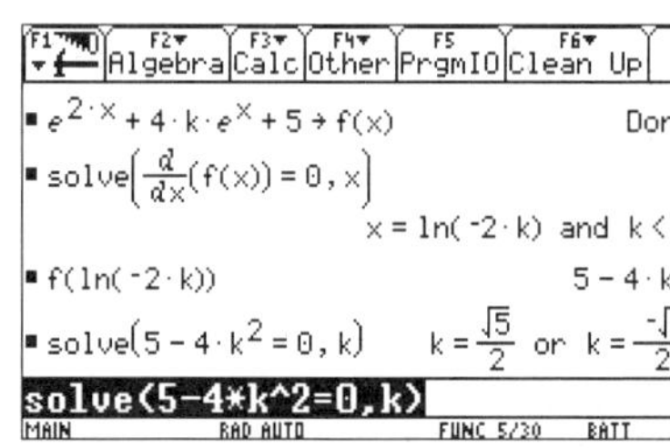

연습문제

1. 200m의 철사 줄로 직사각형 모양의 땅이 둘러쳐져 있다. 이 철사 줄로 만들 수 있는 울타리의 최대의 넓이를 구하여라.

2. ① 함수 $f(x)=(x-4)^2+2$의 그래프를 그려라.
② 함수 f의 그래프 위에 한 점 P를 잡고, 원점에서 점 P까지의 거리에 대한 함수를 구하여라.
③ 원점에서 점 P까지의 거리가 최소인 점 P의 좌표를 구하여라.

3. m이 임의의 실수일 때, 함수족 $f_m : R \to R$, $f_m(x)=x^2+4mx+9$에 대하여 다음 물음에 답하여라.
① f_m이 모든 실수 m에 대하여 극점을 가지는 이유를 설명하여라.
② 극점의 좌표를 m에 관하여 나타내어라.
③ f_m의 그래프가 x축과 접할 때, m의 값을 구하여라.

8.6 이계 도함수

이계 도함수 $f''(x)$은 함수의 미분계수가 0인 점의 성질을 분석하는 데 유용한 도구이다. 미분의 차수를 결정하는 인수를 제외하면 일계 도함수를 계산한 것과 유사한 문법을 사용하여 계산한다.

CAS 도움말

고차 도함수에 대한 형식은 d(함수, 미분할 변수, 차수)이다. 예를 들어 d(sin(x), x, 2)는 sin 함수의 x에 관한 2계 도함수를 구한다.

예제

다항함수 P가 $P(x)=0.05(x+1)^3(x-2)(x-3)^2$일 때, 다음 물음에 답하여라.
① 미분계수가 0인 점의 좌표를 구하여라.

② 미분계수가 0이 되는 점에서 이계 도함수의 값을 계산하여라.

③ 이계 도함수를 사용하여 각 미분계수가 0인 점의 성질을 알아보고, 적절한 윈도우에 그래프를 그려서 결과를 확인하여라.

④ 변곡점의 좌표를 구하여라.

⑤ $x \in [-1, 3]$에서 $P(x)$의 기울기가 가장 급격하게 증가하는 점의 좌표를 구하고, 그 점에서 그래프가 x축의 양의 방향과 이루는 각의 크기를 구하여라.

풀이

① 먼저 함수 $P(x)$를 정의한다.
0.05×(x+1)^3×(x−2)×(x−3)^2 [STO▸] p(x)를 입력하고 [ENTER]를 누른다.

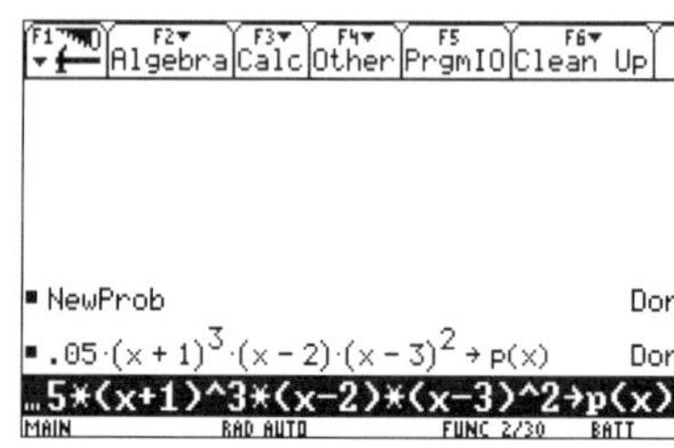

미분계수가 0인 점을 구하기 위해 $p'(x)=0$을 만족하는 x값을 구한다.
[F2](Algebra)를 누르고 1:solve(를 선택한 후 [ENTER]를 누른다. solve([2nd][d](p(x),x)=0,x)를 입력하고 [ENTER]를 누른다.

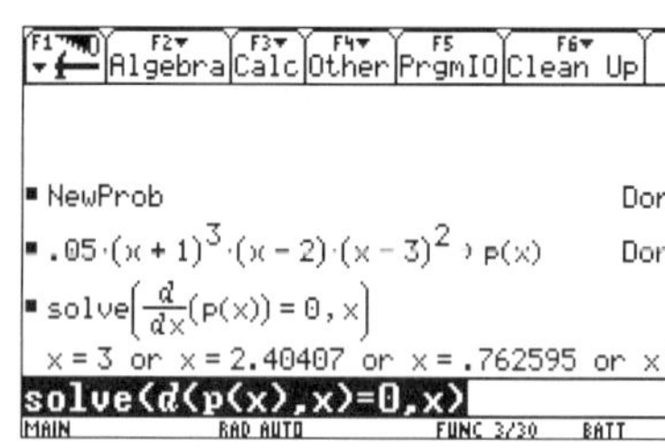

결과값은 $x=-1$, 0.76, 2.40, 3이다.
대응하는 y좌표 구하기 :
P({[(-)]1,0.76,2.40,3})를 입력하고 [ENTER]를 누른다.
y좌표는 y={0, −1.70, 0.28, 0}이고, 미분계수가 0이 되는 점은 $(-1,\ 0)$, $(0.76,\ -1.70)$, $(2.40,\ 0.28)$, $(3,\ 0)$이다.

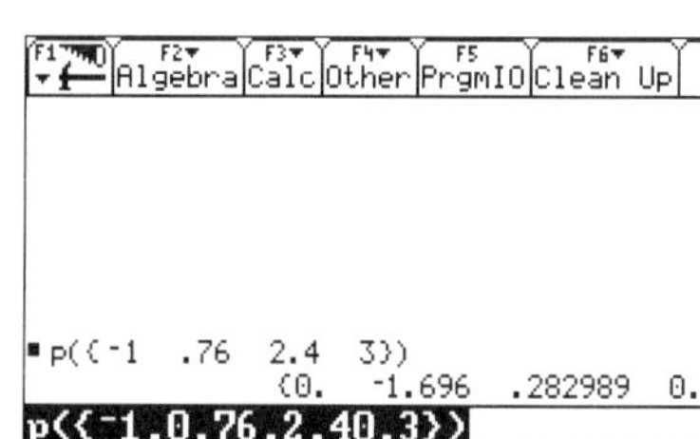

② 이계 도함수 $f''(x)$을 이용하여 그래프를 그리지 않고 미분계수가 0인 점의 성질을 알아보자. F3 (Calc)를 누르고 1:d(differentiate를 선택한 후 ENTER 를 누른다.
d(p(x),x,2)를 입력하고 ENTER 를 누른다.

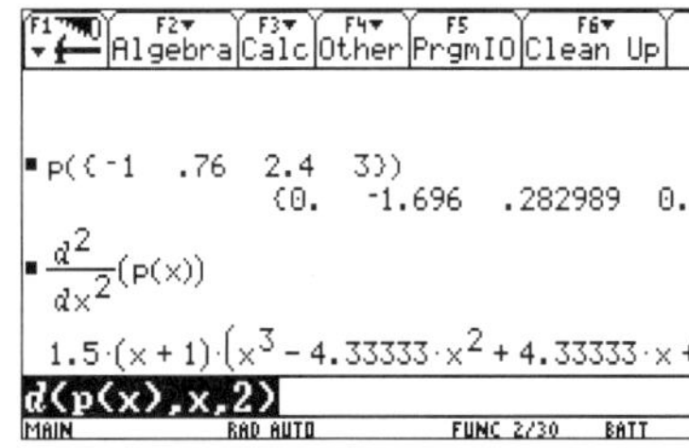

각 미분계수가 0인 점에서 이계 도함수를 구하기 :
2nd [d](p(x),x,2) 2nd [|]x={ (-) 1,0.76,2.40,3}을 입력하고 ENTER 를 누른다.
결과값은 $p''(-1)=0$, $p''(0.76)=3.42$, $p''(2.40)=-3.41$, $p''(3)=6.4$이다.

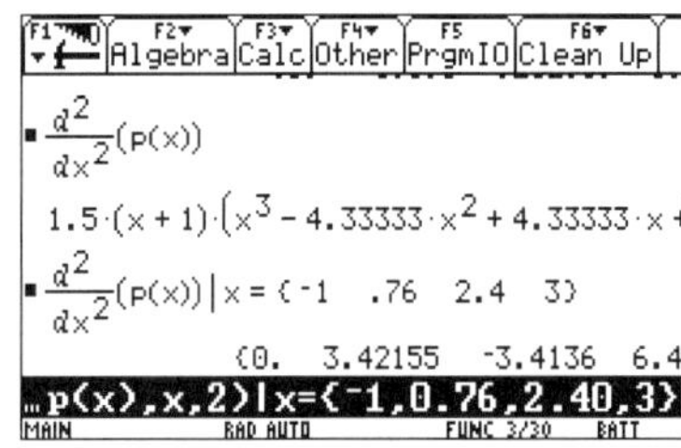

③ 종합하면, $x=-1$에서 $p'(x)=0$이고 $p''(x)=0$이다. 그러므로 더 많은 정보가 필요하다. (예를 들어, $x=-1$ 근방에서 그래프의 개형)
$x=0.76$에서 $p'(x)=0$이고 $p''(x)>0$이다.
∴ 극소
$x=2.40$에서 $p'(x)=0$이고 $p''(x)<0$이다.
∴ 극대
$x=3$에서 $p'(x)=0$이고 $p''(x)>0$이다.
∴ 극소

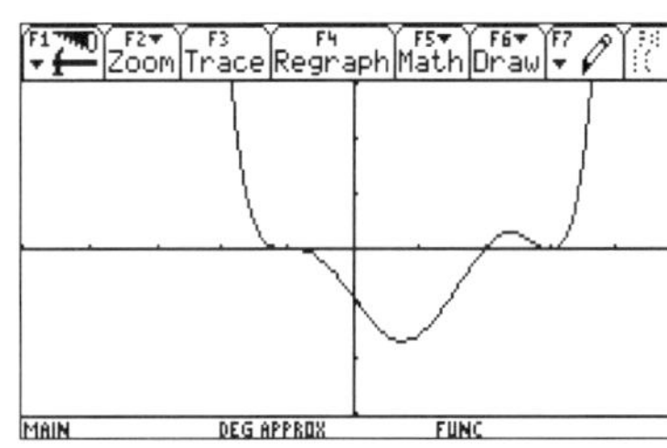

④ 변곡점은 $p''(x)=0$이고 $p'(x)\neq 0$이어야 한다.
우선 $p''(x)=0$을 x에 관하여 푼다.
F2 (Algebra)를 누르고 1:solve(를 선택한 후 ENTER 를 누른다. solve(2nd [d](p(x),x,2)=0,x)를 입력하고 ENTER 를 누른다.
$P''(x)=0$인 점은 $x=-1,\ -0.02,\ 1.60,\ 2.75$이다.
이때, $x=-1$은 미분계수가 0인 점이므로 변곡점에서 제외한다.

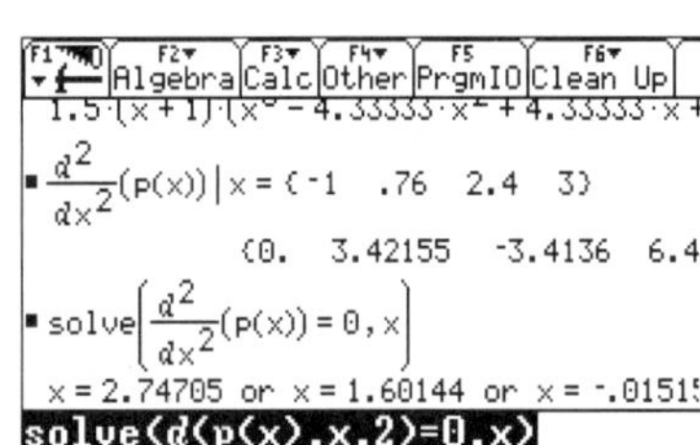

다른 점들의 y좌표 구하기 :

P({ [(-)] 0.02,1.60,2.75})를 누르고 [ENTER]를 누른다.

y={−0.87, −0.69, 0.12}이므로 변곡점의 좌표는 (−0.02, −0.87), (1.60, −0.69), (2.75, 0.12)이다.

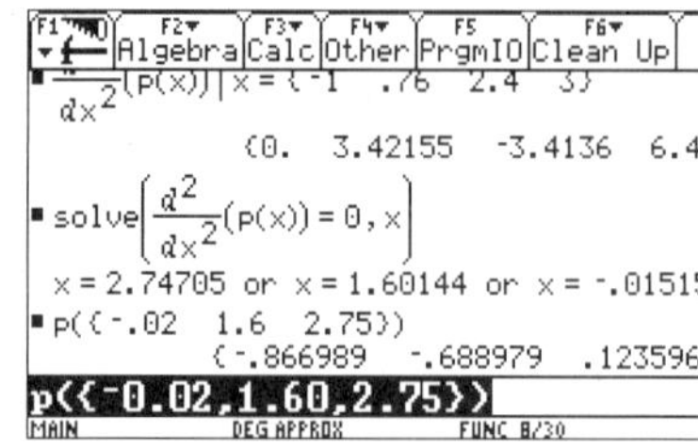

[**참고** : 오른쪽 그림과 같이 그래프를 그리고 [F5] [Math]를 누른 후 변곡점을 선택하여 확인할 수 있다.]

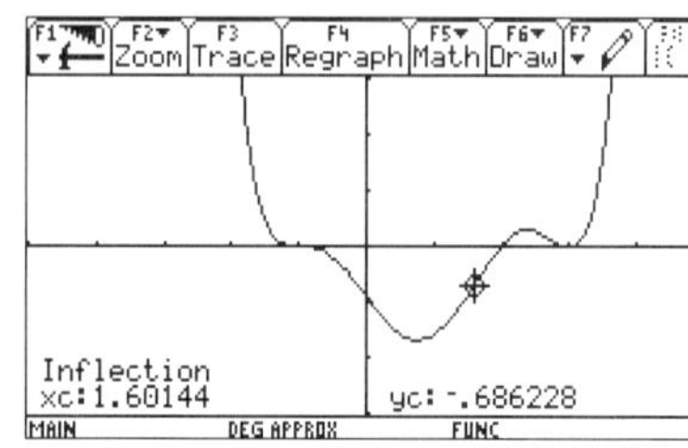

⑤ 앞에서 $x\approx1.6$에서의 변곡점은 $x\in[-1,\ 3]$에서 곡선의 가장 급격한 부분임을 알 수 있었다.

이 점에서의 기울기 구하기 :

[2nd] [d](p(x),x) [2nd] [|]x=1.6을 입력하고 [ENTER]를 누른다.

결과값은 $p'(1.6)=1.91$이다.

이 값을 각의 라디안 값으로 바꾸기 :

[2nd] [TAN^{-1}](1.91)을 입력하고 [ENTER]를 누른다.

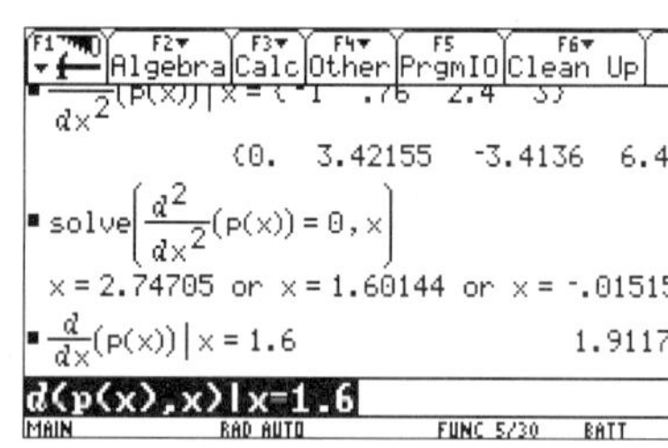

이 값을 도(°)로 나타내기 :

1.08848을 입력하고 [2nd] [MATH]를 누른 후 2:Angle을 선택한다. Angle의 하위메뉴에서 8:>DMS를 선택하고 [ENTER]를 누른다.

따라서, 주어진 정의역에서 기울기가 가장 큰 접선과 x축의 양의 방향이 이루는 각은 $\theta=62°22'$이고 $x\approx1.6$에서 나타난다.

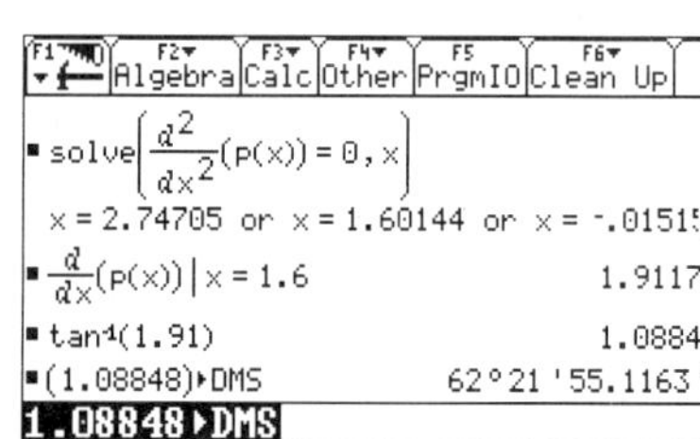

연습문제

1. ① 함수 $x^3+5x^2-2x-24$에서 미분계수가 0인 점의 좌표를 모두 구하여라.

   ② 각 점에서 이계 도함수를 구하고, 이 값을 사용하여 미분계수가 0인 점의 성질을 말하여라.

2. 다항함수 $P(x)=0.02(x-3)(x-1)^2(x+2)^3$에 대하여 다음 물음에 답하여라.

   ① 미분계수가 0인 점의 좌표를 모두 구하여라.

   ② 각 점에서 이계 도함수를 구하여라.

   ③ 이계 도함수를 사용하여 각 미분계수가 0인 점의 성질을 알아보고, 적절한 윈도우에 그래프를 그려 답을 확인하여라.

   ④ 변곡점의 좌표를 구하여라.

   ⑤ $x \in [-2, 3]$에서 $P(x)$의 기울기가 가장 급격하게 감소하는 점의 좌표를 구하고, 그 점에서 그래프의 접선이 x축 양의 방향과 이루는 각의 크기를 구하여라.

9 적 분
Integral calculus

9.1 부정적분

함수 $f(x)$의 부정적분은 $\int f(x)\,dx$이다. CAS는 적분상수의 값을 0으로 하는 함수의 부정적분을 나타내 준다. 적분 명령어의 문법은 다음과 같다.

$\int$(함수, 적분변수, 하한값, 상한값)

부정적분을 계산할 때에는 아래 끝과 위 끝을 생략한다. 그리고 계산기의 답에 적분상수를 더해야 한다는 것에 주의하기 바란다.

CAS 도움말

적분 명령어는 [F3](Calc) 메뉴에서 선택하거나 [2nd][$\int$]을 눌러서 입력할 수 있다. [$\int$]는 [7] 키 위에 위치한다.

예제

다음 부정적분을 계산하여라.

① $\int (x^3+3x^4+2)\,dx$ ② $\int (y+3)^3 dy$

③ $\int \sin^2 x\,dx$ ④ $\int e^{-2x} dx$

풀이

① 2nd [$\int$]을 누른다.

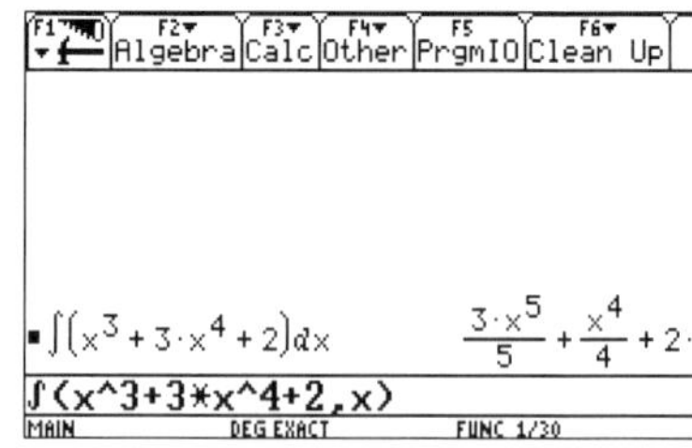

2nd [$\int$](x^3+3×x^4+2,x)를 입력하고 ENTER 를 누른다.

결과는 $\dfrac{3x^5}{5}+\dfrac{x^4}{4}+2x$이고,

$\int(x^3+3x^4+2)dx=\dfrac{3x^5}{5}+\dfrac{x^4}{4}+2x+c$, c는 상수이다.

② 2nd [$\int$]((y+3)^3,y)를 입력하고 ENTER 를 누른다.

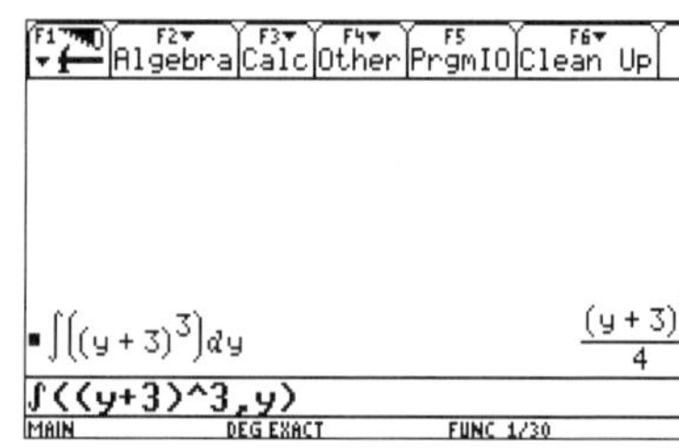

결과는 $\int(y+3)^3dy=\dfrac{(y+3)^4}{4}+c$이다.

③ 2nd [$\int$]((sin(x))^2,x)를 입력하고 ENTER 를 누른다.

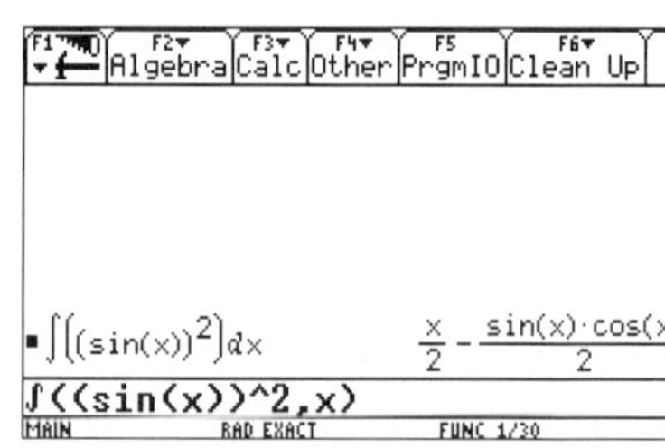

결과는 $\int\sin^2x\ dx=\dfrac{x}{2}-\dfrac{\sin(x)\cos(x)}{2}+k$이다.

[**참고** : $\sin^2x$를 입력할 때, x를 제곱하는 것이 아니라 $\sin x$를 괄호로 묶어서 함수를 제곱해야 한다. $\sin^2x\neq\sin x^2$이기 때문에 (sin(x))^2≠sin(x^2)이다.]

④ 2nd [$\int$](2nd [e^x](−2×x),x)를 입력하고 ENTER 를 누른다.

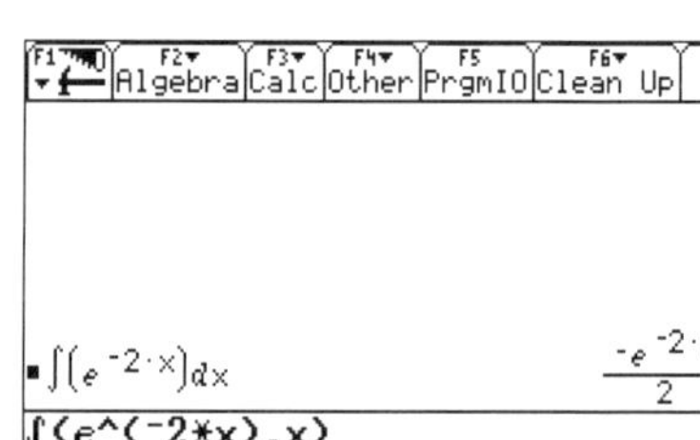

결과는 $\int e^{-2x}dx=\dfrac{-e^{-2x}}{2}+c$이다.

[**참고** : 2nd [e^x]를 눌러서 e를 입력할 수 있다.]

연습문제

1. 다음 부정적분을 계산하여라.

① $\int (x^5+4x^3+6)\,dx$ ② $\int \left(\frac{x^3}{3}+\frac{x^3}{2}+2\right) dx$

③ $\int \frac{(x+3)^2}{5}\,dx$ ④ $\int (-2x^5+3x^{-1})\,dx$

⑤ $\int \sin(2x)\,dx$ ⑥ $\int e^{-4x}\,dx$

⑦ $\int e^{2x+3}\,dx$ ⑧ $\int -3\cos(6x)\,dx$

⑨ $\int \frac{1}{3x-5}\,dx$ ⑩ $\int \frac{1}{a(x-3)}\,dx$

9.2 정적분

함수 $f(x)$에 대하여 $F(x)=\int f(x)\,dx$일 때, 정적분은 $\int_a^b f(x)\,dx=F(b)-F(a)$으로 주어진다. 정적분을 계산할 때, CAS는 부정적분과 대입을 한 번에 수행한다.

예제

다음 정적분의 값을 구하여라.

① $\int_1^4 x^2 dx$ ② $\int_0^{\frac{\pi}{3}} \sin(x)\cos(x)\,dx$

풀이

① 2nd [$\int$](x^2,x,1,4)를 입력하고 ENTER 를 누른다.

결과는 $\int_1^4 x^2\,dx = 21$이다.

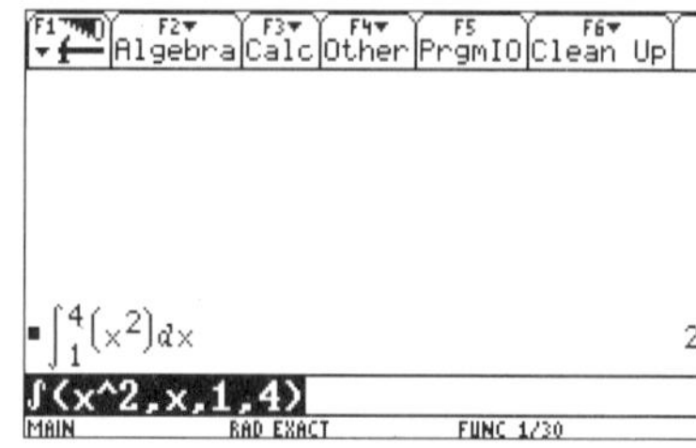

② 2nd [$\int$](sin(x)×cos(x),x,0, 2nd [π]÷3)를 입력하고 ENTER 를 누른다.

결과는 $\int_0^{\frac{\pi}{3}} \sin(x)\cos(x)\,dx = \frac{3}{8}$이다.

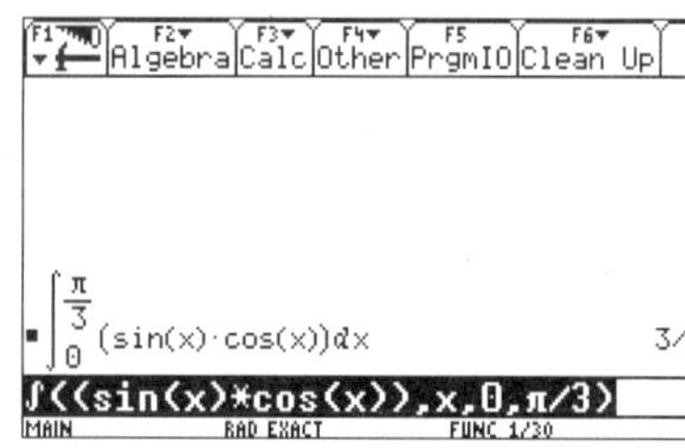

연습문제

1. 다음 정적분을 계산하여라.

① $\int_0^1 x^2\,dx$　　② $\int_3^4 \frac{5}{x^3}\,dx$

③ $\int_{\frac{\pi}{4}}^{\frac{\pi}{2}} \sin(2x)\,dx$　　④ $\int_1^5 e^{2x}\,dx$

⑤ $\int_1^3 e^x(x^2+3x+2)\,dx$

2. 다음 정적분을 계산하여라.

① $\int_1^a \frac{x^3}{2}\,dx$　　② $\int_2^{2.3} a\cos(x)\,dx$

③ $\int_{-3}^0 \frac{ax^2+1}{3}\,dx$　　④ $\int_5^{10} (ay-by^2)\,dy$

탐구활동

1. ① 다음 정적분을 계산하여라.

   (i) $\int_{-3}^{0} x^2\,dx$ (ii) $\int_{0}^{2} x^2\,dx$

   (iii) $\int_{5}^{2} x^2\,dx$

   ② 정적분 $\int_{-3}^{2} x^2\,dx$와 $\int_{0}^{5} x^2\,dx$를 계산하여라.

   ③ 정적분 $\int_{-3}^{5} x^2\,dx$의 값이 얼마일 것이라고 예상하는가?

   ④ 정적분 $\int_{a}^{b} f(x)\,dx$와 $\int_{b}^{c} f(x)\,dx$의 값을 알고 있다면, 구할 수 있는 다른 정적분에는 어떤 것이 있는가?

2. 다음 정적분을 계산하여라.

   ① $\int_{2}^{5} x^2\,dx$, $\int_{5}^{2} x^2\,dx$

   ② $\int_{0}^{1.23} \sin(x)\,dx$, $\int_{1.23}^{0} \sin(x)\,dx$

   ③ $\int_{a}^{b} f(x)\,dx = c$이면 $\int_{b}^{a} f(x)\,dx$의 값은 얼마인가?

9.3 곡선 사이의 넓이

주어진 정의역 $[a, b]$에서 $f(x) \geq g(x)$이면, 두 곡선 사이의 넓이는 $\int_a^b (f(x)-g(x))\,dx$로 구할 수 있다. 곡선과 x축으로 둘러싸인 넓이는 이 앞 절에서 배운 정적분을 사용해서 홈스크린에서 구할 수도 있고, 그래프 스크린에서도 구할 수 있다.

예제 1

$y=x^2$과 x축으로 둘러싸인 넓이를 구하여라.
(단, $0 \leq x \leq 3$)

풀이

◆ [Y=]를 누른다.
y=x^2을 입력하고 ENTER를 누른다.
F2 (Zoom)을 누르고 6:ZoomStd를 선택한 후 ENTER를 누른다.

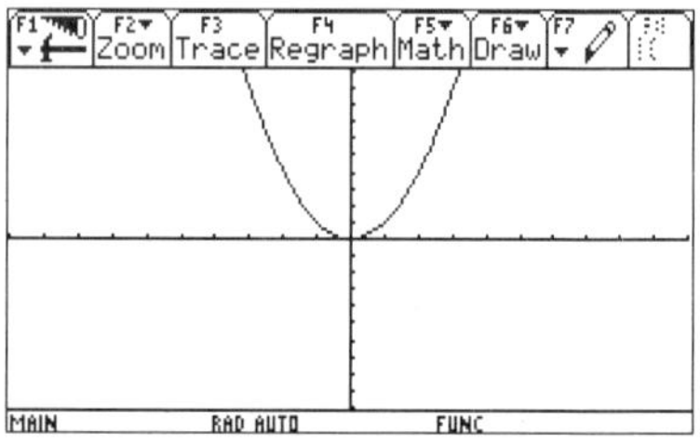

넓이 구하기 :

F5 (Math)를 누르고 7:$\int$ f(x)dx를 선택한 후 ENTER를 누른다.
아래끝에는 0을 입력하고 ENTER를 누른다.
위끝에는 3을 입력하고 ENTER를 누른다.
넓이는 9이다.

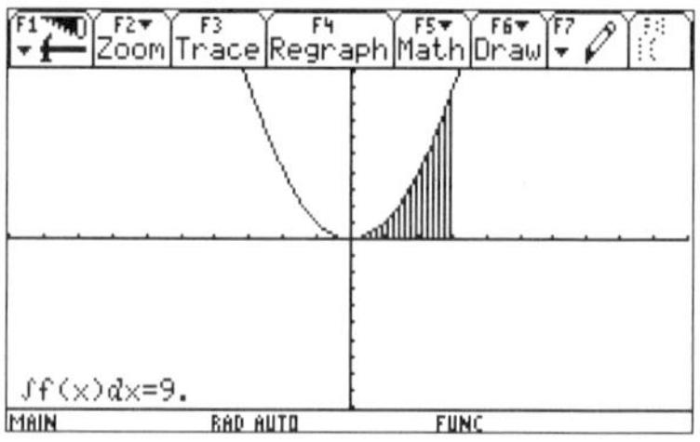

예제 2

함수 $f(x)=8-x^2$, $g(x)=x^2+2$일 때, 다음 물음에 답하여라.

① 적절한 윈도우에 함수 f와 g의 그래프를 그려라.

② 두 함수의 그래프의 교점을 구하여라.

③ 두 곡선으로 둘러싸인 넓이를 구하여라.

풀이

① 어떤 함수가 위에 놓여 있는지를 확인하기 위해 그래프를 그린다.

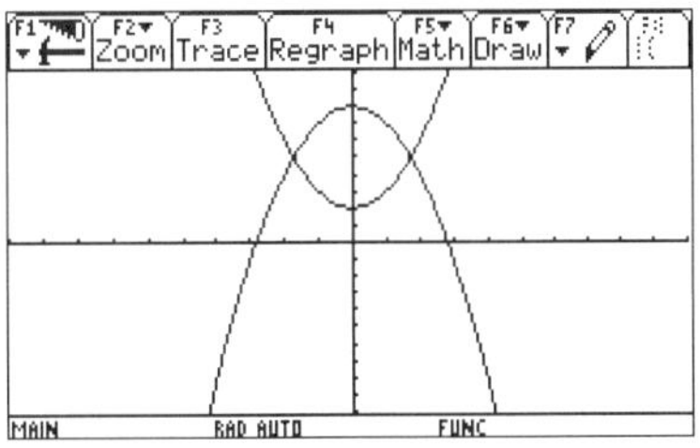

[◆] [Y=]를 누른다.

y1=8−x^2을 입력하고 [ENTER]를 누른다.

y2=x^2+2을 입력하고 [ENTER]를 누른다.

[F2] (Zoom)를 누르고 6:ZoomStd를 선택한 후 [ENTER]를 누른다.

그래프는 교점 사이에서 $f(x) \geq g(x)$임을 알 수 있다.

② 두 그래프의 교점 구하기 :

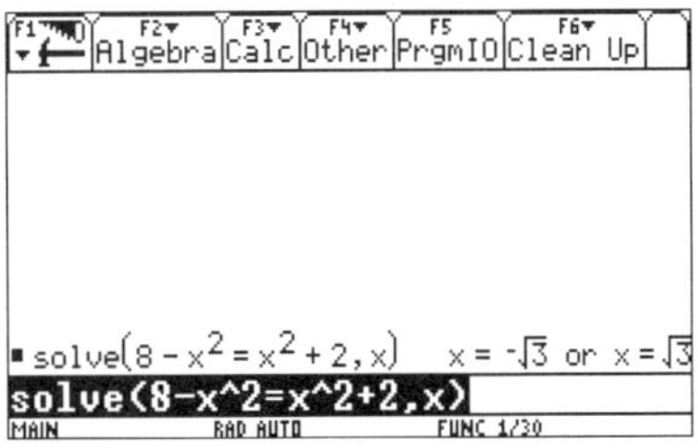

[◆] [CALC HOME]을 누른다.

[F2] (Algebra)를 누르고 1:slove(를 선택한 후 [ENTER]를 누른다.

slove(8−x^2=x^2+2,x)를 입력하고 [ENTER]를 누른다.

결과는 $x=\sqrt{3}, -\sqrt{3}$ 이다.

③ $f(x) \geq g(x)$일 때, 둘러싸인 넓이는

$$\int_{-\sqrt{3}}^{\sqrt{3}} (8-x^2)-(x^2+2)dx$$이다.

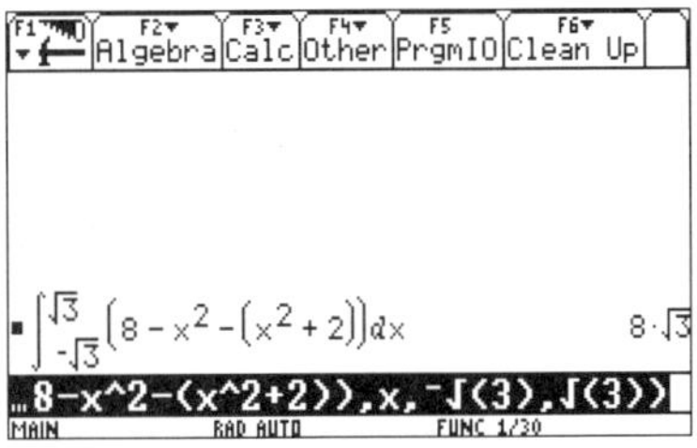

[2nd] [$\int$](8−x^2−(x^2+2),x, [(−)] [2nd] [√](3), [2nd] [√](3))을 입력하고 [ENTER]를 누른다.

넓이는 $8\sqrt{3}$ 이다.

연습문제

1. 곡선과 x축으로 둘러싸인 넓이를 구하여라.

   ① $y=x^2\ (1\leq x\leq 5)$

   ② $y=-x^2\ (1\leq x\leq 5)$

   ③ $y=\sin x\ (0\leq x\leq \pi)$

   ④ $y=e^x\ (-1\leq x\leq 2)$

   ⑤ $y=x^3\ (-2\leq x\leq 2)$

   ⑥ $y=\sin x\ (0\leq x\leq 2\pi)$

2. 다음 두 곡선으로 둘러싸인 넓이를 구하여라.

   ① $y=-x^2+4,\ y=x^2$

   ② $y=-(x-2)^2+8,\ y=x+3$

   ③ $y=\sin x,\ y=\cos x\ \left(0\leq x\leq \frac{\pi}{2}\right)$

탐구활동

1. 함수 $f(x)=k-x^2,\ g(x)=x^2-k\quad (k>0)$일 때, 다음 물음에 답하여라.

   ① 두 곡선의 교점을 구하여라.

   ② 두 곡선으로 둘러싸인 넓이를 구하여라.

   ③ 넓이가 1이 되는 k값을 구하여라.

9.4 중간값함수

정의역 [a, b]에서 함수의 중간값은 $\frac{1}{b-a}\int_a^b f(x)dx$이며, CAS를 사용하여 간단히 계산할 수 있다. 함수의 중간값은 정의역의 양끝값 $f(a)$와 $f(b)$의 평균값과는 다르다는 점에 주의해야 한다.

[**참고** : 함수의 평균값과 중간값은 함수의 평균변화율과 다르다.]

예제

구간 [0, 5]에서 함수 $f(x)=3x^2$의 중간값을 구하여라.

풀이

[F3](Calc)을 누르고 2: $\int$ (integrate를 선택한 후 [ENTER]를 누른다.

$\frac{1}{b-a}$은 $\frac{1}{5}$이므로 1÷5×[2nd][$\int$](3×x^2,x,0,5)을 입력하고 [ENTER]를 누른다.

함수의 중간값은 25이다.

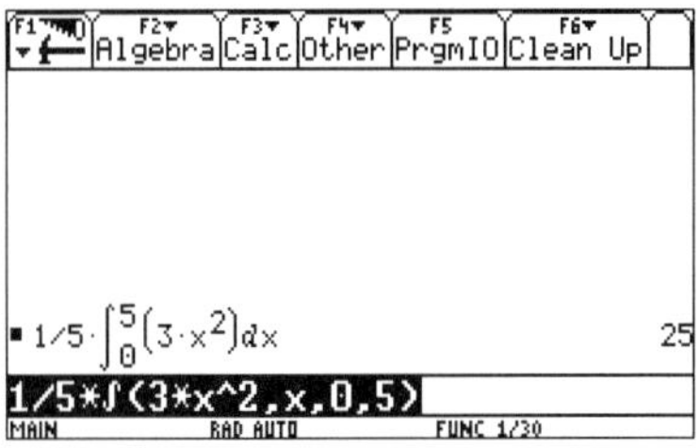

연습문제

1. 구간 [0, 4]에서 함수 $f(x)=2x^2$의 중간값을 구하여라.

2. 구간 [1, 3]에서 함수 $f(x)=e^x$의 중간값를 구

하여라.

3. 구간 $\left[0, \frac{\pi}{2}\right]$에서 함수 $f(x) = \sin x$의 중간값을 구하여라.

4. 구간 [2, 4]에서 함수 $f(x) = -\frac{1}{10}x^2 + 3x$의 중간값을 구하여라.

일변량 통계
Univariate statistics

10

이 장에서는 일변량 통계 자료를 표현하고 해석하는 분석 도구로 Vogage200 또는 TI-89를 사용하는 방법에 대하여 다루고자한다. 사용되는 소프트웨어는 *the Statistics with List Editor App*(리스트(list) 편집이 가능한 통계 어플리케이션)이다. 이 무료 소프트웨어를 구하는 방법은 부록 A를 참조하기 바란다.

10.1 일변량 자료의 입력과 요약

이 절에서는 통계 자료를 리스트(list)에 입력하여 각 리스트 변수에 대한 요약통계량을 계산하는 것에 대하여 자세히 알아보기로 한다.

예제 1

다음 자료는 어느 도시 국가의 연간 강수량을 20년 동안 밀리미터 단위로 기록한 것이다.

146.8,	383.0,	90.9,	178.1,	267.5,
95.5,	156.5,	180.0,	90.9,	139.7,
200.2,	171.7,	187.2,	184.9,	70.1,
58.0,	84.1,	55.6,	133.1,	271.8

① 표본의 평균과 표준편차를 구하여라.

② 표본의 다섯 가지 요약통계량(최솟값, 제 1사분위수, 중앙값, 제 3사분위수, 최댓값)을 구하여라.

③ 연간 강수량의 95%가 평균 강수량을 중심으로 표준편차의 2배 범위 내에 있는 것으로 예상된다. 이 표본 자료를 사용하여 예상되는 연간 강수량의 신뢰구간의 범위를 구하여라.

풀이

① [APPS]를 누르고 Stats/List Editor를 선택한 후 [ENTER]를 누른다.

[**참고** : Stats/List Editor가 보이지 않는다면 부록 A를 보아라.]

Stats/List Editor 화면에는 list1, list2 등과 같이 열 형식의 리스트가 나타난다.

[**참고** : 리스트를 지우려면, 맨 위쪽의 열의 이름(heading)을 선택하고 [CLEAR] [ENTER]를 누른다.

List1에 20년 동안의 연간 강수량을 입력한다.]

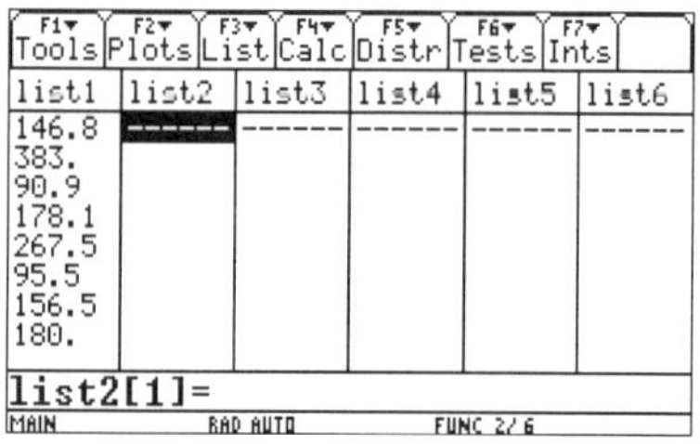

[F4](Calc)를 누르고 1:1−Var Stats...를 선택한다.

대화상자에 다음과 같이 입력한다.

List에 List1을 입력하고 Freq에 1을 입력한다.

표본의 통계량을 보기위해 [ENTER]를 누른다.

표본평균 $\bar{x}=157.28$이고 표본표준편차 $s_x=81.97$이다.

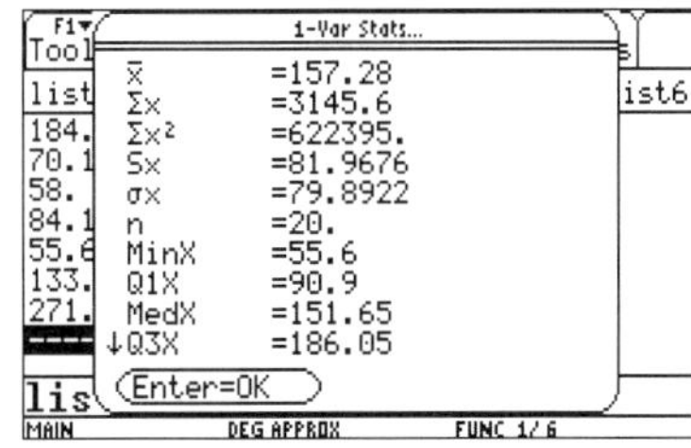

② 다섯 가지 요약통계량은 1－Var Stats 화면에서 확인할 수 있다.

관련된 값들을 보기 위해 방향키 ⓥ 누르기 :
최솟값＝55.6
제 1사분위수＝90.9
중앙값＝151.65
제 3사분위수＝186.05
최댓값＝383

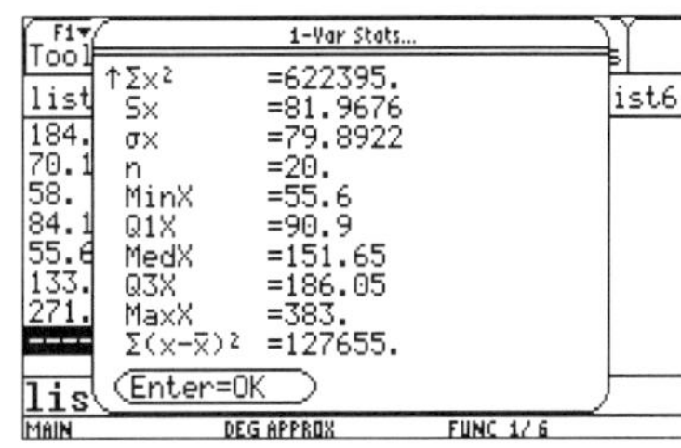

③ [◆][CALC HOME]를 누른다.

$\bar{x}\pm 2s_x$의 값 계산하기 :
157.28－2×81.97을 입력하고 [ENTER]를 누른다.
157.28＋2×81.97을 입력하고 [ENTER]를 누른다.
결과값은 －6.66, 321.22이다.

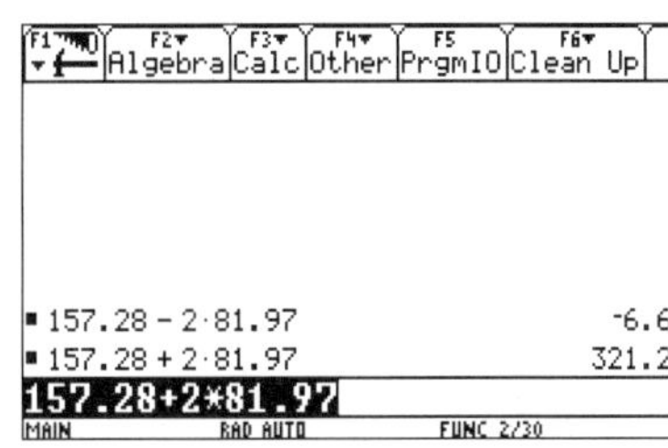

연간 강수량은 음수값이 없다. 따라서 예상되는 연간 강수량의 최솟값을 0으로 가정한다. 그러므로 주어진 표본에 기초하면, 미래 연간 강수량의 95%정도는 0와 321mm 사이에 있을 것이라고 예상할 수 있다.

> **CAS 도움말**
>
> $\bar{x}$와 s_x와 같은 통계량은 [2nd] [VAR-LINK]에서 STATVARS의 하위 디렉토리에서도 찾을 수 있다.

예제 2

다음 표는 40 가구를 대상으로 자녀의 수를 조사

한 결과이다.

자녀의 수	0	1	2	3	4	5
도수	12	9	10	6	2	1

① 표본의 평균과 중앙값을 구하여라.

② 요약통계량에서 자녀의 총 수를 나타내는 것은 어떤 값이며, 그 값이 얼마인지 구하여라.

③ 이 표본에 기초하여, 100가구를 대상으로 한 표본에서 자녀의 총수를 얼마로 추정할 수 있는가?

풀이

① [APPS]를 누르고 Stats/List Editor를 선택한 후 [ENTER]를 누른다.

List1에 자녀의 수를 입력하고 List2에 가구의 수를 입력한다.

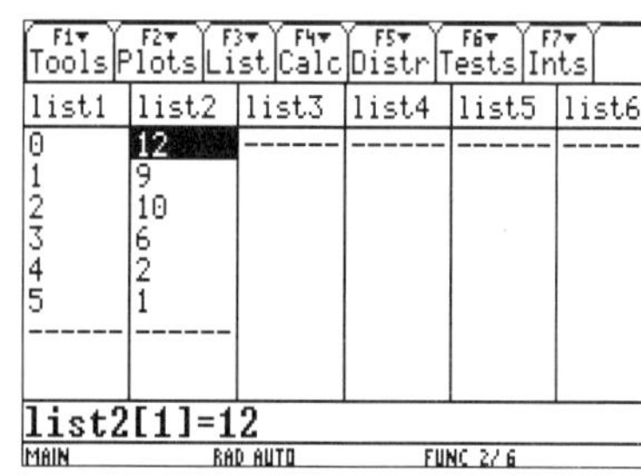

[F4](Calc)를 선택하고 1:1−Var Stats...를 선택한다.

대화상자에 다음과 같이 입력한다.

List에 List1을 입력하고 Freq에 List2를 입력한다.

표본의 통계량을 보기 위해서 [ENTER]를 누른다.

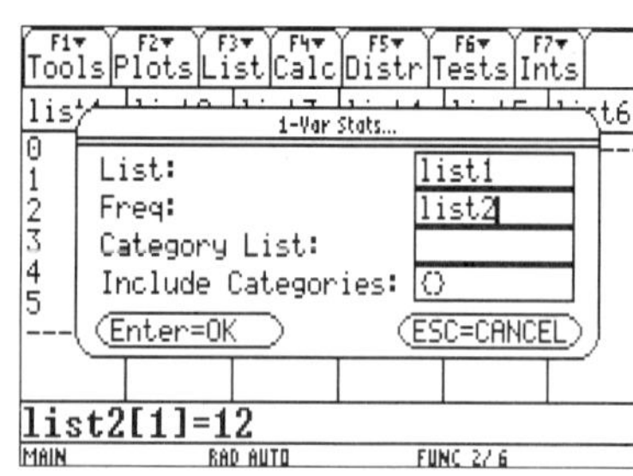

표본평균 $\bar{x}=1.5$이고 중앙값은 1이다.

② 요약통계량 $\sum x$은 모든 자료의 값의 합을 나타낸다. 도수가 있는 경우 이 통계량은 $\sum xf$로 계산된다. 따라서 자녀의 총수는

$\sum x=\sum xf=60$이다.

③ 40가구의 표본에서 $\sum x = 60$이면 100가구의 표본에서 자녀의 수는 $\sum x = 60 \times \frac{100}{40} = 150$으로 예측할 수 있다.

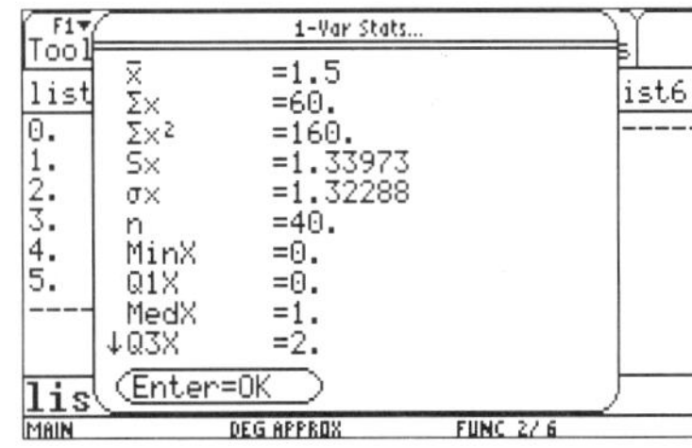

다른 방법으로, 주어진 표본에서 한 가구의 자녀수의 평균이 1.5명이므로, 100가구의 표본에 대한 자녀의 수는 $100 \times 1.5 = 150$명으로 예측할 수도 있다.

연습문제

1. 예제 1에서 가장 최근의 세 자료의 값(55.6, 133.1, 271.8)을 각각 200, 302, 50으로 바꾸고, 수정된 표본에 대해 평균, 표준편차, 다섯 가지 요약통계량을 구하여라.

2. 다음 표는 40가구를 대상으로 자녀의 수를 조사한 결과이다.

자녀의 수	0	1	2	3	4	5
도수	10	5	17	3	4	1

평균, 표준편차, 중앙값, 사분위수 범위(제 3사분위수 − 제 1사분위수)를 구하여라.

탐구활동

1. ① 다음에 주어진 조건을 만족하도록 예제 1의 가장 최근 자료의 값(271.8)을 다른 값으로 바꾸려고 한다.

   (i) 강수량의 중앙값이 평균보다 더 크다.

   (ii) 강수량의 평균이 약 200mm이다.

   각 조건을 만족하기 위해서 가장 최근의 자료의 값을 얼마로 바꾸어야 하는지 구하여라.

   ② 예제 1에서 주어진 자료가 다음의 각 조건을 만족하려면 몇 년동안 비가 내리지 않아야 하는가?

   (i) 강수량의 평균이 100mm 미만으로 감소한다.

   (ii) 강수량의 중앙값이 100mm 미만으로 감소한다.

   두 경우 중 더 쉽게 구할 수 있는 것은 어느 것이며 그 이유는 무엇인지 설명하여라.

2. 예제 2의 표를 참고하여 다음 조건을 만족하는 자료의 표를 작성하여라.

   ① 중앙값이 평균과 같다.

   ② 사분위수 범위가 0이다.

   ③ 사분위수 범위가 4이다.

   ④ 평균이 중앙값보다 적다.

   ⑤ 평균과 중앙값이 적어도 2이상 차이가 난다.

   ⑥ 표준편차가 0이다.

   ⑦ 표준편차가 2.5보다 크다.

   각 경우에 대하여, 새로운 자료의 값의 특징을 설명하여라.

10.2 상자그림

Voyage 200 또는 TI-89에서는 2가지 형태의 상자 그림을 사용하는 것이 가능하다. 표준 상자그림은 모든 이상치를 포함하는 반면에 수정된 상자그림은 제 1사분위수 이하 혹은 제 3사분위수 이상에 위치한 1.5×IQR(사분위수 범위) 밖의 값을 제외한다. 다음 예제에서는 표준 상자그림을 사용하였다.

예제 1

다음은 어느 학교에 근무하는 교사 30명의 교육경력(단위 : 년)을 조사한 결과이다.

7,	3,	8,	12,	10,	4,	2,	6,	15,	9,
9,	12,	35,	1,	4,	16,	7,	2,	8,	9,
2,	18,	5,	7,	3,	16,	5,	14,	8,	4

① 이 자료에 대한 상자그림을 그려라.

② 상자그림을 이용하여 다섯 가지 요약통계량(최솟값, 최댓값, 제 1사분위수, 제 3사분위수, 중앙값)을 구하여라.

풀이

① APPS를 누르고 Stats/List Editor 선택한 후 ENTER를 누른다.

List1에 30명의 교육경력을 입력한다.

F2(Plots)를 누르고 1:Plot Setup...을 선택한 후 ENTER를 누른다.

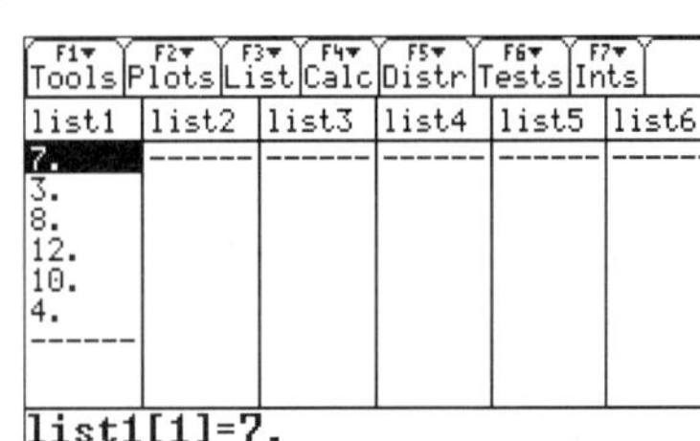

F1 (Define)을 누른다.
Define Plot1 대화상자에 입력하기 :
Plot Type에서 Box Plot으로 선택한다.
x에는 List1을 입력한다.

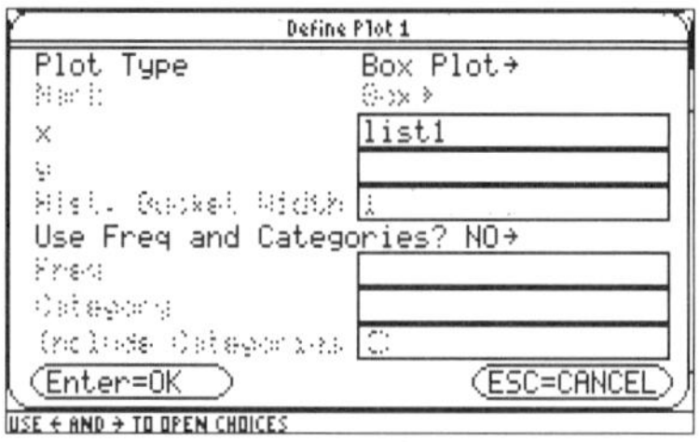

ENTER 를 눌러서 설정을 저장하고 Plot Setup 창으로 돌아온다.

상자그림을 보기 위해서 F5 (ZoomData)를 누른다.
F3 (Trace)를 누르고 방향키 ▶ 또는 ◀를 눌러 관련된 값을 살펴본다.

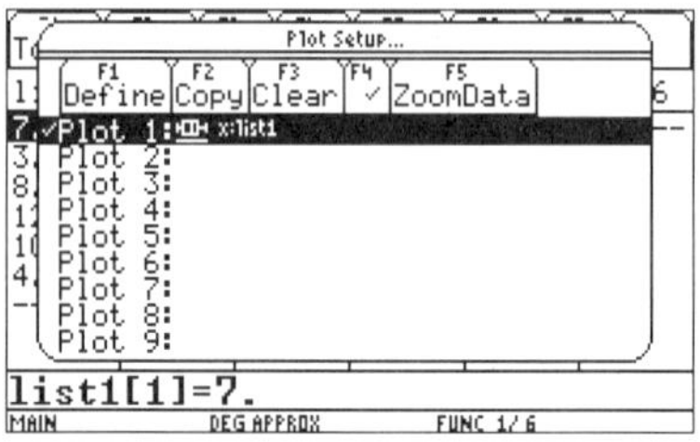

② 이 학교 교사들의 교육 경력에 대한 다섯 가지 요약통계량은 다음과 같다.
최솟값=1, 최댓값= 35, Q1=4, Q3=12, 중앙값=7.5(년)이다.

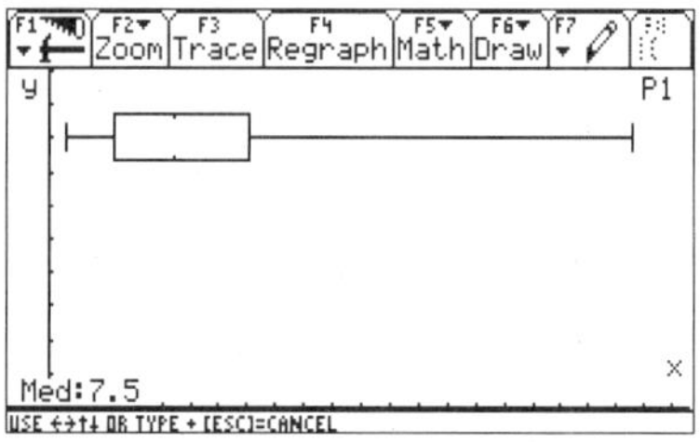

예제 2

사람이 통증을 느끼는 데 필요한 최소 통증자극의 양이 사람의 머리카락의 색깔에 따라 어떤 차이를 나타내는지를 알아보기 위한 조사가 이루어졌다. 다양한 연령의 남성과 여성이 금발과 흑발의 두 가지 머리카락 색깔에 따라 4가지 범주(옅은 금발(범주1), 짙은 금발(범주2), 옅은 흑발(범주3), 짙은 흑발(범주4))로 분류되었다. 통증 민감도 검사에서 피실험자가 통증을 느끼는 데 필요한 최소 통증자극의 양은 수치값으로 기록되었다. (이 값이 높을수록, 피실험자는 통증 자극에 대해서 둔감하다.)

CAS 도움말

범주(categories)는 조사하고 있는 자료의 집합이 데이터베이스 형식일 때 즉, 각 자료의 값이 많은 영역으로 나누어져 있고 특정 기준을 만족하는 자료의 값을 골라내는 데 관심이 있을 때 유용하다.(예를 들면, 11세와 12세 여학생들의 키에 관한 자료)

머리카락 색깔의 범주	1	1	1	1	1	2	2	2	2	2	3	3	3	3	4	4	4	4	4
통증자극의 값	62	60	71	55	48	63	57	52	41	43	42	50	41	37	32	39	51	30	35

① list1에 통증을 느끼는 데 필요한 최소 통증자극의 값을 입력하고, list2에 머리카락의 색깔 범주를 입력하여라.

② 금발과 흑발에 대한 상자그림을 같은 화면에 그려 보아라.

③ 상자그림을 비교해 보아라. 금발과 흑발의 경우 통증을 느끼는 데 필요한 최소 통증자극의 값의 차이에 대하여 어떤 결론을 내릴 수 있는지 설명하여라.

풀이

① APPS를 누르고 Stats/list Editor를 선택한 후 ENTER를 누른다.

List1에 통증을 느끼는 데 필요한 최소 통증자극의 값을 입력한다.

List2에 머리카락의 색깔 범주를 입력한다.

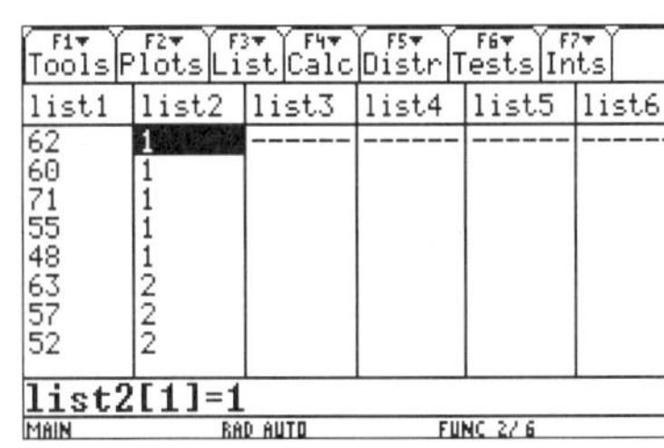

첫 번째 상자그림을 그리기 위해 F2(Plots)를 누르고 1:plot Setup...을 선택한 후 ENTER를 누른다.

F1(Define)를 누른다.

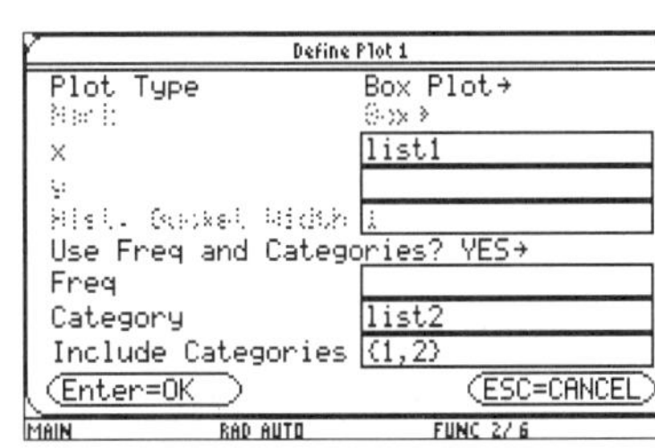

Define Plot1 대화상자에 입력하기 :

Plot Type에 Box Plot을 선택한다.

x에는 List1을 입력한다.

Use Freq and Categories에 Yes를 선택하고

Category에는 List2를 입력한다.

Include Categories에는 {1,2}를 입력한다.

ENTER을 눌러서 설정을 저장하고 Plot Setup

창으로 돌아온다.

상자그림을 보기 위해서 [F5](ZoomData)를 선택한다.

[F3](Trace)를 누르고 관련된 값을 보기 위해 방향키 ▶ 또는 ◀을 누른다.

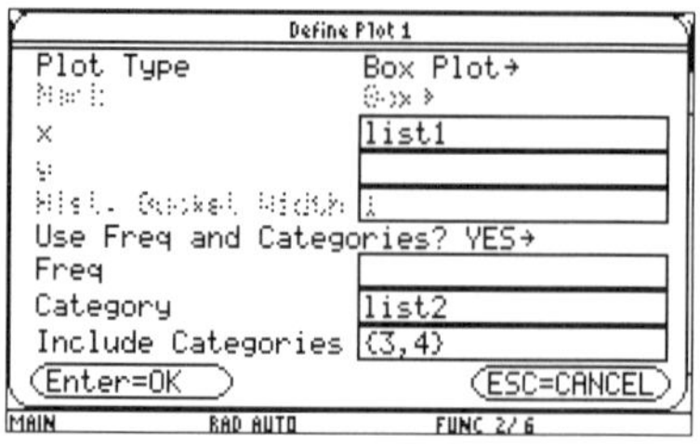

② 두 번째 상자그림을 그리기 위해 [F2](Plots)를 누르고 1:Plot Setup... 선택한 후 [ENTER]를 누른다.

Plot2로 이동하기 위해서 방향키 ▼을 누른다

[F1](Define)을 누른다.

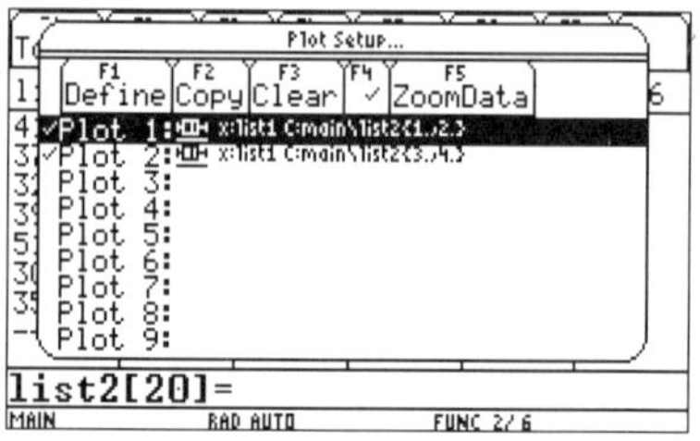

Define Plot2 대화상자에 입력하기 :

Plot Type에서 Box Plot을 선택하고

x에 List1을 입력한다.

Use Freq and categories에 Yes를 선택하고,

Category에는 List2를 입력한다.

Include Categories에 {3,4}를 입력한다.

[ENTER]을 눌러서 설정을 저장하고 Plot Setup 창으로 돌아온다.

상자그림을 보기 위해서 [F5](ZoomData)를 누른다.

[F3](Trace)를 누르고 관련된 값을 보기 위해 방향키 ▶ 또는 ◀를 누른다.

③ 상자그림에 의하면, 금발인 사람들의 Q1이 흑발인 사람들의 Q3보다 더 높으므로, 금발인 사람들은 흑발인 사람들보다 통증에 대한 인내심이 더 강하다는 것을 알 수 있다. 좀 더 확실한 주장을 하기 위해서는 더 많은 자료를 조사할 필요가 있다.

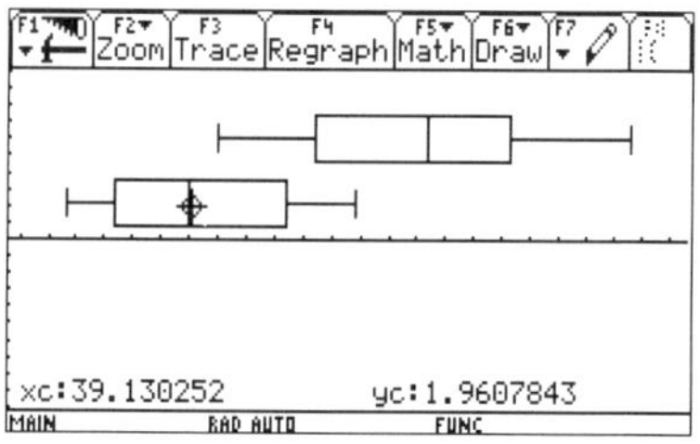

연습문제

1. 예제 2의 주어진 자료에서 다음 집단 간의 최소 통증자극의 양을 비교하여라.
   ① 2개의 금발 집단 간
   ② 4개의 모든 집단 간

2. 다음은 어느 학교에서 대학수학능력시험을 치르는 수험생을 대상으로 멀리뛰기의 최고기록(단위: m)을 조사한 표이다.

학생번호	1	2	3	4	5	6	7	8	9	10	11	12	13	14	15	16	17	18
나이	11	12	11	12	12	11	11	12	11	12	12	11	12	11	12	12	12	11
성별	남	남	여	남	여	남	남	남	여	남	여	여	남	남	남	여	여	남
멀리뛰기기록 (m)	3.4	3.2	2.9	3.1	3.6	3.0	2.3	2.9	2.0	2.5	2.1	2.6	3.4	2.9	4.1	3.3	3.1	4.0

① 자료를 성별과 나이의 조합으로 파악하기 위해, 숫자로 이루어진 간단한 코드를 고안하여라.
② 멀리뛰기 기록을 list1에 입력하고, 이에 대응하는 코드를 list2에 입력하여라.
③ 상자그림을 이용하여 다음 집단 간의 멀리뛰기 기록을 비교하여라.
(i) 성별로 나누어진 집단
(ii) 연령별로 나누어진 집단
(iii) 연령－성별에 의해 나누어진 4개의 집단

10.3 히스토그램

히스토그램은 계급의 크기를 조정하여 그릴 수 있다. 그러나 적절한 윈도우 설정을 위해 주의를 기울일 필요가 있다.

> **CAS 도움말**
> 상자그림과 달리, ZoomData는 히스토그램을 그릴 때는 유용하지 않다. 윈도우 설정을 수동으로 조정하는 것이 더 효과적이다.

예제

다음은 어느 학교에 근무하는 교사 30명의 교육경력(단위 년)을 조사한 결과이다.

7	3	8	12	10	4	2	6	15	9
9	12	35	1	4	16	7	2	8	9
2	18	5	7	3	16	5	14	8	4

① 자료를 list1에 입력하여라.

② 다음에 주어진 값을 계급의 크기로 하는 히스토그램을 그려보아라.

(i) 10년

(ii) 5년

각 경우의 히스토그램을 보고 도수가 가장 높은 계급을 말하여라.

풀이

① APPS 를 누르고 Stats/List Editor를 선택한 후 ENTER 를 누른다.

List1에 교사의 교육경력을 입력한다.

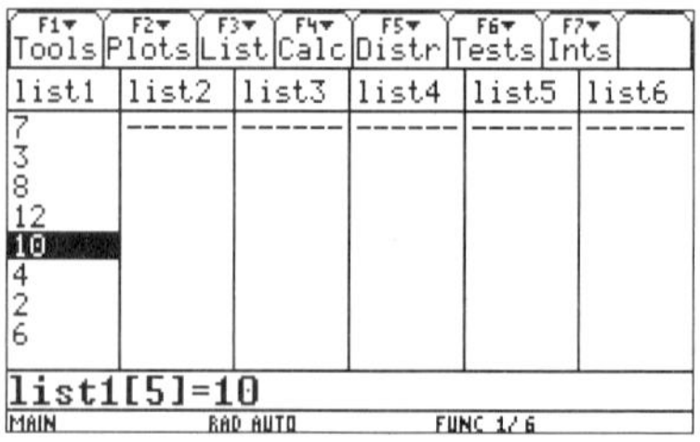

② (i) [F2](Plots)를 누르고 1:Plot Setup...을 선택한 후 [ENTER]를 누른다.

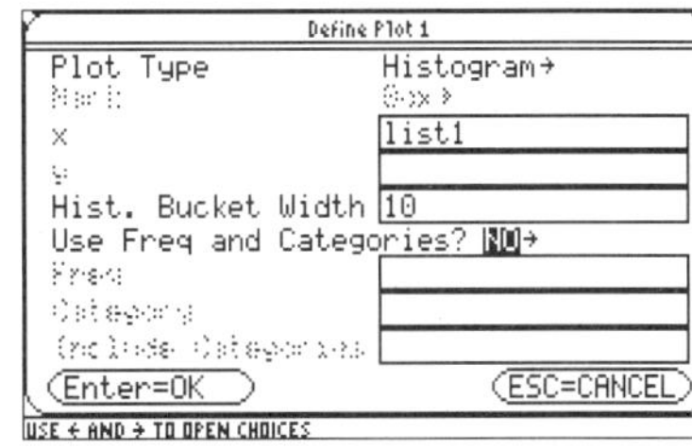

[F1](Define)을 누른다.
Define Plot1 대화상자에 입력하기 :
Plot Type에서 Histogram을 선택한다.
x에 List1을 입력하고,
Hist. Bucket Width에 10을 입력한다.
[ENTER]를 누르면 Plot Setup 창으로 다시 돌아간다.

ZoomData는 히스토그램을 그리는데 항상 효과적인 것은 아니다. 따라서 윈도우 설정을 다음과 같이 조정한다. [◆][WINDOW]를 누른다.

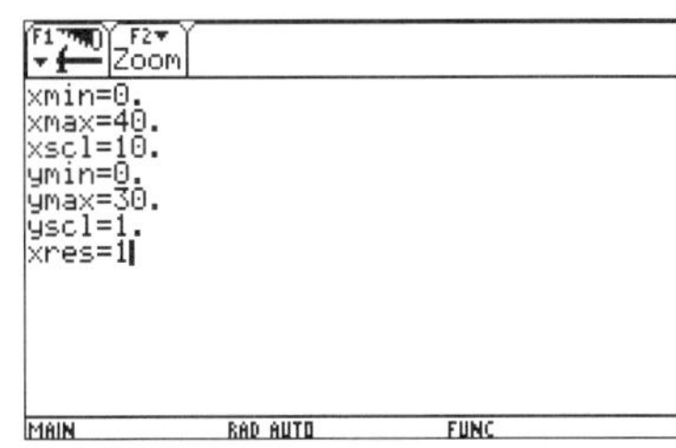

xmin=0
xmax =40
xscl=10
ymin=0
ymax=30
yscl=1
xres=1을 입력한다.

그래프를 그리기 위해서 [◆][GRAPH]를 누른다.

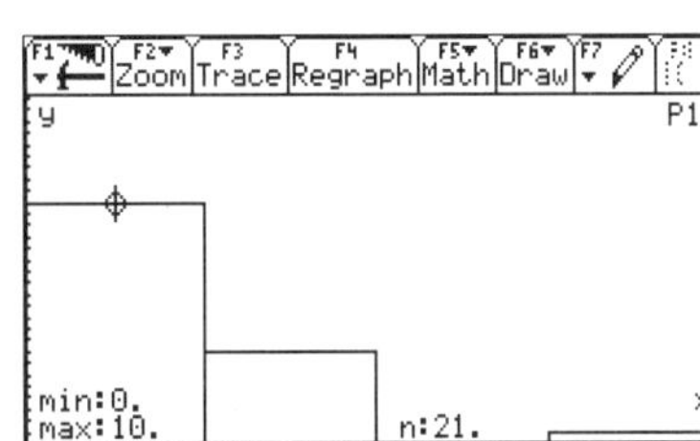

[F3](Trace)를 누르고 관련된 값을 보기 위해서 방향키 ▶ 또는 ◀을 누른다.
교사의 교육경력에서 도수가 가장 높은 계급은 0년 이상에서 10년 미만이며 도수는 21명이다.

(ii) APPS 를 누르고 Stats/List Editor를 선택한 후 ENTER 를 누른다.

계급의 크기를 10년에서 5년으로 바꾸기 위해서 F2 (Plots)를 누르고 1:Plot Setup...을 선택한 후 ENTER 를 누른다.

F1 (Define)을 누른다.

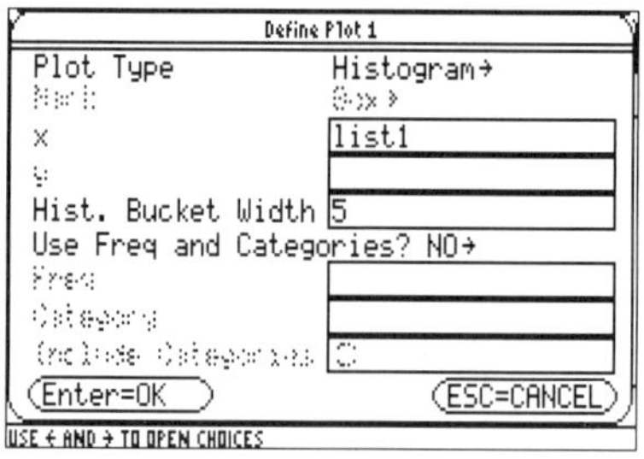

Define Plot1의 대화상자에서

Plot Type에 Histogram을 선택한다.

x에 List1을 입력한다.

Hist. Bucket Width의 10을 5로 바꾼다.

ENTER 를 누르면 Plot Setup 창으로 다시 돌아온다.

교사의 교육경력에서 도수가 가장 높은 계급은 5년에서 10년이며 도수는 12명이다.

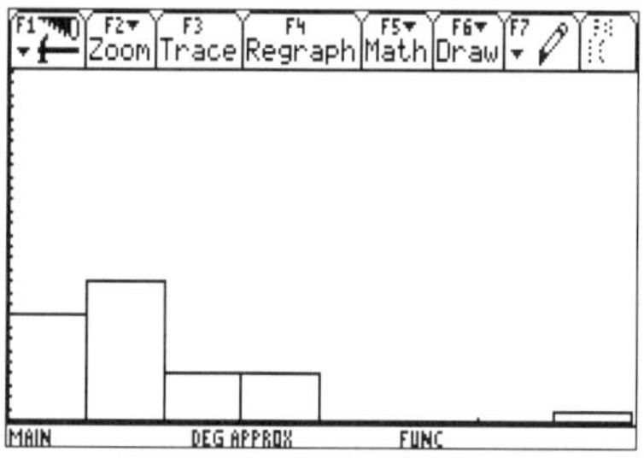

연습문제

1. 다음은 20명의 학생들을 대상으로 40점 만점의 SAC 영어 시험에서 학생들이 받은 점수를 표로 나타낸 것이다.

27	23	28	12	20	34	32	26	15	29
36	17	22	18	29	32	23	33	37	39

다음에 주어진 값을 계급의 크기로 하는 히스토그램을 그려보아라.

① 10점　　② 5점

③ 2점

각 경우에 대하여 그래프를 그리고, 도수가 가장 높은 계급을 말하여라.

2. 다음 표는 40가구를 대상으로 자녀의 수를 조사한 결과이다.

자녀의 수	0	1	2	3	4	5
도수	10	5	17	3	4	1

이 자료에 대한 히스토그램을 그려라.
[**힌트** : Plot Setup, list2의 도수를 사용하여 그린다.]

10.4 누적백분위수의 그래프

누적백분위수의 그래프는 분류된 자료를 분석할 때, 특히 많은 양의 자료에 대한 사분위수와 백분위수를 구할 때 유용하게 사용된다.

예제

다음은 어느 학력고사에서 500명의 학생이 받은 점수를 계급의 크기를 10점으로 정리한 표이다.

점수 (~이상－~이하)	0－10	10－20	20－30	30－40	40－50	50－60	60－70	70－80	80－90	90－100
도수	25	37	60	65	81	80	61	55	28	8

① list1에는 각 계급의 오른쪽 끝값을, list2에는 도수를 입력하여라.
② list3에 누적백분위수를 작성하여라.
③ 사분 백분위수를 나타내는 직선을 그리고 누적백분위수의 그래프를 그려라.
④ 제 25백분위수와 제 75백분위수를 구하고, 사분위수 범위(제 3사분위수－제 1사분위수)를 구하여라.

⑤ 학생이 상위 80%를 넘기 위해서는 몇 점을 받아야 하는지 구하여라.

풀이

① APPS 를 누르고 Stats/List Editor를 선택한 후 ENTER 를 누른다.

List1에는 0부터 시작하는 각 계급의 오른쪽 끝값을 입력한다.

오른쪽 끝값 :

0, 10, 20, 30, 40, 50, 60, 70, 80, 90, 100

[**참고** : 누적백분위수의 그래프는 원점에서 시작하기 위해 끝값 0을 포함시킨다.]

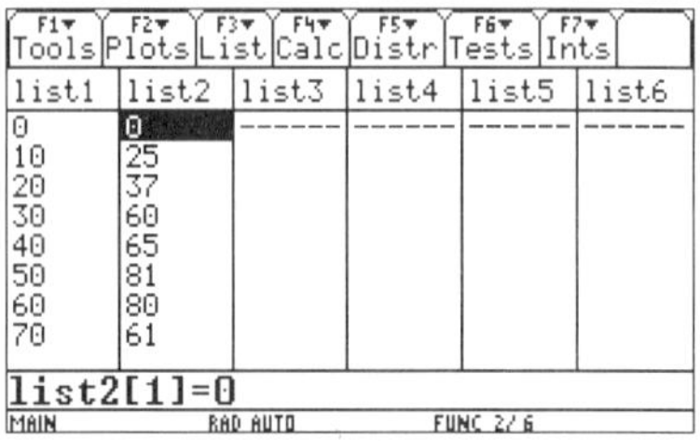

List2에는 0부터 시작하는 각 계급의 도수를 입력한다.

도수 : 0, 25, 37, 60, 65, 81, 80, 61, 55, 28, 8

② List2에 적힌 도수의 누적백분위수를 계산하기 위해서 List3에 다음의 공식을 입력해 보자.

$$\text{누적백분위수} = \frac{(\text{누적도수})}{500} \times 100(\%)$$

이 때 커서는 세 번째 열의 이름(heading)에 둔다(그러면 셀이 선택된다).

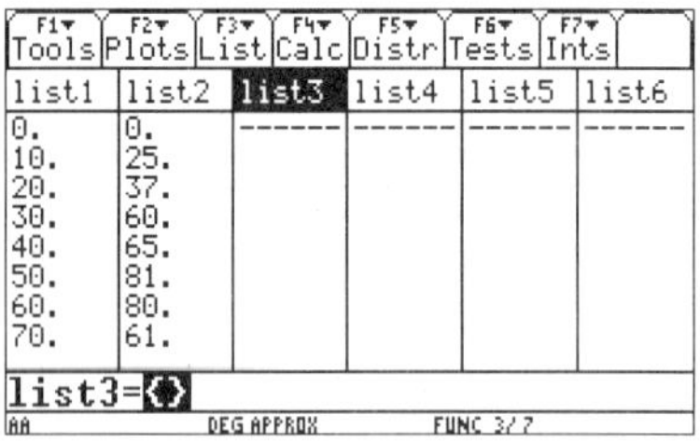

F3 (List)를 누르고 2:Ops 선택한 후 ENTER 을 누른다.

6:cumSum을 선택하고 ENTER 을 누른다.

cumSum(list2)÷500.×100을 입력하고

ENTER 를 누른다.

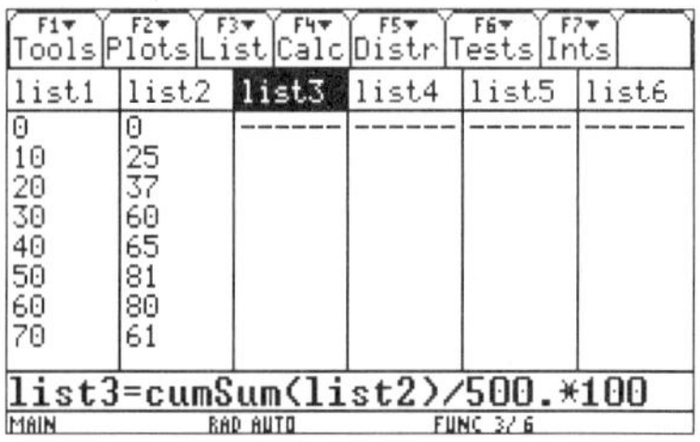

> **CAS 도움말**
>
> 500.에서 소수점에 주목 하라. 이것은 CAS가 분수 계산이 아닌 소수 계산을 한다는 것을 알려준다.

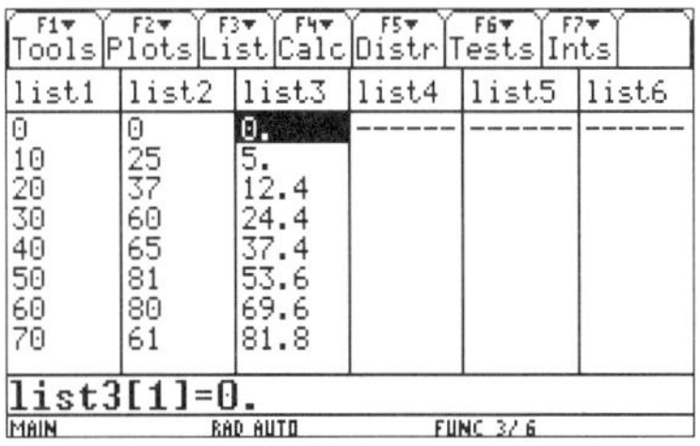

③ 새로운 상자그림 정의하기 :

F2 (Plots)를 누르고 1:Plot Setup 선택한 후 ENTER 를 누른다.

F1 (Define)을 누른다.

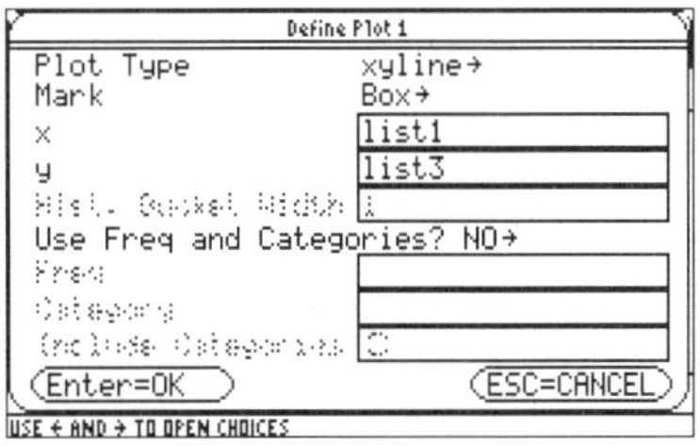

Define Plot1 대화상자에 입력하기 :

Plot Type에서 xyline을 선택한다.

x에(각 계급의 오른쪽 끝값) List1을 입력한다.

y에(각 계급의 누적백분위수) List3을 입력한다.

설정을 저장하기 위해서 ENTER 을 누른다.

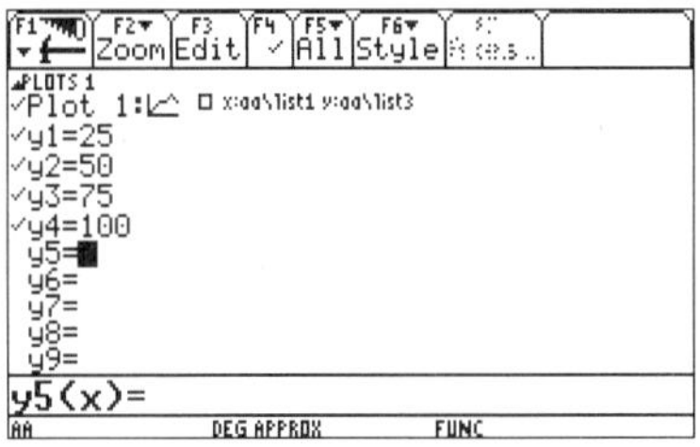

◆ [Y=]를 누른다. 다른 함수가 입력되어 있는지 확인하고, 다른 함수가 있다면 모두 삭제한다.

다음과 같이 사분 백분위수의 값을 입력한다.

y1=25을 입력하고 ENTER 를 누른다.

y2=50을 입력하고 ENTER 를 누른다.

y3=75을 입력하고 ENTER 를 누른다.

y4=100을 입력하고 ENTER 를 누른다.

그래프 보기 :

F2 (Zoom)를 누르고 9:ZoomData를 선택한 후 ENTER 를 누른다.

가로축에 백분위수 25, 50, 75, 100을 나타내는 선이 나타난다.

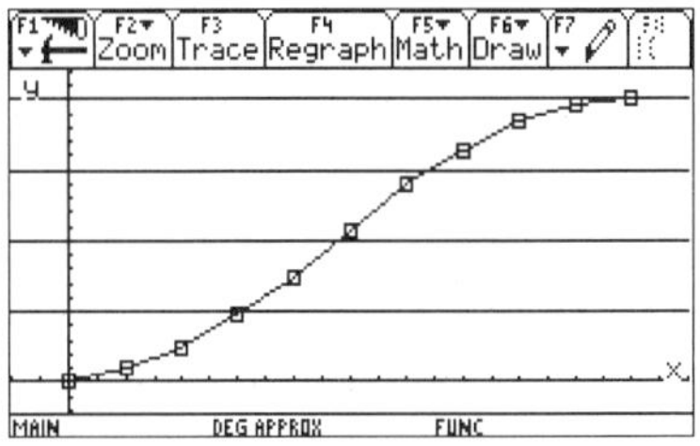

④ F3 (Trace)를 누른다.

커서를 25%선에 놓기 위해 방향키 ⊙를 누른다.

누적백분위수의 그래프의 교점으로 이동하기 위해서 방향키 ▶ 또는 ◀를 누른다. 제 25백분위수의 값은 약 31점이다.

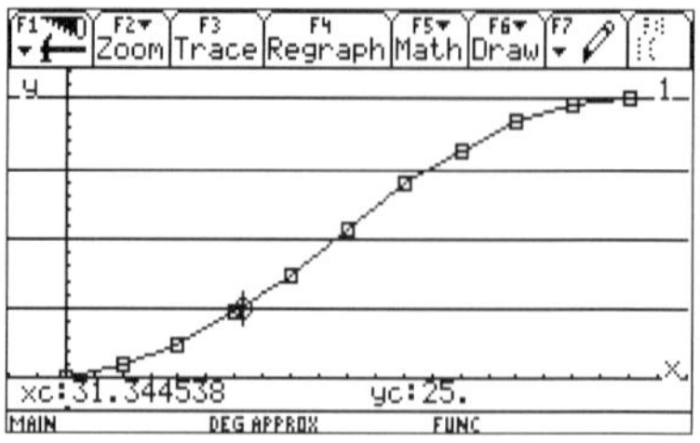

같은 방법으로, 제 75백분위수의 값을 구하면 약 64점이다

따라서, 사분위수 범위는 (IQR) = Q3 − Q1 = 33이다. 이것은 제 50백분위수의 값이 33이라는 것을 의미한다.

⑤ 상위 80%는 제 20백분위수의 점수이므로 제 20백분위수의 위치를 구해야 한다.

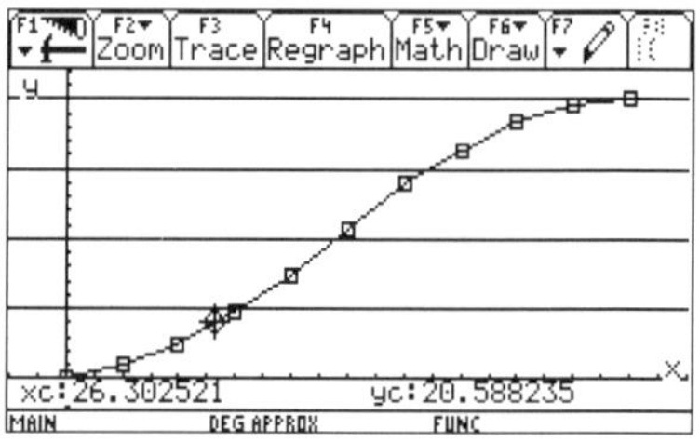

트레이스(trace) 기능이 작동하지 못하도록 [◆][GRAPH]를 누른다.

그리고 제 20백분위수의 곡선 위에 커서를 가져가기 위해 자유 트레이스(free trace) 기능을 사용한다.

제 20백분위수의 점수는 100점 중에 만점에 약 26점이다. 따라서 학생들이 시험에 통과하기 위해서는 26점 또는 그 이상의 점수를 받아야 한다.

연습문제

1. 어느 스포츠 코치는 운동 연습량이 선수의 기록에 미치는 영향을 알아보기 위해서 40명의 운동선수를 대상으로 자료를 수집하였다. 다음은 수집된 자료의 일부분으로 운동선수가 매일 운동한 시간(단위 분)을 나타낸 것이다.

25	45	40	45	40	25	60	20	10	50
90	90	75	60	45	10	25	25	35	50
15	35	20	15	45	60	60	50	15	30
15	45	20	10	75	90	80	90	10	65

① 계급의 크기를 10분으로 하는(예를 들어, 0−9, 10−19 등) 누적백분위수 분포표를 작성하여라.

② 누적백분위수의 그래프를 그리고, 중앙값을 구하여라.

이변량 통계

Bivariate statistics

11

이 장은 이변량 통계 자료를 표현하고 해석하는 분석 도구로 Voyage 200 또는 TI-89를 사용하는 방법을 다루고 있다. 사용되는 소프트웨어는 *the Statistics with List Editor App*(리스트 편집이 가능한 통계 어플리케이션)이다. 이 무료 소프트웨어를 구하는 방법은 부록 A를 참조하기 바란다.

11.1 이변량 자료의 입력과 요약

예제

다음은 9명의 학생들을 대상으로 양팔을 벌린 길이와 키를 측정한 결과이다.

양팔을 벌린 길이(cm)	169	175	160	172	171	174	161	170	164
키(cm)	172	180	163	174	176	170	166	168	168

① 두 변수에 대한 요약통계량을 구하여라.

② 학생들이 양팔을 벌린 길이가 자신의 키와 거의 같다고 말할 수 있는가? 의견을 적어보아라.

③ 각각의 표본에서 분산을 비교하기 위한 측정기

준은 통계량 $\dfrac{\bar{x}}{s_x}$ 이다. 각 변수에 대하여 이 통계량을 계산하고 그 의미를 설명하여라.

풀이

① [APPS]를 누르고 Stats/List Editor를 선택한 후 [ENTER]를 누른다.

[**참고** : 만약 Stats/List Editor가 보이지 않는다면, 부록 A를 참고한다.]

Stats/List Editor 화면에는 (list1, list2 등으로 이름 붙여진) 열이 나타난다.

[**참고** : 기존의 리스트를 지우려면 맨 위쪽의 열의 이름(Heading)을 선택한 후 [CLEAR] [ENTER]를 누른다.]

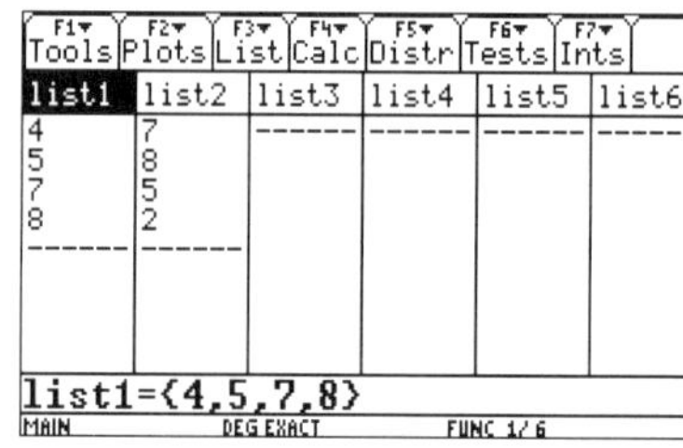

list1에 양팔을 벌린 길이의 값을 입력한다.

list2에 키의 값을 입력한다.

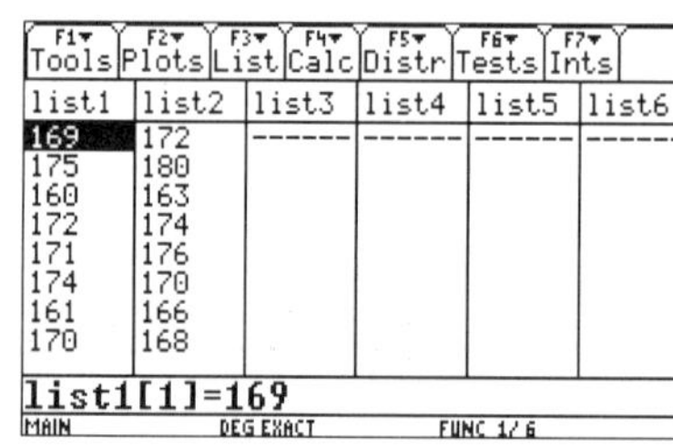

[F4](Calc)를 누르고 2:2−Var Stats...을 선택한다.

대화상자에 다음과 같이 입력하기 :

X List(양팔을 벌린 길이 변수)에 list1을 입력한다.

Y List(키 변수)에 list2를 입력한다.

설정을 저장하기 위해 [ENTER]를 누른다.

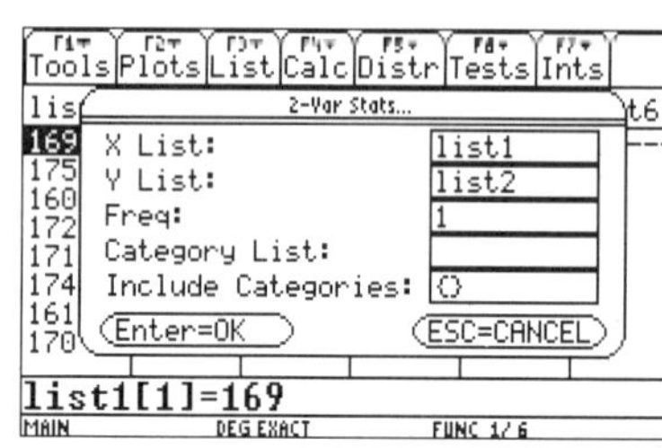

요약통계량이 2−VarStats의 윈도우에 나타난다. 더 많은 통계량을 보기위해서는 방향키 ▼ 를 누르면 된다.

요약통계량에 의하면 양팔을 벌린 길이의 평균

은 168.4cm, 표준편차가 5.5cm이고, 키의 평균은 170.8cm, 표준편차가 5.29cm이다. 따라서 키는 양팔을 벌린 길이보다 약간 크며, 키의 분산은 양팔을 벌린 길이의 분산보다 약간 작다.

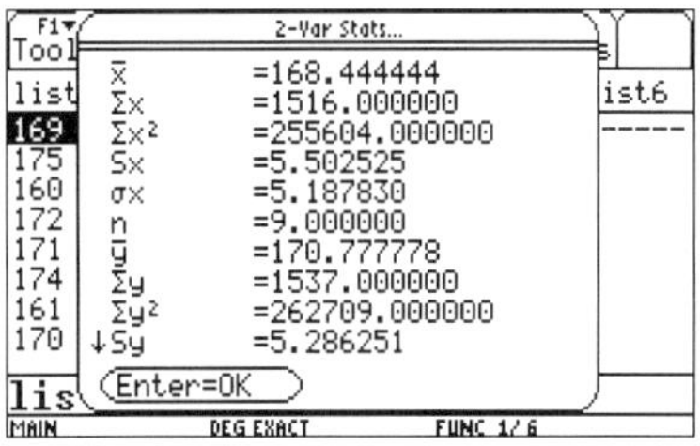

② 요약통계량은 양팔을 벌린 길이와 키가 거의 같다는 것을 알려준다. 그러나 좀 더 확실한 결론을 얻기 위해서는 더 많은 자료를 조사할 필요가 있다. 그리고 이 두 변수의 관계성이 나이나 성과 같은 다른 변수에 의해 영향을 받는지에 대한 여부를 알기 위해서도 더 많은 자료가 필요하다.

③ 키의 $\dfrac{\bar{x}}{s_x}=7.457$이고, 양팔을 벌린 길이의 $\dfrac{\bar{x}}{s_x}=5.279$이다.
이 결과는 양팔을 벌린 길이보다 키의 값이 더 일정하지 않음을 알려준다.

연습문제

1. 다음은 학생 10명의 키와 몸무게를 조사한 표이다.

키(cm)	120	124	130	135	142	148	160	164	170	175
몸무게(kg)	45	50	54	59	60	65	70	78	75	80

① 두 변수에 대한 요약통계량을 계산하고, 각 변수에 대한 $\dfrac{\bar{x}}{s_x}$를 구하여라.
② 통계량을 사용하여 두 변수를 비교하여라.

③ 표준편차보다 $\frac{\bar{x}}{s_x}$가 자료의 가변성을 측정하는데 더 적합한 이유를 설명하여라.

11.2 산점도

다음 예제는 키를 예상하는 척도로 양팔을 벌린 길이가 유용한지를 탐구한 것이다. 여기서 우리는 두 변수 사이의 연관성을 조사하기 위해서 자료의 산점도에 대하여 살펴보기로 한다.

CAS 도움말

앞 절에서 학습한 자료가 계산기에 입력되어 있지 않다면, 바로 앞 절의 "이변량 자료의 입력과 요약"의 예제로 돌아가서 그 예제를 먼저 해결하고 나서 이 절의 예제를 해결하여라.

예제

다음은 9명의 학생들을 대상으로 양팔을 벌린 길이와 키를 측정한 결과이다.

양팔을 벌린 길이(cm)	169	175	160	172	171	174	161	170	164
키(cm)	172	180	163	174	176	170	166	168	168

① 이 자료에 대한 산점도를 그려라.

② 산점도를 이용하여 양팔을 벌린 길이와 키의 상관관계를 설명하여라.

풀이

① APPS 를 누르고 Stats/list Editor를 선택한 후 ENTER 를 누른다.

F2 (Plot)를 누르고 1:Plot Setup...을 선택한다.

F1 (Define)을 누른다.

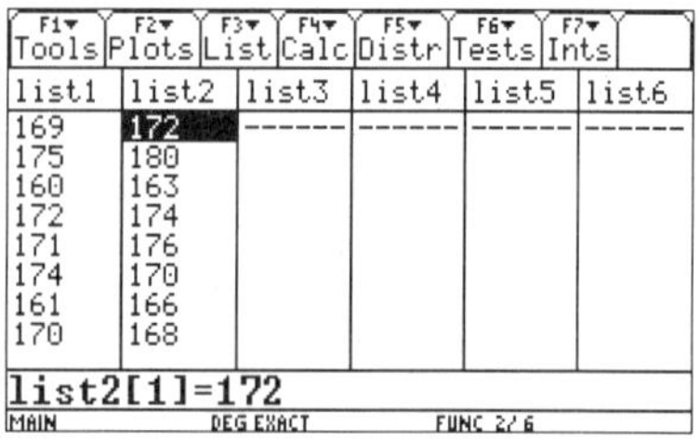

Define Plot1 대화상자에 입력하기 :
Plot Type에는 Scatter를 선택하고,
Mark에 Box를 선택한다.
(Mark 설정은 각 점이 어떤 모양으로 표현될지를 결정하는 것이다.)
x(양팔을 벌린 길이 변수)에 list1을 입력한다.
y(키 변수)에 list2를 입력한다.
[ENTER]를 눌러서 설정을 저장하고, Plot Setup 창으로 돌아온다.
산점도를 보여주기 위해서 [F5](ZoomData)를 누른다.
관련 값을 보기 위해서 [F3](Trace)를 누르고 방향키 ◀ 또는 ▶을 누른다.

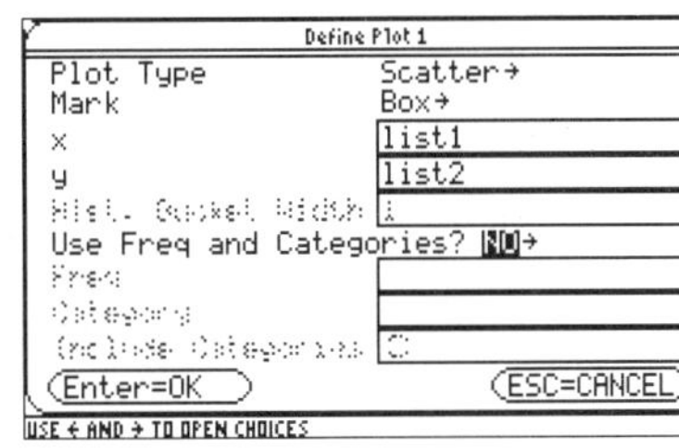

② 산점도는 양팔을 벌린 길이와 키가 양의 상관관계에 있다는 것을 보여준다.

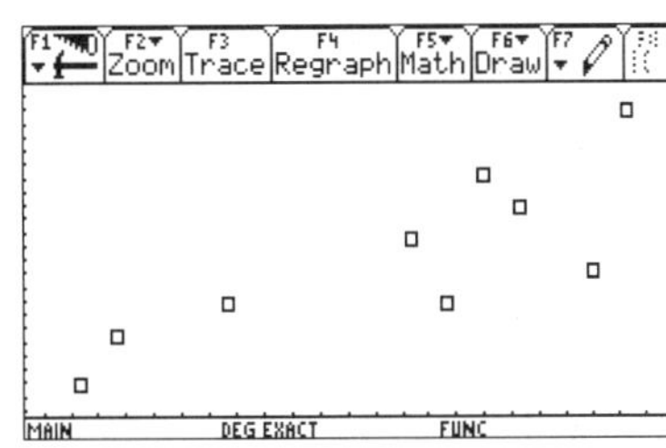

연습문제

1. 다음은 학생 10명의 키와 몸무게를 조사한 표이다.

키(cm)	120	124	130	135	142	148	160	164	170	175
몸무게(kg)	45	50	54	59	60	65	70	78	75	80

① 이들 자료에 대한 산점도를 그려라.
② 산점도를 이용하여 키와 몸무게의 상관관계를 설명하여라.

11.3 상관계수

다음 예제는 앞 절에서 사람의 양팔을 벌린 길이와 키 사이에 양의 상관관계가 있다고 나타난 자료를 그대로 사용할 것이다. 본 절에서는 두 변량 사이의 상관관계의 강도를 알아보기 위해 더 많은 양적 측정을 살펴볼 것이다.

예제

양팔을 벌린 길이와 키를 비교하는 앞 절의 예제를 사용하여 다음을 구하여라.

① 각 변수의 중간값을 계산하여라. 또, 구한 중간값을 이용하여 $q-$상관계수(사분 상관계수)를 구하여라.

② Pearson(피어슨) 상관계수와 결정계수를 구하여라.

CAS 도움말

이어지는 예제는 주어진 자료가 이미 입력되어 있고, 산점도의 그래프도 그렸다는 가정 하에 이루어지고 있다. 만약 그렇지 않다면 "이변량 자료의 입력과 요약"과 "산점도" 절을 먼저 해결하여라.

풀이

① [◆][CALC HOME]을 누른다.

$q-$상관관계(사분 상관관계)를 구하기 위해서 우선 두 변량의 중간값을 구한다.

[2nd][CATALOG]를 누르고 median(을 선택한 후 [ENTER]를 누른다.

list1)을 입력하고 [ENTER]을 누른다.

위 절차를 반복하여 list2의 중간값을 계산한다.

결과 list1(양팔을 벌린 길이)의 중간값은 170cm이고, list2(키)의 중간값은 170cm이다.

[참고 : list1과 1ist2의 중간값은 [2nd][VAR–LINK]를 눌러서 statvars 폴더로 이동한 후, med_x와 med_y를 선택하여 찾을 수도 있다.]

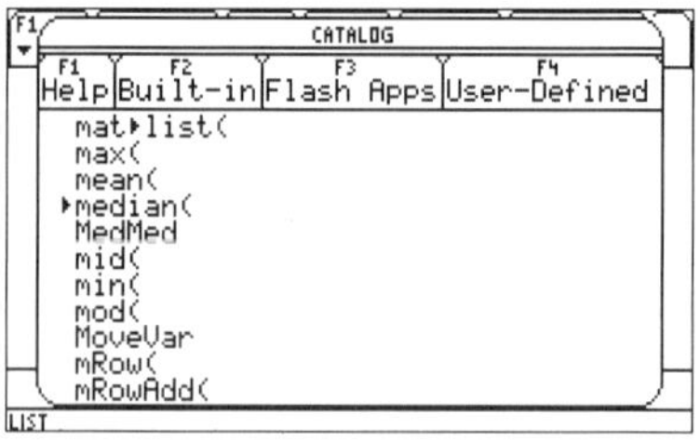

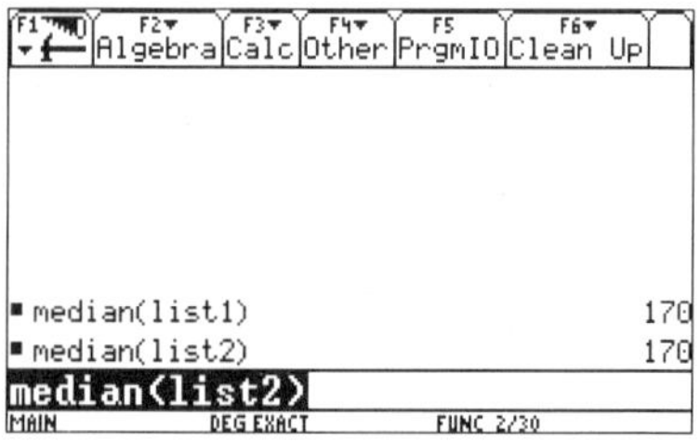

다음은 산점도에 중간값을 표시하는 직선을 그리는 것이다.

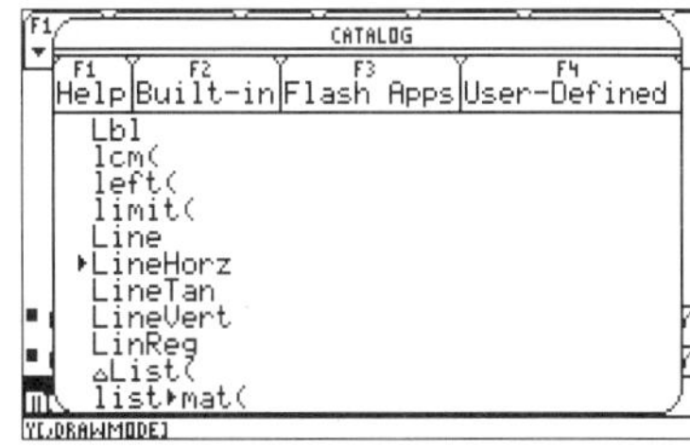

키의 중간값에 수평선 그리기 :

◆[CALC HOME]을 누른다.

2nd [CATALOG]를 누르고 LineHorz를 선택한 후 ENTER 을 누른다.

LineHorz 170을 입력하고 ENTER 을 누른다.

키 170cm 지점에 수평선이 그려진다.

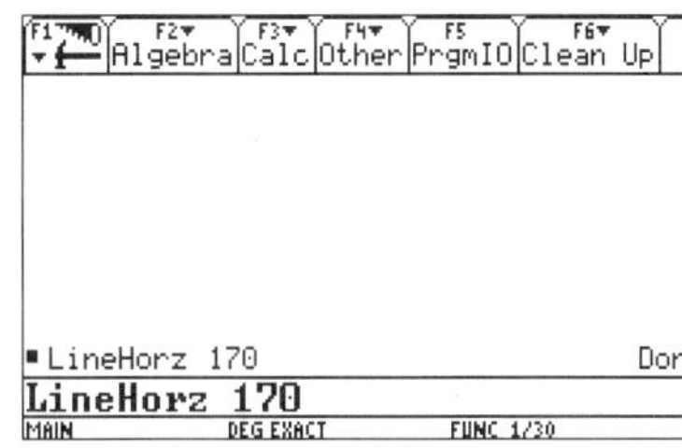

양팔을 벌린 길이의 중간값에 수직선 그리기 :

◆[CALC HOME]을 누른다.

2nd [CATALOG]를 누르고 LineVert를 선택한 후 ENTER 를 누른다.

LineVert 170을 입력하고 ENTER 를 누른다.

양팔을 벌린 길이 170cm 지점에 수직선이 그려진다.

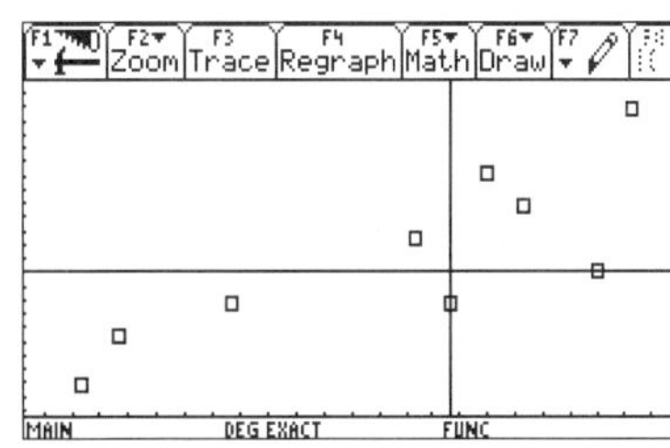

q-상관계수(사분 상관계수)는 각 사분면에 있는 점의 개수를 세고, 다음 공식을 사용하여 계산할 수 있다.

$$q=\frac{(a+c)-(b+d)}{a+b+c+d}=\frac{(3+3)-(1+0)}{3+3+1+0}$$

$$=\frac{5}{7}\approx 0.71$$

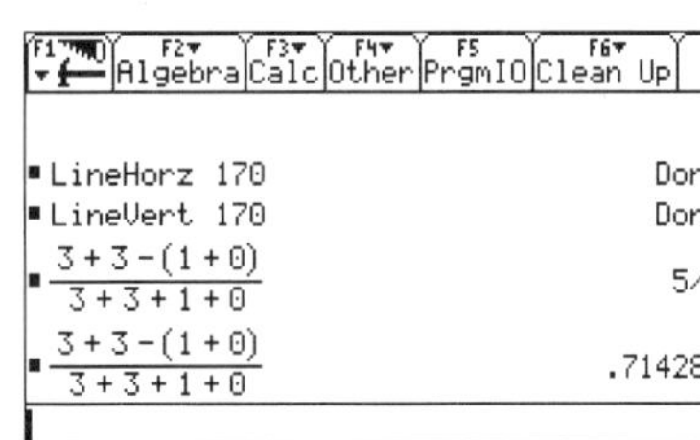

이것은 양팔을 벌린 길이와 키 사이에 강한 상관관계가 있다는 주장을 뒷받침해주고 있다.

② Pearson(피어슨) 상관계수를 계산하는 방법 중 하나는 상관 행렬을 사용하는 것이다. 상관 행

렬은 두 개 또는 그 이상의 통계 변수의 입력이 가능하다. 다음과 같은 방법으로 상관계수 행렬을 구성한다.

$$\begin{array}{cc} & \begin{array}{cc} list1 & list2 \end{array} \\ \begin{array}{c} list1 \\ list2 \end{array} & \begin{bmatrix} r_{list1,\ list1} & r_{list1,\ list2} \\ r_{list2,\ list1} & r_{list2,\ list2} \end{bmatrix} \end{array}$$

대각선에 있는 r-값은 같은 변수끼리 계산되기 때문에 항상 1이다.

[2nd] [CATALOG]를 누른다.

[F3] (Flash Apps)를 누른다.

corrMat(를 선택하고 [ENTER]를 누른다.

corrMat(list1,list2)를 입력하고 [ENTER]를 누른다.

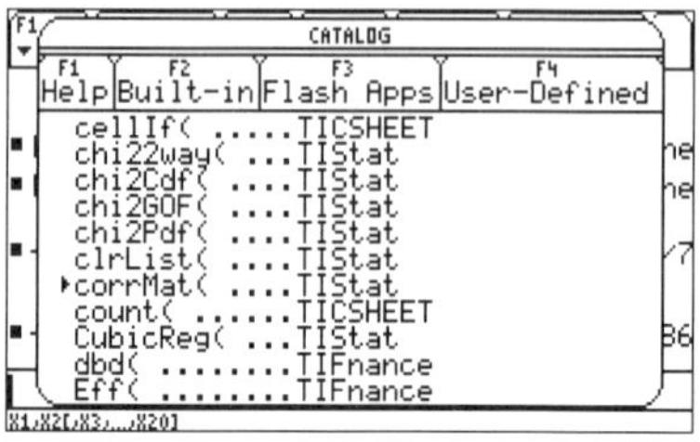

행렬 요소 $r_{1,\,2}$를 보면, 양팔을 벌린 길이와 키 사이의 상관계수가 $r \approx 0.82$이며, 이것은 두 변량이 강한 상관관계를 가짐을 나타낸다.

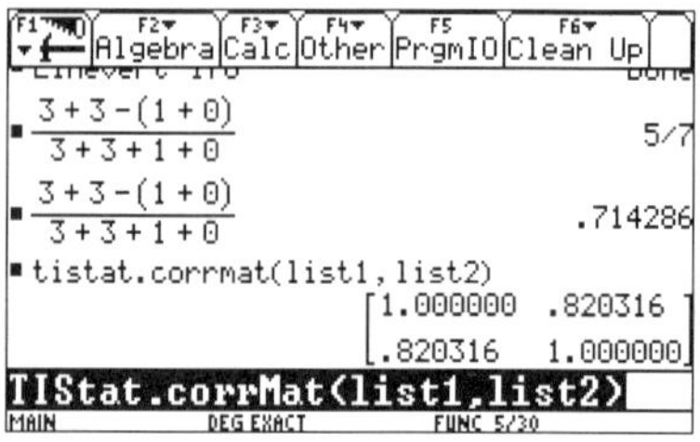

결정 계수 r^2은 r의 제곱 또는 그 근사값 $r^2 \approx 0.673$이다. 이 값으로부터 분산의 약 67%가 두 변수 사이의 상관관계에 의해 결정된다고 추론할 수 있다.

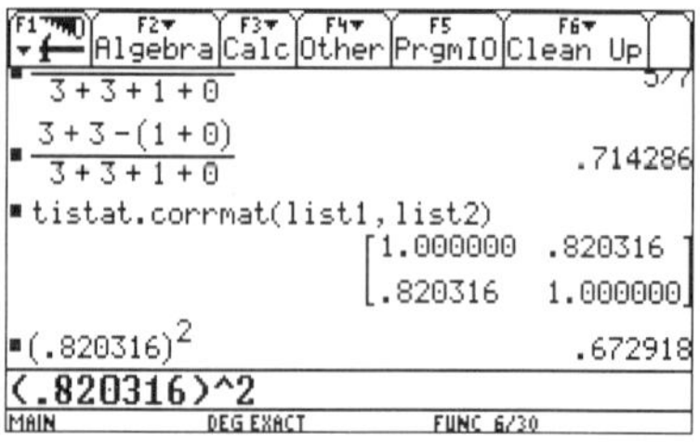

CAS 도움말

r 또는 r^2을 구하는 다른 방법은 자료의 값들이 회귀방정식과 함께 주어질 때, 선형 회귀 직선을 구하는 것이다. 좀 더 자세한 것은 다음 절에서 살펴볼 것이다.

연습문제

1. 다음은 학생 10명의 키와 몸무게를 조사한 표이다.

키(cm)	120	124	130	135	142	148	160	164	170	175
몸무게(kg)	45	50	54	59	60	65	70	78	75	80

① 이 자료에 대한 산점도의 그래프를 그려라.
② 각 변량의 중간값을 구하고, 이것을 이용하여 산점도의 그래프에 중간값을 나타내는 직선을 그려라.
③ q-상관계수(사분 상관계수)를 구하여라.
④ Pearson(피어슨)의 상관계수와 결정계수를 구하여라.

2. 다음은 대학수학능력시험에 응시한 5명의 학생에 대한 외국어 영역과 수리영역의 점수이다.

학생	지혜	송은	미희	호준	기태
외국어 영역	67	87	60	90	72
수리 영역	76	99	72	88	60

① 이들 자료에 대한 산점도를 그리고, Pearson의 상관계수와 결정계수를 구하여라.
② 외국어 영역과 수리 영역의 점수 사이의 상관관계를 설명하여라.

11.4 회귀 모델의 활용

이 절에서는 이변량의 자료를 적합화하기 위한 회귀 모델의 활용을 다룬다. 또한 특정 회귀 모델을 적용할 때 발생하는 잔차(residuals)에 대한 분석도 함께 다룬다. 3-중위치(Med-Med) 회귀 모델과 다항함수 회귀 모델뿐만 아니라, 사이누스 모델(sinusoidal model)과 로그 모델(logistic model)도 사용할 수 있다.

예제

한 사람이 100m 높이의 다리에서 강을 향해 돌을 떨어뜨렸다. 다른 한 사람은 돌이 떨어지는 과정을 0.4초 간격으로 초고속 카메라에 담아 시간에 따른 돌의 낙하 거리를 기록하였다. 결과는 다음과 같다.

경과된 시간(t)	0.0	0.4	0.8	1.2	1.6	2.0	2.4	2.8	3.2	3.6	4.0
낙하 거리(d)	0.0	0.7	3.2	7.0	12.5	19.6	28.2	38.4	50.2	63.5	78.4

① 이 자료의 산점도를 그려라.

② 이 자료에 가장 적합한 회귀 모델을 구하여라.

③ 5초 후에 돌이 강의 수면에 닿는다고 말할 수 있는지 확인하여라.

④ 잔차 그래프를 그려라. 그리고 이 그래프를 사용하여 모델의 "적합성"을 설명하여라.

풀이

① [APPS]를 누르고 Stats/List Editor를 선택한 후 [ENTER]를 누른다.

list1에 경과된 시간 t의 값을 입력한다.

list2에 낙하거리 d의 값을 입력한다.

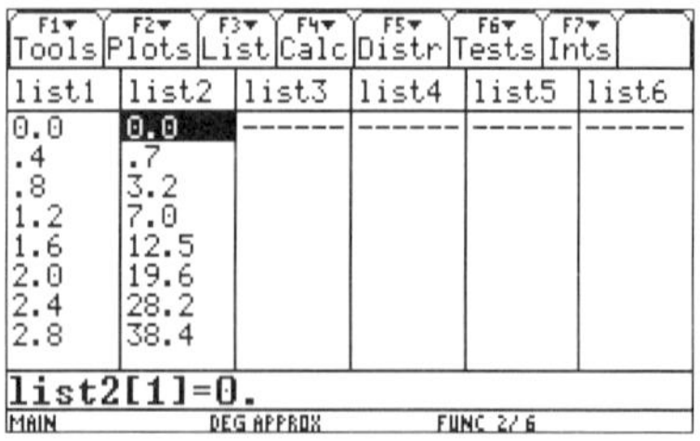

[F2](Plot)를 누르고 1:Plot Setup...을 선택한다.
[F1](Define)을 누른다.
대화상자에 다음과 같이 입력하기 :
Plot Type에서 Scatter를 선택하고,
Mark에 Box를 선택한다.

x(경과된 시간 변수)에 list1을 입력한다.
y(낙하 거리)에 list2를 입력한다.
[ENTER]를 눌러서 설정을 저장하고 Plot Setup 창으로 돌아간다.

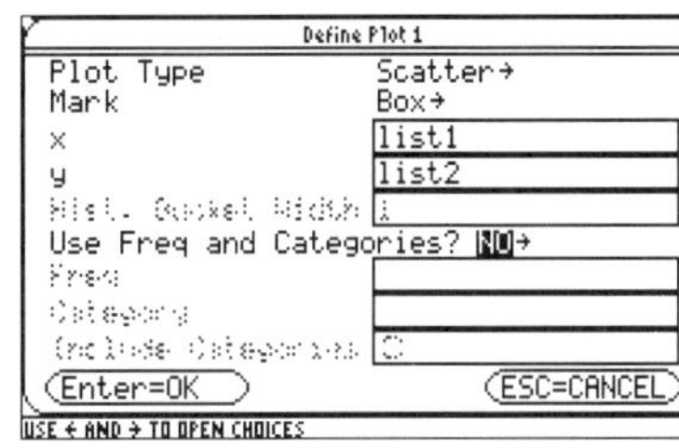

산점도를 적절한 윈도우에 그리기 위해서 [F5](ZoomData)를 누른다.

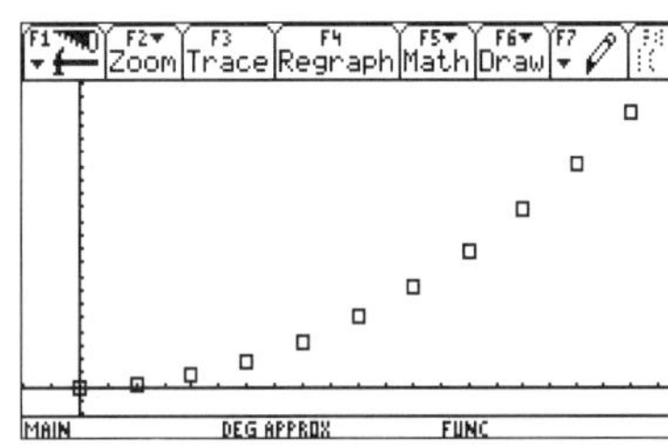

② 산점도의 그래프를 보면, 이차모델이 적절하다는 것을 알 수 있다.
[APPS]를 누르고 Stats/List Editor을 선택한 후 [ENTER]를 누른다.
[F4](Calc)을 누르고 3:Regressions을 선택한다.
회귀 옵션에서 4:QuadReg...를 선택한다.

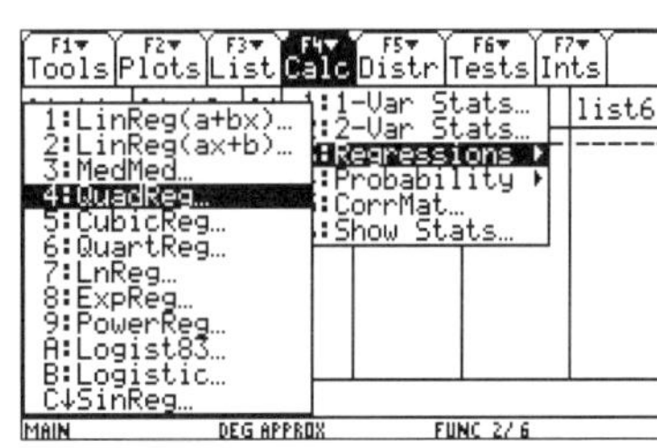

대화상자에 다음과 같이 입력하기 :
X List에 list1을 입력한다.
Y List에 list2를 입력한다.
Store RegEqn에 y1(x)를 선택한다.
설정을 저장하기 위해서 [ENTER]를 누른다.

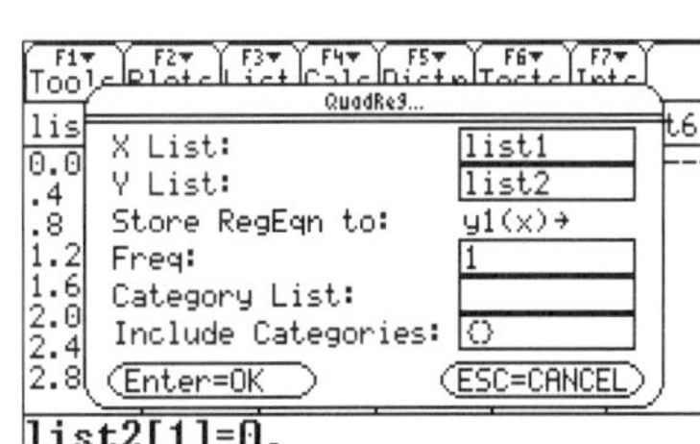

회귀 방정식은 함수식 $y1(x)$로 나타난다.

회귀 방정식이 $y1(x)=4.9x^2$에 근접한다는 것을 알 수 있다.

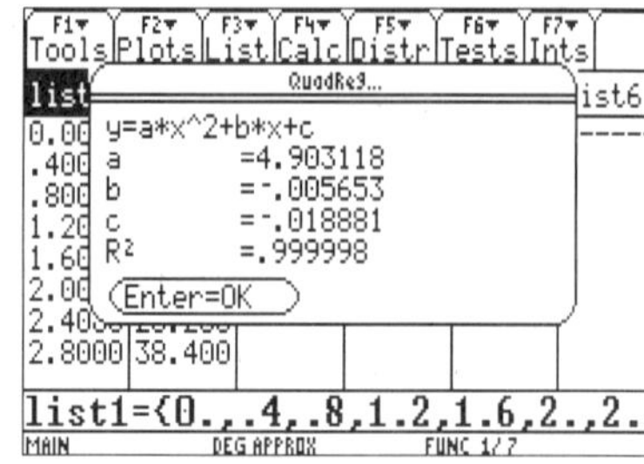

산점도에서 회귀선을 함께 보기 위하여 ◆ [GRAPH]를 누른다.
이차회귀 모델이 자료에 매우 적합하다는 것이 시각적으로 나타난다.

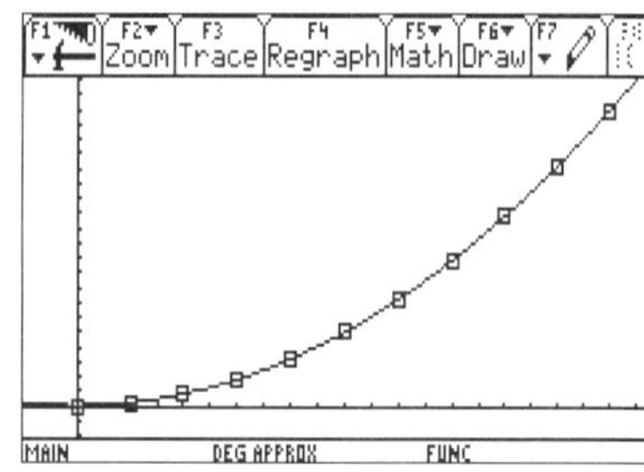

③ 5초 후의 낙하거리 구하기 :
◆ [CALC HOME]을 누른다.
y1(5)를 입력하고 ENTER 를 누른다.
이 결과는 돌이 강의 수면 아래에 있다는 것을 알려준다. 왜냐하면 강이 다리의 100m아래에서 흐르고 있기 때문이다.
[**참고** : 이 결과는 화면의 y1(x) 그래프를 그리고, trace 커서를 $x=5$인 그래프에 놓아 시각적으로 확인할 수도 있다.]

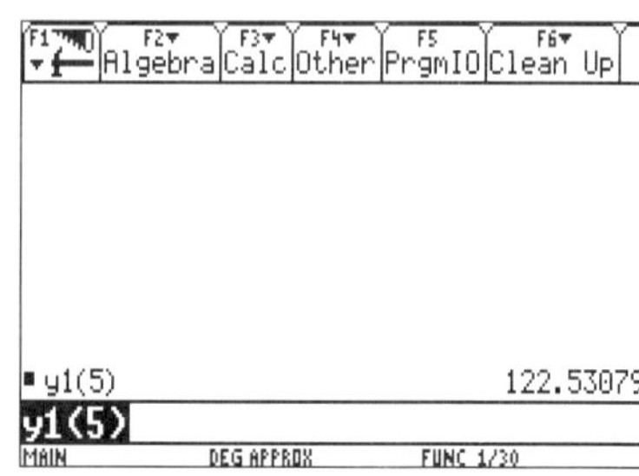

④ APPS 를 누르고 Stats/List Editor을 선택한 후 ENTER 를 누른다.
F2 (Plot)를 누르고 1:Plot Setup...을 선택한다.
F1 (Define)을 누른다.
대화상자에 다음과 같이 입력하기 :
Plot Type에서 Scatter를 선택하고,
Mark에 Box를 선택한다.
x(경과된 시간 변수)에 list1을 입력한다.
y에서 2nd [VAR－LINK]를 누른다.

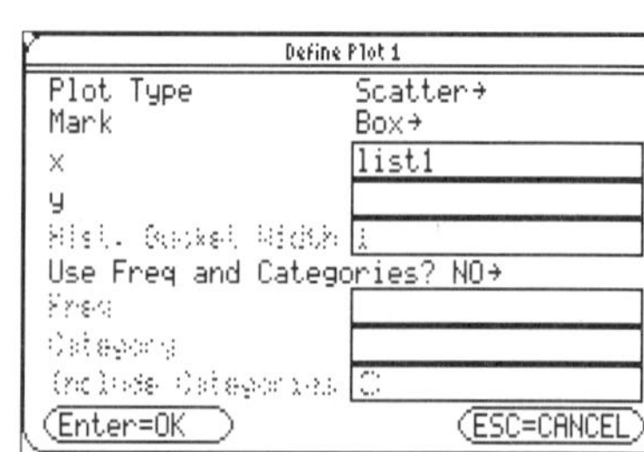

STATVARS 폴더로 위치한 후 resid를 선택하고 [ENTER]를 누른다.

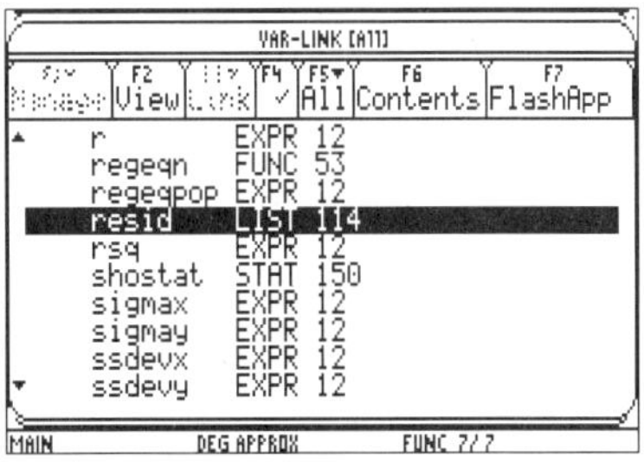

선택한 것들을 확인하기 위해서 [ENTER]를 누르고, Plot Setup 창으로 돌아간다.

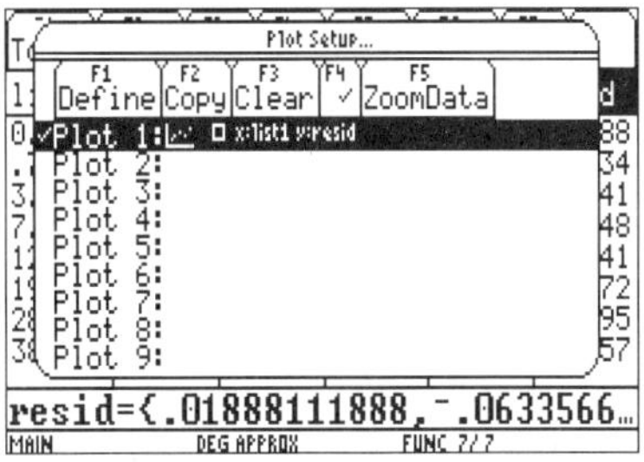

잔차 그래프를 그리기 위해 [F5](ZoomData)를 누른다.

[F3](Trace)를 누르고 잔차를 따라 이동해 본다. 잔차의 값이 작고, 어떤 명확한 규칙성이 나타나지 않는다면, 이차 모델이 적합하다는 결론을 내릴 수 있다.

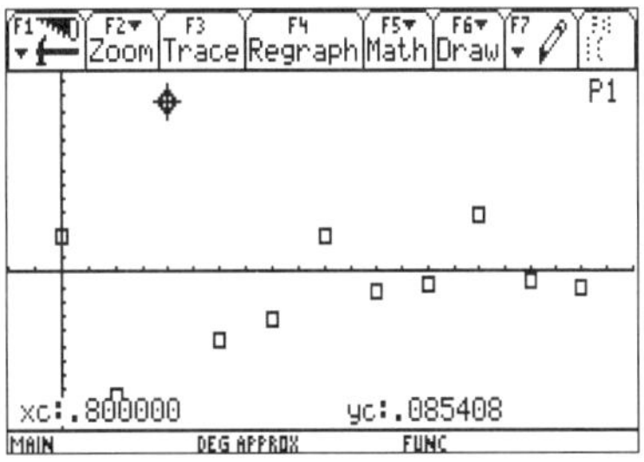

연습문제

1. 다음은 학생 10명의 키와 몸무게이다.

키(cm)	120	124	130	135	142	148	160	164	170	175
몸무게(kg)	45	50	54	59	60	65	70	78	75	80

① 이 자료의 산점도를 그려라.

② 이 자료에 적합한 선형회귀 모델을 구하여라.

③ 선형회귀 모델을 사용하여 키가 190cm인

학생의 몸무게를 추정하여라.

④ 잔차 그래프를 그리고, 이것과 r 또는 r^2값을 사용하여 선형회귀 모델의 “적합성”을 평가하여라.

탐구활동

1. 다음 자료는 다른 속도로 달리고 있는 자동차를 멈추게 하는데 필요한 거리를 조사한 것이다.

속도(km/h)	32	40	48	56	64	72
제동거리(m)	13.5	18.9	25.3	32.4	40.5	49.3

① 이 자료의 산점도의 그래프를 그려라.

② 이 자료에 적합한 선형회귀 모델을 구하여라.

③ 잔차 그래프를 그리고, 이것과 r 또는 r^2값을 사용하여 선형회귀 모델의 “적합성”을 평가하여라.

④ 이 자료에 적합한 이차회귀 모델을 구하여라.

⑤ 잔차 그래프를 그리고, 그래프와 r 또는 r^2의 값을 사용하여 이차회귀 모넬의 “적합성”을 평가하여라.

11.5 시계열의 그래프

시계열은 시간을 독립변수로 갖는 수열의 그래프이다.

예제

다음 표는 올림픽의 남자 멀리뛰기 종목에서 우승한 금메달리스트의 멀리뛰기 기록을 년도별로 정리한 것이다.

올림픽 년도	1956	1960	1964	1968	1972	1976	1980	1984	1988	1992	1996	2000
우승기록(m)	7.83	8.12	8.07	8.9	8.24	8.34	8.54	8.54	8.72	8.67	8.5	8.55

① 이 자료의 산점도를 그려라.
② 이 자료에 적합한 3－중위치(Med－Med) 회귀 모델을 구하여라.
③ 3－중위치(Med－Med) 회귀 모델을 사용하여 2004년 올림픽에서 남자 멀리뛰기 종목의 최고 기록을 예측하여라. 미래의 결과를 예측하기 위해 이 모델이 유용한지 평가하여라.

풀이

① APPS를 누르고 Stats/List Editor를 선택한 후 ENTER를 누른다.
list1에 년도를 입력한다.
list2에 우승 기록을 입력한다.
F2(Plot)를 누르고 Plot Setup...을 선택한다.
F1(Define)을 누른다.

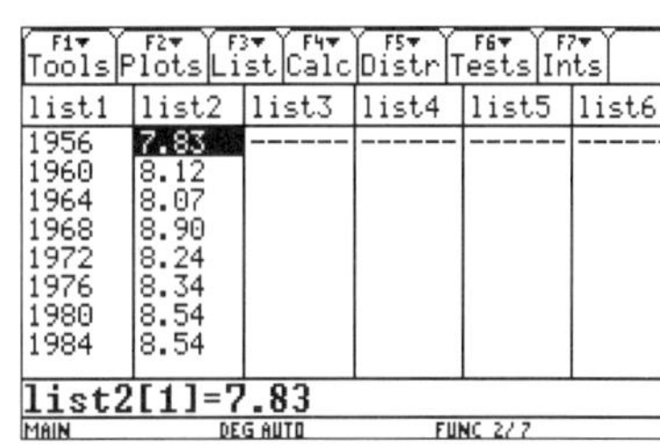

대화상자에 다음과 같이 입력하기 :
Plot Type에 xyline을 선택하고,
Mark는 Box를 선택한다.
x(년도)에 list1을 입력한다.
y(우승 기록)에 list2를 입력한다.
설정을 저장하기 위해 ENTER를 누르고,
Plot Setup 창으로 돌아간다.

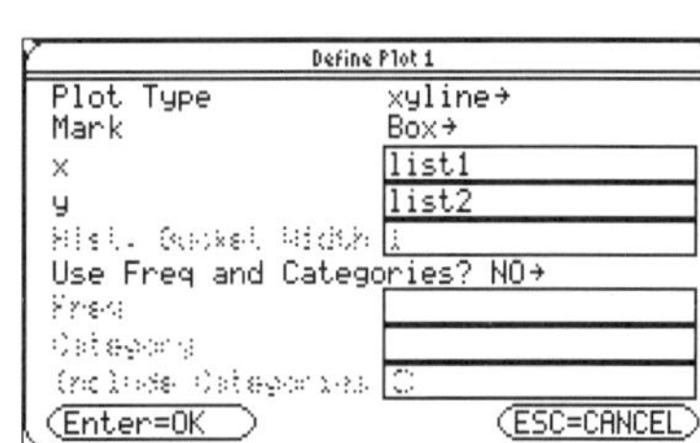

산점도를 적절한 윈도우에서 보여주기 위해 F5 (ZoomData)를 누른다.

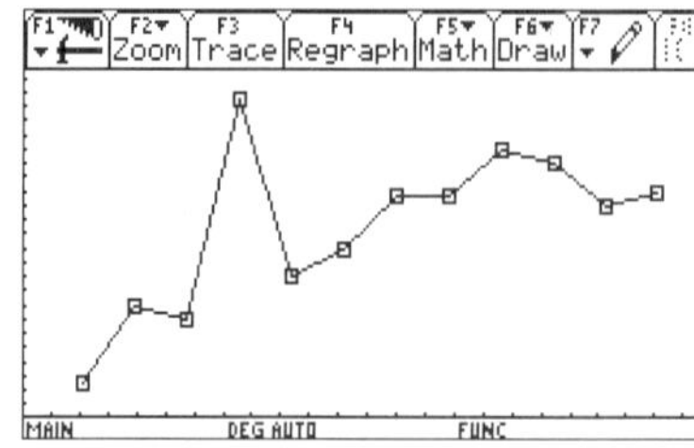

② 산점도를 보면, 일차모델이 적절하다는 것을 알 수 있다.
APPS 를 누르고 Stats/List Editor을 선택한 후 ENTER 를 누른다.
F4 (Calc)을 누르고 3:Regressions을 선택한다.
회귀 옵션에서 3:MedMed...를 선택한다.

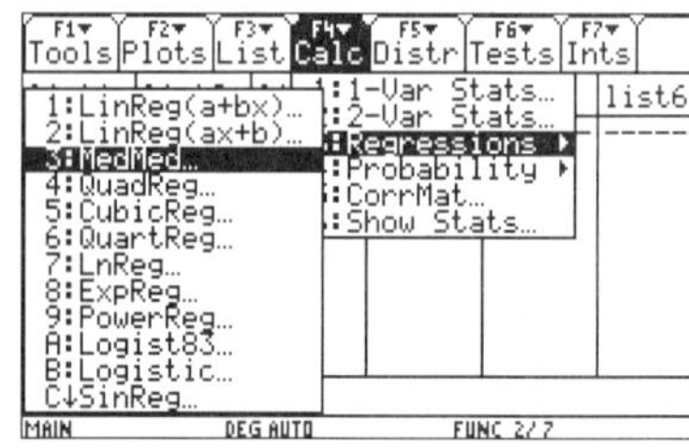

대화상자에 다음과 같이 입력하기 :
X List(년도)에 list1을 입력한다.
Y List(뛴 거리)에 list2를 입력한다.
Store RegEqn에 y1(x)를 선택한다.
설정을 저장하기 위해서 ENTER 를 누른다.

3-중위치(Med-Med) 모델을 사용하여 계산된 회귀 방정식은 $y1(x)=0.016x-23.45$이다. 이 회귀 방정식은 $y1(x)$함수로 자동 저장된다.

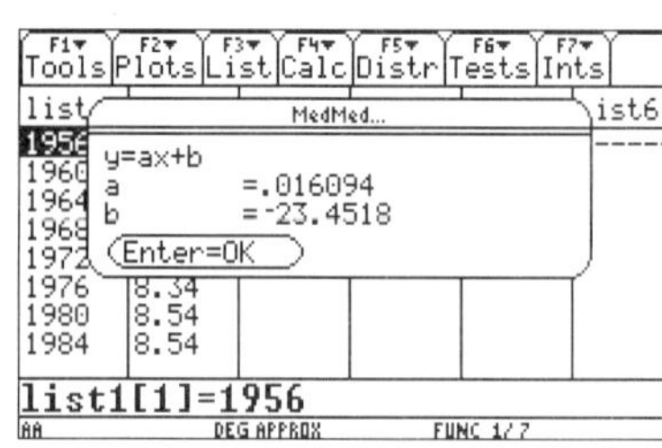

그래프에서 회귀 곡선을 확인하기 위하여 ◆ [GRAPH]를 누른다.
1968년 올림픽의 멀리뛰기 기록을 예외로 생각하면 주어진 기록들에 대한 3－중위치(Med－Med) 회귀 곡선도 적합하다는 것에 주목하기 바란다. Bob Beamon(USA)은 8.9m로 멀리뛰기 세계 신기록을 세웠고, 그 기록은 최근에야 경

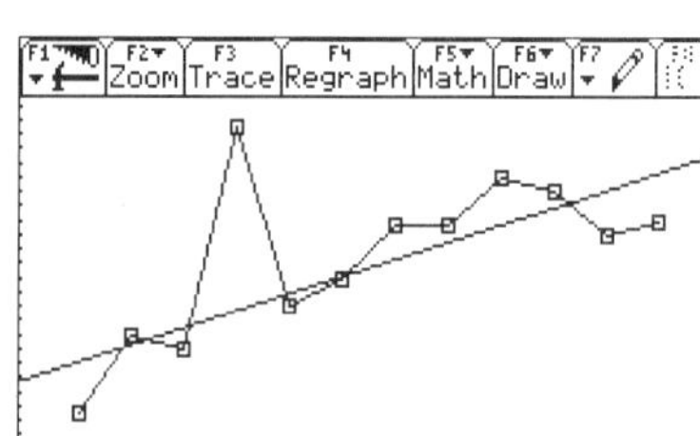

신되었다.

③ F3(Trace)와 방향키 ▼을 눌러 커서가 3-중위치(Med-Med)의 그래프 위로 올라가게 한다. 2004를 입력하고 ENTER를 누르면 그 값으로 이동한다.

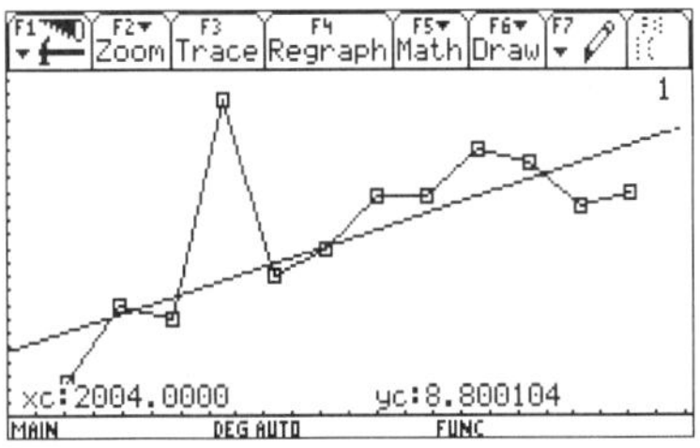

2004년 올림픽 게임에서 남자 멀리뛰기의 우승 예상 기록은 대략 8.80m인 것으로 나타났다. 이 예측은 현재 세계기록이 8.95m(Mike Powell, USA)인 것을 보면 매우 가능성 있는 것이다. 그러나 간단한 선형 모델을 통해 이 이상의 예측을 하는 것은 부적절할 것이다. 자칫 이러한 예측이 사람으로서 불가능한 거리를 예측할 수 있기 때문이다.

연습문제

1. 1968년의 결과를 8.15m로 바꾸어보자. 그런 다음 3-중위치(Med-Med) 회귀 방정식을 사용하여, 2004년 우승 예상 기록을 구하여라.

2. 유사한 분석방법으로 1900년에서 1936년까지의 다음 자료를 이용하여 1936년 올림픽 게임 이후를 예측한다면, 2004년 남자 멀리 뛰기의 우승 예상 기록은 얼마인지 구하여라.

올림픽 년도	1900	1904	1908	1912	1920	1924	1928	1932	1936
우승 기록(m)	7.19	7.34	7.48	7.6	7.15	7.45	7.74	7.64	8.06

탐구활동

1. 다음 표는 1956년 이후 올림픽 게임에서 두 육상 종목에 대한 결과이다. 높이 뛰기와 원반 던지기의 결과에서 향상 정도를 조사해 보아라.

   ① 1956년에서 2000년까지 각 종목은 몇 % 향상되었는지 구하여라.

   ② 3－중위치 회귀 곡선의 기울기를 구하여라. 또 자료에서 이상치의 영향에 대하여 설명하여라.

올림픽 년도	1956	1960	1964	1968	1972	1976	1980	1984	1988	1992	1996	2000
높이뛰기 기록(m)	2.11	2.16	2.18	2.24	2.23	2.25	2.36	2.35	2.38	2.34	2.39	2.35
원반던지기 기록(m)	56.35	59.18	61	64.78	64.39	67.5	66.65	66.6	68.82	65.12	69.4	69.3

확률 분포 12
Probability distributions

이 장은 확률을 분석하는 도구로서 Voyage 200 또는 TI-89를 사용하는 방법을 다루고 있다. 이것은 *the Statistics with List Editor App*(list 편집이 가능한 통계 애플리케이션)를 사용함으로써 가능하다. (이 무료 소프트웨어를 구하는 방법은 부록 A를 참조하기 바란다.) 아래에 나오는 많은 절차들은 각 단계가 매우 다양하지만 *Data/Matrix Editor*를 사용해서도 해결할 수 있다.

12.1 이산확률분포

이산확률변수 X의 확률분포는 모든 실수 x에 대하여 $p(x) \geq 0$이고, $\sum p(x) = 1$인 함수 $p(x)$이다. 다시 말해 각 확률은 음수가 될 수 없고, 모든 확률의 합은 1이다.

CAS 도움말

sum 함수(2nd [MATH] 메뉴에서)와 Σ(함수(F3 (Calc) 메뉴에서)는 이 절과 다음 절에서 유용하게 사용된다. 두 함수는 2nd [CATALOG]에서도 찾을 수 있다.

예제 1

다음 확률함수 $p(x)$의 이산확률변수에 대하여 k의 값을 구하여라.

① $p(x) = kx(7-x)$, $x = 2, 4, 6$

② $p(x)=1-k+(1.5k-1)x^2$, $x=-1$, 0, 1
다른 모든 x에 대하여 $p(x)=0$이다.

풀이

① [◆][CALC HOME]을 누른다.
[F4](Other)를 누르고 1:Define을 선택한 후 [ENTER]를 누른다.
Define p(x)=k×x×(7−x)를 입력하고 [ENTER]를 누른다.
p({2,4,6})을 입력하고 [ENTER]를 누른다.
결과는 각각의 $p(x)$값을 나열하고 있으며, 이들의 합이 $28k$라는 사실도 쉽게 알 수 있다.

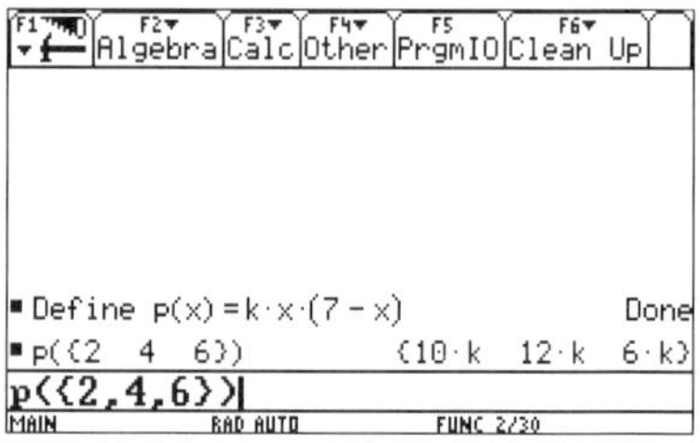

다른 방법으로 SUM(함수 사용하기 :
[2nd][CATALOG]를 누르고 SUM(을 선택한 후 [ENTER]를 누른다.
sum(p({2,4,6}))을 입력하고 [ENTER]를 누른다.
확률의 합은 1이기 때문에 $28k=1$이다. 따라서 $k=\frac{1}{28}$이다.
확률을 구하기 위해 [2nd][|]를 사용한다.
p({2,4,6})[2nd][|]k=1÷28을 입력하고 [ENTER]를 누른다.
각 확률은 {5/14, 3/7, 3/14}이다.

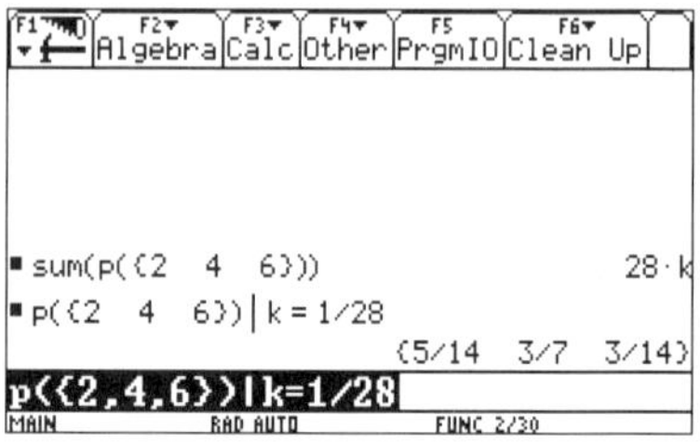

② [◆][CALC HOME]을 누른다.
[F4](Other)를 누르고 1:Define을 선택한 후 [ENTER]를 누른다.
Define p(x)=1−k+(1.5k−1)×x^2을 입력하고 [ENTER]를 누른다.
p({−1,0,1})을 입력하고 [ENTER]를 누른다.

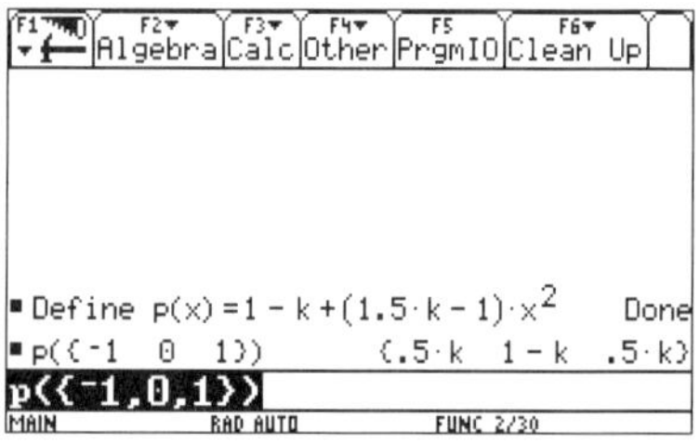

결과값인 $0.5k$, $1-k$, $0.5k$는 각 x에서의 $p(x)$의 값을 나열한 것이고 어떤 k에 대해서도 합이 1임을 쉽게 알 수 있다.

다른 방법으로 Σ(함수를 사용할 수 있다.

[F3](Calc)를 누르고 4 : Σ(sum을 선택한 후 [ENTER]를 누른다.

Σ(p(x),x,−1,1)을 입력하고 [ENTER]를 누른다.

Σ의 문법은 Σ(식, 변수, 시작하는 항의 번호, 끝나는 항의 번호)이고 변수는 1씩 커진다. (이것이 ①에서 이 방법을 사용할 수 없었던 이유이다.)

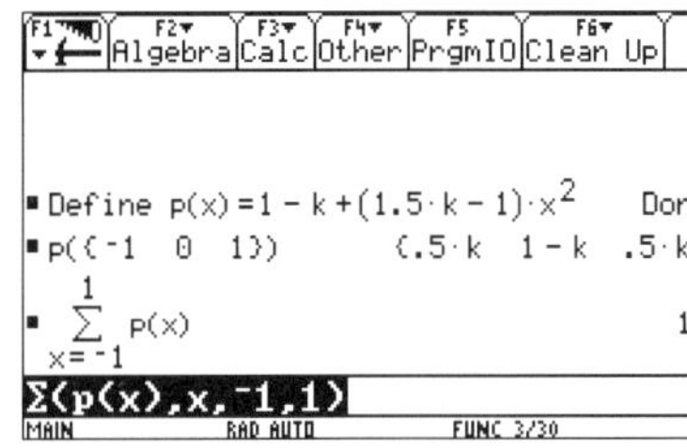

예제 2

확률변수 X는 다음과 같은 확률분포를 가진다.

X	0	1	2
$p(X)$	$\frac{1}{8}k^3$	$\frac{1}{8}(4-k)$	$\frac{1}{2}(2-k^2)$

k의 값을 구하고, 각각의 경우에 대하여 확률 $P_r(X>0)$을 계산하여라.

풀이

$p(x)$의 값의 합이 1이라는 사실에 주목하면서 접근한다.

[◆][CALC HOME]을 누른다.

[F2](Algebra)를 누르고 1:solve(를 선택한 후 [ENTER]를 누른다.

solve((k^3)÷8+(4−k)÷8+(2−k^2)÷2=1,k)를 입력하고 [ENTER]를 누른다.

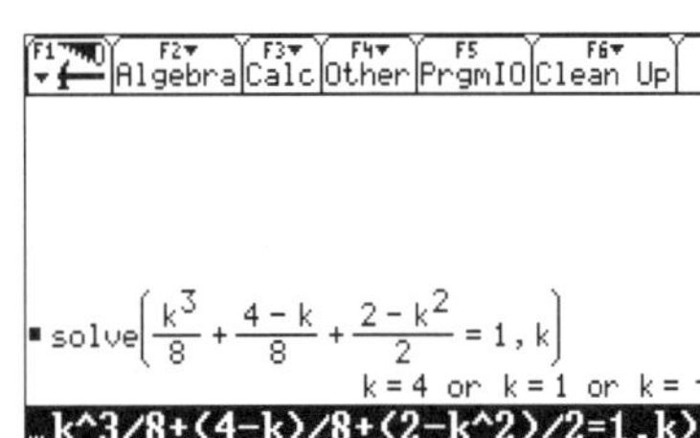

k의 값으로 세 가지가 가능하다. 각 경우를 대입하

여 다음과 같은 결과를 얻을 수 있다.

$k=4$일 때, $p(2)=-7<0$이고, 이것은 확률이 음수가 아니라는 사실에 어긋난다.

$k=1$일 때, 확률들은 $(1/8,\ 3/8,\ 1/2)$이 가능하다.

$k=-1$일 때는 $p(-1)=-1/8$이고, 이것은 확률이 음수가 아니라는 사실에 어긋난다.

따라서 $k=1$인 경우만 유효하다. 그러므로 $P_r(X>0)=\frac{3}{8}+\frac{1}{2}=\frac{7}{8}$이다.

다른 방법으로 list에서 $p(x)$의 값들을 입력하고, 스크린에서 이 list를 가지고 작업하는 것이다.

APPS를 누르고 Stats/List Editor를 선택한 후 ENTER를 누른다.

list1에 $p(x)$의 값들을 입력한다.

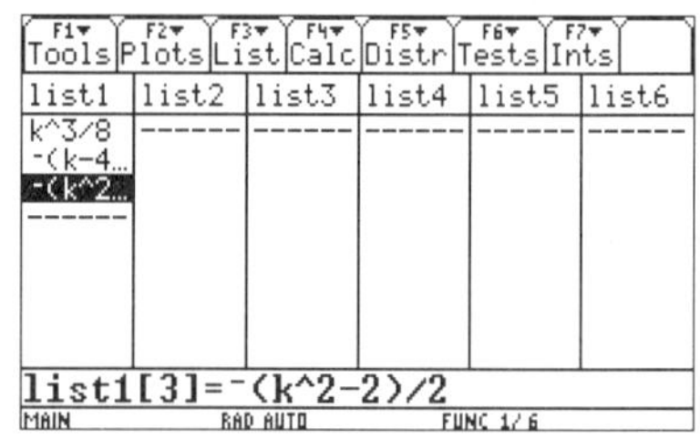

◆[CALC HOME]을 누른다.

F2(Algebra)를 누르고 1:solve(을 선택한 후 ENTER를 누른다.

2nd[CATALOG]를 누르고 SUM(을 선택한 후 ENTER를 누른다.

solve(sum(list1)=1,k)를 입력하고 ENTER를 누른다.

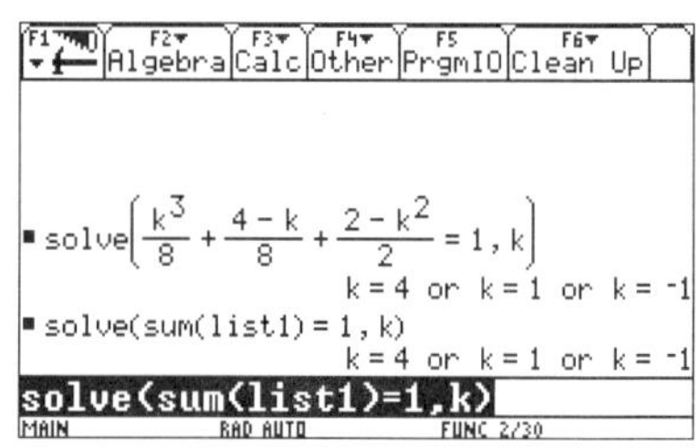

앞의 경우처럼 세 가지 k 값을 얻을 수 있다. 각각의 값에 대해 2nd[|] 명령어를 사용하자.

list1 2nd[|] k=4를 입력하고 ENTER를 누른다.

list1 2nd[|] k=1를 입력하고 ENTER를 누른다.

list1 2nd[|] k=−1를 입력하고 ENTER를 누른다.

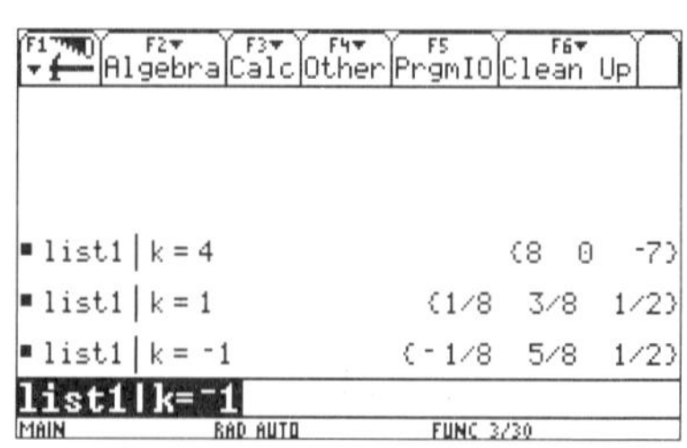

k의 두 번째 값만이 확률에서 받아들여질 수 있다는 것을 쉽게 알 수 있다.

그래서 $P_r(X>0)=\frac{3}{8}+\frac{1}{2}=\frac{7}{8}$이다.

다음과 같이 합을 구할 수도 있다.

list1[2]+list1[3] [2nd] [|] k=1을 입력하고 [ENTER]을 누른다.

[**참고** : 변수로서 list1[x]와 함께 Σ(를 사용할 수 있다.]

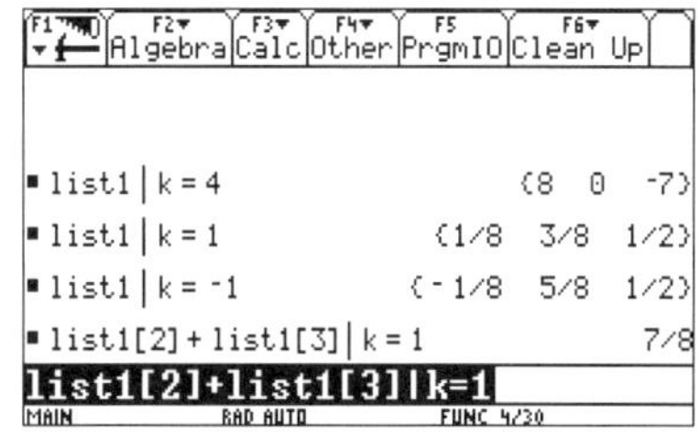

연습문제

1. 다음과 같은 확률함수 $p(x)$를 만족하는 상수 k의 값을 구하여라.

   ① $p(x)=kx+\frac{1}{5}$, $x=1, 2, 3$

   ② $p(x)=kx(5-x)$, $x=1, 2, 3, 4$

   ③ $p(x)=kx(100-x^2)$, $x=1, 3, 5, 7, 9$

   ④ $p(x)=\frac{k}{x}$, $x=1, 2, 3, 4, 5, 6$

   ⑤ $p(x)=k\left(\frac{4}{5}\right)^x$, $x=0, 1, 2, \cdots z$

   [**힌트** : [F3](Calc) 에서 Σ를 선택하여 0부터 ∞까지 합을 구하여라.]

2. 각 면에 1, 2, 3, 4, 5, 6의 눈을 가진 주사위를 던졌을 때 나타나는 수를 x라고 하자. 이 때 주사위의 x의 눈이 나타날 확률은 x의 값에 정비례한다. 주사위를 던졌을 때 짝수의 눈이 나타날 확률을 구하여라.

3. 이산확률변수 X의 확률분포가 다음과 같다.

X	1	2	3	4	5
$p(X)$	$2c$	$3c$	$6c$	$5c$	$4c$

① c의 값을 구하여라.

② $P_r\,(2 \le X \le 4)$을 계산하여라.

③ $P_r\,(2 \le X \le 4 \mid X > 1)$을 계산하여라.

4. 이산확률변수 X의 확률분포가 다음과 같다.

X	0	1	2
$p(X)$	$2c-d$	$c+2d$	$2c-d$

① c의 값을 구하여라.

② 가능한 d의 값을 구하여라.

12.2 이산확률변수의 요약통계량

이산확률변수 X의 확률함수 $p(x)$에 대하여, 평균 μ와 분산 σ^2은 $\mu = \Sigma xp(x)$, $\sigma^2 = \Sigma(x-\mu)^2 p(x)$으로 정의된다. 또한 분산은 $\sigma^2 = \Sigma x^2 p(x) - \mu^2$과 같이 표현할 수도 있다. 표준편차 σ는 분산의 양의 제곱근이다.(중앙값, 사분위수와 같은 다른 요약통계량들은 이산확률 변수에서는 많이 사용되지 않는다.)

예제 1

다음과 같은 확률함수를 가진 이산확률 변수에 대하여 μ, σ^2, σ의 값을 구하여라.

① $p(x)=\dfrac{x(7-x)}{28},\ x=2,\ 4,\ 6$

② $p(x)=\left(\dfrac{1}{2}\right)^{x},\ x=1,\ 2,\ 3,\ \cdots$

풀이

① [◆][CALC HOME]을 누른다.
[F4](Other)를 누르고 1:Define을 선택한 후 [ENTER]를 누른다.
Define p(x)=x×(7−x)÷28을 입력하고 [ENTER]를 누른다.
p({2,4,6})을 입력하고 [ENTER]를 누른다.
sum(p({2,4,6}))을 입력하고 [ENTER]를 누른다.

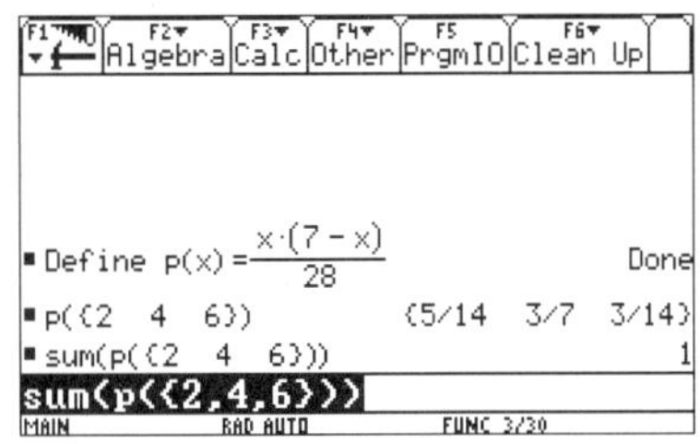

결과에 $p(x)$의 값들이 나타나고 그 합이 1임을 알 수 있다. 그래서 $p(x)$는 적합한 확률함수이다. 평균을 계산하기 위해 $2p(2)+4p(4)+6p(6)$을 구할 필요가 있다.
평균을 구하는 식 sum({2,4,6}×p({2,4,6}))을 입력하고 [ENTER]를 누른다.

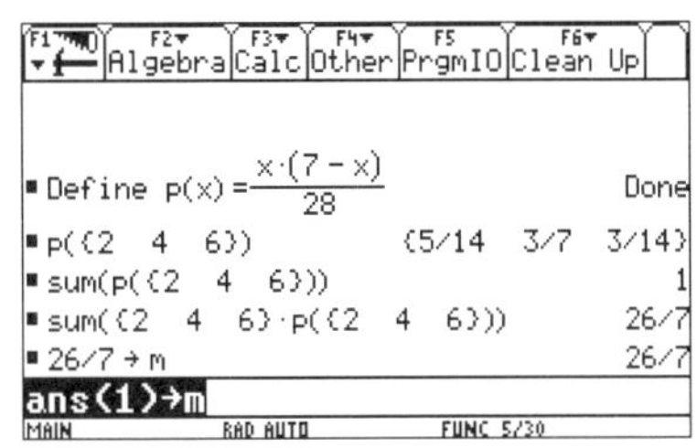

확률변수를 나열한 {2,4,6}과 p({2,4,6})의 각 list가 같은 개수의 원소를 가지고 있어서 평균을 구하는 과정에서 이 원소들은 짝을 이룬다. 이렇게 계산한 평균은 26/7이다. 분산을 계산할 때 사용하기 위해 이 값을 저장해두자. 그리스 문자 μ는 'mu'로 읽혀지기 때문에, m을 저장 문자로 사용하는 것이 일반적이다.
분산 구하기 :
sum(({2,4,6}−m)^2×p({2,4,6}))을 입력하고 [ENTER]를 누른다.

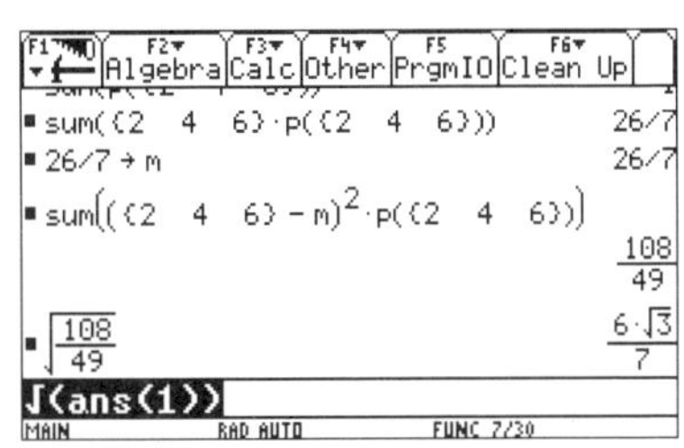

입력 식은

$(2-\mu)^2p(2)+(4-\mu)^2p(4)+(6-\mu)^2p(6)$을 나타내며, 분산을 구하는 공식이다. 결과값은 $\sigma^2=108/49$이다. 분산의 양의 제곱근인 표준편차는 $\sigma=6\sqrt{3}/7$이다.

다른 식 $\sigma^2=\Sigma x^2p(x)-\mu^2$도 성립한다는 것을 보이기 위해 sum({2,4,6}^2×p({2,4,6}))−m^2을 입력하고 ENTER를 누른다.

앞에서와 같이 $\sigma^2=108/49$이라는 결과를 얻을 수 있다.

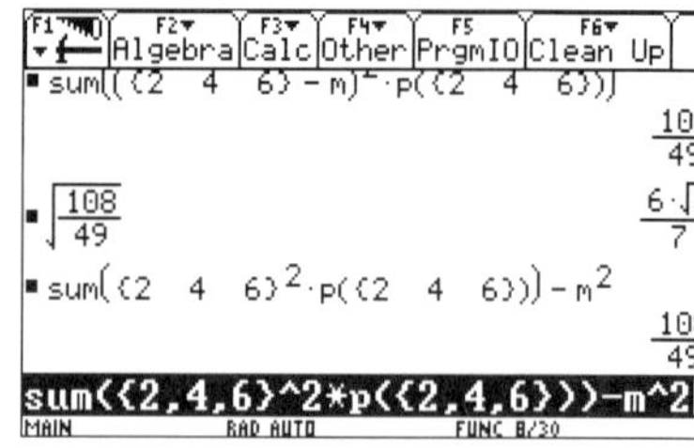

② ◆[CALC HOME]을 누른다.

F4(Other)를 누르고 1:Define을 선택한 후 ENTER를 누른다.

Define p(x)=(1÷2)^x을 입력하고 ENTER를 누른다.

p({1,2,3,4})를 입력하고 ENTER를 누른다.

결과창에 $p(x)$에 대한 네 개의 함수값이 나타난다.

F3(Calc)를 누르고 4:Σ(sum을 선택한 후 ENTER를 누른다.

Σ(p(x),x,1,∞)를 입력하고 ENTER를 누른다.

sum(함수는 단지 유한한 몇 개의 원소들을 더할 수 있는 반면에 Σ 함수는 ∞까지 더할 수 있다. 합이 1이라는 사실을 확인함으로서 $p(x)$가 확률함수로서 적합하다는 것을 알 수 있다. 평균과 표준편차를 계산할 때 Σ함수를 ∞까지의 합으로 계산한다.

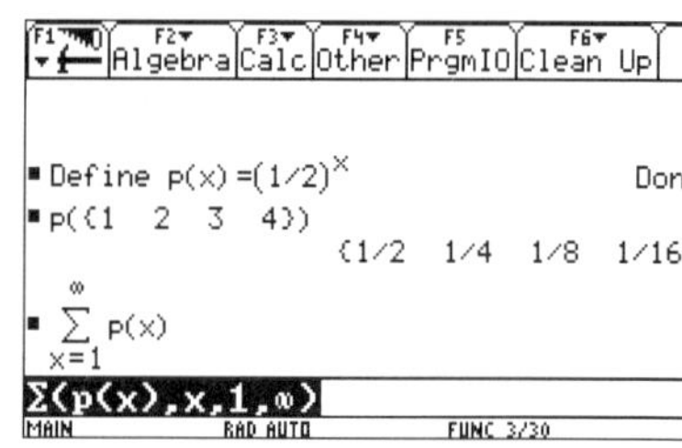

위에서와 유사한 방법 사용하기 :

Σ(x×p(x),x,1,∞)를 입력하고 [ENTER]를 누른다.

Σ((x−2)^2×p(x),x,1,∞)를 입력하고 [ENTER]를 누른다.

$\mu=2,\ \sigma^2=2,\ \sigma=\sqrt{2}$ 이다.

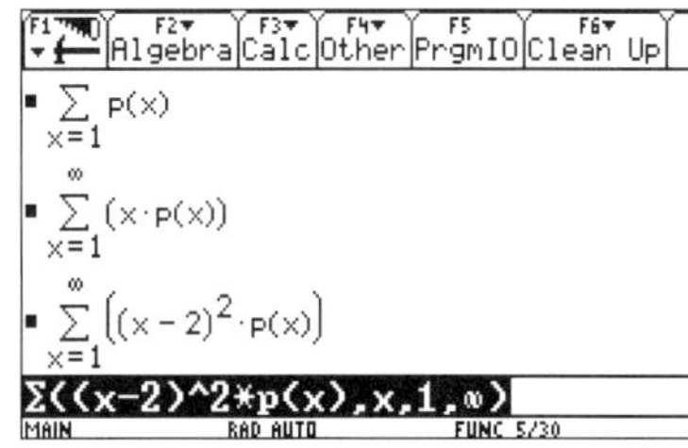

예제 2

이산확률변수 X의 확률분포는 다음과 같다.

X	0	1	2	3	4	5	10
$p(X)$	0.06	0.1	0.25	0.35	0.1	0.1	0.04

임의의 확률변수에 대하여, 이 분포의 95%에 해당하는 자료들이 평균을 중심으로 표준편차의 2배 사이에 놓여있다는 주장이 어느 정도 타당하다고 말할 수 있는가?

풀이

확률이 식이 아니라 분포표로 주어졌기 때문에 x와 $p(x)$를 먼저 list에 입력한다.

[APPS]를 누르고 Stats/List Editor를 선택한 후 [ENTER]를 누른다.

list1에 x의 값을 입력한다.

list2에 $p(x)$의 값을 입력한다.

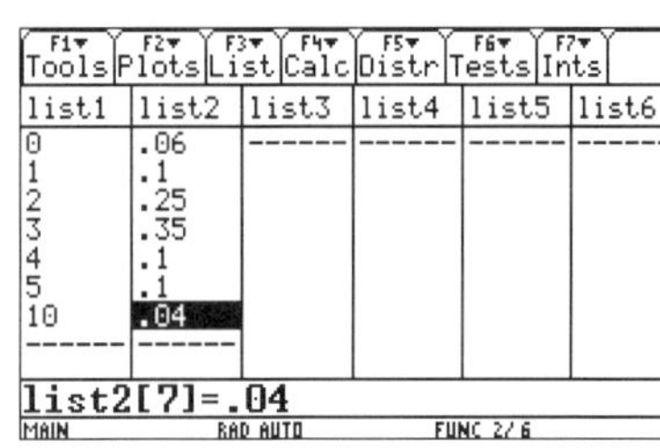

평균과 표준편차는 예제 1처럼 구할 수도 있고, 다음과 같은 빠른 방법으로 계산할 수도 있다.

[F4](Calc)를 누르고 1:1−Var Stats ...를 선택한 후 [ENTER]를 누른다.

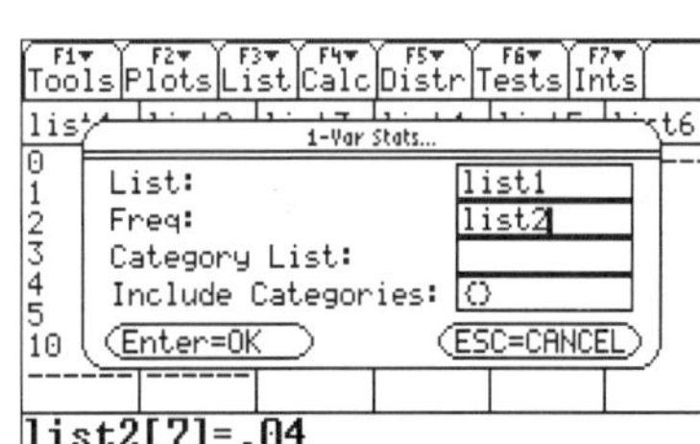

대화상자에 다음과 같이 입력하기 :
List에 list1을 입력하고,
Freq에 list2를 입력한다.
설정을 저장하기 위해 ENTER 를 누른다.

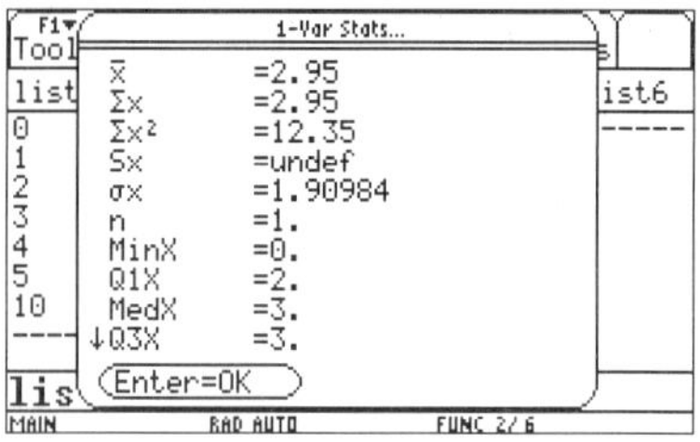

$\bar{x}$로 나타난 값은 실제로 평균 μ이고, σ_x로 나타난 값은 구하고자 하는 표준편차 σ이다. 따라서 $\mu=2.95$, $\sigma=1.90984$이다.

홈 스크린에서도 위의 값을 계산하는 것이 가능하다.
◆ [CALC HOME]을 누른다.
2nd [VAR-LINK]를 누른다.
방향키를 사용하여 x_bar를 찾은 다음 ENTER 를 누른다.
평균은 2.95이다.
평균을 저장하기 위해 2.95를 입력하고 STO▸ 를 누른 후 m을 입력하고 ENTER 를 누른다.

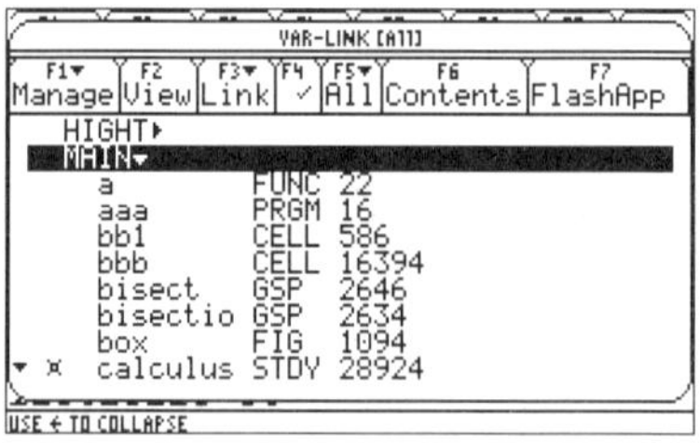

σ(sigmax)를 구하고, 구한 σ의 값을 s에 저장하기 위해 위의 과정을 반복한다. 앞에서 보았듯이 표준편차는 1.91이다.

이제 문제를 풀 수 있다.
m−2s를 입력하고 ENTER 를 누른다.
m+2s를 입력하고 ENTER 를 누른다.

$P_r(\mu-2\sigma<X<\mu+2\sigma)$

$=P_r(-0.86\cdots<X<6.76\cdots)$이고,

이 값은

$p(0)+p(1)+p(2)+p(3)+p(4)+p(5)=0.96$이다.

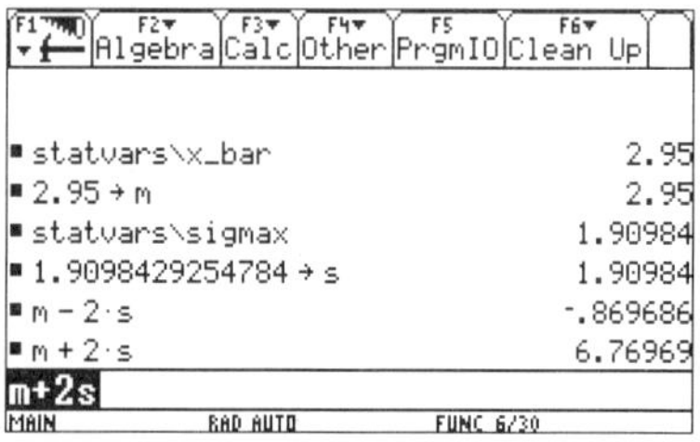

다른 방법으로, Σ 함수를 사용할 수도 있다.
F3 (Calc)를 누르고 4:Σ(sum을 선택한 후 ENTER 를 누른다.
Σ(list2[x],x,1,6)을 입력하고 ENTER 를 누른다.
(처음 6개의 확률의 합을 구하고자 한다.)
따라서 이 분포의 96%에 해당하는 자료들이 평균을 중심으로 표준편차의 2배 사이에 놓여있다는 것을 알 수 있다.

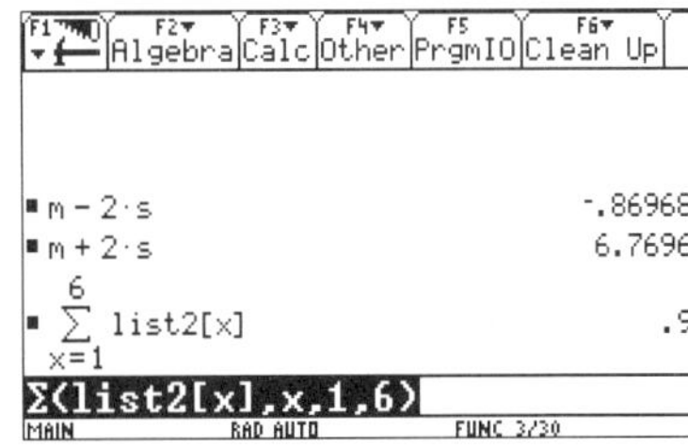

연습문제

1. 이산확률변수 X의 확률함수가 다음과 같이 주어질 때, μ, σ^2, σ의 값을 구하여라.

   ① $p(x)=kx+\dfrac{1}{5}$, $x=1, 2, 3$

   ② $p(x)=kx(5-x)$, $x=1, 2, 3, 4$

   ③ $p(x)=kx(100-x^2)$, $x=1, 3, 5, 7, 9$

   ④ $p(x)=\dfrac{k}{x}$, $x=1, 2, 3, 4, 5, 6$

   ⑤ $p(x)=k\left(\dfrac{4}{5}\right)^x$, $x=0, 1, 2, \cdots$

2. 각 면에 1, 2, 3, 4, 5, 6의 눈을 가진 주사위를 던졌을 때 나타나는 수를 x라고 하자. 이 때 주사위의 x의 눈이 나타날 확률은 x의 값에 정비례한다. 이 때, $P_r(\mu-2\sigma<X<\mu+2\sigma)$의 값을 구하여라.

탐구활동

1. 서로 다른 두 개의 주사위를 던질 때 나타나는 두 눈의 수의 합을 확률변수 X라고 하자. 이 때, 확률변수 X의 확률함수가 다음과 같이 주어졌다.

   $p(x)=(6-|x-7|)/36,\ x=2,\ 3,\ \cdots,\ 12$

   ① 각 확률변수의 $p(x)$를 구하여 $p(x)$가 확률함수임을 증명하여라.

   ② '임의의 확률변수에 대하여, 이 분포의 약 67%, 95%, 99.7%에 해당하는 자료들이 평균을 중심으로 각각 표준편차의 1배, 2배, 3배 사이에 놓여있다.'

   X의 확률 분포가 위의 진술을 뒷받침하는지 알아보아라.

12.3 연속 확률 분포

연속확률변수 X에 대한 확률분포는 모든 실수 x에 대하여 $f(x)\geq 0$인 확률밀도함수 $f(x)$이고, $\int f(x)dx=1$이다. 다시 말해, 확률은 음수일 수 없고, 모든 확률의 합은 1이다.

연속확률분포에서, 확률은 확률밀도함수 $y=f(x)$의 아래쪽 넓이이다. 모든 확률의 합이 1이기 때문에 $y=f(x)$의 아래쪽의 전체 넓이도 1이다.

> **CAS 도움말**
>
> 구간 함수에 관한 절에서 소개한 When 함수는 정의역 영역에서 함수값이 0인 확률 밀도함수를 정의하는데 유용하다. When 함수는 [2nd][CATALOG]에서 찾거나 또는 자판에서 직접 입력하여 사용한다.

예제

연속확률변수 X의 확률밀도함수가 다음과 같이 주

어졌을 때, 상수 k의 값을 구하고, $y=f(x)$의 그래프를 그려라.

① $f(x)=kx(6-x),\ 0\le x\le 6$

② $f(x)=ke^{-2x},\ x\ge 0$

(다른 모든 실수 값 x에 대해 $f(x)=0$이다.)

풀이

① [2nd] [$\int$](k×x×(6−x),x,0,6)를 입력하고 [ENTER]를 누른다.

확률의 합이 1이 되어야 하므로 36k=1이다. 그래서 k=1/36이다.

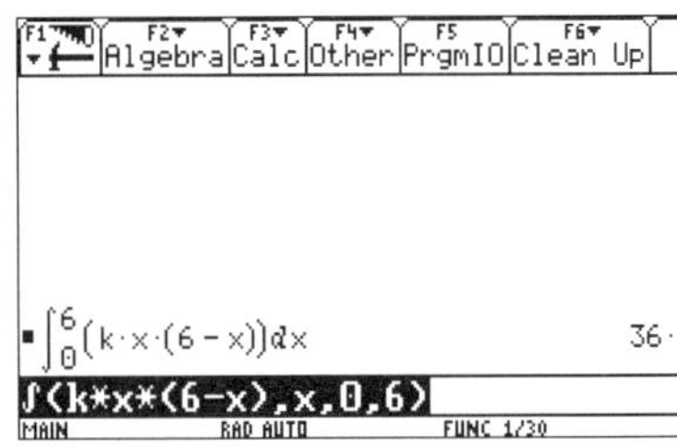

[◆][Y=]을 누른다.

y1=when(x<0 or x>6,0,x×(6−x)÷36)을 입력하고 [ENTER]를 누른다.

[◆][WINDOW]를 누르고 다음을 입력한다.

xmin=−2

xmax=8

ymin=−0.5

ymax=0.5

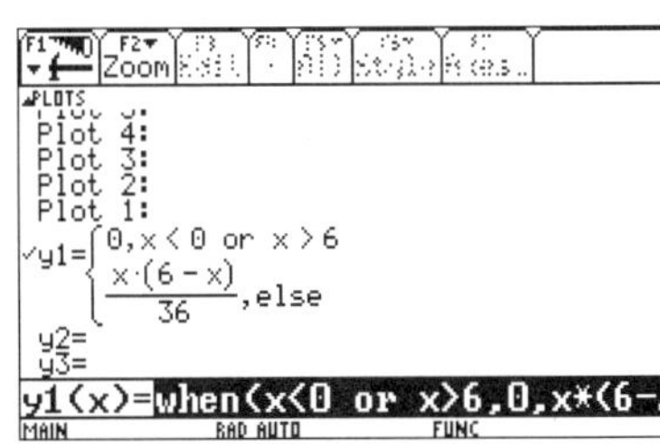

[◆][GRAPH]를 누른다.

$y=f(x)$는 x축의 위쪽에 놓여 있다. 이것은 모든 확률이 음수가 아니라는 조건을 만족시킨다. 그래프 아래쪽의 넓이가 1이라는 것을 이용하여 k의 값을 구해보자.

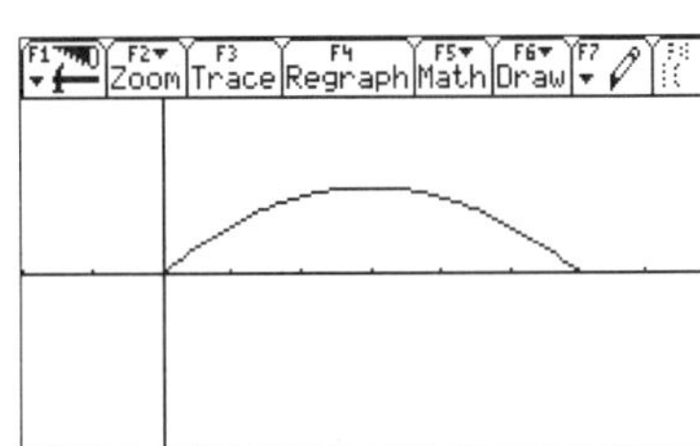

다음과 같이 확인하기 :

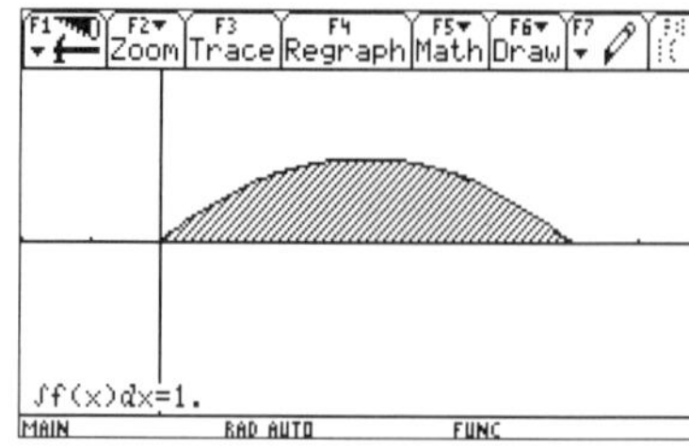

F5 (Math)를 누르고 7: $\int$ f(x)dx를 선택한 후 ENTER 를 누른다.

'Lower Limit'라는 글자가 나타나면 0이라고 입력하고 ENTER 를 누른다.

'Upper Limit'라는 글자가 나타나면 6이라고 입력하고 ENTER 를 누른다.

예상대로 전체의 넓이는 1이다.

② 2nd [$\int$](k× 2nd [e^x]((-) 2x),x,0,∞)를 입력하고 ENTER 를 누른다.

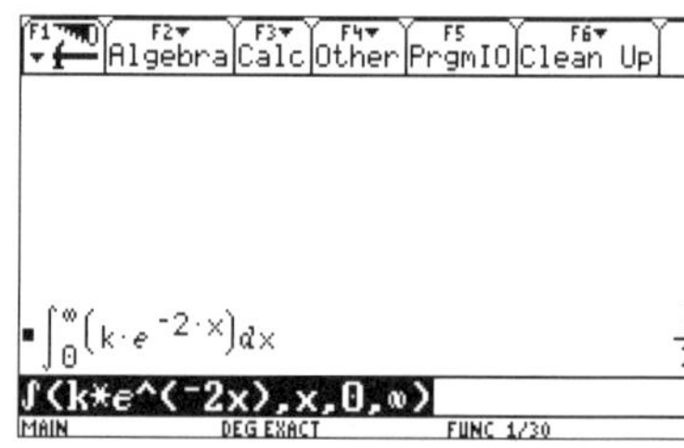

확률의 합이 1이기 때문에 $k=2$이다.

◆ [Y=]을 누른다.

y1=when(x<0,0,2× 2nd [e^x]((-) 2x))를 입력하고 ENTER 를 누른다.

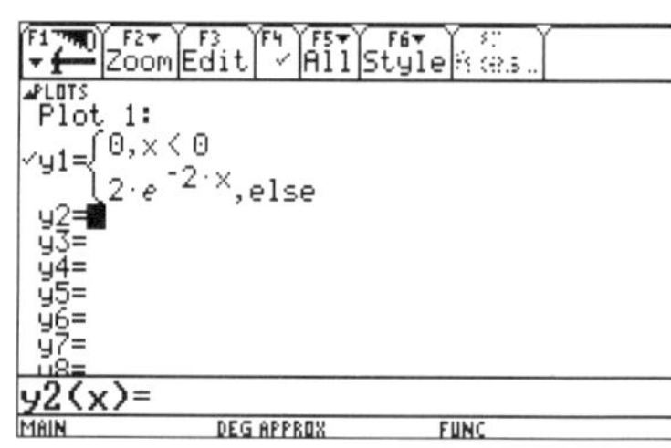

◆ [WINDOW]를 누르고 다음을 입력한다.

xmin=−1

xmax=3

ymin=−1

ymax=3

◆ [GRAPH]를 누른다.

$y=f(x)$는 x축의 위쪽에 놓여 있고 모든 확률이 음수가 아니라는 조건을 만족시킨다. 상수 k의 값을 구할 때 사용하였듯이 그래프 아래쪽의 전체의 넓이는 1이다.

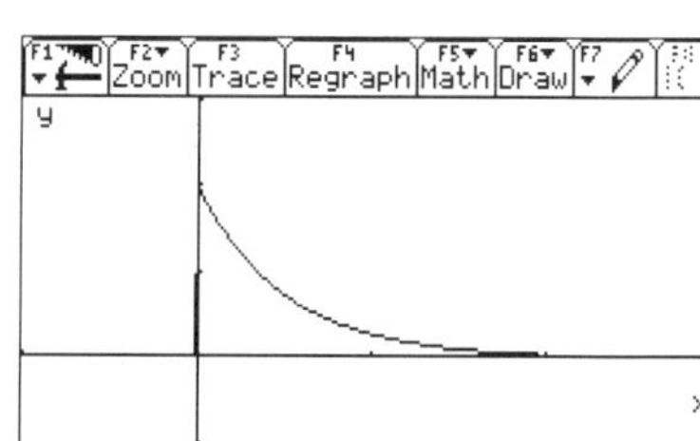

연습문제

1. 확률밀도함수 $f(x)$가 다음과 같을 때, 상수 k의 값을 구하고, $y=f(x)$의 그래프를 그려라.
   ① $0 \le x \le 1$일 때 $f(x)=k(x+1)$
   그 이외의 구간에서는 0
   ② $0 \le x \le 5$일 때 $f(x)=kx(5-x)$
   그 이외의 구간에서는 0
   ③ $0 \le x \le \pi$일 때 $f(x)=k \sin x$
   그 이외의 구간에서는 0
   ④ $0 \le x \le k+1$일 때
   $f(x)=x(k-x+1)$
   그 이외의 구간에서는 0
   ⑤ 모든 실수 값에 대하여 $f(x)=\dfrac{k}{1+x^2}$

> **CAS 도움말**
> 구간 함수를 그릴 때, '조건'을 나타내는 명령어 [2nd][|]은 가상의 점근선을 나타내지 않기 때문에 When 함수보다 더 유용하다.

2. 다음에 주어진 각 함수 $y=f(x)$의 그래프를 그리고, 연속확률변수의 확률밀도함수가 될 수 있는 것은 어느 것인지 선택하여라. 그리고 이유를 설명하여라.
   ① $-1 \le x \le 1$일 때, $f(x)=2x-1$
   그 이외의 구간에서는 0
   ② $0 \le x \le 1$일 때, $f(x)=2x+1$
   그 이외의 구간에서는 0
   ③ $1 \le x \le 2$일 때, $f(x)=2x-2$
   그 이외의 구간에서는 0

3. 연속하여 걸려오는 전화의 시간 간격 t(분)는 $t \ge 0$일 때 $f(t)=ae^{-at}$이고(a는 분당 비율), 그 이외의 값에서는 0인 확률밀도함수를 갖는 연

속확률변수이다. 어느 사업체에서 시간당 75건의 비율로 연속하여 전화가 걸려올 때, 다음 물음에 답하여라.

① $a=1.25$인 이유를 설명하여라.

② 연속하여 걸려오는 전화의 시간 간격이 정확히 1분일 확률을 구하여라.

③ 연속하여 걸려오는 전화의 시간 간격이 1분 이하일 확률을 구하여라.

④ 연속하여 걸려오는 전화의 시간 간격이 3분 이상일 확률을 구하여라.

⑤ 전화가 시간당 75건의 비율로 걸려올 때, 연속하여 걸려오는 전화의 시간 간격의 평균이 얼마인지 예상하여라.

탐구활동

1. 주어진 함수가 확률밀도함수가 되도록 a, b의 값을 정하여라.

① $x \geq a$일 때, $f(x)=e^{-(x-b)}$
그 이외의 구간에서는 0

② $x \geq 0$일 때, $f(x)=ae^{-bx}$
그 이외의 구간에서는 0

③ $f: R \to R$일 때, $f(x)=\dfrac{a}{x^2+b^2}$

12.4 연속확률변수의 요약통계량

연속확률변수 X의 확률밀도함수 $f(x)$에 대하여, 평균 μ와 분산 σ^2은 $f(x)>0$인 R의 부분집합에서 $\mu=\int xf(x)\,dx$, $\sigma^2=\int (x-\mu)^2 f(x)\,dx$으로 정의된다. 분산은 $\sigma^2=\int x^2 f(x)\,dx-\mu^2$으로 나타낼 수도 있다. 표준편차 σ는 분산의 양의 제곱근이다. 중앙값($x=m$까지 $f(x)$의 아래쪽 넓이가 0.5가 되는 m으로 정의)과 최빈값($f(x)$가 $x=M$에서 최댓값을 갖는 M으로 정의)도 자주 사용된다.

예제 1

연속확률변수 X의 확률밀도함수가 다음과 같을 때, μ, σ^2, σ의 값을 구하여라.

① $0\le x\le 6$일 때 $f(x)=x(6-x)/36$
그 이외의 구간에서는 0

② $x\ge 0$일 때, $f(x)=2e^{-2x}$
그 이외의 구간에서는 0

풀이

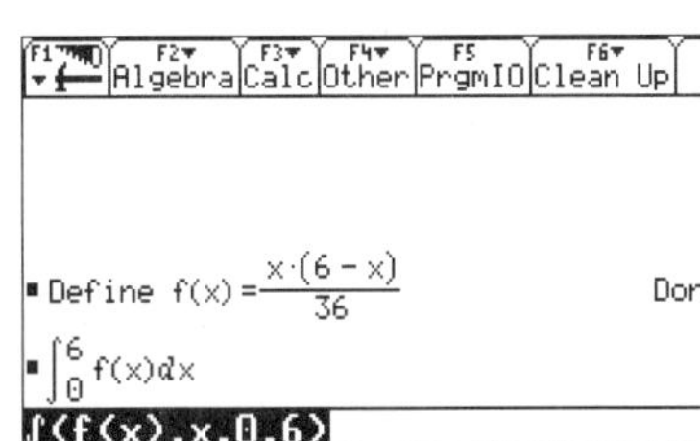

① [◆][CALC HOME]을 누른다.
[F4](Other)를 누르고 1:Define을 선택한 후 [ENTER]를 누른다.
Define f(x)=x×(6−x)÷36을 입력하고 [ENTER]를 누른다.
[2nd][$\int$](f(x),x,0,6)를 입력하고 [ENTER]를 누른다.
전체의 넓이가 1임을 알 수 있다. 그러므로 $f(x)$는 확률밀도함수로 적합하다.

평균 구하기 :

2nd [$\int$](x×f(x),x,0,6)를 입력하고 ENTER를 누른다.

평균 $\mu=3$이다.(함수 $y=f(x)$의 그래프가 정확히 $x=3$에 대해서 대칭이기 때문에 평균이 3인 것은 그다지 놀라운 것이 아니다.)

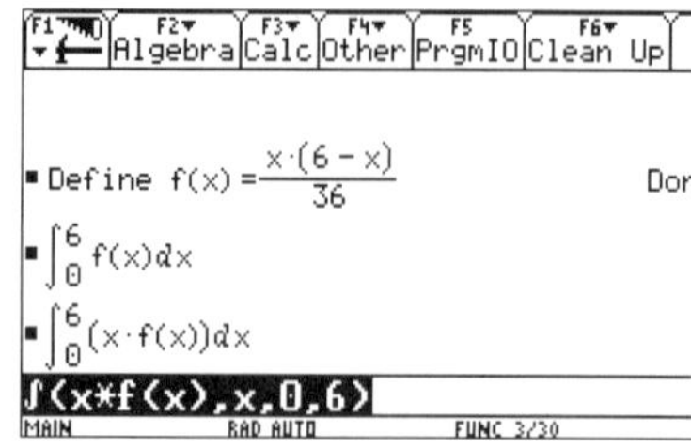

$\sigma^2=\int(x-\mu)^2 f(x)\,dx$을 이용하여 분산 구하기 :

2nd [$\int$]((x−3)^2×f(x),x,0,6)를 입력하고 ENTER를 누른다.

분산 $\sigma^2=\dfrac{9}{5}$이고, 분산의 양의 제곱근인 표준편차 $\sigma=\dfrac{3\sqrt{5}}{5}$이다.

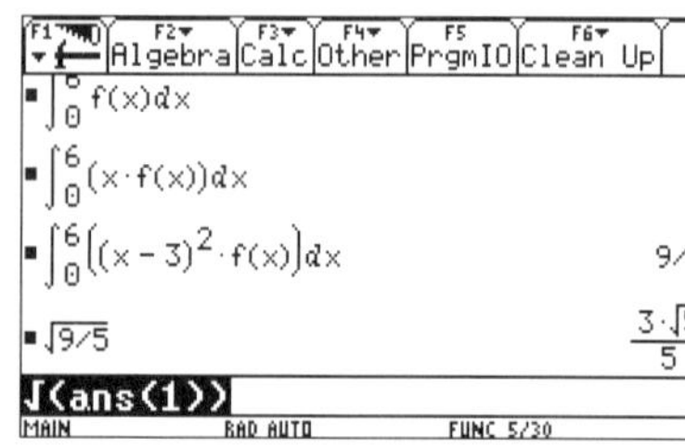

다른 방법으로, 공식 $\sigma^2=\int x^2 f(x)\,dx-\mu^2$을 사용하여 분산을 구해보자.

2nd [$\int$](x^2×f(x),x,0,6) − 3^2를 입력하고 ENTER를 누른다.

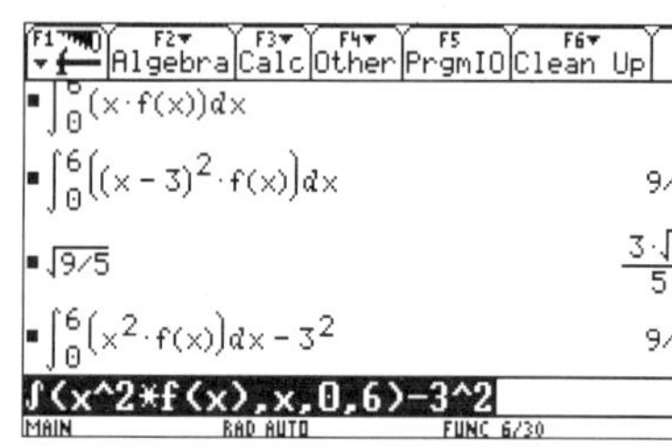

② ◆ [CALC HOME]을 누른다.

F4 (Other)를 누르고 1:Define을 선택한 후 ENTER를 누른다.

Define f(x)=2× 2nd [e^x]((-) 2×x)를 입력하고 ENTER를 누른다.

2nd [$\int$](f(x),x,0,∞)를 입력하고 ENTER를 누른다.

전체의 넓이는 1이다. 그러므로 $f(x)$는 확률밀도함수로 적합하다.

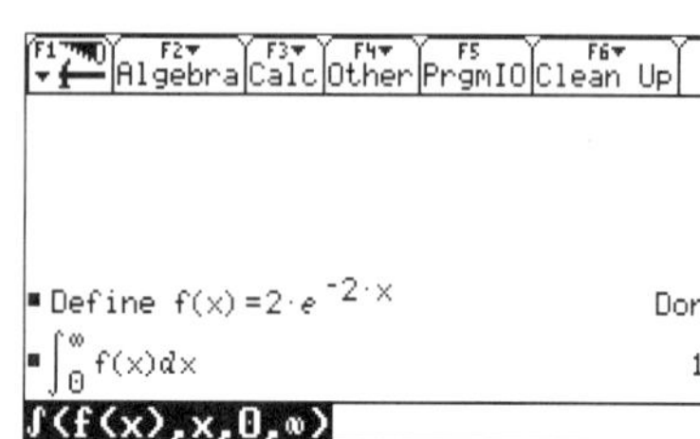

평균 구하기 :

[2nd][$\int$](x×f(x),x,0,∞)를 입력하고 [ENTER]를 누른다.

따라서 평균 $\mu=1/2$이다.

분산 구하기 :

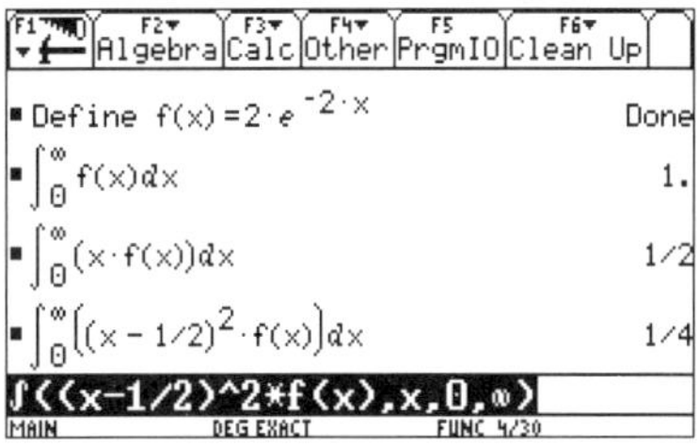

[2nd][$\int$]((x−1÷2)^2×f(x),x,0,∞)를 입력하고 [ENTER]를 누른다.

분산 $\sigma^2=\dfrac{1}{4}$이고, 분산의 양의 제곱근인 표준편차 $\sigma=\dfrac{1}{2}$이다.

예제 2

연속확률변수 X의 확률밀도함수는

$0\le x\le 1$에서 $f(x)=12x^2(1-x)$이고, 그 이외의 구간에서는 0이다.

① 함수 f의 그래프를 그리고, 그래프의 아래쪽 전체의 넓이가 1임을 보여라.

② 최빈값 M과 평균 μ의 값을 구하고, X가 평균과 최빈값 M 사이에 있을 확률을 정확하게 계산하여라.

③ 중앙값 m의 근사값을 구하여라.

풀이

① [◆][CALC HOME]을 누른다.

[F4](Other)를 누르고 1:Define을 선택한 후 [ENTER]를 누른다.

Define f(x)=12×x^2×(1−x)를 입력하고 [ENTER]를 누른다.

[◆][Y=]을 누른다.

y1=when(x<0 or x>1,0,f(x))를 입력하고 [ENTER]를 누른다.

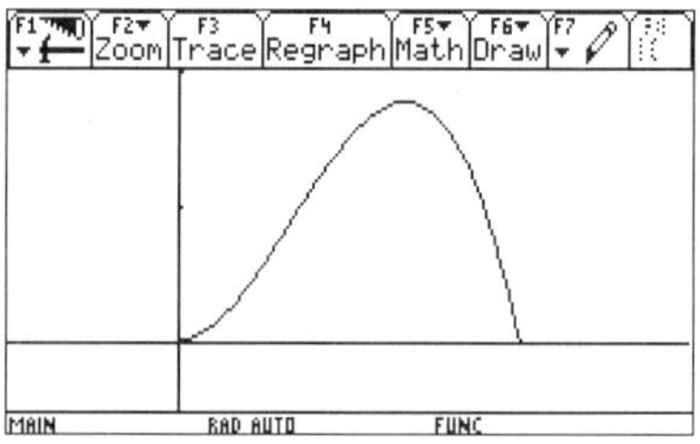

[◆][WINDOW]를 누르고 다음을 입력한다.

xmin=−0.5

xmax=1.5

ymin=−0.5

ymax=2

[◆][GRAPH]를 누른다.

$y=f(x)$는 x축의 위쪽에 놓여 있다. 따라서 모든 확률이 음수가 아니라는 조건을 만족시킨다.

그래프 아래쪽의 넓이가 1임을 확인하기 :

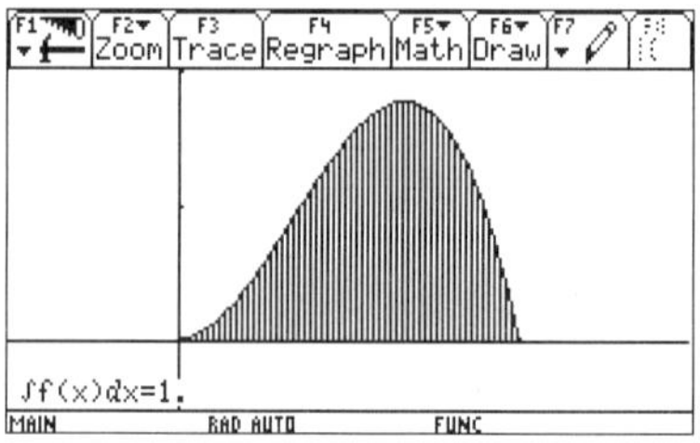

[F5](Math)를 누르고 7: $\int$ f(x)dx를 선택한 후 [ENTER]를 누른다.

'Lower Limit'라는 글자가 나타나면 0이라고 입력하고 [ENTER]를 누른다.

'Upper Limit'라는 글자가 나타나면 1이라고 입력하고 [ENTER]를 누른다.

예상했던 것처럼 전체의 넓이는 1이다.

② 그래프를 이용하여 최빈값의 근사값 구하기 :

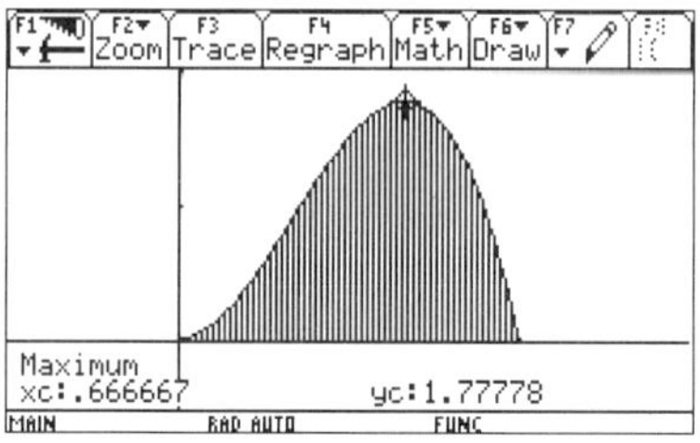

[F5](Math)를 누르고 4:Maximum을 선택한 후 [ENTER]를 누른다.

'Lower Limit'라는 글자가 나타나면 0이라고 입력하고 [ENTER]를 누른다.

'Upper Limit'라는 글자가 나타나면 1이라고 입력하고 [ENTER]를 누른다.

$x=0.66667$일 때 최댓값은 1.7778이다. 그러므로 최빈값 $M=0.66667$이다.(최빈값의 좀 더 정확한 표현이 2/3이라는 것을 주목하자.)

이번에는 미적분의 계산을 포함하여 엄밀한 방법들을 살펴보자.

◆ [CALC HOME]을 누른다.

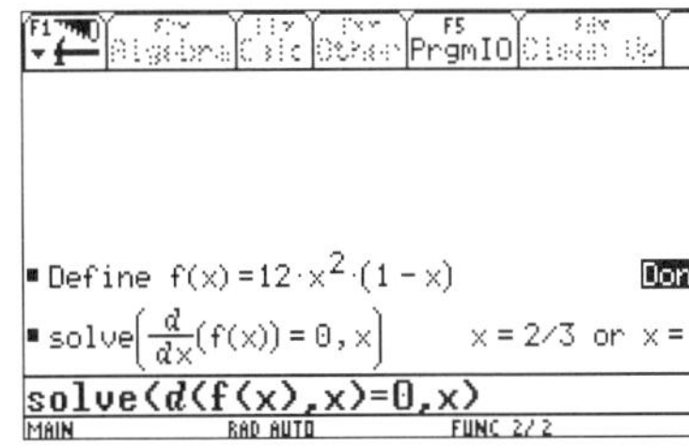

F2 (Algebra)를 누르고 1:solve(를 선택한 후 ENTER를 누른다.

solve(2nd [d](f(x),x)=0,x)를 입력하고 ENTER를 누른다.

두 개의 값 0과 2/3가 구해진다. 그래프는 $x=2/3$일 때 최댓값을 가짐을 보여준다. 따라서 최빈값 $M=2/3$이다.

2nd [∫](x×f(x),x,0,1)를 입력하고 ENTER를 누른다.

$\mu=3/5$이다. $3/5<2/3$이기 때문에 구하고자 하는 확률은 $P_r(3/5<X<2/3)$이다.

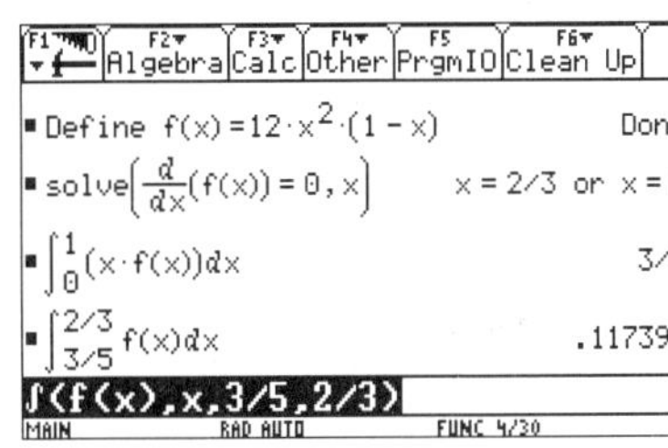

2nd [∫](f(x),x,3÷5,2÷3)를 입력하고 ◆ ENTER를 누른다.

[참고 : ◆ ENTER는 결과값을 소수로 표현해준다.]

따라서 구하고자하는 확률은 0.1174이다.

③ 중앙값 m을 구하려면 곡선의 아래쪽 부분 넓이를 이등분하는 점을 찾아야 한다. 즉, m까지의 넓이가 1/2이 되는 점이다.

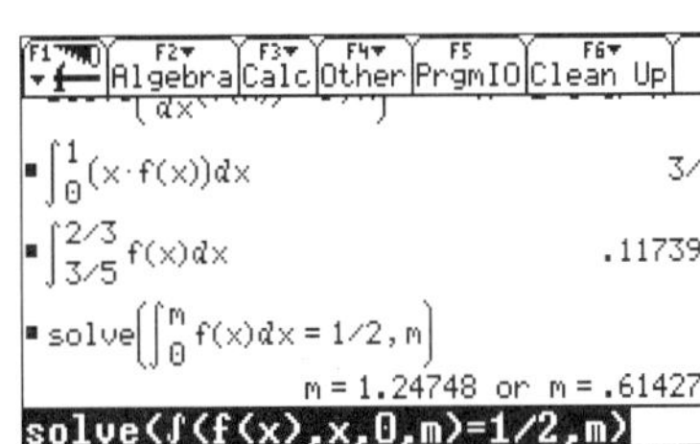

F2 (Algebra)를 누르고 1:solve(를 선택한 후 ENTER를 누른다.

solve(2nd [∫](f(x),x,0,m)=1÷2,m)을 입력하고 ENTER를 누른다.

적분 명령어는 0부터 m까지의 넓이를 m에 관한 식으로 나타내주며, solve 명령어는 m에 관한 방정식을 풀어준다. 결과값이 소수로 구해진다는 점에 주의한다. 이것은 방정식이 정확한 결과값을 구하기에는 너무 어렵기 때문이다. $0<m<1$에서 $m=0.614$이다.($m=0.614$가 아닌 또 다른 m값이 존재하는 이유는 무엇인가?)

연습문제

1. 연속확률변수 X의 확률밀도함수가 다음과 같을 때, μ, σ^2, σ의 값을 구하여라.
   ① $0\le x\le 1$일 때 $f(x)=k(x+1)$
   그 이외의 구간에서는 0
   ② $0\le x\le 5$일 때 $f(x)=kx(5-x)$
   그 이외의 구간에서는 0
   ③ $0\le x\le \pi$일 때 $f(x)=k\sin x$
   그 이외의 구간에서는 0
   ④ $0\le x\le k+1$일 때
   $f(x)=x(k-x+1)$
   그 이외의 구간에서는 0
   ⑤ 모든 실수 값에 대하여 $f(x)=\dfrac{k}{1+x^2}$
   이 문세의 경우 어떤 일이 일어나는가?

CAS 도움말

최빈값을 결정하는 다른 방법은 F3 (Calc)메뉴에서 fMax 명령어를 사용하는 것이다.
문법은 fMax(함수, 변수)이다. 예를 들어, 예제 2에서 최빈값을 구하기 위해 fMax(12×x^2×(1−x),x) | x>0 and x<1을 입력하면 된다.

2. 연속하여 걸려오는 전화의 시간 간격 t(분)는 $t\ge 0$일 때 $f(t)=2ae^{-at}$이고(a는 분당 비율), 그 이외의 값에서는 0인 확률밀도함수를 갖는 연속확률변수이다. 어느 사업체에서 시간당 75건의 비율로 연속하여 전화가 걸려올 때, 다음 물음에 답하여라.
   ① μ의 값을 구하여라.
   ② 표준편차 σ가 평균 μ와 같음을 보여라.

③ 확률 $P_r(\mu-2\sigma<T<\mu+2\sigma)$을 구하여라.

3. 연속확률변수 X의 확률밀도함수는 $0\le x\le 2$에서 $f(x)=kx(2-x)^2$이고 그 이외 구간에서는 0일 때, 다음 물음에 답하여라.

① k의 값을 구하고, f의 그래프를 그려라.

② 최빈값 M과 평균 μ의 값을 구하고, X가 최빈값과 평균 사이에 있을 확률을 구하여라.

③ 중앙값 m을 명확한 값으로 구할 수 없다면 중앙값 m이 평균과 최빈값 사이에 있음을 보여라.

[**힌트** : $P_r(X\le m)=1/2$임을 이용하여 $P_r(X\le \mu)$, $P_r(X\le M)$을 구한다.]

④ 문제 ③에서 m의 근사값을 구하여라.

12.5 이항분포

'성공'과 '실패'의 두 가지 결과가 나오는 임의의 시행에서 성공할 확률이 $p=P_r$(성공), $0<p<1$이고, 실패할 확률이 $q=P_r$(실패)이면, $p+q=1$이다. 이 실험을 n번 독립시행 한다고 가정해보자. 성공한 횟수를 확률변수 X라 할 때, 독립시행의 확률 $p(x)=P_r(X=x)$는 다음과 같다.

$$p(x)=\begin{bmatrix}n\\x\end{bmatrix}p^x q^{n-x}=\begin{bmatrix}n\\x\end{bmatrix}p^x(1-p)^{n-x},$$

$$x=0,\ 1,\ \cdots,\ n$$

단, $\begin{bmatrix}n\\x\end{bmatrix}$는 ${}_nC_x$를 의미한다. 이 때, 확률변수 X는 이항분포(Binomial distribution)를 따른다고 한다.

CAS 도움말

조합 ${}_nC_r$(는 [2nd][CATALOG]를 눌러서 찾거나 [2nd][MATH]의 7:Probability에서 3:nCr 선택하여 찾을 수 있다. 독립시행의 확률을 구하는 식을 이용하거나 the Statistics with list Editor App 통계 프로그램에서 이항분포의 확률함수를 이용하여 구할 수 있다.

예제 1

확률변수 X가 $n=6$, $p=0.4$인 이항분포를 따른다고 할 때, 다음 물음에 답하여라.

① 확률 $P_r(X=2)$와 $P_r(X\leq 2)$을 구하여라.

② 각 확률변수의 확률을 나열하고, 확률의 합이 1이 됨을 보여라.

③ 확률함수의 그래프를 그려라.

풀이

① [F4](Other)를 누르고 1:Define을 선택한 후 [ENTER]를 누른다.

Define bi(n,p,x)=nCr(n,x)×p^x×(1−p)^(n−x)를 입력하고 [ENTER]를 누른다.

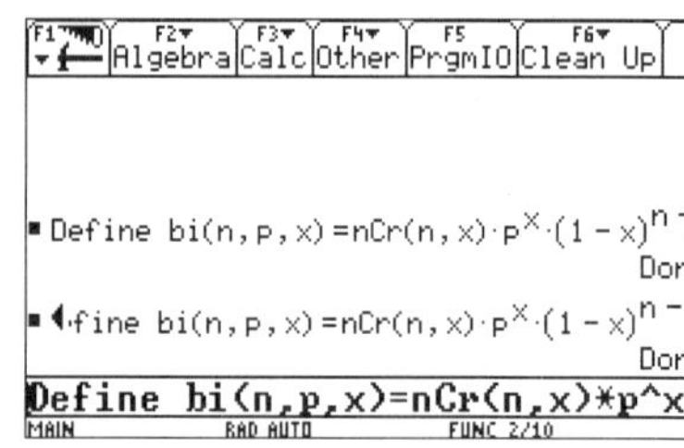

확률 $P_r(X=2)$ 구하기 :

bi(6,.4,2)를 입력하고 [ENTER]를 누른다.

결과는 $P_r(X=2)=0.3110$이다.

확률 $P_r(X\leq 2)$ 구하기 :

[2nd][CATALOG]를 누르고 sum(을 선택한 후 [ENTER]를 누른다.

sum(bi(6,.4,{0,1,2}))를 입력한 후 [ENTER]를 누른다.

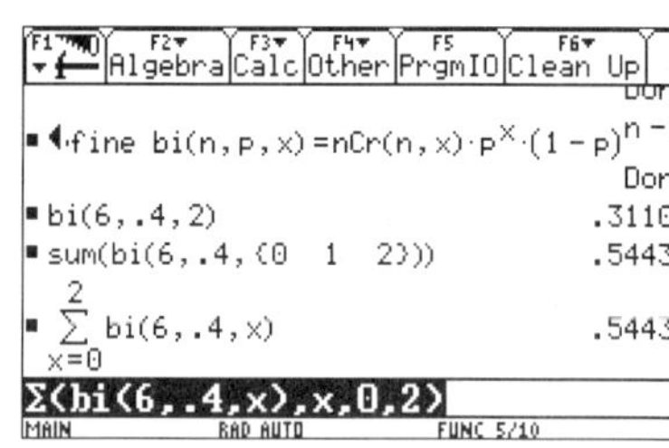

$$P_r(X\leq 2)=P_r(X=0)+P_r(X=1)+P_r(X=2)$$
$$=0.5443$$

이라는 결과를 얻는다.

다른 방법으로, [F3](Calc)를 누르고 4:Σ(sum을 선택한 후 Σbi(6,.4,x),x,0,2)을 입력하고 [ENTER]를 누른다.

② 확률 나열하기 :

bi(6,.4,{0,1,2,3,4,5,6})을 입력하고 ENTER를 누른다.

확률의 합이 1임을 확인하기 :

sum(bi(6,.4,{0,1,2,3,4,5,6}))을 입력하고 ENTER를 누르거나, Σ(bi(6,.4,x),x,0,6)을 입력하고 ENTER를 누른다.

확률은 {0.0467, 0.1866, 0.3110, 0.2765, 0.1382, 0.0369, 0.0041}이고, 예상과 같이 확률의 합은 1이다.

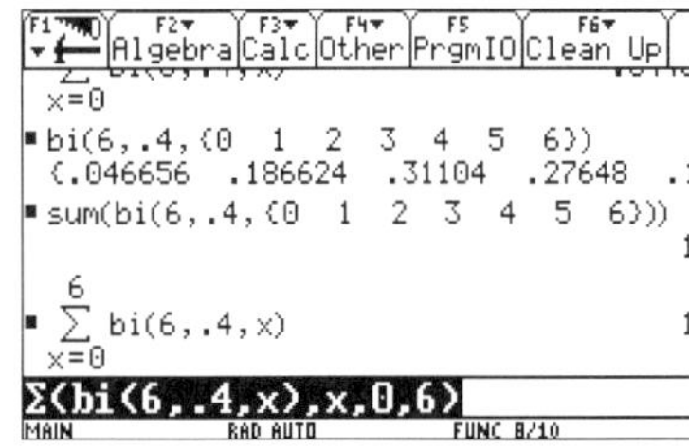

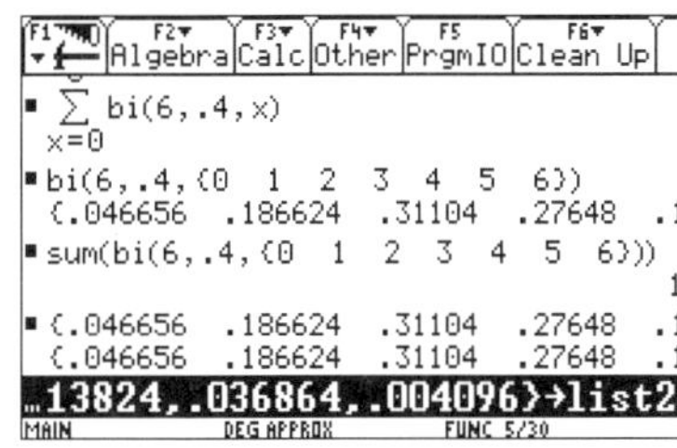

③ 확률함수의 그래프 그리기 :

먼저 list2에 확률을 저장한다.

bi(6,.4,{0,1,2,3,4,5,6,}) STO▸ list2를 입력하고 ENTER를 누른다.

APPS를 누르고 Stats/List Editor를 선택한 후 ENTER를 누른다.

이항분포의 확률이 list2에 자동으로 입력된다.

list1에는 확률변수 x의 값 0,1,2,3,4,5,6을 입력한다.

list2의 값과 list1의 값에 대한 산점도를 그려보자.

F2(Plot)를 누르고 1:Plot Setup...을 선택한다.

F1(Define)을 누르고 새로운 산점도를 정의한다.

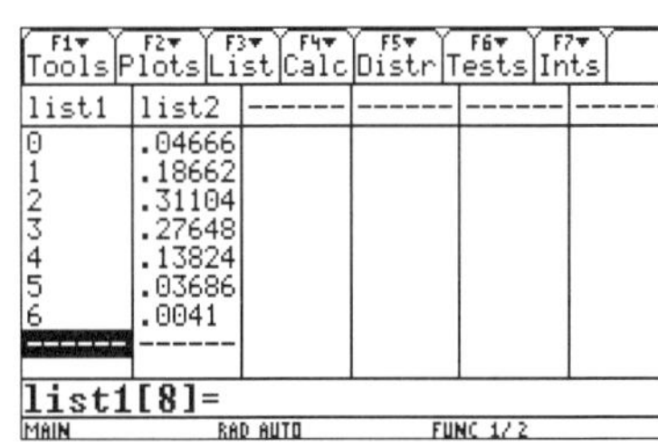

대화상자에 다음과 같이 입력하기 :

Plot Type에서 Scatter를 선택하고, Mark에는 Box를 선택한다.

x에 list1을 입력하고, y에 list2를 입력한다.

ENTER를 눌러서 설정을 저장하고 Plot Setup 창으로 돌아간다.

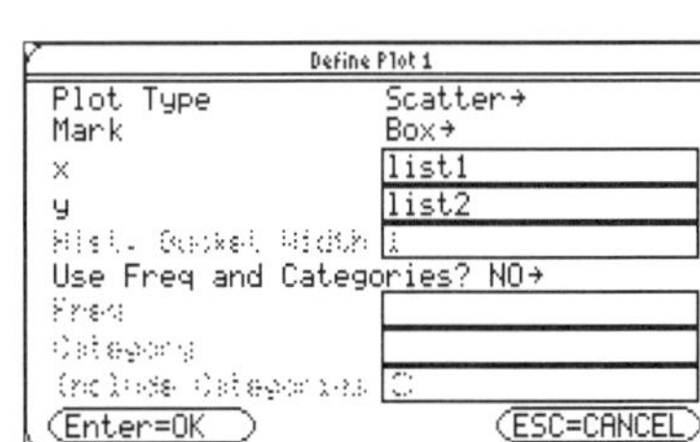

산점도를 적절한 윈도우에 그리기 위해서 [F5] (ZoomData)를 누른다.
6개의 확률이 화면에 나타나며, Trace 기능으로 그래프를 추적할 수 있다.

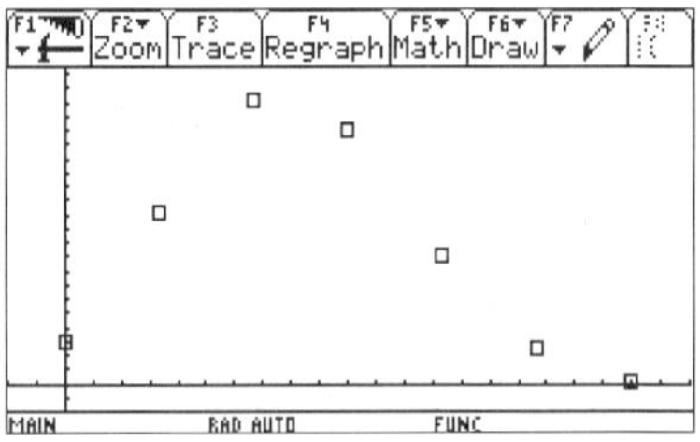

예제 2

확률변수 X가 $n=20$, $p=0.65$인 이항분포를 따른다고 할 때, 다음 물음에 답하여라.

① 확률 $P_r(X=10)$와 $P_r(10 \le X \le 15)$를 구하여라.

② 확률함수의 그래프를 그려라.

③ 예제 1의 방법으로 μ와 σ^2를 구하여라. 또, 공식 $\mu=np$, $\sigma^2=npq$의 결과와 같은지 확인하여라.

> **CAS 도움말**
>
> Stat/List Editor에는 두 가지 함수가 있다 : binormPdf는 확률 $P_r(X=x)$을 계산하는 함수이고, binormCdf는 $P_r(X \le x)$인 형태의 확률과 이러한 확률의 합을 계산하는 함수이다. 두 함수는 예제에서 다양한 방법으로 쓰일 것이다.

풀이

① [2nd] [CATALOG]을 누르고 [F3] (Flash Apps)의 bionormPdf(를 선택한 후 [ENTER]를 누른다.

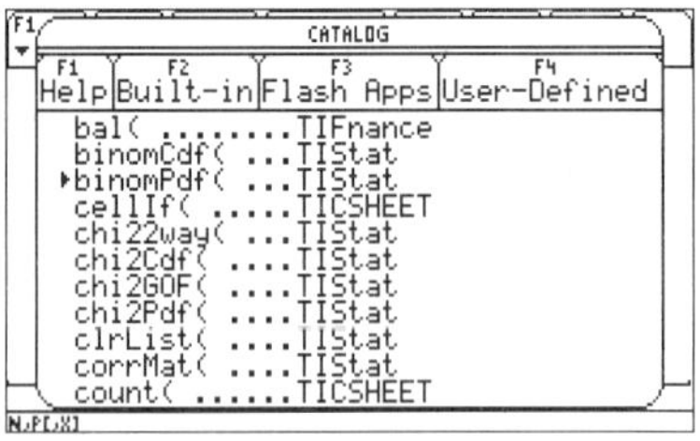

TIStat.binomPdf(20,.65,x) [STO▸] p(x)를 입력하고 [ENTER]를 누른다.
p(10)을 입력하고 [ENTER]를 누른다.
[F3] (Calc)를 누르고, 4:Σ(sum을 선택한 후 [ENTER]를 누른다.
Σ(p(x),x,10,15)를 입력하고 [ENTER]를 누른다.
결과는 $P_r(X=10)=0.0686$,
$P_r(10 \le X \le 15)=0.8286$이다.

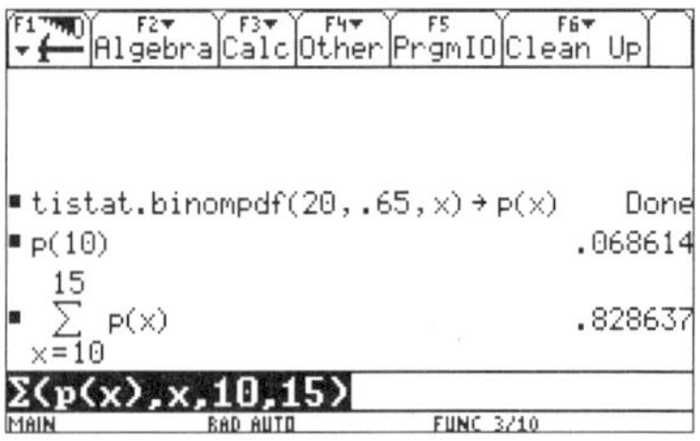

다른 방법으로 [2nd] [CATALOG]를 누르고 [F3] (Flash Apps)에서 binormCdf(를 선택한 후 [ENTER]를 누른다.
TIStat.binomCdf(20,.65,x) [STO▸] c(x)를 입력하고 [ENTER]를 누른다.

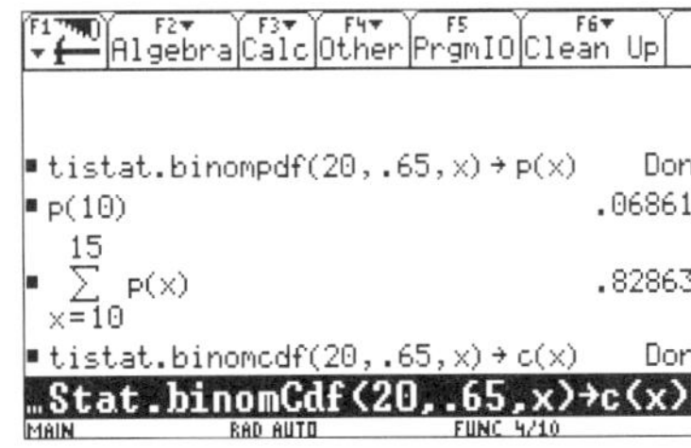

$P_r(10 \le X \le 15) = P_r(X \le 15) - P_r(X \le 9)$
이므로 c(15) − c(9)를 입력하고 [ENTER]를 누른다.

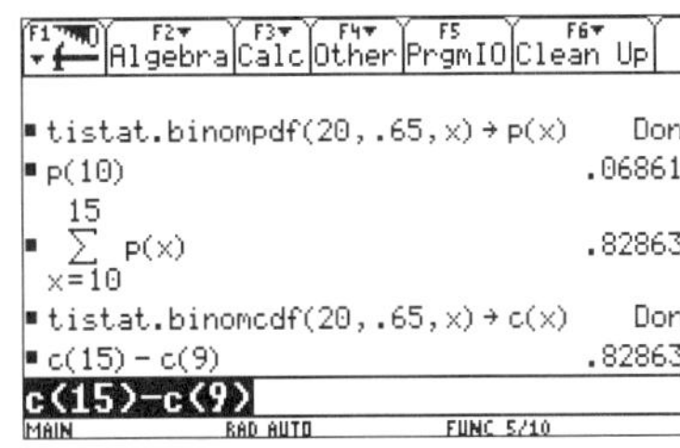

② 확률함수의 그래프 그리기 :
[APPS]를 누르고 Stats/List Editor를 선택한 후 [ENTER]를 누른다.
list1에 x의 값 0,1,2,...,20을 입력한다.
list2 열의 이름(heading)에 커서를 두고(list2부분이 활성화된다), list2=p(list1)을 입력하고 [ENTER]를 누른다.

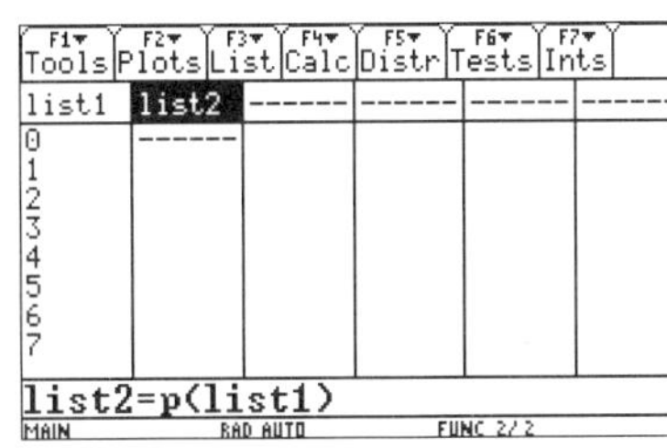

list1의 x의 값에 대응하는 확률이 나타난다.
[참고 : [F5] (Distr)의 B:Binomial Pdf를 선택하여 확률을 직접 계산할 수도 있다.]

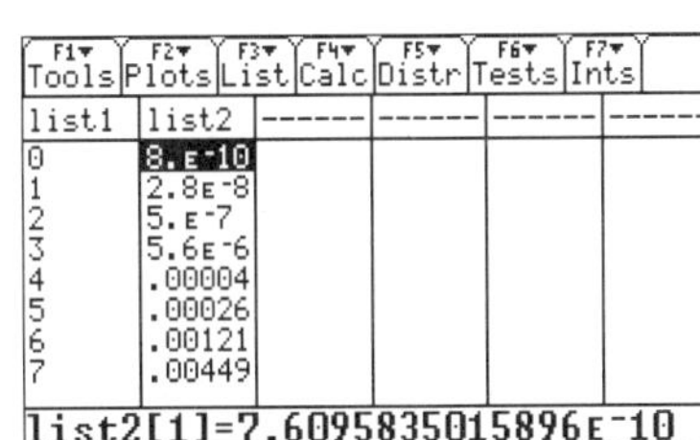

list1과 list2에 관한 그래프 그리기 :
[F2] (Plots)를 누르고 1:Plot Setup...을 선택한다.
[F1] (Define)을 누르고
대화상자에 다음과 같이 입력하기 :
Plot Type에서 Scatter를 선택하고,

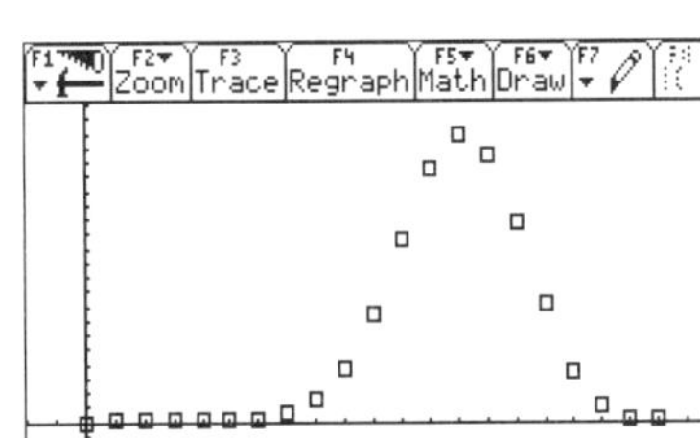

Mark에는 Box를 선택한다.
x에 list1을 입력하고, y에 list2를 입력한다.
ENTER를 눌러서 설정을 저장하고 Plot Setup 창으로 돌아간다.
화면의 크기를 적절히 조절하기 위해 F5 (ZoomData)를 누른다.
21개의 확률이 화면에 나타나며, 트레이스 기능으로 그래프를 추적할 수 있다.

③ ◆ [CALC HOME]을 누른다.

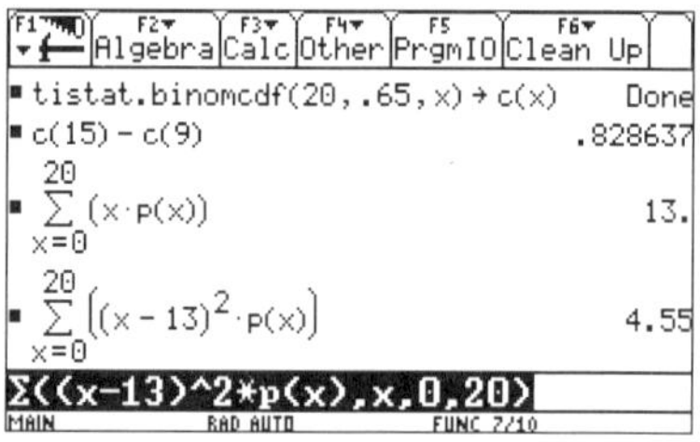

평균 구하기 :
F3 (Calc)를 누르고 4:Σ(Sum을 선택한 후 ENTER를 누른다.
Σ(x×p(x),x,0,20)를 입력하고 ENTER를 누른다.
평균 $\mu=13$이다.
분산 구하기 :
F3 (Calc)를 누르고 4:Σ(Sum을 선택한 후 ENTER를 누른다.
Σ((x−13)^2×p(x),x,0,20)를 입력하고 ENTER를 누른다.
분산 $\sigma^2=4.55$이다.
$np=20\times0.65=13$이고,
$npq=20\times0.65\times0.35=4.55$임을 참고한다. 이 결과는 독립시행의 확률을 구하는 식을 이용하여 계산한 결과와 같다.

연습문제

1. 확률변수 X가 n, p를 가지는 이항분포를 따른다고 할 때, 다음의 확률을 구하고, 확률함수의 그래프를 그려라. 또, 예제 1의 방법으로 μ와 σ^2을 구하고, $\mu=np$, $\sigma^2=npq$의 결과와 같음을 확인하여라.

   ① $n=4$, $p=0.25$, $P_r(X>1)$, $P_r(1\le X\le 3)$

   ② $n=5$, $p=0.61$, $P_r(X\le 3)$, $P_r(0<X\le 4)$

   ③ $n=7$, $p=0.32$, $P_r(X\ge 2)$, $P_r(1<X<5)$

2. 확률변수 X가 n, p를 가지는 이항분포를 따른다고 할 때, 다음의 확률을 구하고, 확률함수의 그래프를 그려라. 또, 예제 1의 방법으로 μ와 σ^2을 구하고, $\mu=np$, $\sigma^2=npq$의 결과와 같음을 확인하여라.
   위의 예제 2에서 사용했던 이항분포의 확률함수를 이용하여라.

   ① $n=15$, $p=0.45$; $P_r(X>9)$; $P_r(8\le X\le 13)$

   ② $n=25$, $p=0.45$; $P_r(X\le 4)$; $P_r(2<X\le 12)$

   ③ $n=7$, $p=0.9$; $P_r(X\ge 23)$; $P_r(21<X<28)$

탐구활동

1. 어느 풍선 공장에서는 30개의 풍선을 하나의 꾸러미로 포장하여 판매한다. 생산된 전체 풍선 중에 R%의 풍선이 생산 과정상의 문제로 인해

불량품이 된다고 한다. 풍선공장은 소비자가 한 꾸러미에서 2개 이상의 불량품을 발견하는 경우, 제품에 대한 신뢰도를 상실하여 다음 구매로 이어지지 않는다는 것을 알고 있다.

① 한 개의 꾸러미에 두 개 이상의 불량품 풍선이 들어있을 확률은 R의 값이 변함에 따라 어떻게 변하는지 조사하여라.

② 소비자가 30개 중 2개 이하의 불량품이 들어있는 풍선 꾸러미를 사게 될 확률이 최소한 (i) 90%, (ii) 95%가 되려면 풍선의 몇 퍼센트가 정상품이어야 하는가?

12.6 초기하 분포

크기 N인 모집단에서 D는 결함이 있는 원소의 개수이다. 꺼낸 원소를 다시 넣지 않고, 크기 n인 표본을 임의로 선택하고자 한다. 만약 X가 결함이 있는 원소의 개수라 하면, 초기하분포의 확률 $p(x)=P_r(X=x)$은

$$p(x)=\frac{\begin{bmatrix}D\\x\end{bmatrix}\begin{bmatrix}N-D\\n-x\end{bmatrix}}{\begin{bmatrix}N\\n\end{bmatrix}},\quad x=0,\ 1,\ \cdots,\ n$$

이다.

이때 확률변수 X는 초기하 분포(Hypergeometric distribution)를 따른다고 한다.

> **CAS 도움말**
>
> 네 개의 성분을 갖는 함수를 정의하기 위해 F4 (Define) 명령어를 사용한다. 대문자는 대응하는 소문자와 같은 변수를 나타내므로, 초기하 분포의 N과 n은 다른 기호를 사용하여야 한다. N은 모집단 크기를 나타내므로, 여기서는 npop을 사용한다. (Stats/List Editor는 초기하 함수를 제공하지 않는다.)

예제 1

$N=12$, $D=5$, $n=4$인 초기하 분포에 대하여 다음 물음에 답하여라.

① $P_r(X=2)$와 $P_r(X\leq 2)$를 구하여라.

② 확률을 나열하고 확률의 합이 1이 됨을 보여라.

③ 확률의 그래프를 그려라.

풀이

① F4 (Other)을 누르고 Define을 선택한 후 ENTER 를 누른다.
hg(npop,d,n,x) = nCr(d,x) × nCr(npop − d,n − x) ÷ nCr(npop,n)를 입력하고 ENTER 를 누른다.

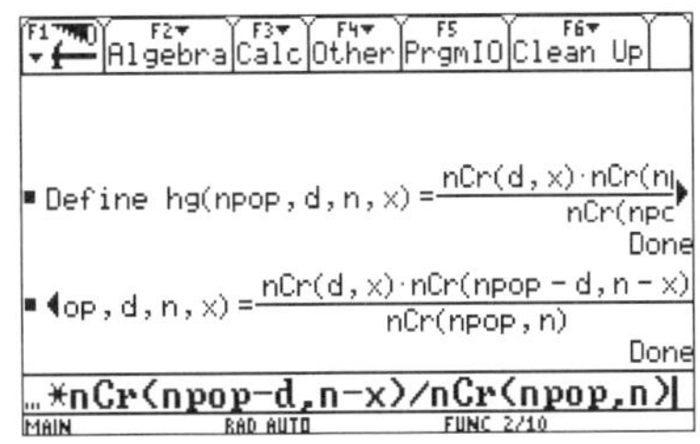

확률 $P_r(X=2)$ 구하기 :
hg(12,5,4,2)를 입력하고 ENTER 를 누른다.
결과는 $P_r(X=2)=14/33$이다.
$P_r(X\leq 2)=P_r(X=0)+P_r(X=1)+P_r(X=2)$
확인하기 :
sum(hg(12,5,4,{0,1,2}))를 입력하고 ENTER 를 누른다.
결과는 $P_r(X\leq 2)=28/33$이다.

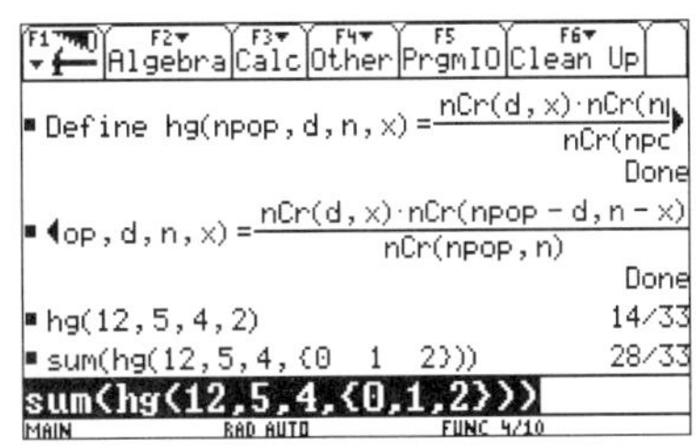

② 확률 나열하기 :
hg(12,5,4,{0,1,2,3,4})를 입력하고 ENTER 를 누른다.
확률의 합이 1임을 확인하기 :
sum(hg(12,5,4,{0,1,2,3,4}))를 입력하고 ENTER 를 누른다.
확률은 {7/99, 35/99, 14/33, 14/99, 1/99}이고 확률의 합이 1이라는 것을 알 수 있다. (확률을 소수 표현으로 고치려면 ◆ ENTER 를 누른다.)

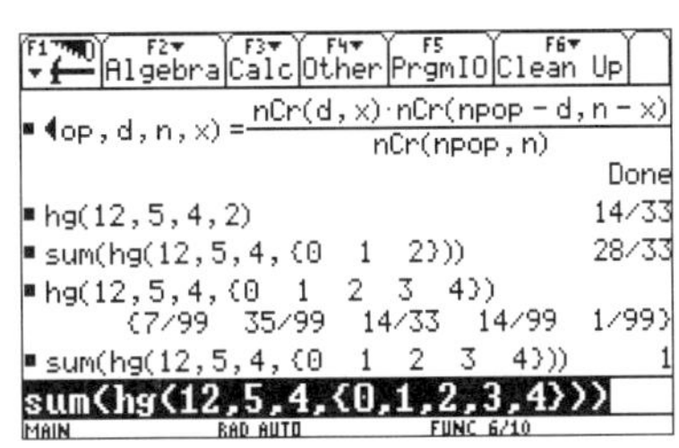

③ 확률함수의 그래프 그리기 :

{7÷99,35÷99,14÷33,14÷99,1÷99} [STO▸] list2를 입력하고 [ENTER]를 누른다.

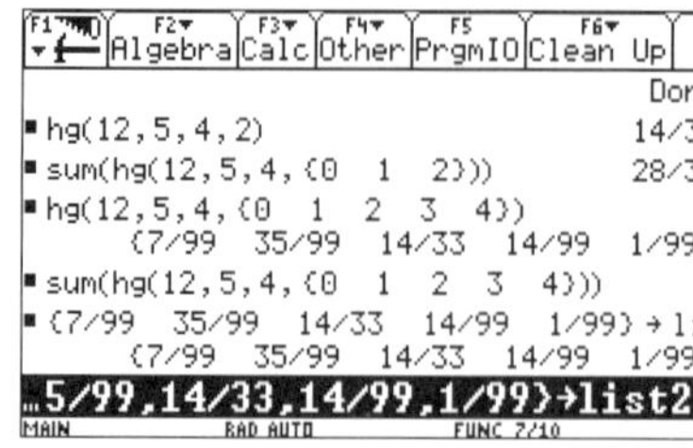

[APPS]를 누르고 Stats/List Editor를 선택한 후 [ENTER]를 누른다.

list1에 x의 값 0, 1, 2, 3, 4를 입력한다.

list2에 초기하 분포의 확률이 나타난다.

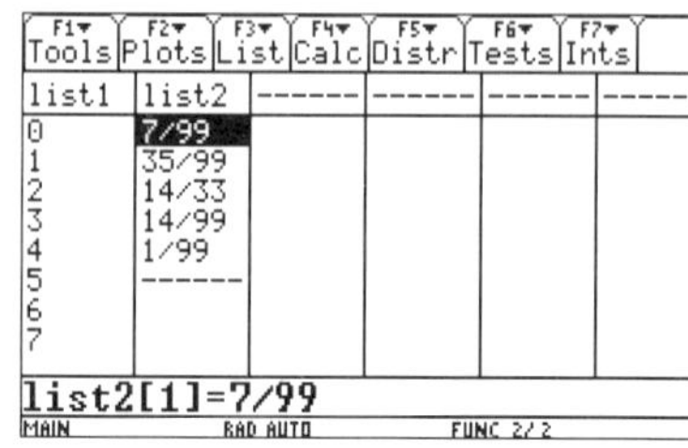

list1과 list2에 관한 산점도 그리기 :

[F2](Plots)를 누르고 1:Plot Setup...을 선택한다.

[F1](Define)을 누른다.

대화상자에 다음과 같이 입력하기 :

Plot Type에서 Scatter를 선택하고

Mark에는 Box를 선택한다.

x에 list1을 입력하고,

y에 list2를 입력한다.

[ENTER]를 눌러서 설정을 저장하고 Plot Setup 창으로 돌아간다.

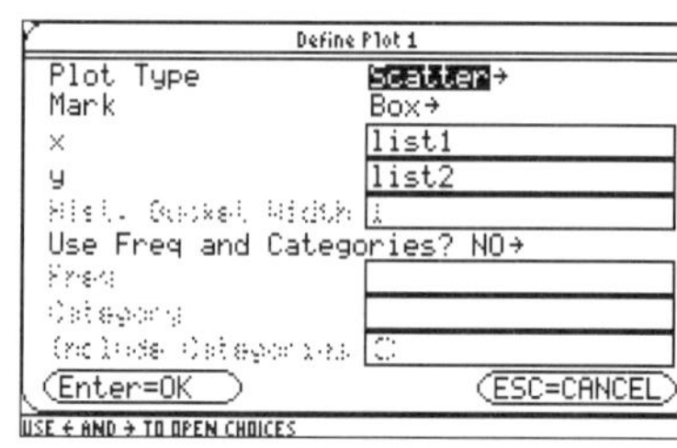

산점도를 적절한 윈도우에 그리기 위해서 [F5](ZoomData)를 누른다.

5개의 확률이 화면에 나타나며, Trace 기능으로 그래프의 자취를 따라갈 수 있다.

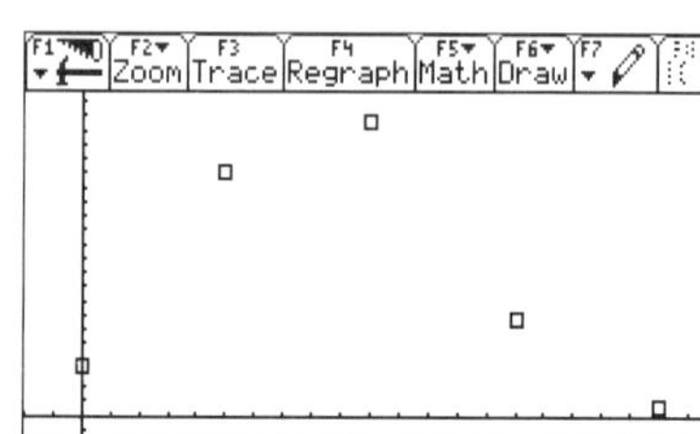

예제 2

$N=25$, $D=6$, $n=5$인 초기하 분포에 대하여 다음 물음에 답하여라.

① 정의를 이용하여 μ와 σ^2을 구하여라.

② 공식 $\mu = \dfrac{nD}{N}$, $\sigma^2 = \dfrac{nD(N-D)(N-n)}{N^2(N-1)}$을 이용하여 구한 결과가 ①의 결과와 일치하는지 확인하여라.

풀이

① 함수 hg(npop,d,n,x) 정의하기 :

[F4](Other)를 누르고, Define을 선택한 후 [ENTER]를 누른다.

hg(npop,d,n,x) = nCr(d,x) × nCr(npop − d,n − x) ÷ nCr(npop,n)를 입력하고 [ENTER]를 누른다.

평균 구하기 :

Σ(x × hg(25,6,5,x),x,0,5)를 입력하고 [ENTER]를 누른다.

평균은 $\mu = 6/5$이다.

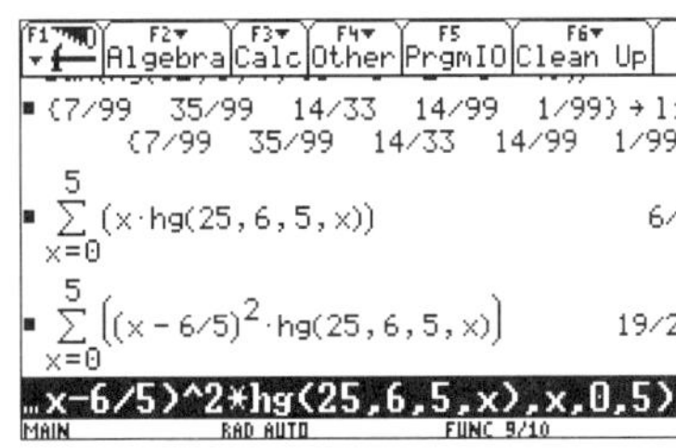

분산 구하기 :

Σ((x − 6 ÷ 5)^2 × hg(25,6,5,x),x,0,5)를 입력하고 [ENTER]를 누른다.

분산은 $\sigma^2 = 19/25$이다.

② $\dfrac{nD}{N} = \dfrac{5\times 6}{15} = 6/5$이고

$$\frac{nD(N-D)(N-n)}{N^2(N-1)} = \frac{5\times 6\times 19\times 20}{25^2\times 24} = 19/25$$

이다.

이 결과가 위의 결과와 일치함을 알 수 있다.

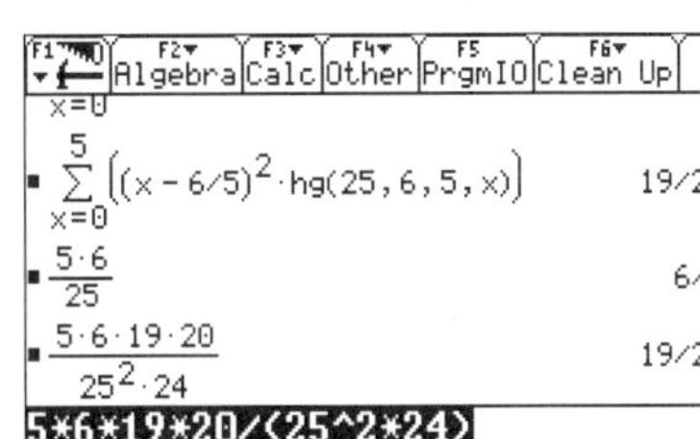

연습문제

1. 다음과 같은 N, D, n을 가지는 확률변수 X가 초기하 분포를 따른다고 한다. 예제의 방법으로 확률을 구하여라. 그리고 확률함수의 그래프를 그려라.

   ① $N=10$, $D=5$, $n=5$, $P_r(X>1)$, $P_r(1\le X<3)$

   ② $N=15$, $D=8$, $n=6$, $P_r(X\le 3)$, $P_r(0<X\le 4)$

   ③ $N=20$, $D=5$, $n=7$, $P_r(X\ge 2)$, $P_r(1<X<5)$

2. 다음과 같은 N, D, n를 가지는 확률변수 X가 초기하 분포를 따른다고 하자. 정의를 이용하여 μ와 σ^2를 구하고, $\mu=\dfrac{nD}{N}$, $\sigma^2=\dfrac{nD(N-D)(N-n)}{N^2(N-1)}$를 사용하여 구한 결과와 일치하는지 확인하여라.

   ① $N=30$, $D=10$, $n=9$

   ② $N=50$, $D=5$, $n=10$

탐구활동

1. '만약 표본의 크기 n이 N, D에 비해 아주 작다면, N, D, n을 변수로 가지는 초기하 분포는 n, p를 변수로 가지는 이항분포에 근사시킬 수

있다. 이때, $p=\frac{D}{N}$는 모집단에서 결함이 있는 원소의 비율이다.'

변수의 값을 다양하게 변화시키면서 이 주장이 맞는지 초기하 분포와 이항분포의 확률을 나란히 나열하면서 탐구해 보아라. 동일한 좌표평면에 확률함수의 그래프를 그려 보아라.

12.7 정규분포

정규분포는 실생활 상황에서 발생하는 여러 가지 종류의 측정 자료에 적용되며, 때로는 근사적으로 적용되기도 한다. 확률을 구하기 위해서는 변수 μ와 σ의 값(평균과 표준편차)을 알아야 한다. $\mu=0$이고 $\sigma=1$인 경우 이 분포를 **표준정규분포**라고 부른다. 정규분포가 정의역 R에서 연속일 때, 확률은 확률밀도함수와 x축으로 둘러싸인 부분의 넓이를 의미한다.

CAS 도움말

정규분포의 확률과 정규분포 곡선은 Stats/List Editor에서 정규분포의 확률밀도함수를 사용하여 구할 수 있다. normPdf 함수는 정규 분포 곡선을 그리기에 유용한 확률밀도함수 f(x)이고, normCdf는 Pr(a≤x≤b) 형태의 확률을 구하는 데 사용하는 함수이다.

예제 1

확률변수 X가 표준정규분포를 따른다고 할 때, 다음 물음에 답하여라.

① $P_r(-0.8\le X\le 1.5)$, $P_r(X<-1)$, $P_r(X>2.347)$를 구하여라.

② $P_r(X\le c)=0.8$이 되는 c를 구하고, $P_r(X\ge d)=0.745$이 되는 d를 구하여라.

③ 표준정규분포 곡선의 그래프를 그려라.

④ $P_r(-0.8\le X\le 1.5)$에 대응하는 영역을 어두운 부분으로 나타내어라.

풀이

표준정규분포에서, normCdf(a,b)의 a, b는 각각 구하려는 확률의 왼쪽 끝값과 오른쪽 끝값을 나타낸다.

① 2nd [CATALOG]을 누르고 F3 (Flash Apps)의 normCdf(를 선택한 후 ENTER 를 누른다.

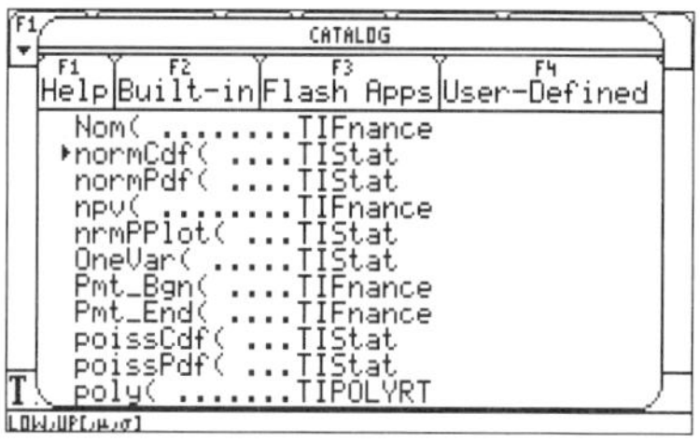

TITStat.normCdf(−.8,1.5)를 입력하고 ENTER 를 누른다.

TITStat.normCdf(−∞,−1)를 입력하고 ENTER 를 누른다.

TITStat.normCdf(2.347,∞)를 입력하고 ENTER 를 누른다.

확률은 각각 0.7213, 0.1587, 0.0095이다.

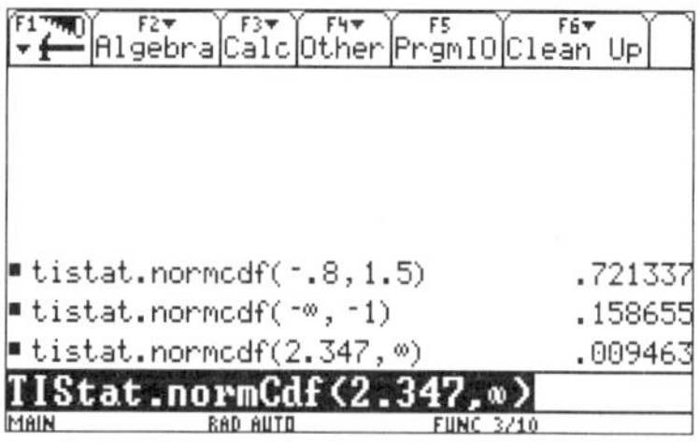

② 이 문제는 invNorm 함수를 사용한다. 정규분포에서 invNorm(p)의 p는 구하고자하는 곡선 아래쪽의 넓이(즉, 확률)이다. 따라서 만약, $P_r(X \le c) = p$이면 invNorm(p)의 값은 c이다.

2nd [CATALOG]을 누르고 F3 (Flash Apps)의 invNorm(을 선택한 후 ENTER 를 누른다.

TISTat.invNorm(.8)을 입력하고 ENTER 를 누른다.

TISTat.invNorm(1−.745)를 입력하고 ENTER 를 누른다.

[참고 : $\Pr(X \ge d) = 0.745$일 때 $\Pr(X < d) = 1 - 0.745$이므로, $p = 1 - 0.745$임을 이용하여 d를 구할 수 있다.]

따라서 $c = 0.8416$이고, $d = -0.6588$이다.

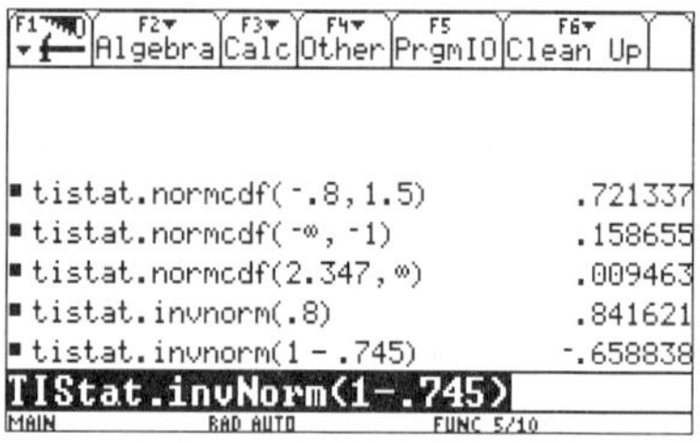

③ 표준정규분포 곡선의 그래프를 그리기 위해서 normPdf를 이용한다. 표준정규분포에서 문법은 normPdf(x)이다.

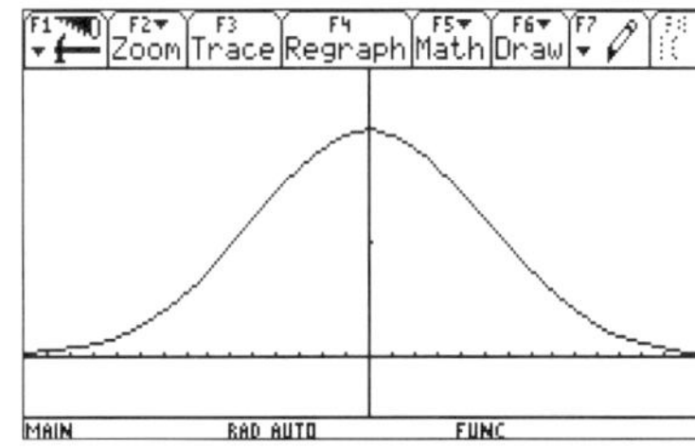

[◆][Y=]를 누른다.
[2nd][CATALOG]를 누르고 [F3](Flash Apps)를 선택한다.
normPdf(를 선택하고 [ENTER]를 누른다.
y1=TIStat.normPdf(x)를 입력하고 [ENTER]를 누른다.
[◆][WINDOW]를 누른다 :
xmin =−3
xmax=3
ymin=−0.1
ymax=0.5
[◆][GRAPH]를 누른다.

④ 영역을 어둡게 표시하기 위해 shadNorm을 사용한다. 표준정규분포에서 문법은 shadNorm (a,b)이다. a와 b사이의 어두운 부분으로 표시된 영역의 넓이가 바로 확률을 나타낸다.

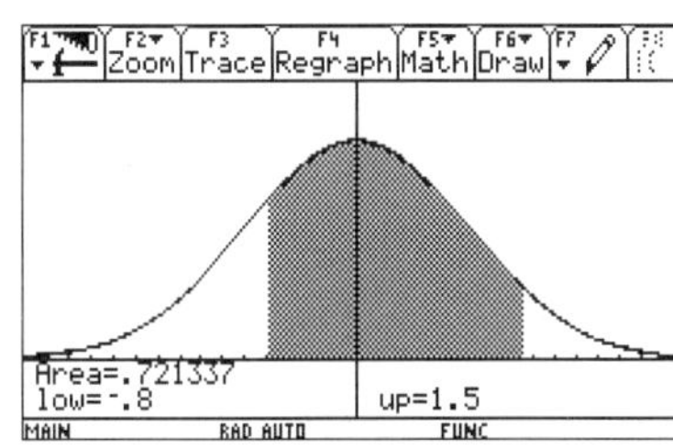

[◆][CALC HOME]을 누른다.
[2nd][CATALOG]를 누르고 [F3](Flash Apps)를 선택한다.
shadNorm(을 선택하고 [ENTER]를 누른다.
TIStat.shadNorm(−.8,1.5)를 입력하고 [ENTER]를 누른다.
[**참고** : 그래프는 자동으로 그려지므로, y1에서 shadNorm기능을 이용하려고 표준정규분포 곡선을 그릴 필요가 없다. 그러나 먼저 윈도우의 크기가 적절한지 확인해야 한다.]

예제 2

확률변수 X가 평균 75, 표준편차 15인 정규분포를 따른다고 할 때, 다음 물음에 답하여라.

① $P_r(48 \le X \le 100)$, $P_r(X < 60)$, $P_r(X > 75)$를 구하여라.

② $P_r(X \le c) = 0.8$을 만족하는 c를 구하고, $P_r(X \ge d) = 0.745$을 만족하는 d를 구하여라.

③ $P_r(X \le 60)$에 해당되는 영역을 어두운 부분으로 표시하여라.

풀이

① 표준정규분포가 아닌 분포에서, 문법은 normCdf(a,b,μ,σ)이다.
2nd [CATALOG]를 누르고 F3 (Flash Apps)를 선택한다.
normCdf(를 선택하고 ENTER 를 누른다.
TIStat.normCdf(48,100,75,15)를 입력하고 ENTER 를 누른다.
TIStat.normCdf(−∞,60,75,15)를 입력하고 ENTER 를 누른다.
TIStat.normCdf(75,∞,75,15)를 입력하고 ENTER 를 누른다.
확률은 각각 0.9163, 0.1587, 0.5이다.

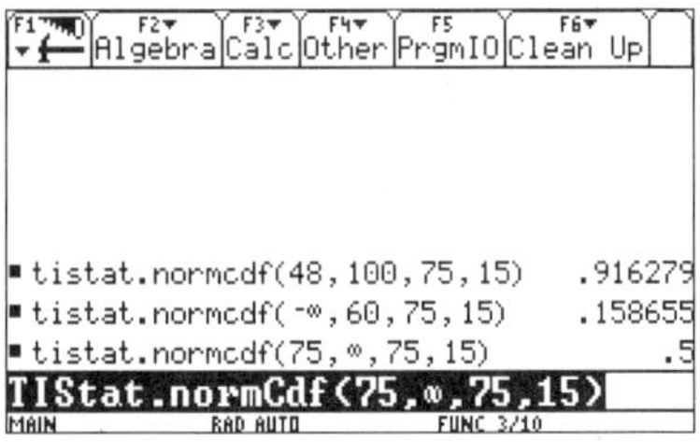

② 이 문제에서 invNorm 함수를 사용할 수 있다. 표준정규분포가 아닌 분포에서 문법은 invNorm(p,μ,σ)이다.
2nd [CATALOG]를 누르고 F3 (Flash Apps)를 선택 한다.
invNorm(을 선택하고 ENTER 를 누른다.

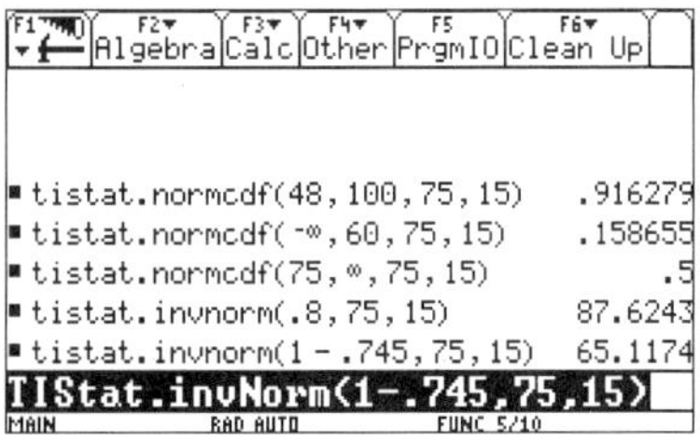

각각의 경우에 명령을 수행하기 위해 다음을 입력한다.

TIStat.invNorm(.8,75,15)를 입력하고 ENTER를 누른다.

TIStat.invNorm(1−.745,75,15)를 입력하고 ENTER를 누른다.

[참고 : $\Pr(X \geq d) = 0.745$이고 $\Pr(X < d) = 1 - 0.745$이므로, $p = 1 - 0.745$임을 이용하면 d를 구할 수 있다.]

따라서 $c = 87.62$이고, $d = 65.12$이다.

③ 이 문제는 shadNorm을 사용한다. 비−표준정규분포에서 문법은 shadNorm(a,b,μ,σ)이다. a와 b 사이의 영역에 어두운 영역이 표시되고, 이 영역의 넓이가 기록되며 이것이 바로 확률이 된다.

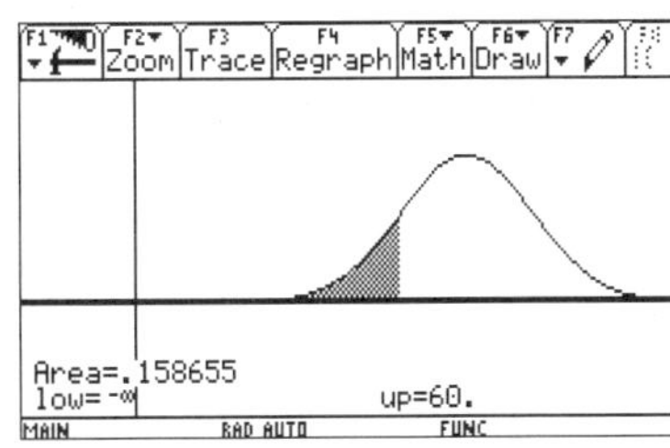

◆[WINDOW]를 누른다 :

xmin = −25

xmax = 125

ymin = −0.02

ymax = 0.04

◆[CALC HOME]을 누른다.

2nd [CATALOG]를 누르고 F3(Flash Apps)를 선택한다.

shadNorm(을 선택하고 ENTER를 누른다.

TIStat.shadNorm(−∞,60,75,15)를 입력하고 ENTER를 누른다.

[참고 : 적절한 윈도우의 크기를 설정하기 위해서 많은 연습이 필요할 것이다.]

연습문제

1. 확률변수 X가 표준정규분포를 따른다고 할 때, 다음 물음에 답하여라.
   ① $P_r(-1.5 \leq X \leq 1.5)$, $P_r(X \leq -0.44)$, $P_r(X > -1.2)$을 구하여라.
   ② $P_r(X \geq c) = 0.91$을 만족하는 c를 구하여라.
   ③ $P_r(-d \leq X \leq d) = 0.62$을 만족하는 d를 구하여라.
   ④ $P_r(-2 < X < 1)$에 해당되는 영역을 어두운 영역으로 표시하고 확률을 구하여라.

2. 확률변수 X가 평균이 50이고 표준편차가 3인 정규분포를 따른다고 할 때, 다음 물음에 답하여라.
   ① $P_r(45 \leq X \leq 52)$, $P_r(X \leq 44)$, $P_r(X > 51.35)$을 구하여라.
   ② $P_r(X \geq c) = 0.05$을 만족하는 c를 구하여라.
   ③ $P_r(-d \leq X \leq d) = 0.99$를 만족하는 d를 구하여라.
   ④ $P_r(45 < X < 54)$에 해당되는 영역을 어두운 영역으로 표시하고 확률을 구하여라.

3. ① 표준정규분포 곡선
   ② $\mu = -1$, $\sigma = 0.5$인 정규분포 곡선
   ③ $\mu = 1$, $\sigma = 2$인 정규분포 곡선의 그래프를 동일한 좌표평면에 나타내어라.

4. 정규분포를 따르는 확률변수 X에 대하여, 확률

변수 X가 다음과 같은 범위에 놓여있을 확률을 구하여라.

① 평균을 중심으로 표준편차의 1배 이내

② 평균을 중심으로 표준편차의 2배 이내

③ 평균을 중심으로 표준편차의 3배 이내

5. 출생 당시 여자 아기의 몸무게는 평균 μkg, 표준편차가 σkg인 정규분포를 따른다고 할 때, 다음 물음에 답하여라.

① $\sigma=0.45$일 때, 임의로 선택된 여자 아기의 몸무게가 3kg 이상일 확률은 0.1870이다. 두 조건을 만족하는 μ의 값을 구하여라.

② $\mu=2.5$일 때, 임의로 선택된 여자 아기의 몸무게가 2kg와 3kg 사이에 있을 확률은 0.7024이다. 두 조건을 만족하는 σ의 값을 구하여라.

③ 임의로 선택된 여자 아기의 몸무게가 3.5kg 이상일 확률이 0.0548이고, 2.3kg 이하일 확률이 0.2119이다. 두 조건을 만족하는 μ와 σ의 값을 구하여라.

탐구활동

1. 이항분포의 확률변수 X는 이산인 반면, 정규분포의 확률변수 Y는 연속이기 때문에, 확률 $P_r(X\leq c)$은 정규분포의 확률 $P_r(Y\leq c+0.5)$와 근사적으로 같게 할 수 있음에 주목해 보자. 충분히 큰 n과 $p=0.5$를 갖는 이항분포는 언제 정규분포에 근사시킬 수 있는지 탐구하여라.

수열과 급수 13
Sequences and series

수열은 어떤 규칙에 따라 순서대로 수를 나열한 것이다. 따라서 수열은 독립변수가 n인 함수의 일반항으로 표현되거나 이웃하는 두 항 사이의 관계로 정의될 수 있다. (후자의 경우는 수열의 귀납적 정의, 점화식 또는 계차 방정식이라 불린다. 수열을 표기하는 방법은 다양하다. 교과서들은 n번째 항에 대한 표현으로 t_n 또는 $t(n)$을 사용하고, u_n 또는 $u(n)$을 사용하는 경우도 있다. 어떤 책에서는 수열의 (첫째항이 어떤 다른 방법으로 조건이 붙지 않는다면) 첫째항 또는 초항으로써 t_1을 사용하는 반면에 다른 책들은 t_0를 사용하기도 한다. Voyage 200에서는 u가 사용되고, n의 값들은 어떤 양의 정수 또는 0에서 시작되는 정수들을 의미한다.

급수는 수열에서 항들의 합이다. 특정 개수의 항들의 합을 구하고자 할 때 이 합은 항들의 간단한 덧셈으로 찾을 수 있다. 다른 방법으로는 제 n항까지의 합에 대한 일반식을 찾기도 한다.

13.1 수열의 그래프

수열의 그래프를 그리는 첫 번째 단계는 그래프 모드를 SEQUENCE로 설정하는 것이다. 수열 식은 [◆][Y=] Editor(함수 편집기)에 입력하고(이 모드는 Function 모드와는 다르게 보일 것이다.) 수열을 귀납적으로 정의 할 때는 첫째항이 필요하다. 줌(Zoom) 기능들을 사용할 수 있지만 대개 표준 윈도우(standard windows)는 수열의 그래프를 그릴 때 거의 사용하지 않는다. 그래서 먼저 적절한 윈도우 설정에 대해 생각해보는 것이 도움이 된다.

> **CAS 도움말**
>
> 원하는 범위로 윈도우를 설정하여라. ZoomFit을 사용하면 구하려는 범위에서 적절한 윈도우를 얻을 수 있다.

예제 1

$t_n = n(n-1),\ n \geq 0$으로 주어진 수열의 그래프를 그려라.

풀이

n의 값이 0부터 10까지일 때 수열의 그래프를 그리기에 충분하다고 가정하자.

[MODE]를 누르고 Graph를 선택한다.

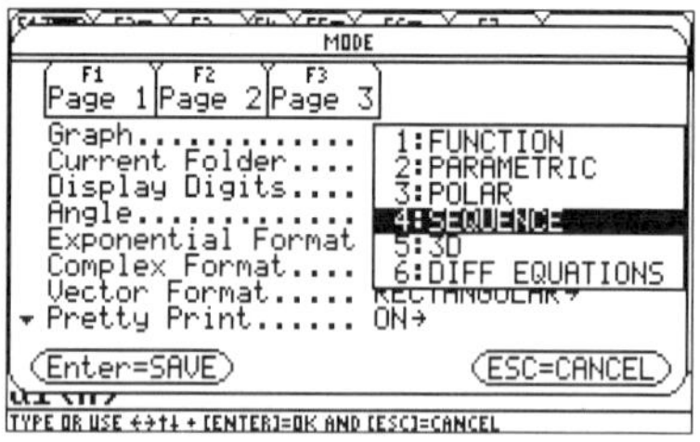

4:SEQUENCE를 선택하고 [ENTER]를 누른 후 [ENTER]를 누른다.

[◆][Y=]을 누른다.

u1=n×(n−1)을 입력하고 [ENTER]를 누른다.

[**참고** : 첫째항 ui1은 무시할 수 있다.]

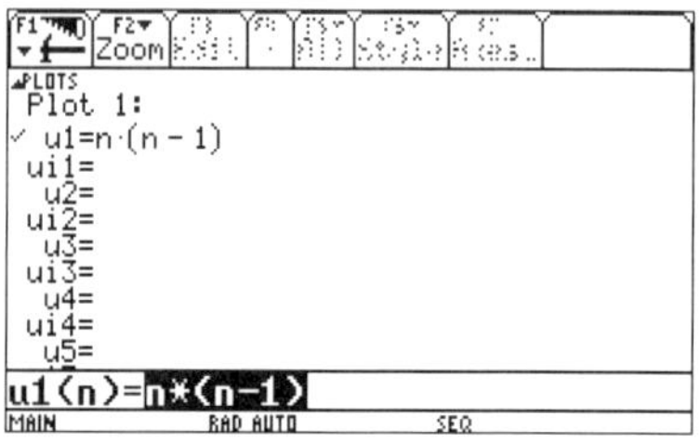

[◆][WINDOW]를 누르고 다음을 입력하기 :

nmin=0

nmax = 10

xmin = 0

xmax = 10

[**참고** : x의 값을 n의 값과 같이 사용한다.]

ymin = 0

ymax = 10

◆[GRAPH]를 누른다.

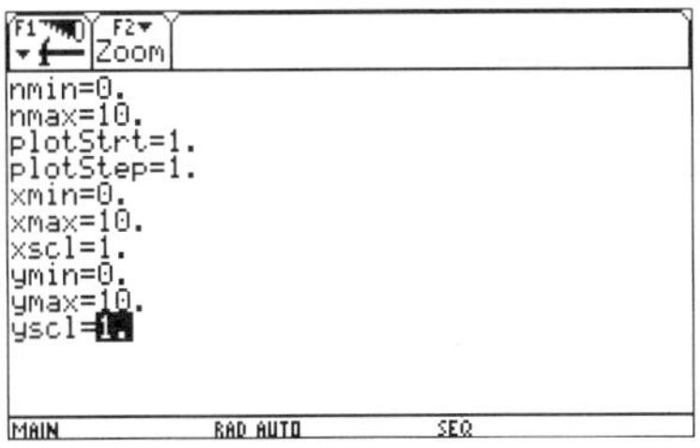

정의역에 대한 공역의 범위가 부적절하기 때문에 단지 몇 개의 값만을 볼 수 있다.

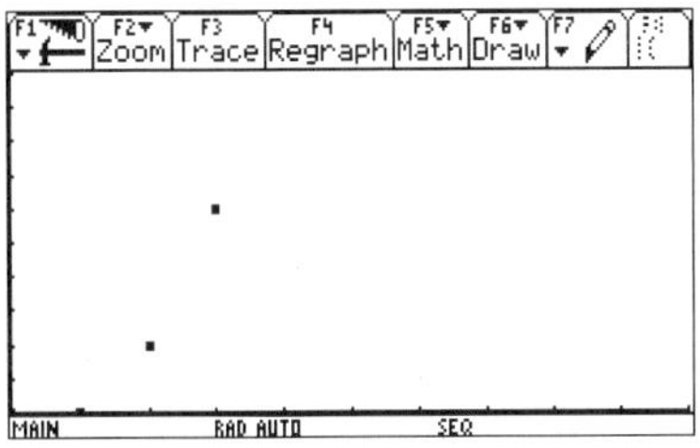

F2(Zoom)을 누르고 A:ZoomFit을 선택한다.
이제 수열의 전체를 볼 수 있고 그 자취를 따라 갈 수 있다.

[**참고** : $y = 56$은 $t_8 = 56$ 을 의미한다.]

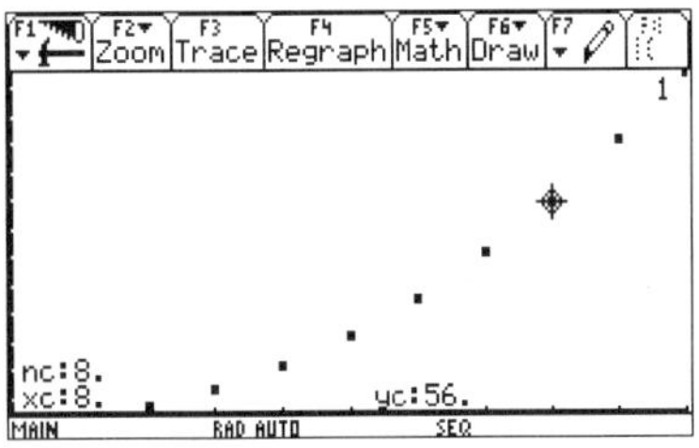

이 수열의 대응 표를 보기 위하여
◆[TBLSET]를 누르고 다음을 입력하기 :

tblStart = 0

△tbl = 1

Independent = AUTO

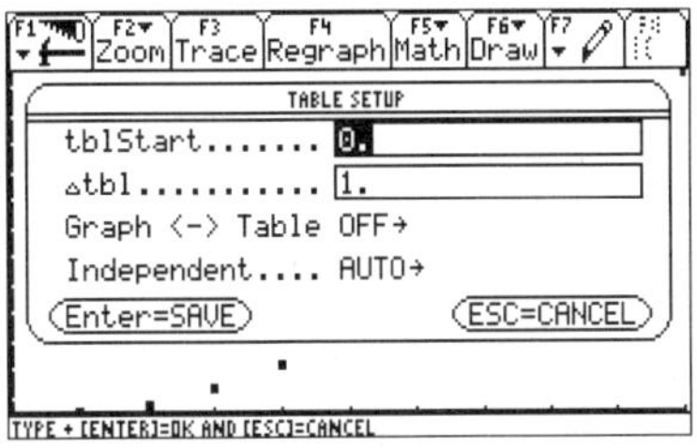

◆[TABLE]을 누른다.
수열의 처음 몇 개의 값을 볼 수 있다.
방향키 ⓥ를 이용하면 더 많은 값들을 볼 수 있다.

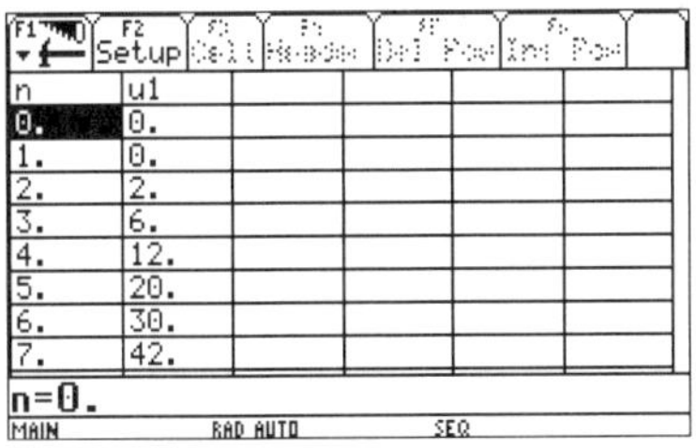

예제 2

$t_{n+1}=2t_n+1$, $t_1=3$으로 주어진 수열의 그래프를 그려라.

이것은 수열의 귀납적 정의(점화식) 또는 계차 방정식의 예이다. 주어진 식을 $t_{n+1}-2t_n=1$로, 즉, 연속하는 항 사이의 계차의 형식으로 쓸 수 있다.

> **CAS 도움말**
>
> Voyage 200은 'u1(n+1)='이 아닌 'u1(n)='의 형식의 식을 사용한다. 따라서 위와 같은 형식의 수열을 $t_n=2t_{n-1}+1$, $t_1=3$으로 다시 생각해야만 한다.

풀이

◆ [Y=]을 누른다.

u1=2×u1(n−1)+1을 입력하고 ENTER 를 누른다.

ui1=3를 입력하고 ENTER 를 누른다.

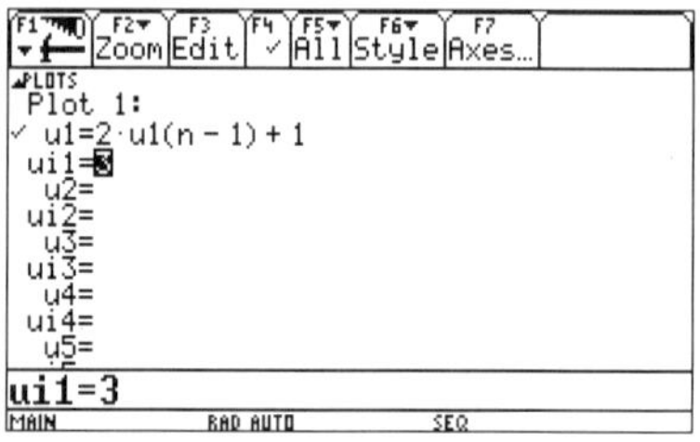

◆ [WINDOW]를 누르고 다음과 같이 입력하기 :

nmin=1

nmax=10

xmin=1

xmax=10

F2 (Zoom)을 누르고 A:ZoomFit을 선택한다.

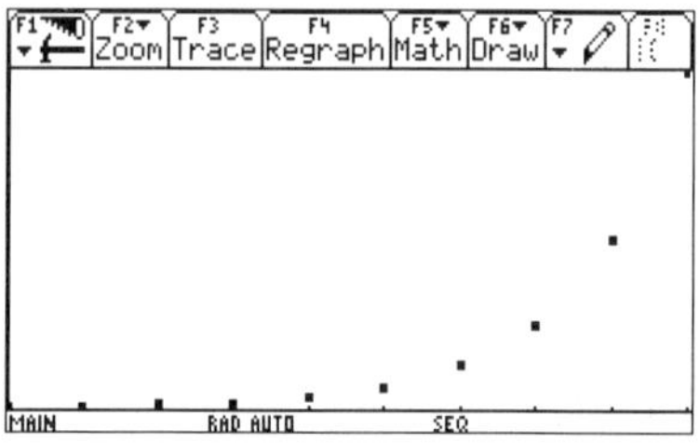

이 값들의 대응 표를 보여주기 위하여

◆ [TABLE]을 누른다.

$n=1$에서 시작하는 것으로 수열을 정의했기 때문에 $n=0$에서의 값은 정의되지 않는다.

(물론 tblStart=1로 표의 설정을 다시 할 수 있다.)

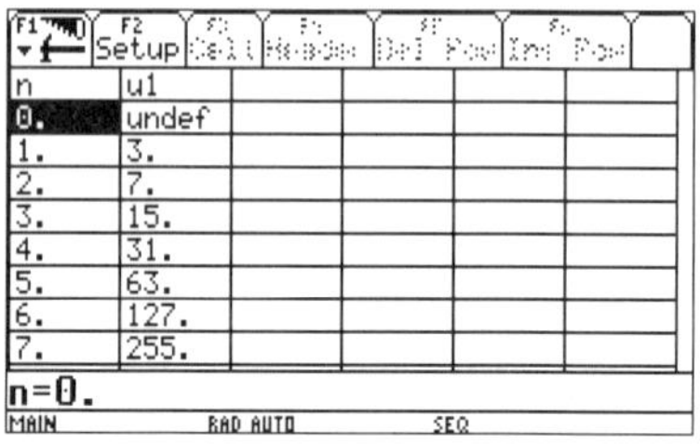

연습문제

1. 수열의 일반항이 다음과 같을 때 수열의 그래프를 그리고 t_7을 구하여라.

   ① $t_n = 3n-5,\ n \geq 0$

   ② $t_n = 3(2)^n,\ n \geq 0$

   ③ $t_n = 5(\frac{4}{5})^n,\ n \geq 1$

   ④ $t_n = \frac{2}{n(n+1)},\ n \geq 1$

2. 귀납적으로 정의된 수열이 다음과 같을 때 수열의 그래프를 그리고 t_7을 구하여라.

   ① $t_{n+1} = t_n - 7,\ t_0 = 0$

   ② $t_{n+1} = 0.5t_n,\ t_1 = 160$

   ③ $t_n = 2t_{n-1} - 5,\ t_1 = 6$

   ④ $t_n = 2t_{n-1} - (t_{n-1})^2,\ t_0 = 1$

13.2 등차수열과 급수

첫째항 a부터 시작하여 각 항의 이전 항에 일정한 수 d를 더하여 만들어진 수열을 등차수열이라고 한다. 일반적인 등차수열은 $a,\ a+d,\ a+2d,$ ……로 주어진다. 등차수열의 일반항은 $t_n = a + (n-1)d$(단, $n \geq 1$일 때)이다. 등차수열을 귀납적으로 정의하면 $t_{n+1} = t_n + d,\ t_1 = a$이다. (이 식에서 $t_{n+1} - t_n = d$ 임을 알 수 있다. 그래서 이웃하는 항

사이의 차가 상수 d이므로 이를 '공차'라 한다.) 앞 절의 연습문제 1 ①과 2 ①은 등차수열의 예이다. 등차수열의 그래프를 그리는 것은 앞 절에서의 방법과 같다. 이 절에서는 홈 스크린에서 등차수열과 급수를 다루는 방법에 대해 집중적으로 알아볼 것이다.

예제 1

6번째 항 $t_6 = 70$, 14번째 항 $t_{14} = 30$인 등차수열에 대하여 다음 물음에 답하여라.

① 25번째 항을 구하여라.

② 수열의 일반항과 귀납적 정의(점화식)를 각각 써보아라.

풀이

① F6 (Clean Up)을 누르고 2:NewProb를 선택한 후 ENTER를 누른다.

일반적인 등차수열 정의하기 :

F4 (Other)를 누르고 1:Define을 선택한 후 ENTER를 누른다.

Define t(n)=a +(n−1)×d를 입력하고 ENTER를 누른다.

t(6)=70을 입력하고 ENTER를 누른다.

t(14)=30을 입력하고 ENTER를 누른다.

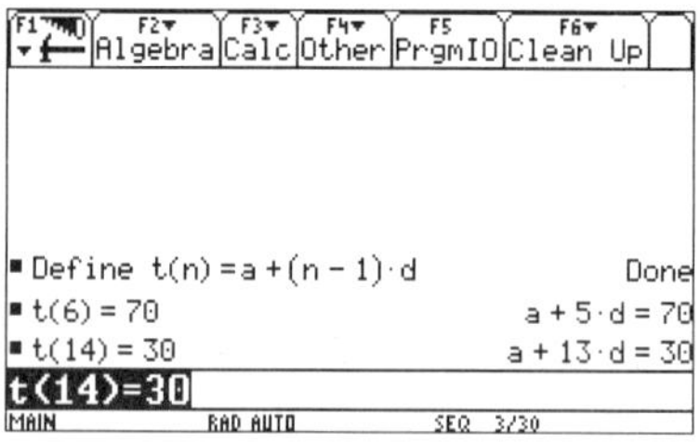

연립방정식 풀기 :

F2 (Algebra)를 누르고 1:solve(를 선택한 후 ENTER를 누른다.

solve(a+5d=70 and a+13d=30,{a,d})를 입력하고 ENTER를 누른다.

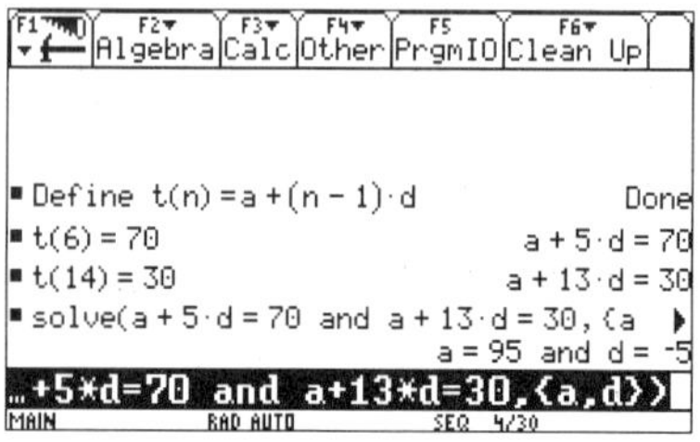

[**참고** : a+5d=70 and a+13d=30을 입력하는 대신에 solve(t(6)=70 and t(14)=30,{a,d})를 입력하고 [ENTER]를 눌러 이 문제를 해결할 수 있다.]
결과는 $a=95,\ d=-5$이다.

[2nd][|]를 사용하여 이들 a와 d의 값에 대하여 t_{25}를 구해보자.
t(25)[2nd][|]a=95 and d=−5를 입력하고 [ENTER]를 누른다.
결과는 $t_{25}=-25$이다.

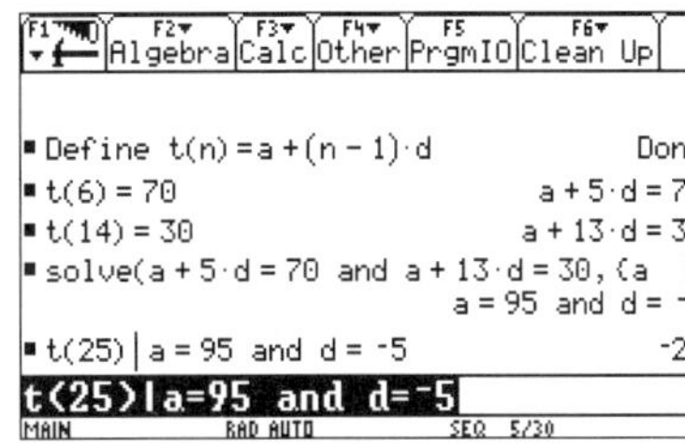

② 수열의 일반항을 구하기 위하여 [2nd][|]를 사용하여 a와 d의 값에 대한 t_n 구하기 :
t(n)[2nd][|]a=95 and d=−5를 입력하고 [ENTER]를 누른다.
결과는 $t_n=100-5n$이다.
이것은 $a+(n-1)d=95-5(n-1)$의 형태는 아니지만 그들이 같은 식이라는 것을 쉽게 확인할 수 있다.
이 수열의 귀납적 정의(점화식)는
$t_n-t_{n-1}=-5,\ t_1=95$이다.

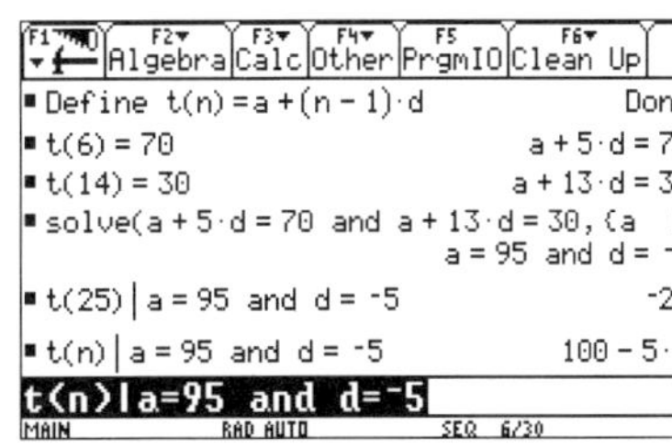

예제 2

무한급수 $-3+4+11+\cdots\cdots$에 대하여 다음 물음에 답하여라.

① (i) 첫째항부터 제 10항까지의 합을 구하여라.
(ii) 첫째항부터 제n항까지의 합을 구하여라.

② 등차수열의 제n항까지의 합 공식은 $S=\dfrac{n\{2a+(n-1)d\}}{2}$이다. ① (ii)에서 구한 답은 이 식과 일치하는가?

③ 수열의 합이 1000 이상이 되기 위해서 최소 몇 째 항까지 더해야 하는가?

풀이

① 주어진 급수에 대하여, $a=-3$, $d=7$인 수열 정의하기 :

[F4](Other)를 누르고 1:Define을 선택한 후 [ENTER]를 누른다.

Define t(n)=−3+(n−1)×7을 입력하고 [ENTER]를 누른다.

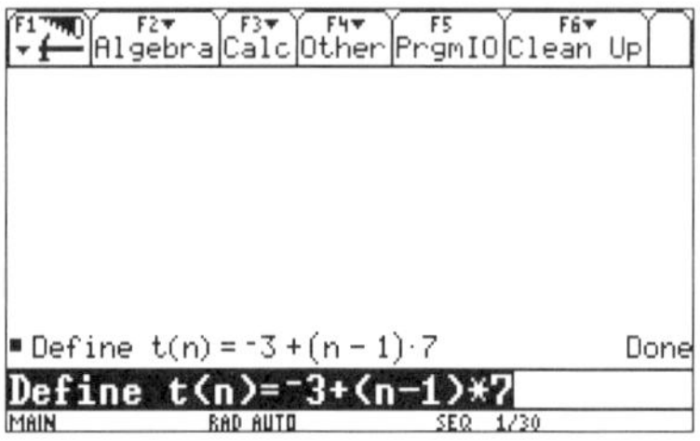

항들의 합 구하기 :

[F3](Calc)를 누르고 4:Σ(sum을 선택한 후 [ENTER]를 누른다.

Σ(t(x),x,1,10)을 입력하고 [ENTER]를 누른다.

Σ(t(x),x,1,n)을 입력하고 [ENTER]를 누른다.

제 10항까지의 합은 285이고 제 n항까지의 합은 $\dfrac{7n^2}{2}-\dfrac{13n}{2}$이다.

[**참고** : 두 번째 경우에 첫째항부터 제n항까지의 합을 구하기 위해 위의 식에서 $t(n)$이 아닌 $t(x)$식을 사용한다.]

② a와 d의 값을 S에 대한 일반식에 입력하기 :

n×(2×a+(n−1)×d)÷2[2nd][|]a=−3 and d=7을 입력하고 [ENTER]를 누른다.

이것이 ① (ii)에서 구한 답과 일치함을 알 수 있다.

만약 이것을 확신할 수 없다면, [F2](Algebra) 메뉴에서 factor명령어를 사용하여 이전 식과 동치임을 확인할 수 있다.

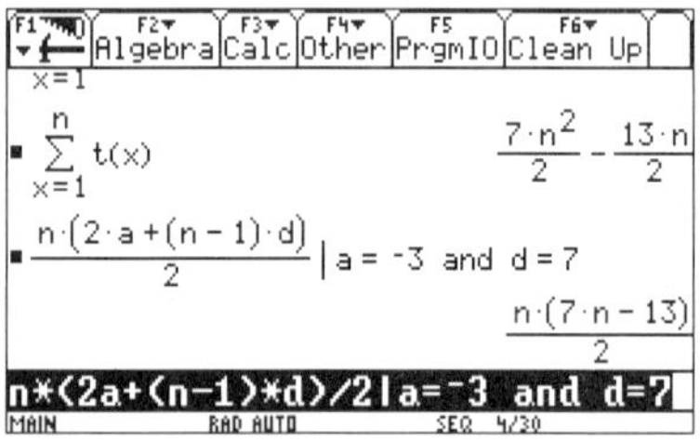

③ 최소 몇째 항까지 더해야 1000 이상이 되는지 구하기 위하여 solve명령어를 사용하여 $\frac{7n^2}{2} - \frac{13n}{2} = 1000$를 풀 필요가 있다.

F2 (Algebra)을 누르고 1:solve(를 선택한 후 ENTER 를 누른다.

solve(7×n^2÷2−13×n÷2=1000,n)을 입력하고 ◆ ENTER 를 누른다.

두개의 답 $n=17.9$, $n=-16$이 존재한다. 그러나 n은 양수이므로 음의 해는 버려야 한다. 나머지 해는 정수가 아니기 때문에, 이것은 정확하게 합이 1000이 되는 경우를 얻을 수 없다는 것을 말해 준다. 그래서 합이 1000을 초과하는 최소의 양의 정수 즉, 18을 택해야 한다.

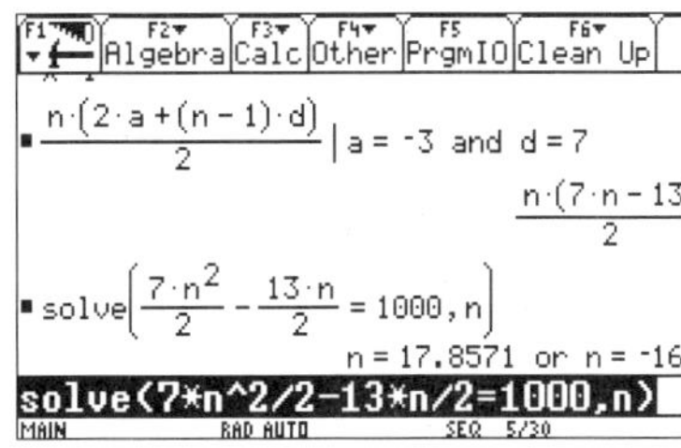

제 17항과 제 18 항까지의 합을 구하여 그 결과를 확인하기 :

F3 (Calc)를 누르고 4:Σ(sum을 선택한 후 ENTER 를 누른다.

Σ(t(x),x,1,17)을 입력하고 ENTER 를 누른다.

Σ(t(x),x,1,18)을 입력하고 ENTER 를 누른다.

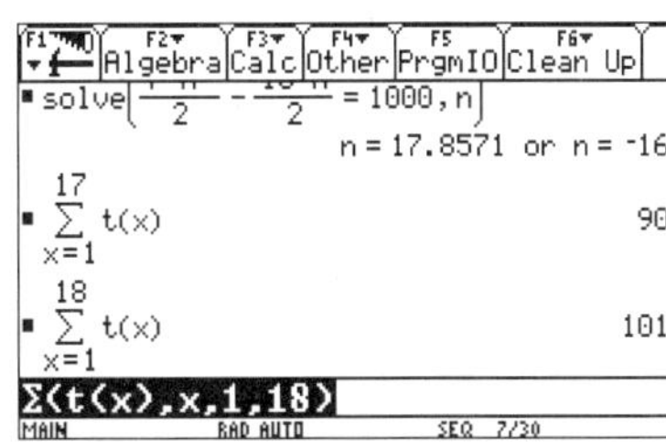

연습문제

1. 첫째항 a, 공차 d가 다음과 같이 주어진 등차수열에 대하여, 제 16항을 구하여라. 수열의 일반항과 귀납적 정의(점화식)를 각각 구하여라.

① $a=3$, $d=5$

② $a=250$, $d=-23$

③ $a=-12$, $d=6$

2. 항이 다음과 같이 주어진 등차수열에 대하여, 제 25항과 수열의 일반항과 귀납적 정의(점화식)를 각각 구하여라. 또한 수열의 첫째항부터 제 25항까지의 합을 구하여라.
   ① 제 4항 : 19, 제 9항 : 44
   ② 제 6항 : 46, 제 16항 : 61
   ③ 제 8항 : 26, 제 21항 : 0
   ④ 제 11항 : -26, 제 21항 : -31

3. 다음과 같이 주어진 각각의 급수에 대하여 (i) 첫째항부터 제 12항까지의 합과 (ii) 첫째항부터 제n항까지의 합을 구하여라.
   (ii)에서 구한 결과가 급수에서 제n항까지의 합 공식 $S=\dfrac{n\{2a+(n-1)d\}}{2}$을 만족하는가?
   ① $5+9+13+\cdots$
   ② $2003+1949+1095+\cdots$
   ③ $-73-46-19+\cdots$

4. 등차수열의 합 $6+13+20+\cdots+L$이 100 이상이 되는 L의 최솟값을 구하여라.

탐구활동

1. 연속적인 양의 홀수들로 이루어진 등차수열의 합이 117일 때 다음 물음에 답하여라.
   ① 위 조건을 만족하는 항의 개수가 최소가 되는 수열을 구하여라.

② 위 조건을 만족하는 항의 개수가 최대가 되는 수열을 구하여라.
③ 위 조건을 만족하는 모든 수열을 찾아라.

13.3 등비수열

첫째항 a부터 시작하여 각 항의 이전 항에 일정한 수 r을 곱하여 만들어진 수열을 등비수열(기하수열)이라 한다. 일반적인 등비수열은 $a, ar, ar^2, \cdots$로 주어진다. 등비수열의 일반항은 $t_n = ar^{n-1}$, $n \geq 1$이다. 등비수열을 귀납적으로 정의하면 $t_{n+1} = rt_n$, $t_1 = a$이다.(이 식에서 $\frac{t_{n+1}}{t_n} = r$. 따라서 이웃하는 항 사이의 비는 상수 r임을 알 수 있다. 그래서 이를 '공비'라고 한다.)

> **CAS 도움말**
> 수열을 정의할 때, 위에서 했던 것과 같은 기호를 사용하는 것이 유용하다. solve기능을 사용하면 문제 해결에 도움이 된다.

예제 1

등비수열의 제 6항은 $t_6 = 80$이고 제 11항은 $t_{11} = \frac{5}{2}$이다.

① 제 16항을 구하여라.
② 수열의 일반항과 귀납적 정의(점화식)를 각각 구하여라.

풀이

① [F6](Clean Up)을 누르고 2:NewProb를 선택한 후 [ENTER]를 누른다.
이제 다음과 같이 일반적인 등비수열을 정의하자. [F4](Other)를 누르고 1:Define을 선택한 후

ENTER 를 누른다.

Define t(n)=a×r^(n−1)을 입력하고 ENTER 를 누른다.

t(6)=80을 입력하고 ENTER 를 누른다.

t(11)=5÷2를 입력하고 ENTER 를 누른다.

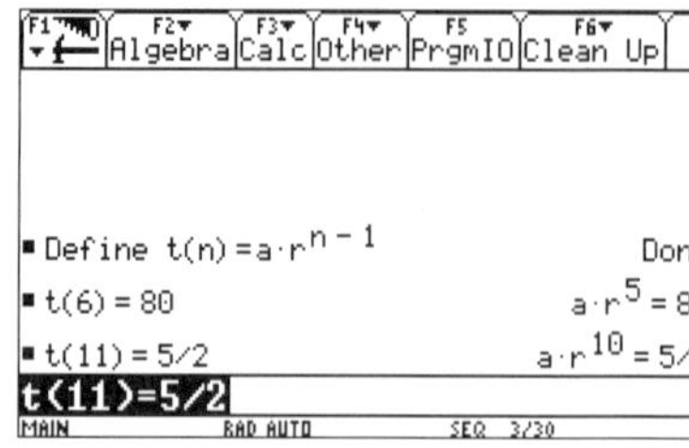

이제 이 연립방정식을 풀어보자.

F2 (Algebra)를 누르고, 1:solve(를 선택한 후 ENTER 를 누른다.

solve(a×r^5=80 and a×r^10=5÷2,{a,r})를 입력하고 ENTER 를 누른다.

[**참고** : a×r^5=80 and a×r^10=5÷2를 입력하는 대신에 solve(t(6)=80 and t(11)=5÷2,{a,r})를 입력하고 ENTER 를 눌러 이 문제를 해결할 수 있다.]

결과는 $a=2560,\ r=\frac{1}{2}$이다.

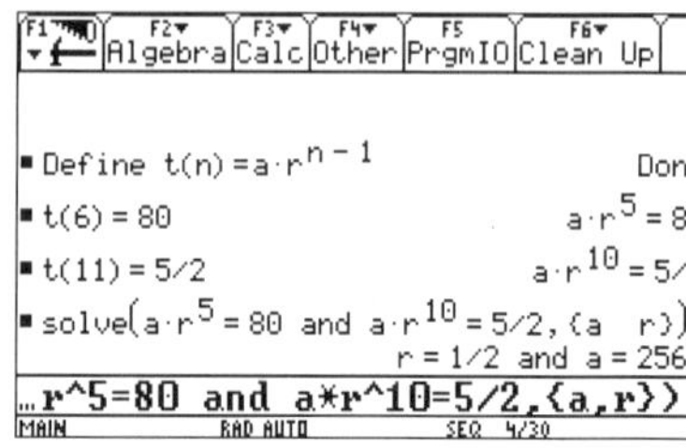

이제 2nd [|]를 사용하여 a와 r의 값에 대하여 t_{16}을 구해보자.

t(16) 2nd [|]r=1÷2 and a=2560를 입력하고 ENTER 를 누른다.

결과는 $t_{16}=\frac{5}{64}$이다.

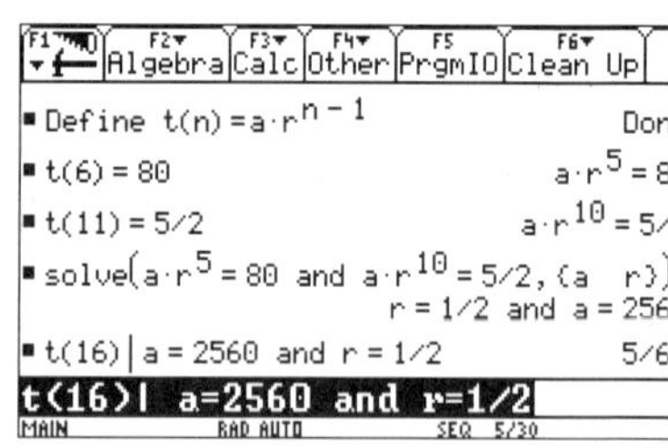

② 일반항을 구하기 위하여 2nd [|]를 사용하여 a와 r의 값에 대한 t_n 구하기 :

t(n) 2nd [|]r=1÷2 and a=2560를 입력하고 ENTER 를 누른다.

결과는 $t_n=5120(2)^{-n}$이다.

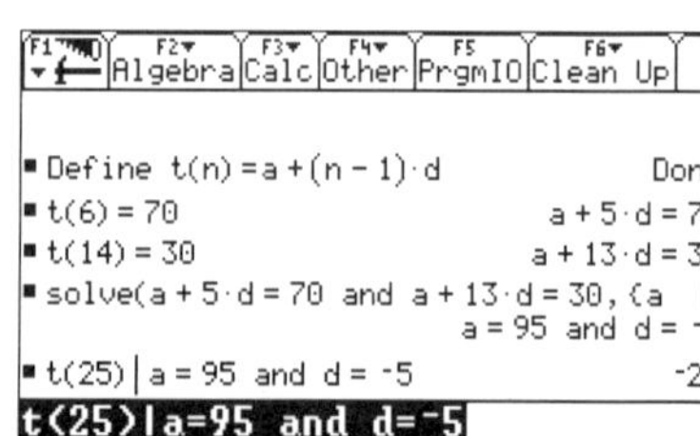

이것은 $ar^{n-1}=2560\left(\frac{1}{2}\right)^{n-1}$의 형태는 아니지만 같은 식이라는 것을 쉽게 확인할 수 있다.

이 수열의 귀납적 정의(점화식)는 $t_n=\left(\frac{1}{2}\right)t_{n-1}$, $t_1=2560$이다.

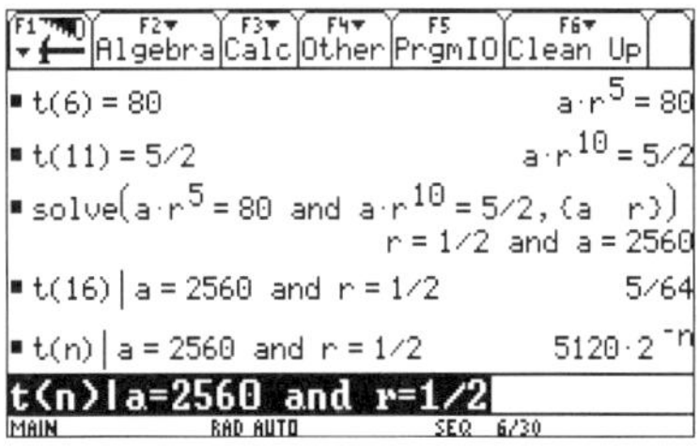

예제 2

등비급수 $81+27+9+\cdots\cdots$에 대하여 다음 물음에 답하여라.

① (i) 첫째항부터 제 7항까지의 합을 구하여라.
(ii) 무한등비급수의 합을 구하여라.

② 합이 존재한다면, 무한등비급수의 공식은 $S=\dfrac{a}{1-r}$로 주어진다. ①의 (ii)에서 구한 답은 이 식과 일치하는가?

③ 무한급수의 합과 부분 합과의 차가 0.01%이내이기 위하여 최소 몇째 항까지 합을 구해야 하는가?

풀이

① 등비수열을 살펴보면 공비 $r=\frac{1}{3}$, 첫째항 $a=81$임을 알 수 있다.

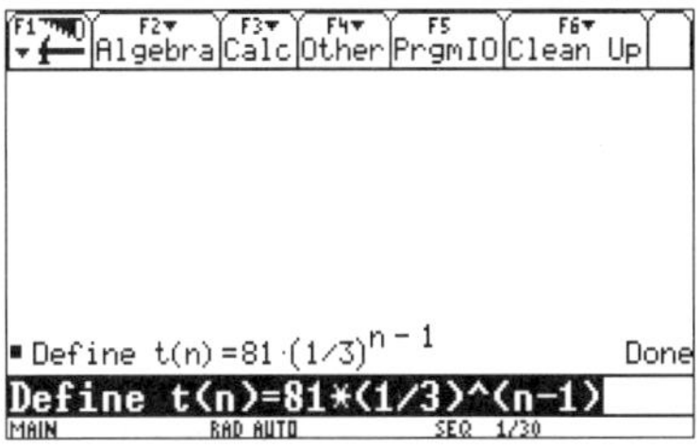

수열을 정의하기 :

F4(Other)를 누르고 1:Define을 선택한 후 ENTER를 누른다.

Define t(n)=81×(1÷3)^(n−1)을 입력하고 ENTER를 누른다.

항들의 합 구하기 :

F3(Calc)를 누르고 4:Σ(sum을 선택한 후

ENTER를 누른다.

Σ(t(n),n,1,7)을 입력하고 ENTER를 누른다.

Σ(t(n),n,1,∞)를 입력하고 ENTER를 누른다.

제 7항까지의 합은 1093/9이고 무한급수의 합은 243/2 또는 121.5이다.

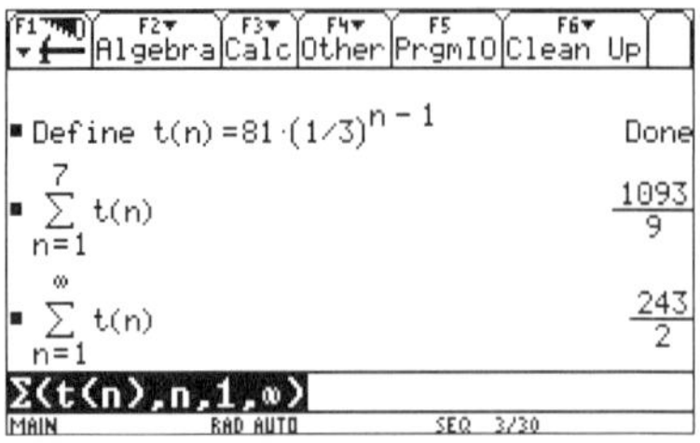

② a와 r의 값을 S에 대한 일반식에 입력하기 :
a÷(1−r) 2nd[|]a=81 and r=1÷3을 입력하고 ENTER를 누른다.
이것이 ① (ii)에서 구한 답과 일치함을 알 수 있다.

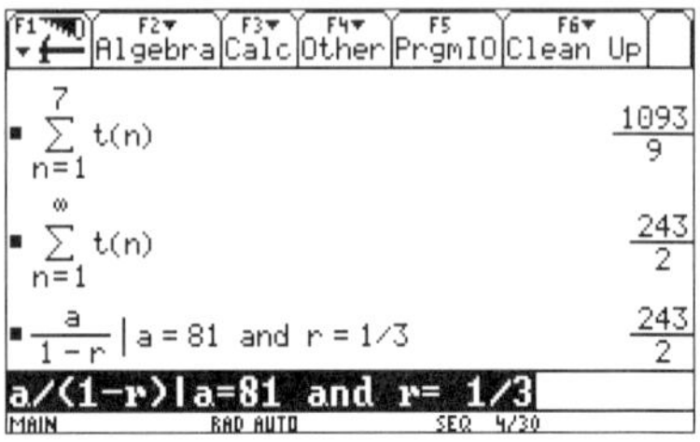

③ MODE를 누르고 Display Digits가 FLOAT으로 맞추어져 있는지 확인하여라.
0.01÷100×121.5를 입력하고 ENTER를 누른다.
121.5−2nd[ANS]를 입력하고 ENTER를 누른다.
합이 121.48785를 초과하는 최소의 항의 개수를 구하는 것이 필요하다. 가장 단순한 방법은 Σ함수에서 n의 값을 바꾸면서 시행착오를 통해 접근하는 것이다.

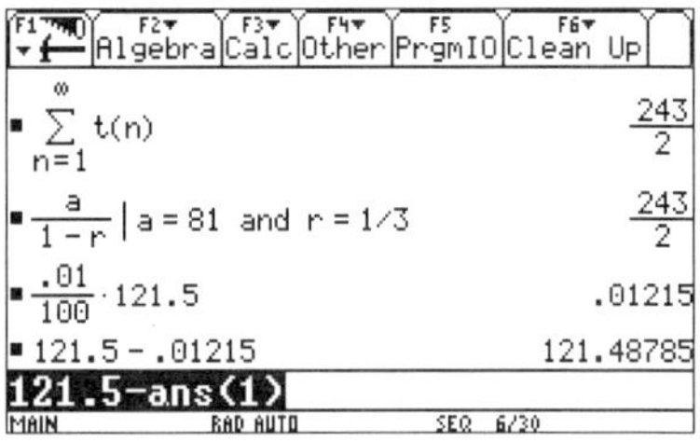

Σ(t(n),n,1,10)을 입력하고 ◆ ENTER를 누른다.
(결과는 121.48785를 초과하지만, 최소인가?)
Σ(t(n),n,1,9)을 입력하고 ◆ ENTER를 누른다.
(결과는 또한 121.48785를 초과하지만, 최소인가?)
Σ(t(n),n,1,8)을 입력하고 ◆ ENTER를 누른다.
(이 결과는 충분하지 않다!)

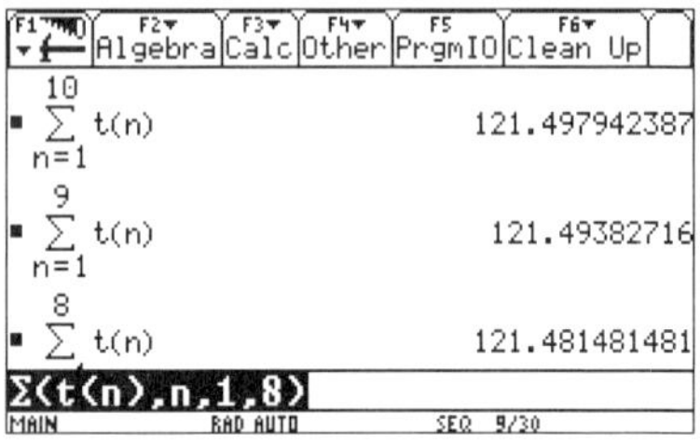

그래서 우리는 최소 9개의 항이 필요하다.

[**참고** : 대안적인 다른 방법은 13.2절의 예제 2에서

처럼 solve명령어를 사용하는 것이다. 이 방법을 사용하면 $n=8.38$이므로 $n=9$를 택해야 한다.]

연습문제

1. 첫째항 a, 공비 r이 다음과 같이 주어진 등비수열에 대하여, 제 6항을 구하여라. 수열의 일반항과 귀납적 정의(점화식)를 각각 구하여라.

① $a=3,\ r=2$ ② $a=2500,\ r=\frac{1}{5}$

③ $a=-5,\ r=-3$ ④ $a=7,\ r=1.5$

2. 항이 다음과 같이 주어진 등비수열에 대하여, 제 10항과 수열의 일반항과 점화식을 각각 구하여라. 수열의 첫째항부터 제 5항까지의 합을 구하여라. 무한급수의 합이 존재하는 경우 그 합을 구하여라.

① 첫째항 : 54, 제 4항 : 16

② 제 2항 : 6, 제 5항 : -48

③ 제 3항 : 180, 제 4항 : 270

④ 제 3항 : 64, 제 6항 : -32.768

3. 등비급수 $2+6+18+\cdots$에 대하여, (i) 첫째항부터 제 8항까지의 합과 (ii) 첫째항부터 n번째 항까지의 합을 구하여라.

(ii)에서 구한 답이 등비급수에서 n항까지의 합 공식 $S=\frac{a(r^n-1)}{r-1}$을 만족하는가?

4. 등비급수 $1+2+4+8+\cdots+L$의 값이 9000 이

상이 되는 L의 최솟값을 구하여라.

탐구활동

1. 수정이는 새 차를 $27,999에 사려고 한다. 그런데 나중에 이 차를 팔았을 때 이 차의 가치가 얼마가 되는지를 알기를 원한다. 판매자는 일년이 지날 때마다 차 값이 $3500씩 떨어질 것이라고 말하였다.
   ① 등차수열을 이용하여 이 차가 5년 후에 얼마의 가치를 갖게 되는지 구하여라. 만약 판매자의 생각이 옳다면, 이차의 가치는 몇 년이 지난 후에 0이 되는가?
   회계사는 차 값이 매년 18%의 비율로 떨어질 것이라 말하였다.
   ② 왜 차 값이 매년 전년도 차 값의 0.82배가 되는지 설명하여라.
   ③ 등차수열을 이용하여 차가 5년 후에 얼마의 가치를 갖게 되는지 구하여라.
   ④ 판매자의 방법과 회계사의 방법을 표 또는 그래프를 사용하여 대조하여라. 특히, 수정이가 n년 후에 차를 팔기로 결정한다면, 회계사의 방법이 판매자의 방법보다 더 차 값을 많이 받게 되는 n 값이 얼마인지 구하여라.

13.4 수열의 귀납적 정의

계차 방정식(또는 귀납적 정의, 점화식)은 이웃하는 두 항 사이의 관계식으로 정의된다. 이 수열은 첫째항이 주어지고, 다음 항은 하나 또는 그 이상의 이전 항들에 대한 함수가 된다. 단지 하나의 이전 항을 포함하고 있으면 일차 계차방정식(first order difference equation), 두개의 이전 항들을 포함하고 있으면 이차 계차방정식(second order difference equation)이라고 한다.

예제 1

귀납적으로 정의된 수열

$$t_n = t_{n-1} + n - 2,\ t_1 = -2$$

에 대하여 다음을 구하여라.

① 수열의 처음 5개 항과 제 20항

② 첫째항부터 제 10항까지의 합

풀이

① MODE를 누르고 [GRAPH]를 선택한다.

4:SEQUENCE를 선택하고 ENTER를 누르고 다시 ENTER를 누른다.

◆[Y=]을 누른다.

u1=u1(n−1)+n−2를 입력하고 ENTER를 누른다.

ui1=−2를 입력하고 ENTER를 누른다.

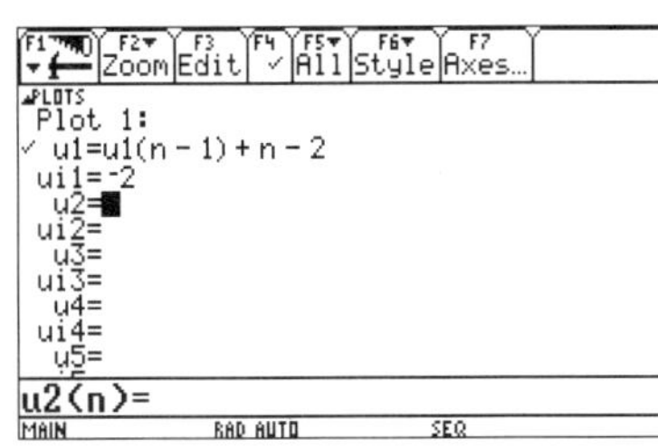

◆[TBLSET]을 누르고 다음을 입력하기 :

tblStart=1

△tbl=1

Independent=AUTO

ENTER를 누른다.

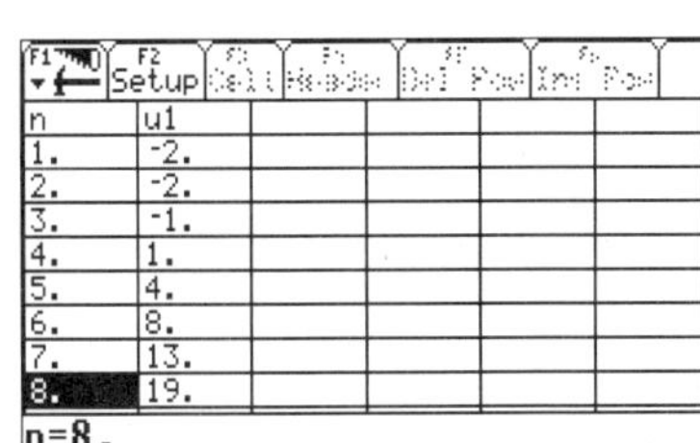

◆ [TABLE]을 누른다.

수열의 처음 5개 항은 $-2, -2, -1, 1, 4$이다. 방향키 ⓥ를 이용하면 더 많은 항을 볼 수 있다. $n=20$ 까지 보이도록 방향키 ⓥ를 누르면 $t_{20}=169$ 임을 찾을 것이다. (다른 방법으로 ◆ [CALC HOME]을 누르고 u1(20)을 입력한 후 [ENTER]를 누른다.)

② ◆ [CALC HOME]을 누르고 [F3](Calc)를 누르고 4:Σ(sum을 선택한 후 [ENTER]를 누른다. Σ(u1(n),n,1,10)을 입력하고 [ENTER]를 누른다. 그 합은 100이다.

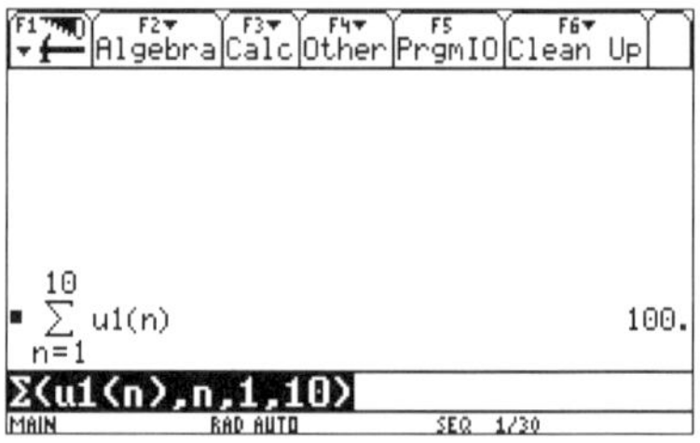

예제 2

한 동물원에서 박쥐무리의 개체 수는 매년 6%의 출생률과 2%의 사망률을 보였다. 동물원 직원은 매년 100마리씩 박쥐를 새로운 장소로 옮긴다.

① 만약 $P(n)$이 매년 초에 정원에서 서식하는 박쥐의 개체 수라면, 개체 수의 변화를 점화식으로 나타내어라.

② 만약 2003년 초에 정원에서 (i) 3000마리 또는 (ii) 1500 마리의 박쥐가 서식하고 있었다면, ①에서 구한 식을 이용하여 2010년 초에 동물원에 서식하는 박쥐의 개체 수를 구하여라.

③ 매년 일정한 개체 수를 유지하려면 2003년 초에 몇 마리의 박쥐가 있어야 하는가?

풀이

① 박쥐 개체 수의 증가율은 $6\%-2\%=4\%$이다. n년 초의 개체 수는 $n-1$년 초의 개체 수 보다 4% 늘어나고 100마리씩 감소한다. 따라서

$$P(n)=P(n-1)+P(n-1)\text{의 } 4\%-100$$
$$=P(n-1)+0.04P(n-1)-100$$
$$=1.04P(n-1)-100$$

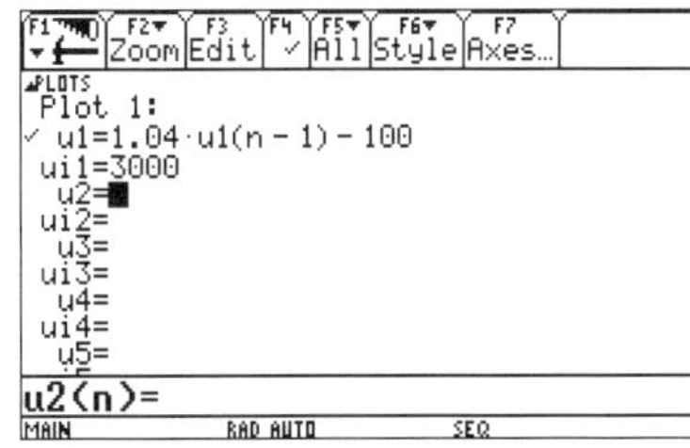

[◆][Y=]을 누른다.
u1=1.04×u1(n−1)−100을 입력하고 [ENTER]를 누른다.
ui1=3000을 입력하고 [ENTER]를 누른다.

② (i) [◆][CALC HOME]을 누른다.
$n=1$이 2003년 초를 표현하기 때문에 2010년 초를 표현하기 위하여 $P(8)$을 구한다.
u1(8)을 입력하고 [ENTER]를 누른다.

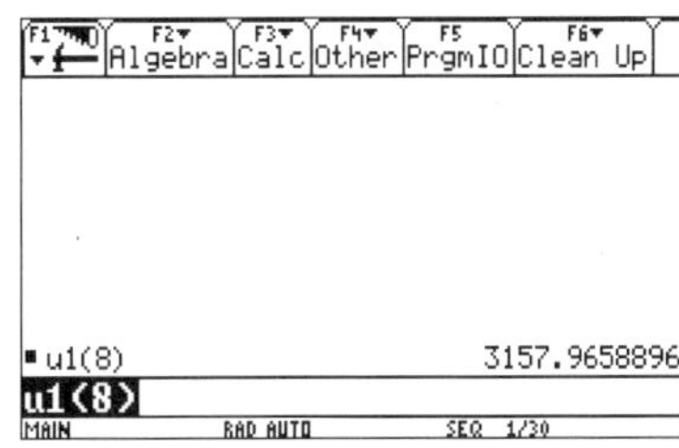

이번 모델에서 우리는 2010년 초에 3158마리의 박쥐가 서식할 것이라 예상할 수 있다. 따라서 매년 100마리씩 옮김에도 불구하고 개체수가 증가한다.

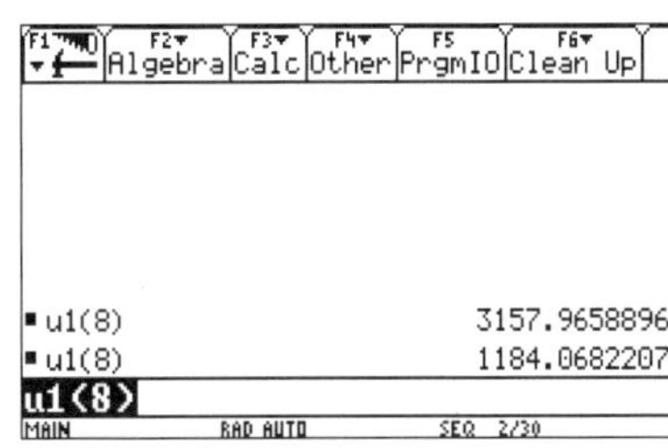

(ii) [◆][Y=]을 누른다.
ui1의 값을 1500으로 바꾸고 [◆][CALC HOME]을 누른다.
u1(8)을 입력하고 [ENTER]를 누른다.
주어진 이번 모델에서 우리는 2010년 초에 박쥐의 개체 수가 1184마리인 것을 알 수 있다. 개체 수는 감소한다.

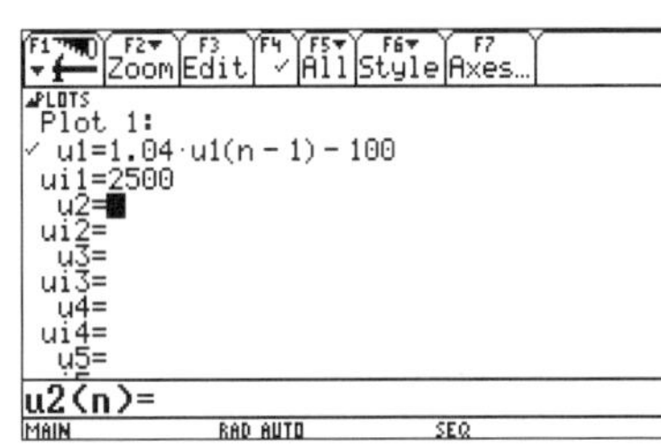

③ 만약 개체 수가 상수 c로 유지되려면, 임의의 n에 대하여 $P(n)=P(n-1)=c$이다. 그래서 계

차 방정식에서 $P(n)$, $P(n-1)$을 c로 바꾸고, 방정식을 풀어보자

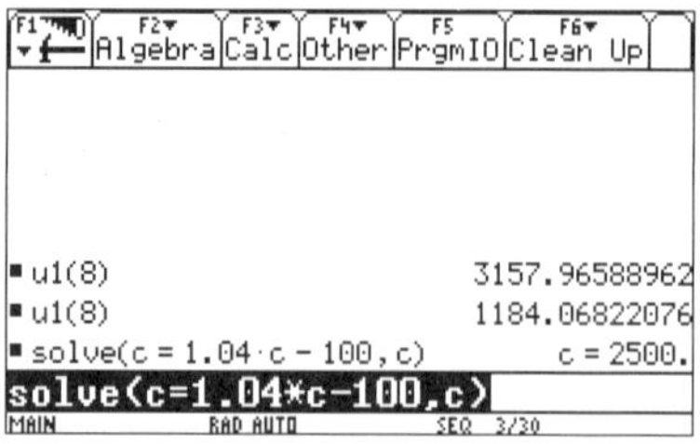

F2 (Algebra)를 누르고, 1:solve(를 선택한 후 ENTER 를 누른다.

solve(c=1.04×c−100,c)을 입력하고 ENTER 를 누른다.

그래서, 만약 개체 수를 2500으로 시작한다면, 매년 같은 개체 수를 유지할 것이다.(ui1=2500으로 바꾸어 대응표를 보면 값이 일정함을 알 수 있다.)

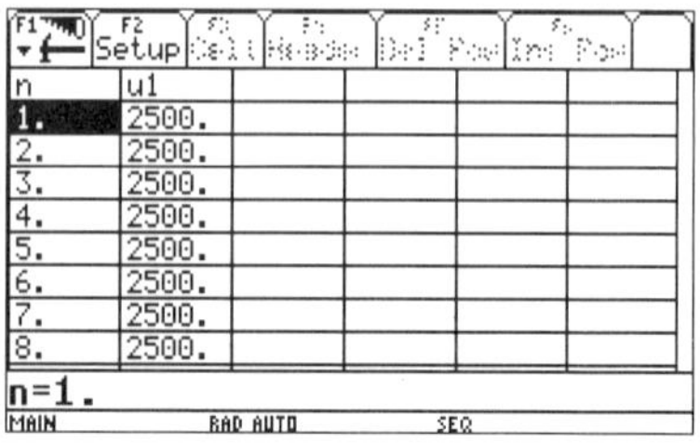

연습문제

1. 귀납적으로 정의된 다음 수열에 대하여 수열의 제 15항을 구하고 제 10항까지의 합을 구하여라.

   ① $t_n = t_{n-1} - 7,\ t_1 = 0$

   ② $t_{n+1} = 0.5t_n,\ t_1 = 160$

   ③ $t_n = 2t_{n-1} - 5,\ t_1 = 6$

   ④ $t_n = 2t_{n-1} - (t_{n-1})^2,\ t_0 = 1$

2. 다음 수열의 귀납적 정의(점화식)를 쓰고 각각의 수열의 처음 6개 항의 합을 구하여라.

   ① 첫째항이 8이고 공차가 $\frac{1}{2}$인 등차수열

   ② 첫째항이 100이고 공차가 -23인 등차수열

   ③ 첫째항이 5이고 공비가 $\frac{3}{2}$인 등비수열

   ④ 첫째항이 12500이고 공비가 $\frac{1}{5}$인 등비수열

3. 민수의 아버지는 퇴직금으로 $200,000의 금액을 받아서 예금하려고 한다. 매달 7.5%의 복리로 이자를 받을 수 있다. 생활비 지출을 위해 매달 말에 $2,500을 사용하려고 한다.

① 만약 $A(n)$이 매달 초에 민수 아버지가 예금한 금액이라면, $A(n+1)=1.00625A(n)-2500$임을 보여라.

② 5년 후에 예금은 얼마가 될 것인가?

③ 몇 달 후에 그의 예금이 바닥날 것인가?

탐구활동

1. 피보나치 수열에서 수열의 항은 앞의 두 항의 합이고 처음 두 항은 1이다. 이를 점화식으로 표현하면, 이 수열은 $t_n = t_{n-1} + t_{n-2}$, $t_1 = 1$, $t_2 = 1$이다. n의 값에 따라 다음 식이 어떻게 되는지 조사하여라.

① $(t_{n-1})^2 - t_n t_{n-2}$

② $\dfrac{t_n}{t_{n-1}}$

③ $t_1 + t_2 + \cdots + t_{n-1}$과 t_n을 비교하여라.

[**힌트** : u1식을 입력할 때, u1(n)=u1(n−1)+u1(n−2)를 입력하여라. 두 개의 초기값 ($t_1 = 1$, $t_2 = 1$)을 입력할 때, ui1에서 집합 기호를 사용하여 쉼표로 분리하여 사용한다. : ui1={1,1}.]

행 렬 Matrices 14

이 장에서는 행렬연산에 필요한 CAS 계산기의 절차와 방정식의 풀이, 변환 기하 그리고 확률에서의 활용에 대하여 다룰 것이다.

14.1 행렬의 연산

홈 스크린에서 행렬을 입력하고 계산할 수 있다.

CAS 도움말

행렬은 CAS계산기 내에서는 열로 입력한다. 각 열의 원소는 콤마로 구별한다. 또한 각 열의 끝은 세미콜론을 이용하여 표시한다. 예를 들어, 행렬 $\begin{bmatrix} 3 & 2 \\ 1 & 5 \end{bmatrix}$는 [3,2;1,5]로 입력한다.

예제 1

$L=\begin{bmatrix} 2 & -1 & 3 \\ 0 & 1 & 4 \end{bmatrix}$, $M=\begin{bmatrix} 3 & 1 \\ -1 & 3 \end{bmatrix}$, $N=\begin{bmatrix} 4 & 2 \\ 6 & 3 \end{bmatrix}$, $P=\begin{bmatrix} 1 \\ 0 \\ -2 \end{bmatrix}$일 때, 다음 값이 존재하면 그 값을 구하여라.

① $3M-2N$ ② LP

③ LN ④ M^{-1} ⑤ $\det N$

풀이

여기에서는 반복적으로 같은 행렬에 대하여 연산을 수행하게 되므로, 처음에 행렬을 저장하면 시간을 절약할 수 있다.

[2, −1,3;0,1,4] STO▸ L을 입력하고 ENTER 를 누른다.

[3,1; −1,3] STO▸ M을 입력하고 ENTER 를 누른다.

[4,2;6,3] STO▸ N을 입력하고 ENTER 를 누른다.

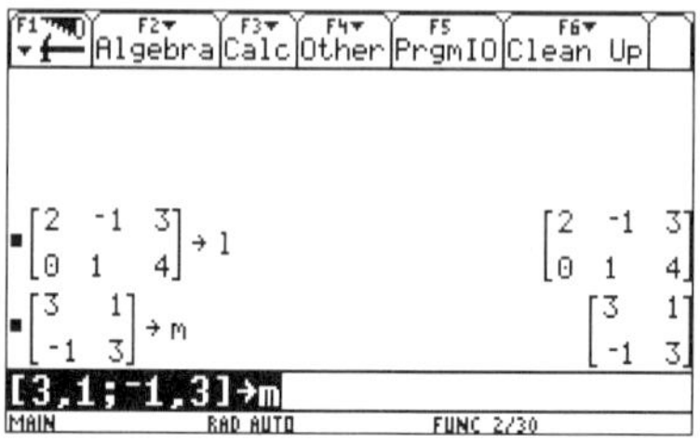

[1;0; −2] STO▸ P을 입력하고 ENTER 를 누른다.

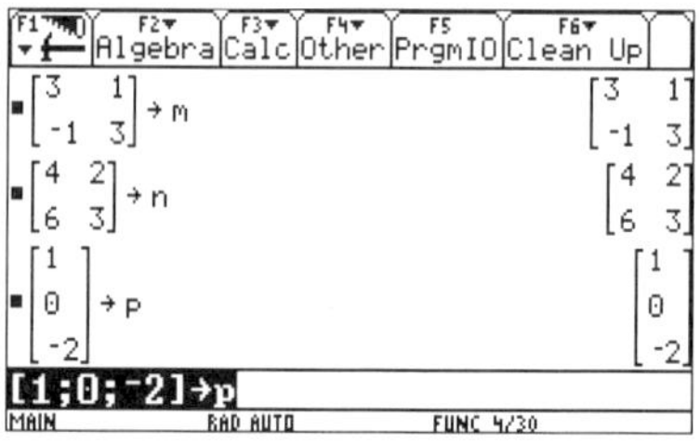

① 3M−2N은 행렬 M과 N이 모두 2×2행렬이기 때문에 계산이 가능하다.
3×M−2×N을 입력하고 ENTER 를 누른다.

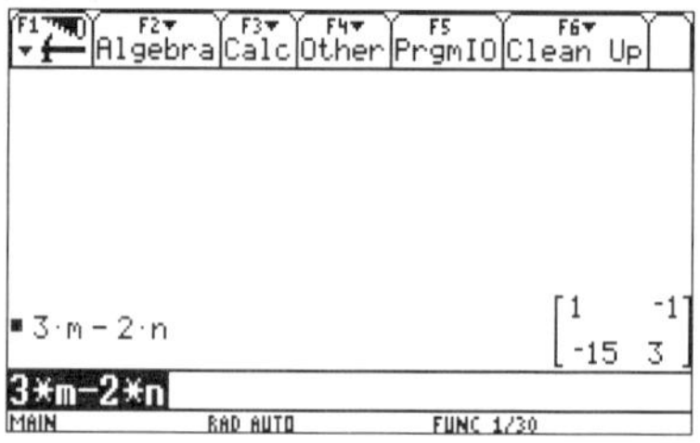

② LP는 L의 행과 P의 열이 차원이 일치하기 때문에 계산이 가능하고(즉, 2×(3×3)×1) 그 결과는 2×1 행렬이 된다.

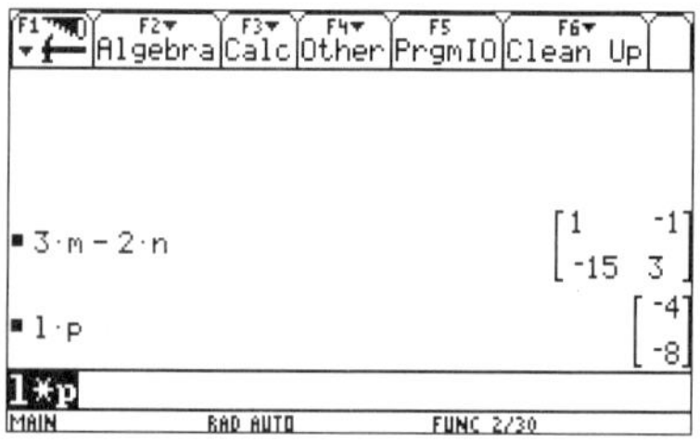

③ LN은 L의 행과 N의 열의 차원이 일치하지 않기 때문에 계산할 수 없다.
만약 계산기에 입력한다면 차원(Dimension)오류라는 메시지가 나타나게 된다.

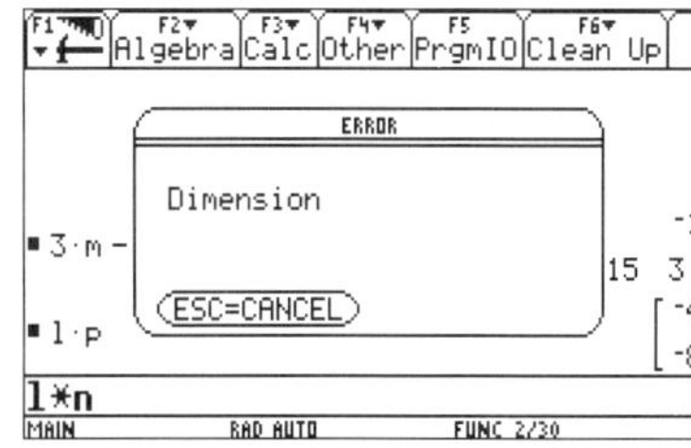

④ M의 역행렬 M^{-1}은 M이 정사각행렬이고, $\det M \neq 0$이기 때문에 존재한다.
M^ (−) 1을 입력하고 ENTER 를 누른다.

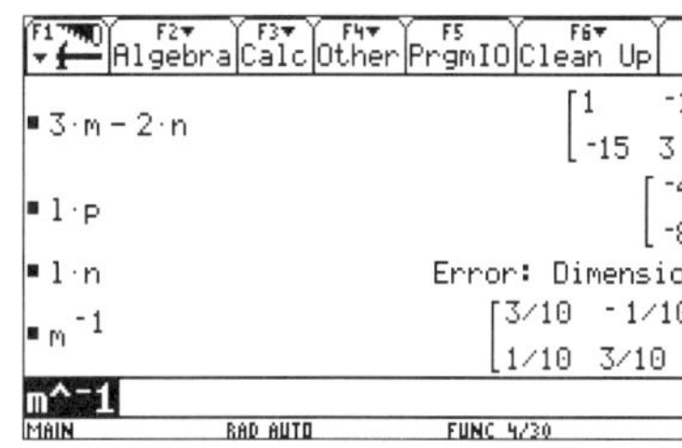

⑤ N의 행렬식 구하기 :
2nd [MATH]을 누르고, 4:Matrix를 선택한다.
2:det(를 선택하고 ENTER 를 누른다.
det(N)을 입력하고 ENTER 를 누른다.

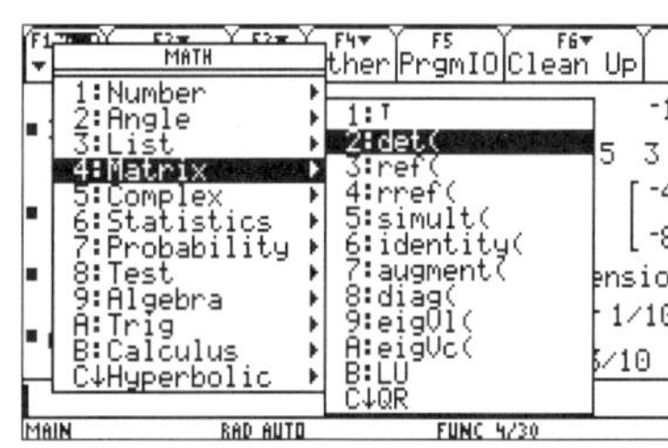

[**참고** : det N = 0이면 N은 역행렬이 존재하지 않는 행렬이다. (즉, 곱셈에 대한 역원이 존재하지 않는다.) N^{-1}을 입력하면 오류 메시지가 나타난다.]

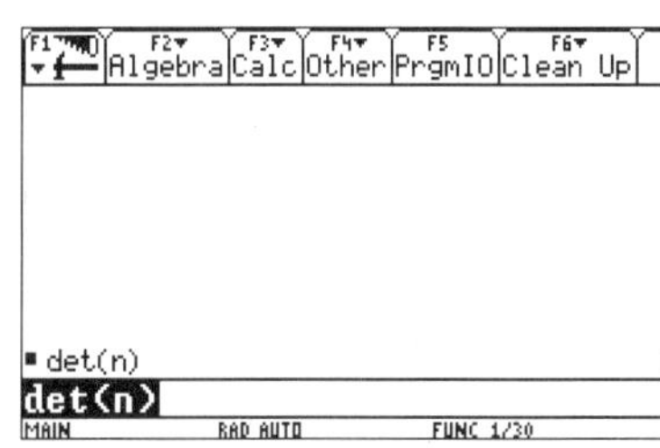

연습문제

1. $A=\begin{bmatrix} 2 & 1 \\ -1 & 1 \end{bmatrix}$, $B=[3 \quad 2]$, $C=\begin{bmatrix} -1 \\ 1 \end{bmatrix}$,
$D=\begin{bmatrix} 11 & 7 \\ 0 & -1 \end{bmatrix}$이라 할 때, 다음의 값이 존재하면 그 값을 구하고, 그렇지 않으면 그 이유를 설명하여라.

① AC　　　② BA

③ $C(BC)$　　　④ $DA+5B$

⑤ A^{-1}

2. $A=\begin{bmatrix} 2 & 1 \\ -1 & 1 \end{bmatrix}$, $B=\begin{bmatrix} 0 & 1 \\ -3 & 5 \end{bmatrix}$, $C=\begin{bmatrix} 2 & 3 \\ -4 & -1 \end{bmatrix}$이라 할 때, 행렬에서 분배법칙 $A(B+C)=AB+BC$가 성립함을 보여라.

탐구활동

1. $A=\begin{bmatrix} d & e \\ f & g \end{bmatrix}$, $B=\begin{bmatrix} h & i \\ j & k \end{bmatrix}$, $C=\begin{bmatrix} l & m \\ n & p \end{bmatrix}$이라 할 때, 분배법칙 $A(B+C)=AB+AC$가 성립함을 증명하여라.

2. 주대각선을 제외한 나머지 성분이 0인 행렬을 대각행렬이라 한다. 예를 들어, $\begin{bmatrix} -1 & 0 \\ 0 & 3 \end{bmatrix}$이 대각행렬이다. 만약 행렬 A와 행렬 B가 대각행렬일 때 AB와 BA 또한 대각행렬이 됨을 보이고, 그 이유를 설명하여라.

3. 행렬 $A=\begin{bmatrix} 4 & -8 \\ 2 & -4 \end{bmatrix}$에 대하여 다음 물음에 답하여라.

   ① $A^2=0$임을 보이고, 1보다 큰 모든 정수 n에 대하여 $A^n=0$임을 보여라.

   ② 행렬 $B=\begin{bmatrix} p & q \\ r & s \end{bmatrix}$라 할 때, $B^2=0$을 만족하는 p, q, r, s의 값을 구하여라.

4. 행렬 $A=\begin{bmatrix}2 & -1\\2 & -1\end{bmatrix}$일 때 다음 물음에 답하여라.

① $A^2=A$임을 보여라.

② $B=\begin{bmatrix}p & q\\r & s\end{bmatrix}$일 때, $B^2=B$를 만족하는 p, q, r, s의 값을 구하여라.

14.2 행렬을 이용한 연립 방정식의 계산

행렬은 연립 방정식을 표현하고 해결하는 한 방법으로 유용하게 사용될 수 있다. 일반적으로, 연립 방정식을 $AX=B$의 행렬 방정식의 형태로 표현할 수 있다면, $X=A^{-1}B$로 그 해를 구하고, 해의 존재성을 보일 수 있다. 이와 같이 해를 구하거나 해의 존재성에 대하여 행렬을 이용할 때 고려해야 할 사항이 있다.

예제 1

방정식 $2X-3Y=17$와 $5X-9Y=21$의 해를 행렬을 이용하여 구하여라.

풀이

• 방법 1

$M=\begin{bmatrix}2 & -3\\5 & -9\end{bmatrix}$은 두 방정식의 좌변에 있는 x, y 계수들로 이루어진 2×2 행렬이다.

$N=\begin{bmatrix}x\\y\end{bmatrix}$은 방정식의 해 x, y를 나타내는 2×1행렬이다.

$P=\begin{bmatrix}17\\21\end{bmatrix}$은 두 방정식의 우변에 있는 상수항들

로 이루어진 2×1행렬이다.

$MN = P$이고, $N = M^{-1}P$이다.

[2, −3;5, −9]^(−)1×[17;21]을 입력하고 ENTER를 누른다.

해는 $x = 30$, $y = \dfrac{43}{3}$이다.

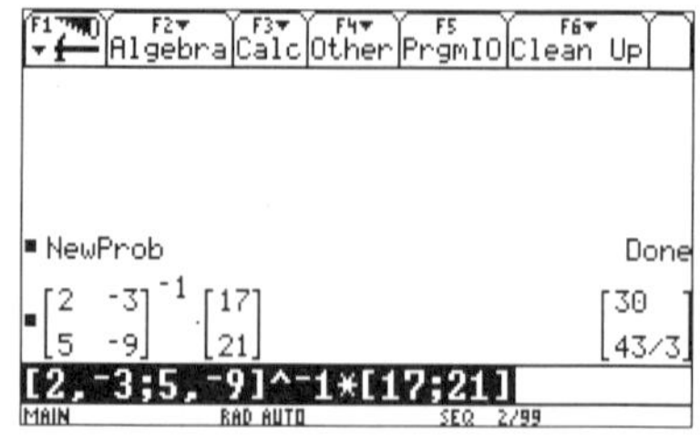

• 방법 2

명령어 simult는 연립방정식을 풀기 위해 행렬 M과 RHS 행렬 P를 사용한다. 명령어 문법은 simult(좌변의 계수 행렬, 우변의 상수 행렬)이다. 2nd (CATALOG)를 누르고 simult(를 선택한 후 ENTER를 누른다.

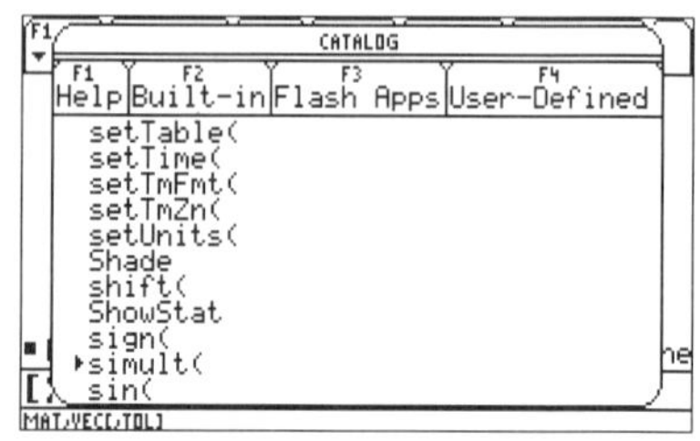

simult([2, −3;5, −9],[17;21])을 입력하고, ENTER를 누른다.

방법1에서와 같이 $x = 30$, $y = \dfrac{43}{3}$의 해가 나온다.

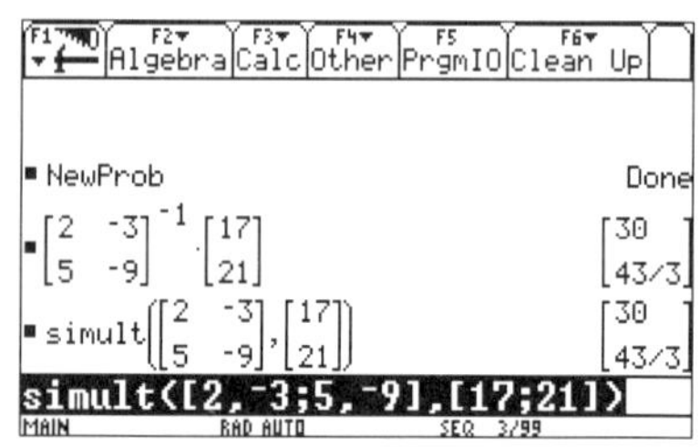

예제 2

4차 다항 함수 $f(x) = ax^4 + bx^3 + cx^2 + dx + e$가 다음 조건들에 의하여 유일하게 정의될 때 다음 물음에 답하여라.

$$f(-1) = 0,\ f(0) = 4,\ f'(1) = -6,$$
$$f'(0) = 0,\ f(3) = 40$$

① 각각의 조건을 만족시키는 매개변수 a, b, c, d에 대응되는 일차방정식을 구하여라.

② 행렬의 형태로 연립방정식을 구하여라.

③ 이 방정식을 풀고 4차 다항 함수의 식을 구하여라.

CAS 도움말

해가 없는 방정식을 풀거나, 해가 무수히 많은 방정식을 풀 때, 계산기에서는 오류 메시지가 나타난다. 이런 경우에 불능인 방정식(해가 없는 방정식)이나 부정인 방정식(해가 무수히 많은 방정식)인지를 판단하기 위하여 처음의 방정식을 잘 살펴볼 필요가 있다.

풀이

① 함수식 정의하기 :

a×x^4+b×x^3+c×x^2+d×x+e [STO▸] f(x)를 입력하고 [ENTER]를 누른다.

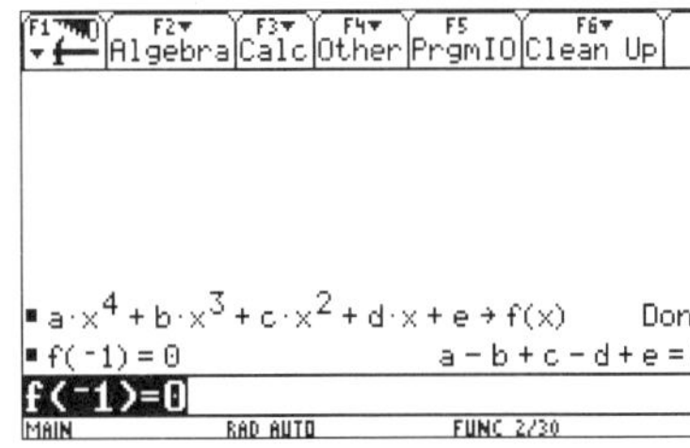

$f(-1)=0$을 입력하고 [ENTER]를 누른다.

($a-b+c-d+e=0$이 주어진다.)

$f(0)=4$을 입력하고 [ENTER]를 누른다.

($e=4$ 가 주어진다.)

$f(3)=40$을 입력하고 [ENTER]를 누른다.

($81a+27b+9c+3d+e=40$이 주어진다.)

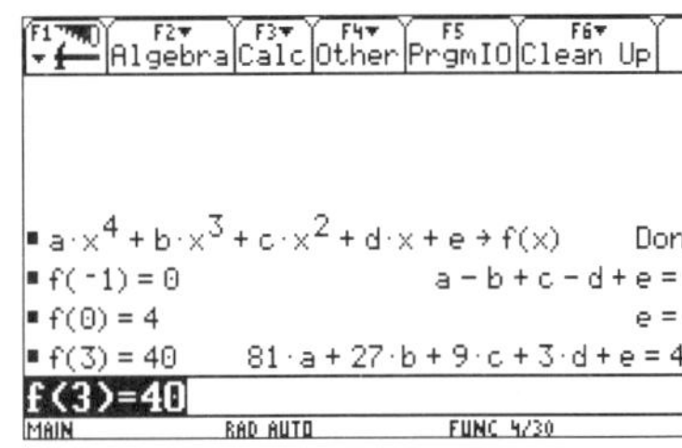

도함수에서,

4a×x^3+3b×x^2+2c×x+d [STO▸] derf(x)를 입력하고 [ENTER]를 누른다.

derf(1)=−6을 입력하고 [ENTER]를 누른다.

($4a+3b+2c+d=-6$이 주어진다.)

derf(0)=0을 입력하고 [ENTER]를 누른다.

($d=0$이 주어진다.)

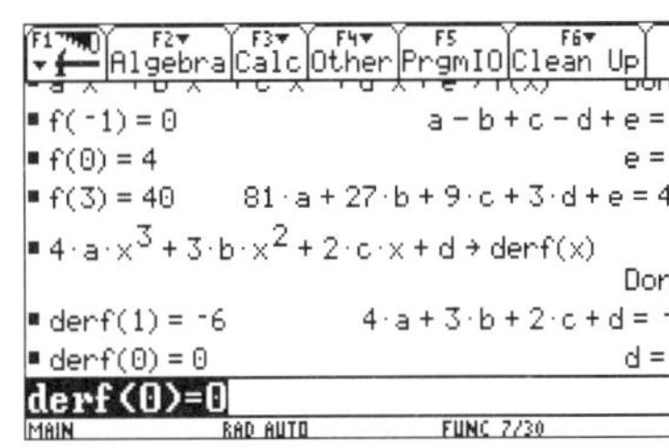

② $d=0$, $e=4$의 결과를 얻으면서 미지수가 세 개인 삼차방정식으로 방정식의 차수가 감소한다.

$$a-b+c=-4$$
$$81a+27b+9c=36$$
$$4a+3b+2c=-6$$

행렬의 형태로 주어진 방정식을 $MX=B$ 또는 다음과 같이 표현할 수 있다.

$$\begin{bmatrix} 1 & -1 & 1 \\ 81 & 27 & 9 \\ 4 & 3 & 2 \end{bmatrix} \begin{bmatrix} a \\ b \\ c \end{bmatrix} = \begin{bmatrix} -4 \\ 36 \\ -6 \end{bmatrix}$$

$$\quad M \qquad\quad X \qquad B$$

계수행렬 M 입력하기 :

[1, −1,1;81,27,9;4,3,2] STO▸ M을 입력하고 ENTER를 누른다.

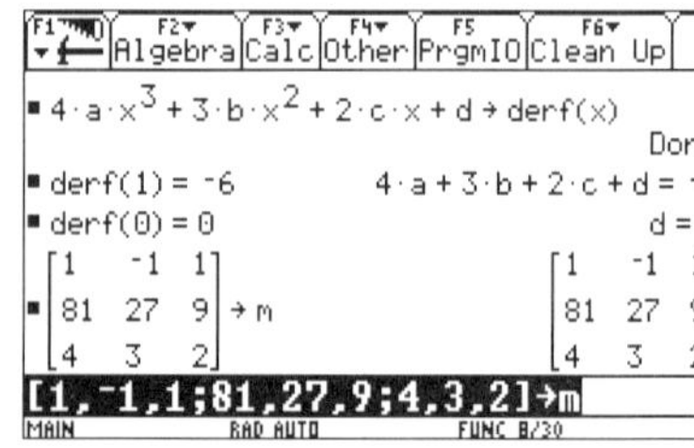

③ 앞의 행렬방정식은 $X = M^{-1}B$ 또는 다음과 같이 풀 수 있다.

$$\begin{bmatrix} a \\ b \\ c \end{bmatrix} = \begin{bmatrix} 1 & -1 & 1 \\ 81 & 27 & 9 \\ 4 & 3 & 2 \end{bmatrix}^{-1} \begin{bmatrix} -4 \\ 36 \\ -6 \end{bmatrix}$$

$$X \qquad\quad M^{-1} \qquad\quad B$$

a, b, c값 계산하기 :

[a;b;c] = M^ (-) 1×[−4;36;−6]을 입력하고 ENTER을 누른다.

결과는 각각 1, 0, −5이다.

따라서 4차 함수식은 $f(x) = x^4 - 5x^2 + 4$가 된다.

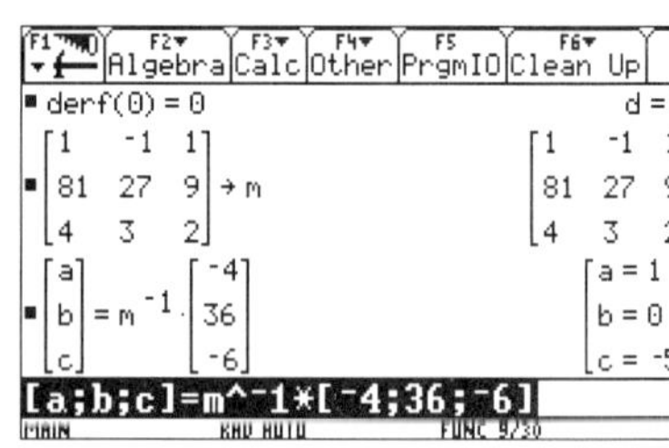

예제 3

다음 연립방정식이 해를 갖지 않도록 하는 p, q의 값을 구하여라.

$$px + 3y - 2z = 7$$
$$3x - 2y + z = 1$$
$$4x - 3y + 2z = q$$

풀이

위의 행렬 방정식은 $MN=K$로 표현할 수 있고, $N=M^{-1}K$ 또는

$$\begin{bmatrix} x \\ y \\ z \end{bmatrix} = \begin{bmatrix} p & 3 & -2 \\ 3 & -2 & 1 \\ 4 & -3 & 2 \end{bmatrix}^{-1} \begin{bmatrix} 7 \\ 1 \\ q \end{bmatrix}$$
$$\quad N \qquad\qquad M^{-1} \qquad\qquad K$$

을 이용하여 해를 구할 수 있다.

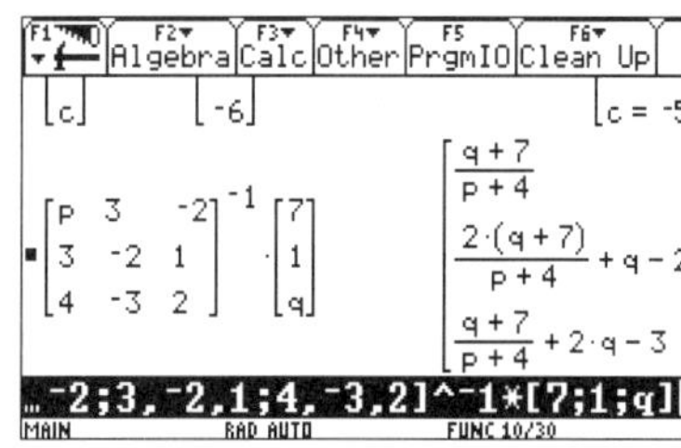

x, y, z 값 구하기 :
[p,3,−2;3,−2,1;4,−3,2]^ (-) 1×[7;1;q]를 입력하고 ENTER 를 누른다.
값이 존재할 때 다음과 같은 결과가 나타난다. :

$$x=\frac{q+7}{p+4}$$

$$y=\frac{2(q+7)}{p+4}+q-2$$

$$z=\frac{q+7}{p+4}+2q-3$$

위에서 $p=-4$일 때 유일한 해가 존재하지 않음을 알 수 있다. $p=-4$이면 첫 번째와 세 번째 방정식은 다음과 같이 된다.

방정식 1:
$(-4x+3y-2z=7)\times(-1)=4x-3y+2z=-7$

방정식 2:
$4x-3y+2z=q$
여기서 $q=-7$이 아니면 주어진 방정식의 해는 존재하지 않는다고 할 수 있다. $q=-7$이면 방정식은 '3개의 미지수를 갖는 2개의 식'으로 축소된다.

그것은 무수히 많은 해를 갖게 된다.

요약하기 :

$p=-4,\ q\neq-7$일 때 해가 존재하지 않는다.

$p=-4,\ q=-7$일 때 무수히 많은 해가 존재한다.

$p\neq-4$일 때 유일한 해가 존재한다.

연습문제

1. 다음 행렬에 대하여, 행렬 방정식 $AX=B$를 풀어라.

$$A=\begin{bmatrix}3 & 1\\ 4 & -2\end{bmatrix},\ B=\begin{bmatrix}7\\ -3\end{bmatrix}$$

2. x, y에 관한 다음 연립 방정식을 풀어라.

① $\begin{cases}2x+3y=8\\ x-y=7\end{cases}$　　② $\begin{cases}y=2x-3\\ y-x=7\end{cases}$

3. 다음 연립 방정식을 계산기가 해결할 수 없는 이유를 설명하여라. 그 이유를 설명하기 위하여 그래프를 이용하여라.

① $\begin{cases}x-2y=3\\ -3x+6y=10\end{cases}$　　② $\begin{cases}x-2y=3\\ -3x+6y=-9\end{cases}$

4. 3차 함수 $f(x)=ax^3+bx^2+cx+d$이 다음의 조건을 만족할 때 다음 물음에 답하여라.

$$f(-1)=1,\quad f'(1)=-2$$
$$f(1)=\frac{5}{3},\quad f'(0)=0$$

① 위의 각 조건을 만족하는 방정식을 a, b, c, d에 관한 일차 방정식으로 나타낼 수 있다.

각 조건에 알맞은 일차방정식을 구하여라.

② 이를 행렬방정식의 형태를 갖는 일차 연립 방정식으로 나타내어라.

③ 방정식을 풀고 3차 함수 $f(x)$를 구하여라.

탐구활동

1. 연립 방정식 $\begin{cases} px+y+2z=4 \\ 2x+y+3z=1 \\ 2x-y-4z=q \end{cases}$에 대하여 다음 조건을 만족하는 p, q의 값을 구하여라.

① 한 쌍의 해가 존재할 때

② 해가 존재하지 않을 때

③ 해가 무수히 많을 때

14.3 행렬의 활용

행렬은 다음과 같은 상황들을 모델화하기 위해 사용될 수 있다.

- 상황이나 조건들의 집합을 정의할 수 있다.
- 하나의 상황에서 다음 상황으로 전이할 수 있다.
- 다음의 상황은 이전의 상황에 의존한다.

이러한 적용은 Markov chains으로 알려져 있다.

예제

어느 매점에서 오렌지 쥬스와 사과 쥬스를 판매하고 있다. 특정일에 오렌지 쥬스를 마시는 고객의 15%가 다음날 사과 쥬스를 마시고, 특정일에 사과 쥬스를 마시는 고객의 60%가 다음날 오렌지 쥬스를 마셨다. 또한 1000명의 사람들이 매일 매점을 이용하고, 모두 오렌지 쥬스 아니면 사과 쥬스를 마신다고 하자. 매점이 개장된 월요일에 200명의 사람들이 오렌지 쥬스를 마셨고, 800명의 사람들은 사과 쥬스를 마셨다.

① 위 상황을 행렬 T로 정의하여라.

② 첫 번째 행렬(initial state matrix) S_0를 정의하여라.

③ 화요일에 얼마나 많은 사람들이 오렌지 쥬스와 사과 쥬스를 마셨는가?

④ 금요일까지 일주일 동안 오렌지 쥬스와 사과 쥬스를 마신 사람들의 수를 계산하여라.

⑤ 시간이 흐름에 따른 사과 쥬스를 마신 사람들에 대한 오렌지 쥬스를 마신 사람들의 비율이 얼마인가?

풀이

① 위의 정보로부터 다음 표를 완성할 수 있다.

	전날 오렌지 쥬스 선택	전날 사과 쥬스 선택
당일 오렌지 쥬스 선택	0.85	0.60
당일 사과 쥬스 선택	0.15	0.40

전날 어떠한 쥬스를 선택했는지에 따라서 당일의 쥬스가 선택되기 때문에, 우리는 이를 Markov

chain 적용이라 한다. n요일에 오렌지 쥬스를 선택한 사람을 O_n이라하고, n요일에 사과 쥬스를 선택한 사람을 A_n이라 하자.

위 상황을 행렬로 나타내면 다음과 같다

$$
\begin{array}{cc} & \begin{array}{cc} O_{n-1} & \qquad A_{n-1} \end{array} \\ T = \begin{array}{c} O_n \\ A_n \end{array} & \begin{bmatrix} \Pr(O_n \mid O_{n-1}) & \Pr(O_n \mid A_{n-1}) \\ \Pr(A_n \mid O_{n-1}) & \Pr(A_n \mid A_{n-1}) \end{bmatrix} \end{array}
$$

$$
= \begin{bmatrix} 0.85 & 0.60 \\ 0.15 & 0.40 \end{bmatrix}
$$

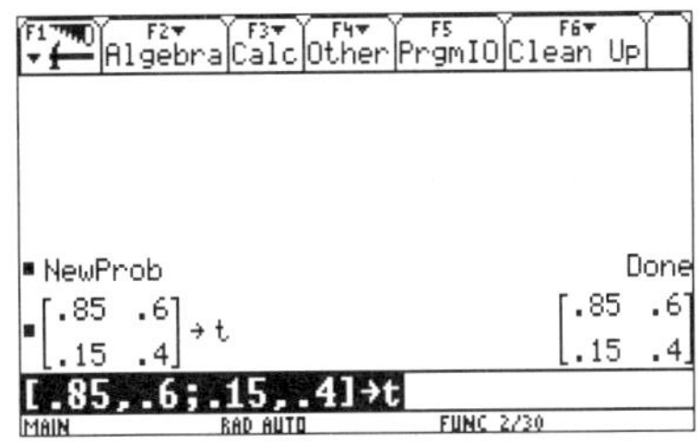

[0.85,0.6;0.15,0.4] STO▸ t를 입력하고 ENTER 를 누른다.

② 처음 행렬은 $S_0 = \begin{bmatrix} O_0 \\ A_0 \end{bmatrix} = \begin{bmatrix} 200 \\ 800 \end{bmatrix}$이다.

[200;800] STO▸ s를 입력하고 ENTER 를 누른다.

③ 화요일에 대한 행렬은 다음과 같다 :

$$
S_1 = TS_0 = \begin{bmatrix} 0.85 & 0.60 \\ 0.15 & 0.40 \end{bmatrix} \begin{bmatrix} 200 \\ 800 \end{bmatrix} = \begin{bmatrix} 650 \\ 350 \end{bmatrix}
$$

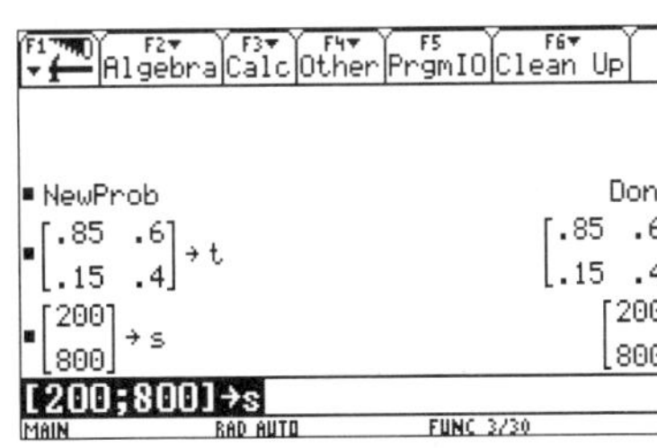

따라서, 화요일에 650명의 고객이 오렌지 쥬스를 350명의 고객이 사과 쥬스를 선택할 것이라고 예상할 수 있다. 이를 확인하기 위해서 t×s를 입력하고 ENTER 를 누른다.

④ 수요일(S_2), 목요일(S_3), 금요일(S_4)라 하면, 이에 대한 행렬은 다음과 같다

$$
S_2 = T^2 S_0 = \begin{bmatrix} 0.85 & 0.60 \\ 0.15 & 0.40 \end{bmatrix}^2 \begin{bmatrix} 200 \\ 800 \end{bmatrix} = \begin{bmatrix} 762.5 \\ 237.5 \end{bmatrix}
$$

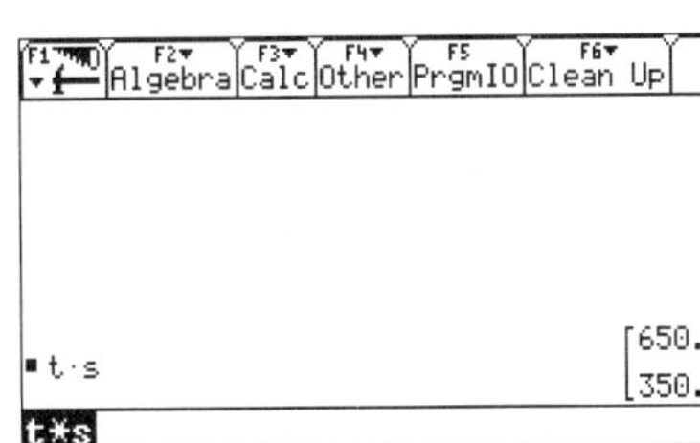

결과를 확인하기 위해 t^2×s를 입력하고 ENTER 를 누른다.

$$
S_3 = T^3 S_0 = \begin{bmatrix} 0.85 & 0.60 \\ 0.15 & 0.40 \end{bmatrix}^3 \begin{bmatrix} 200 \\ 800 \end{bmatrix} = \begin{bmatrix} 790.6 \\ 237.4 \end{bmatrix}
$$

결과를 확인하기 위해 t^3×s를 입력하고 ENTER를 누른다.

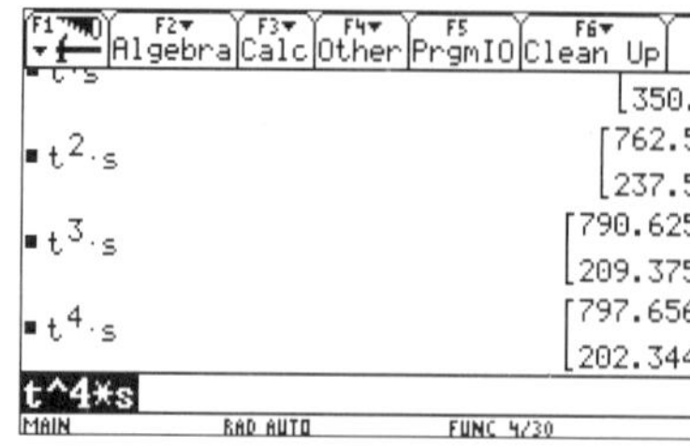

$$S_4 = T^4 S_0 = \begin{bmatrix} 0.85 & 0.60 \\ 0.15 & 0.40 \end{bmatrix}^4 \begin{bmatrix} 200 \\ 800 \end{bmatrix} = \begin{bmatrix} 797.7 \\ 202.3 \end{bmatrix}$$

결과를 확인하기 위해 t^4×s를 입력하고 ENTER를 누른다.

이 모델에서 알 수 있는 것은 사과 쥬스보다 오렌지 쥬스를 선호한다는 것이다.

⑤ 이전 질문에 대한 답으로부터 O_n과 A_n의 값이 각각 어떤 극한값에 접근하는데 이를 각각 o와 a라 하자.

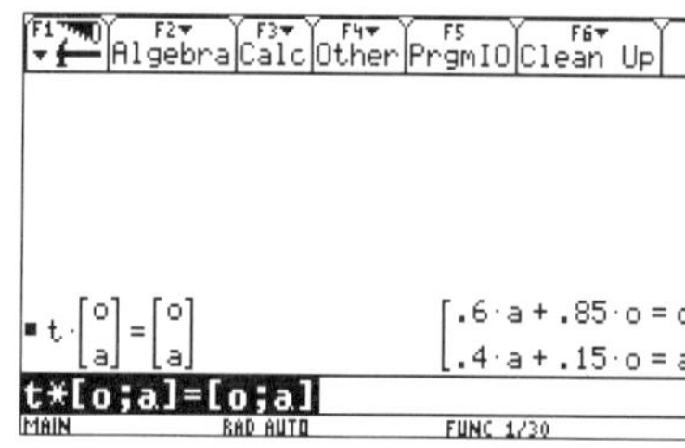

$$\begin{bmatrix} 0.85 & 0.60 \\ 0.15 & 0.40 \end{bmatrix} \begin{bmatrix} o \\ a \end{bmatrix} = \begin{bmatrix} o \\ a \end{bmatrix} \Rightarrow \begin{bmatrix} 0.85o+0.60a \\ 0.15o+0.40a \end{bmatrix} = \begin{bmatrix} o \\ a \end{bmatrix}$$

이 두 방정식은 하나의 방정식 $-(0.15o-0.60a=0)-$으로 축소되는데, 이는 $o=4a$라는 식과 같다. 이것은 안정된 상태의 조건에서 오렌지 쥬스를 마시는 고객이 사과 쥬스를 마시는 고객의 4배라는 것을 의미한다. 그러나 쥬스를 마시는 고객이 모두 1000명이라는 점에 주목할 때, $o+a=1000$이다. 따라서 $o=4a$와 $o+a=1000$의 두 식을 이용하면 방정식을 풀 수 있다.

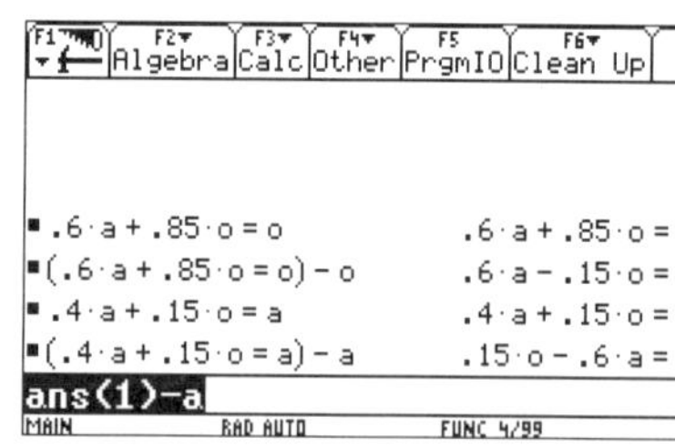

F2(Algebra)을 누르고 1:solve(를 선택한 후 ENTER를 누른다.

solve(0.15o−0.6a=0 and o+a=1000,{o,a}) 을 입력하고 ENTER를 누른다.

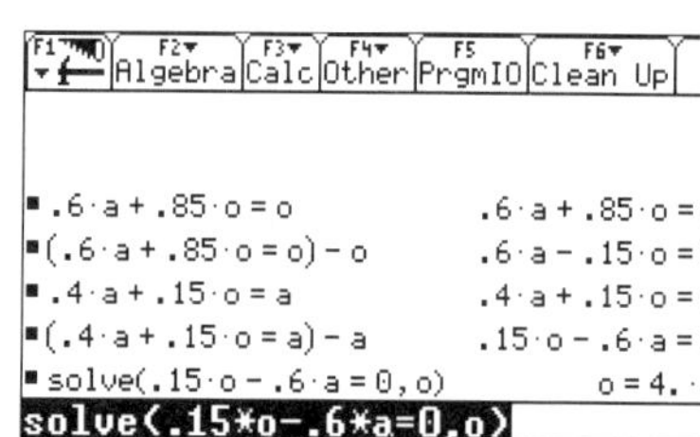

결과는 $o=800$, $a=200$이 된다. 따라서 오렌지 쥬스를 마시는 800명의 고객과 사과 쥬스를 마시는 200명의 고객의 수요가 있다는 것을 기대할 수 있다.

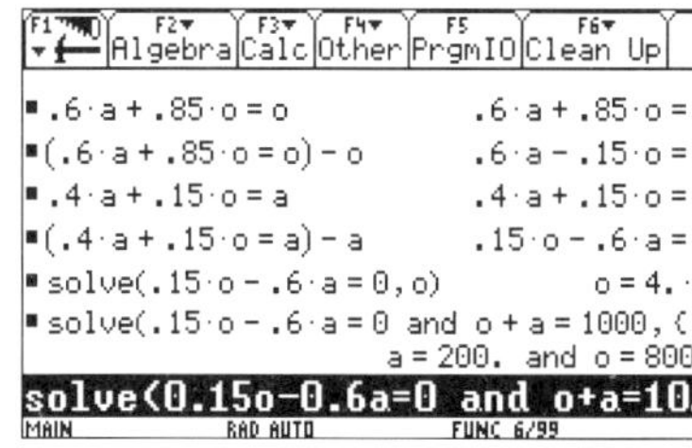

연습문제

1. 동우는 저녁에 외식을 하면 그 다음날 집에서 저녁을 먹을 가능성은 0.6이다. 또한 저녁을 집에서 먹을 경우 그 다음날 집에서 저녁을 먹을 가능성은 0.8이다. 동우가 집에서 저녁을 먹는지의 여부는 그 전날 저녁을 어디에서 먹었는지에 달려있다고 가정하자. 동우는 1월 1일 저녁을 집에서 먹었다.
   ① 동우가 1월 1일부터 1월 4일까지 저녁을 집에서 먹거나 외식을 할 가능성을 소수점 아래 셋째 자리까지 구하여라.
   ② 긴 기간동안 동우가 집에서 밥을 먹을 가능성이 몇 퍼센트인지 소수점 아래 첫째자리까지 구하여라.

14.4 점과 방정식의 변환

행렬은 평면에서 변환기하를 나타내고, 이러한 변환을 통해서 점과 방정식의 상을 결정하는데 사용될 수 있다.

예제

x축에 평행하게 3배만큼, y축에 평행하게 2배만큼 확대한 변환을 생각해보자.

① 변환행렬 $D_{x,\,y}$를 정의하여라.

② $D_{x,\,y}$에서 점 (5, 7)의 상(image)을 찾아보아라.

③ $D_{x,\,y}$에서 방정식 $y=\sin x$의 상을 찾아보아라.

④ $y=\sin x$의 그래프와 $[0, 4\pi]\times[-3, 3]$인 윈도우에서 상 방정식의 그래프를 그리고, 상 그래프의 모양을 말하여라.

풀이

① 점 (x, y)이 주어지고 그것의 상이 (u, v)라 할 때, $u=3x$(x축의 방향), $v=2y$(y축의 방향)가 된다.

따라서, $u=3x+0y$, $v=0x+2y$가 된다. 행렬의 형태로 나타내면 다음과 같다.

$$\begin{bmatrix} u \\ v \end{bmatrix} = \begin{bmatrix} 3 & 0 \\ 0 & 2 \end{bmatrix} \begin{bmatrix} x \\ y \end{bmatrix}$$

따라서, 다음과 같은 변환 행렬로 표현된다.

$$D_{3,\,2} = \begin{bmatrix} 3 & 0 \\ 0 & 2 \end{bmatrix}$$

이 행렬을 저장하자.

[3,0;0,2] STO▸ D를 입력하고 ENTER를 누른다.

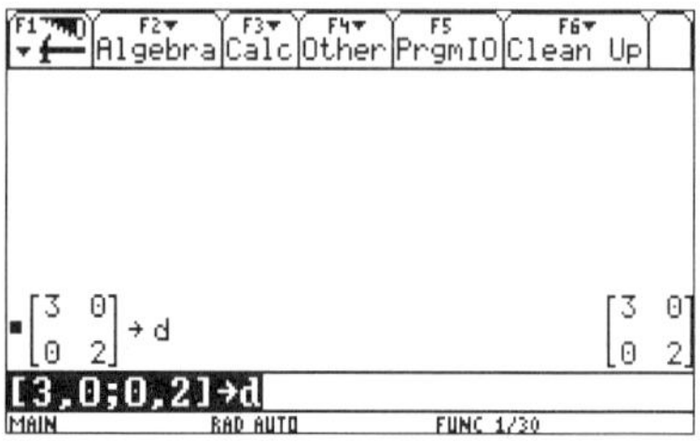

② $D_{3,\,2}$에서 점(5,7)의 상을 찾아보자.

d×[5;7]을 입력하고 ENTER를 누른다.

따라서, 점(5,7)의 상은 (15,14)가 된다.

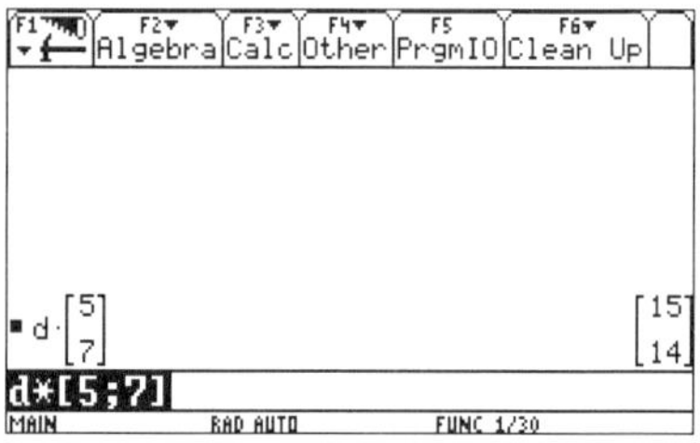

③ $\begin{bmatrix} u \\ v \end{bmatrix} = D_{3,\,2}\begin{bmatrix} x \\ y \end{bmatrix} = \begin{bmatrix} 3 & 0 \\ 0 & 2 \end{bmatrix}\begin{bmatrix} x \\ y \end{bmatrix}$ 이기 때문에

$\begin{bmatrix} x \\ y \end{bmatrix} = D_{3,\,2}^{-1}\begin{bmatrix} x \\ v \end{bmatrix} = \begin{bmatrix} 3 & 0 \\ 0 & 2 \end{bmatrix}^{-1}\begin{bmatrix} u \\ v \end{bmatrix}$ 이 된다.

d^ (-) 1×[u;v]을 입력하고 ENTER 를 누른다.

$D_{3,\,2}$에서 $y=\sin x$의 상은 다음과 같다 :

$\frac{v}{2}=\sin\left(\frac{u}{3}\right)$ 또는 $y=2\sin\left(\frac{x}{3}\right)$

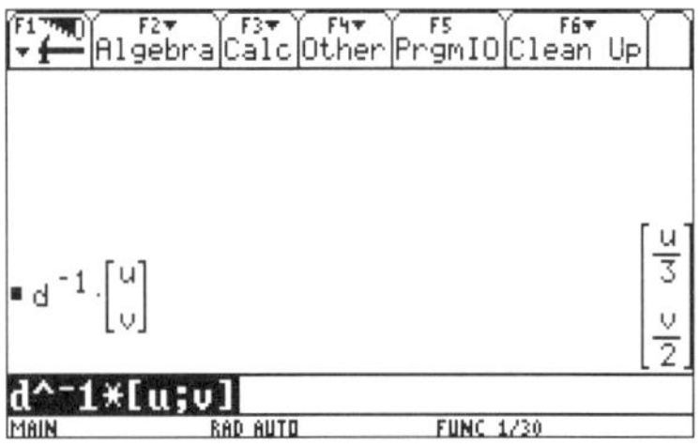

④ ◆ [Y=]를 누른다.

y1=sin(x)를 입력하고 ENTER 를 누른다.

y2=2sin(x÷3)을 입력하고 ENTER 를 누른다.

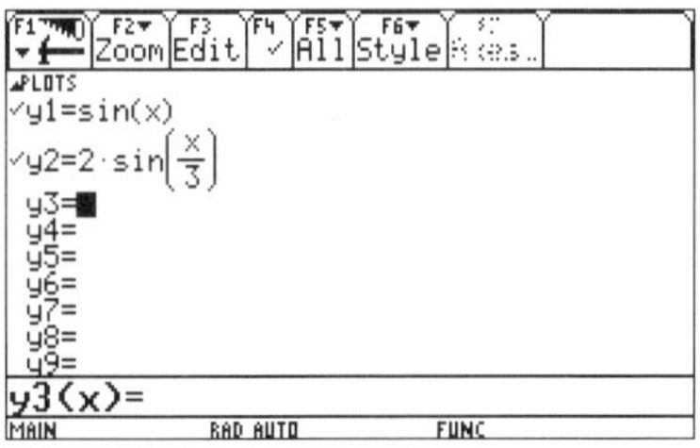

◆ [WINDOW]을 누르고 다음 값 대입하기 :

xmin=0

xmax=4π

xscl=π

ymin=−3

ymax=3

yscl=1

xres=1

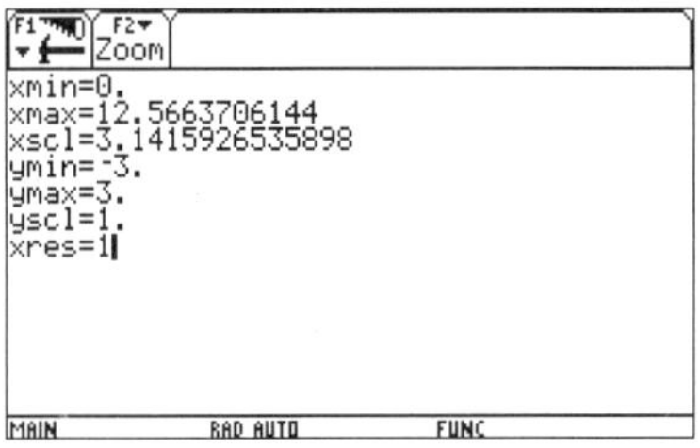

◆ [GRAPH]를 누르면 두 가지의 그래프가 나타난다.

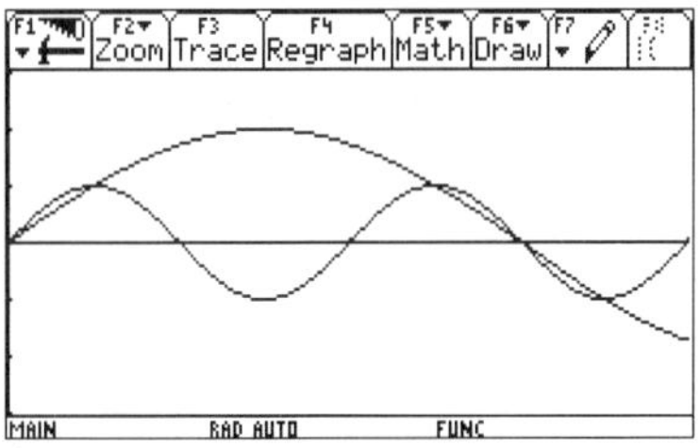

처음 곡선이 나타나고, 그에 대응되는 상의 곡선이 나타난다.

- x축에 평행하게 3배만큼 확대
- y축에 평행하게 2배만큼 확대

연습문제

1. 다음 변환행렬에 대하여 점 $(3, -2)$의 상을 구하여라.

$$\begin{bmatrix} 2 & -1 \\ 0 & 3 \end{bmatrix}$$

2. 다음과 같은 변환을 나타내는 변환 행렬을 찾고, 각 경우에 대하여 점 $(3,\ 7)$의 상을 찾아라.
   ① x축에 평행하게 2배 만큼 확대
   ② y축에 평행하게 $\dfrac{1}{3}$만큼 축소
   ③ x축에 대칭 이동

3. ① $\begin{bmatrix} 2 & 0 \\ 0 & 1 \end{bmatrix}$에 의하여 정의된 변환 행렬에서 다음 각 함수에 대한 그래프의 상의 방정식을 구하여라.

   (i) $y=x^2+1$ (ii) $y=\dfrac{3}{x-2}$

   ② 위의 ① (ii)의 그래프를 그리고, 그 변환의 성질에 대하여 설명하여라.

탐구활동

1. 각 꼭짓점의 좌표가 $(0,\ 0)$, $(0,\ -2)$, $(3,\ 0)$, $(3,\ -2)$인 직사각형이 변환 행렬 $\begin{bmatrix} 2 & -1 \\ 0 & 3 \end{bmatrix}$에 의하여 변환되었다. 각 꼭짓점의 상을 찾고, 주어진 변환에 의한 직사각형의 상을 구하여라.

부 록

부록 A : 운영체제의 업그레이드 및 부가적인 소프트웨어

이 학생용 안내서는 Texas Instrument의 T1-89, T1-92 Plus, Voyage™ 200 CAS 계산기의 사용 방법을 다루고 있다.

이 계산기는 컴퓨터와 같이 핵심적인 운영을 담당하는 운영체제를 가지고 있다. 부가적인 소프트웨어(Apps)는 특정한 영역의 기능성을 확대시킬 수 있으며 계산기에 직접 다운로드 받을 수 있다.

TI-89와 Voyage™ 200의 가장 최근의 운영체제는 버전 2.9이다. 이 학생용 안내서는 운영체제가 2.9인 Voyage™ 200을 기초로 작성된 것이다. 특별히 확률과 통계를 다루는 데 필요한 App은 *Statistics with List Editor App*를 사용하였다.

TI-Connect의 사용

TI Connect는 TI CAS 계산기에서 자료, 운영체제, 부가적인 소프트웨어를 다운로드하고 전송하는 기능을 갖는 소프트웨어이다. 예를 들어

Statistics with List Editor App를 다운로드하기 위해 Ti Connect가 필요하다. Ti Connect는 Ti Graph Link 케이블을 필요로 한다.

Ti Connect에 대한 보다 많은 정보는 http://education.ti.com/asiapacific/index.html에서 보다 자세히 알아볼 수 있다.

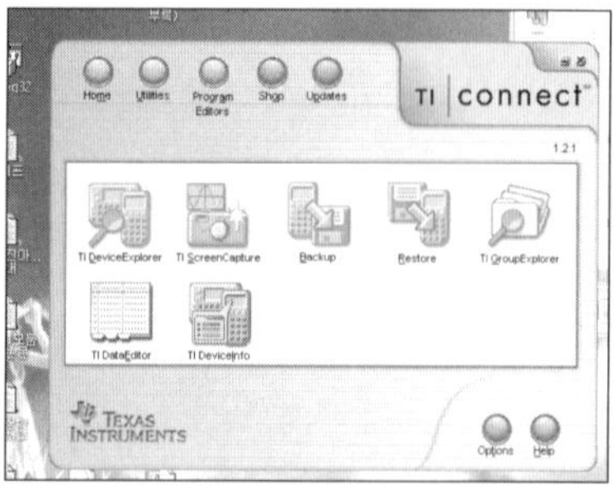

Statistics with List Editor App

*Statistics with List Editor App*는 VCE 수학 과목에서 통계와 확률의 응용분야를 적용하기 위해 필요하다. 이것은 확률 분포와 자료 배열을 포함한 TI-83에서와 유사한 통계적 기능을 제공한다. 이것은

http://education.ti.com/us/product/apps/89/statsle.html 로부터 다운로드 받을 수 있다.

공학적 도움

이 책에서 어떤 절차를 수행하는 과정에서 TI-89와 Voyage™ 200을 사용하는데 어려움이 있다면 secondary@macmillan.com.로 연락하시기 바랍니다.

TI-89와 Voyage™ 200 회사의 지원을 위해서는 Texas Instrument Australia Pty Ltd on 1300 138 140이나 teacher-support@list.ti.com에 있는 고객 담당자에게 전화하시기 바랍니다.

부록 B : CAS 계산기 키의 기능

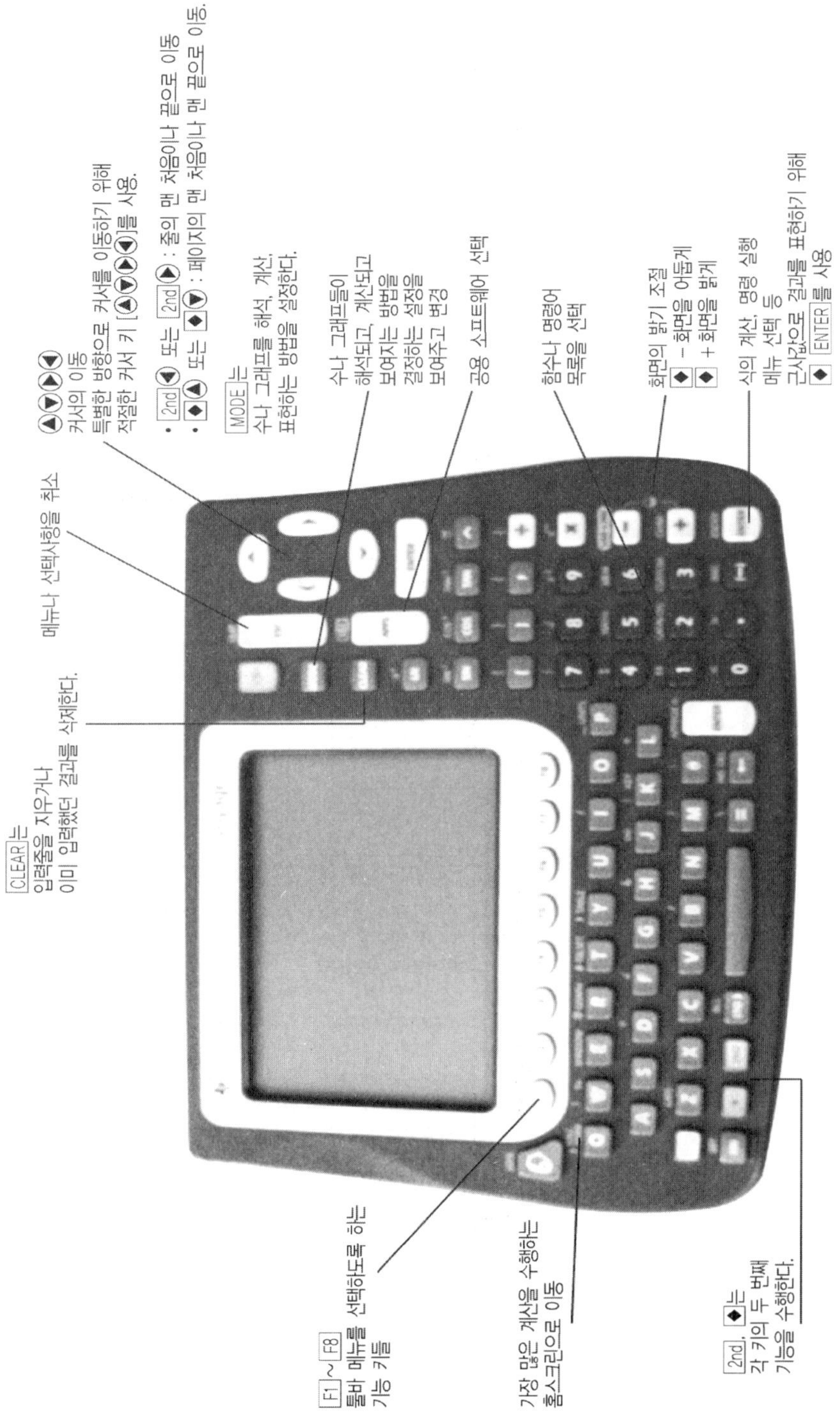

부록 C : 주요명령어 Commonly Used Keys

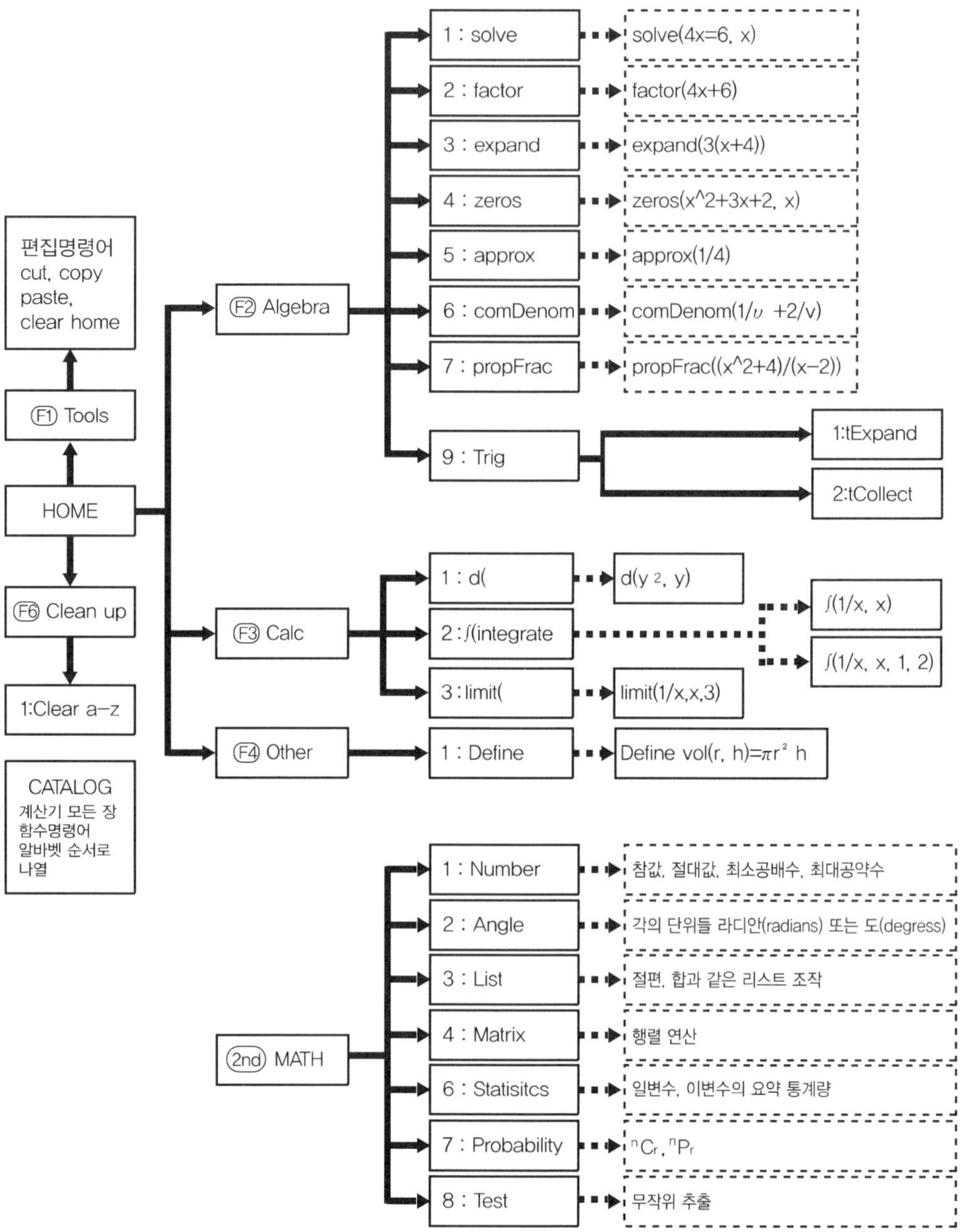

해 답

2. 문자와 식

2.1

연습문제

1. ① -22 ② $\frac{29}{2}$

③ $-\frac{5}{8}$ ④ -17

⑤ 2

2. ① $6c-4$ ② $\frac{-(5c-2)^3}{c-2}$

③ $16c^2$ ④ $8c(3c-2)$

⑤ $25c^4-120c^3+189c^2-108c+20$

⑥ $-\frac{3(c-2)(5c-2)}{c}$

3. ① $4e-8$ ② $4(e-4)^2$

③ $\frac{(2e-3)}{2}$

2.2

연습문제

1. ① -4 ② $\frac{61}{4}$

③ 15.25 ④ $9a^2+18a+4$

⑤ $2a^2+6a-45$

2. 250π, 375π, $625\pi(\text{cm}^2)$

3. ① -3 ② $-d$

③ $\frac{e+3}{2}$

④ $\frac{(z+3)(z+7)}{2}$

탐구활동

1. ① 412.8, 499.2, 643.2(cm^3)

   ② 12.096, 448, $189a^3(\text{cm}^3)$

2. $f(x)=3x^2-4x+5$, $f(10)=265$

2.3

연습문제

1. ① $3x^2-xy-4y^2$

   ② $ax^2-amxy+xy-my^2$

   ③ $a^5-\dfrac{2}{a^3}$

   ④ $a^7-a^4b^2$

   ⑤ $4a^2+4ab+b^2$

   ⑥ $4a^2+4ab^2+b^4$

   ⑦ $2x^2-y^2$

   ⑧ x^3+3x^2+3x+1

탐구활동

1. ① 3, 4, 5, 6, 7

   ② (i) 10 (ii) 45

   ③ $\dfrac{1}{x}$의 지수들에 대하여 내림차순으로 정리하고, 맨 마지막 항을 상수항으로 한다.

2.4

연습문제

1. ① $(a+1)(x+1)$

   ② $(4x+a)(4x-a)$

   ③ $(c+e)^2$

   ④ $-x^2(x-1)(x^2+x+1)$

   ⑤ $-\dfrac{x^4(2x-3)}{6}$

2. $-(x+1)^2(y-3)$

2.5

연습문제

1. ① $c\left(\dfrac{e}{3}-d\right)-ax$

   ② $-\dfrac{3ax+3b-ce}{3c}$

   ③ $c\left(\dfrac{e}{3}-d\right)-b$

2. ① $\dfrac{\sqrt{A}}{\sqrt{\pi}}$ $(r>0)$

   ② $\dfrac{2\sqrt{A}}{\sqrt{\pi}}$

3. $\pm\sqrt{a^2-b^2}$

4. ① $\dfrac{2A}{h}$

   ② 삼각형의 밑변의 길이가 반으로 줄어든다.

5. $\dfrac{x+y}{xy}$

탐구활동

1. ①, ②, ④
2. ②번 ; ③번은 때때로 $x>1$이다.

3. 함수와 그래프

3.1

연습문제

1. ① 36, 1.32, $2a(4a+1)$

   ② -41843325,

   $-48n^3+284n^2-556n+360$

   ③ 2210, 2758, 3390

2. ① $\dfrac{144\pi}{25}$, $\dfrac{196\pi}{25}$

   ② (i) $161.568cm^3$

   (ii) $6.154cm$

탐구활동

1. ① $\dfrac{355}{3}$

   ② 43,2743,29743,299743,2999743

   평균의 3배에 근접한다.

   ③ $y=279-z$

3.2

연습문제

1. ①

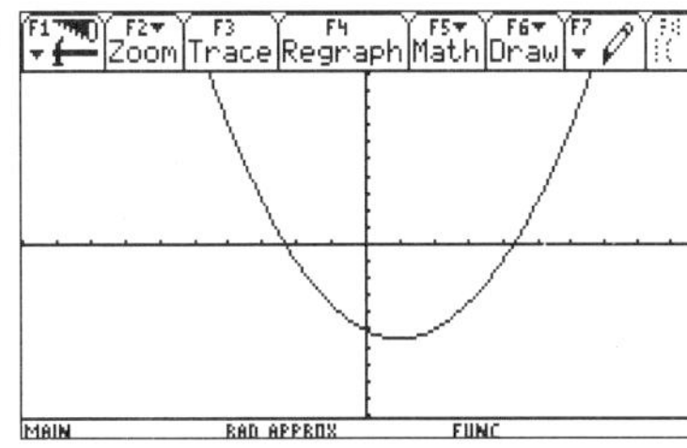

$[-10,\ 10]$, $[-10,\ 10]$

②

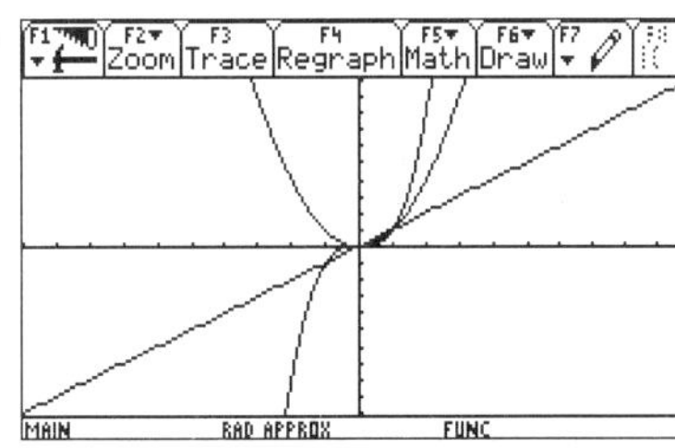

$[-10,\ 10]$, $[-10,\ 10]$

③

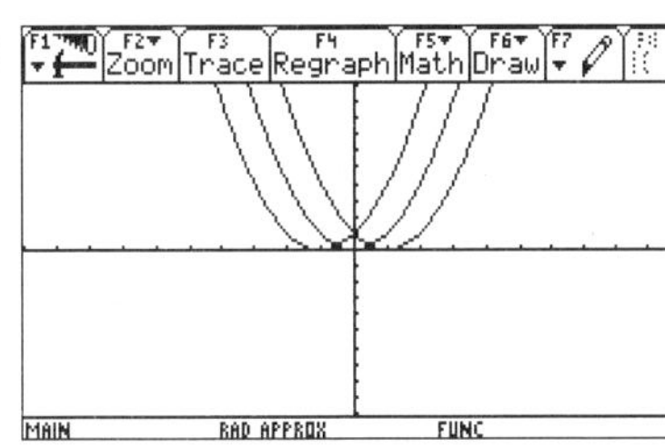

$[-10,\ 10]$, $[-10,\ 10]$

2. ①

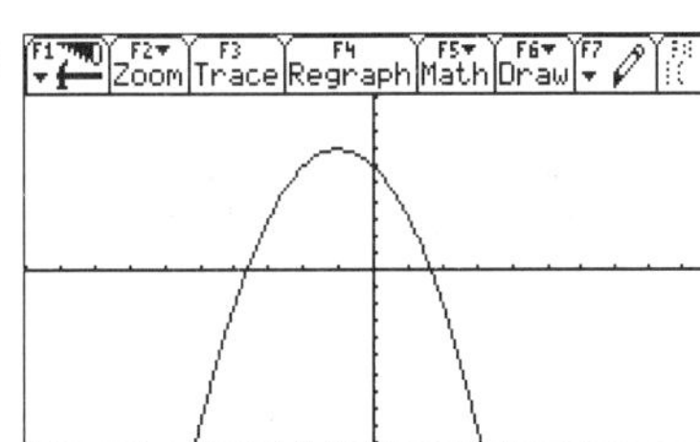

$[-10,\ 10]$, $[-10,\ 10]$

② 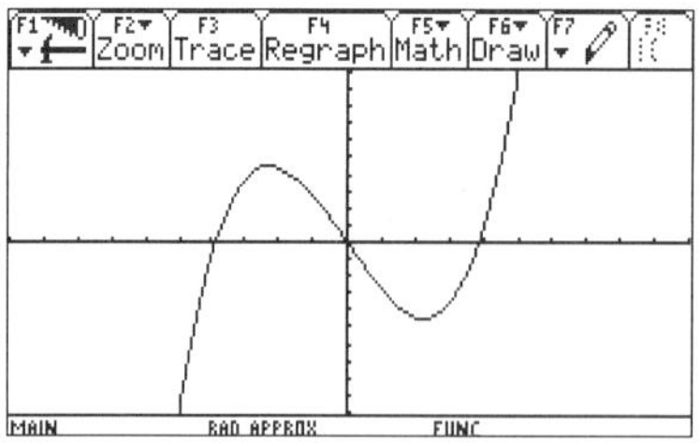

[−10, 10], [−10, 10]

3.3

연습문제

1. ① 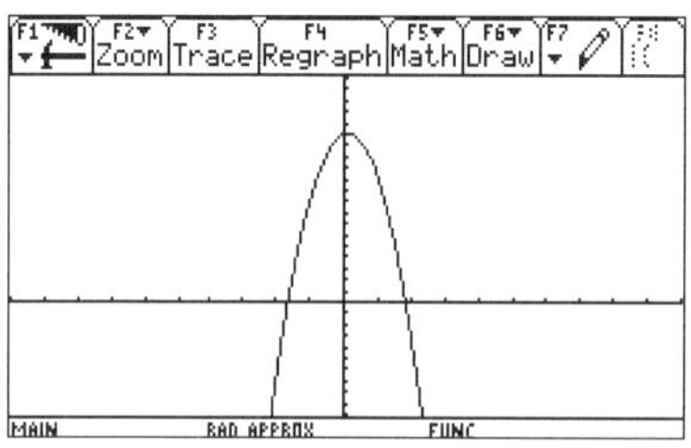

[−10, 10], [−10, 20]

② 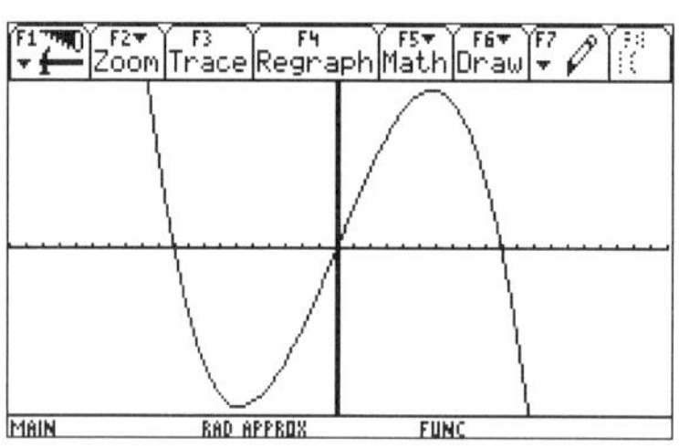

[−20, 20], [−400, 400]

③ 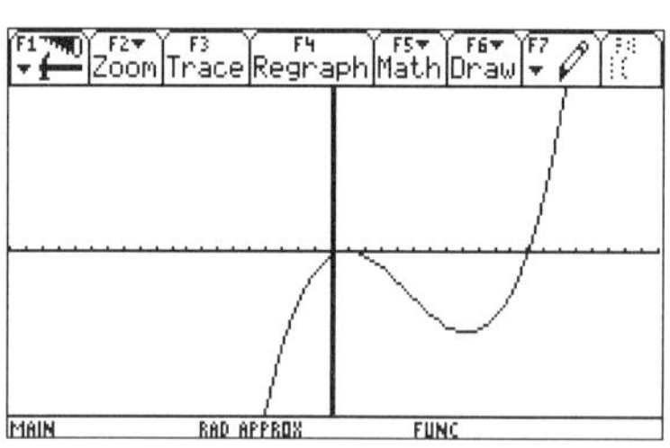

[−20, 20], [−400, 400]

④ 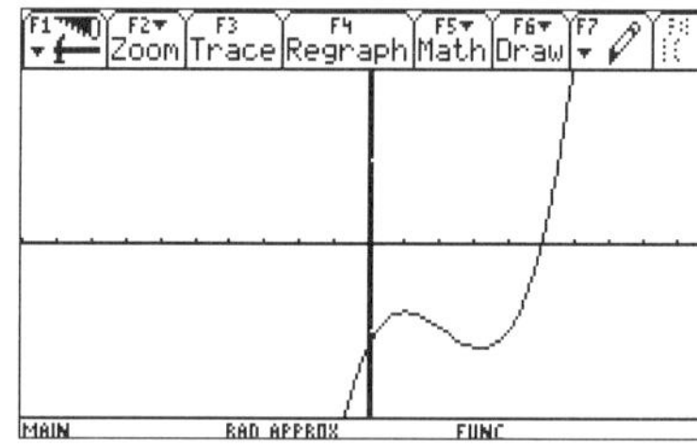

[−10, 10], [−50, 50]

3.4

연습문제

1. ① (−1.635, 0), (1.1835, 0),
(0, 15), (0.1, 15.05)
② (−10, 0), (0, 0), (10, 0) ,
min(−5.774, −384.9),
max(5.744, 384.9)
③ (1,0), (12, 0), (0, −12),
min(8.333, −197.2) ,
max(1, 0)
④ (5,0), (0, −30),
min(3.260, −30.41),
max(1.074, −19.96)

3.5

연습문제

1. ①(−1.72, −1.32), (8.72, 61.32)
② (1.16, 7.13), (−2.16, −6.13)
③ (−1.20, −26.01),
(1.15, −7.14), (2.55, −1.10)

탐구활동

1. (i) $-4<m<4$

   (ii) $m=\pm 4$

   (iii) $m<-4$ 또는 $m>4$

2. (i) $-2<m<6$

   (ii) $m=6$ 또는 -2

   (iii) $m<-2$ 또는 $m>6$

3.6

연습문제

1. ① 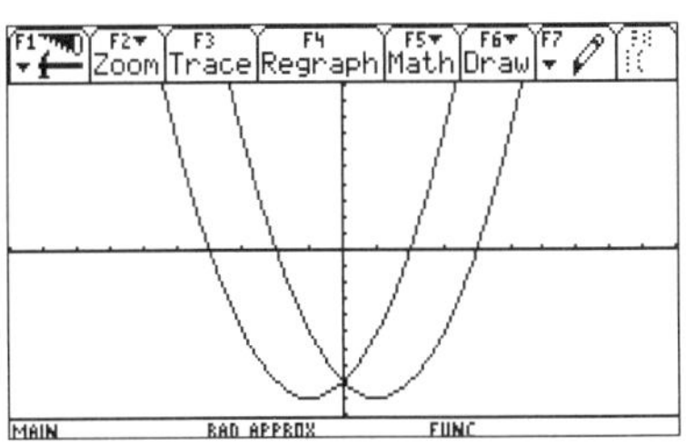

   $[-10,\ 10],\ [-10,\ 10]$

   y축 대칭

   x^2+2x-8

   ② 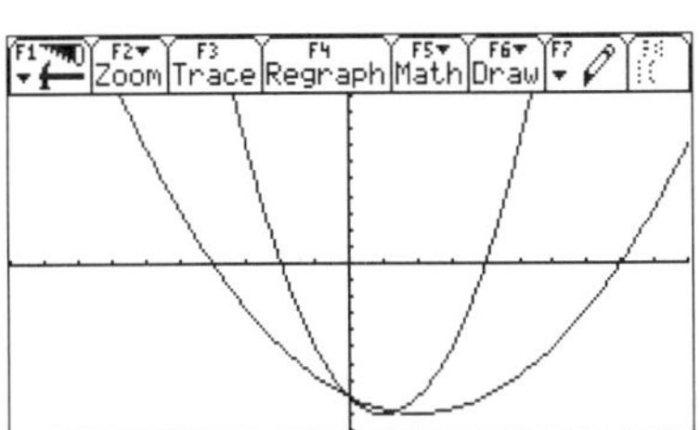

   $[-10,\ 10],\ [-10,\ 10]$

   x축 방향으로 2배 확대(늘림)

   $\dfrac{x^2}{4}-x-8$

   ③ 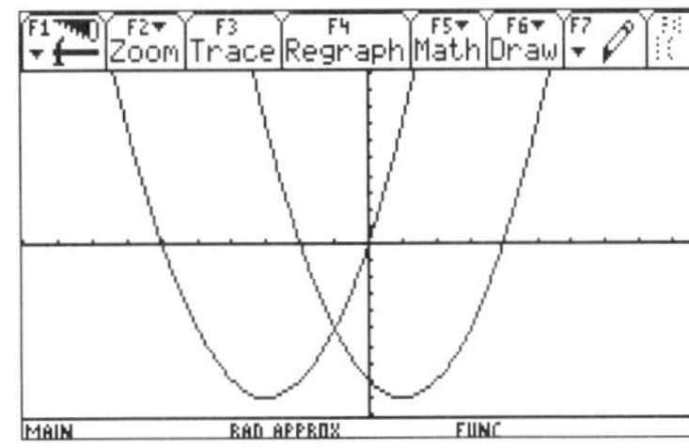

   $[-10,\ 10],\ [-10,\ 10]$

   x축 음의 방향으로 4만큼 평행이동

   x^2+6x

   ④ 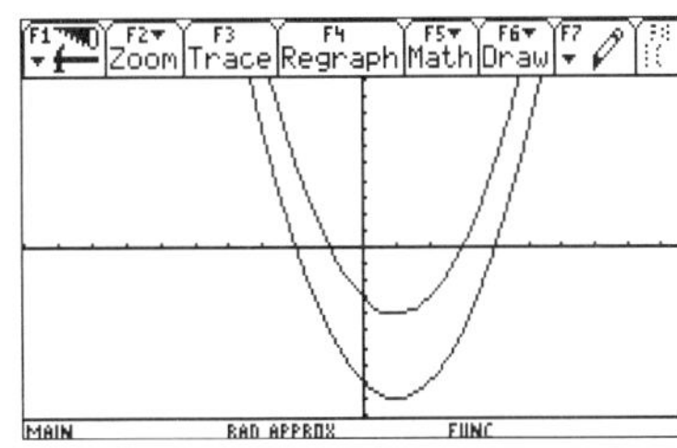

   $[-10,\ 10],\ [-10,\ 10]$

   y축 양의 방향으로 5만큼 평행이동

   x^2-2x-3

   ⑤ 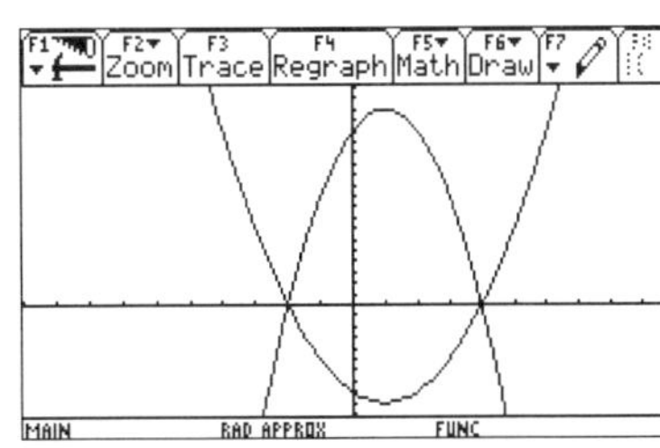

   $[-10,\ 10],\ [-10,\ 20]$

   x축 대칭이동,

   y축 방향으로 2배 확대(늘림)

   $-2(x^2-2x-8)$

2. ①

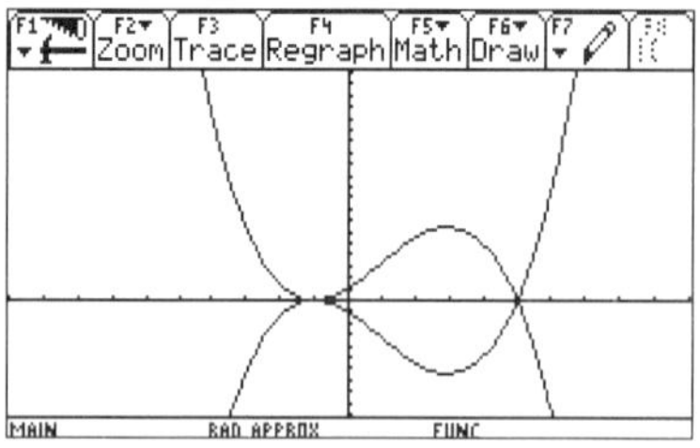

$[-10,\ 10],\ [-10,\ 20]$

$-g(x)$

②

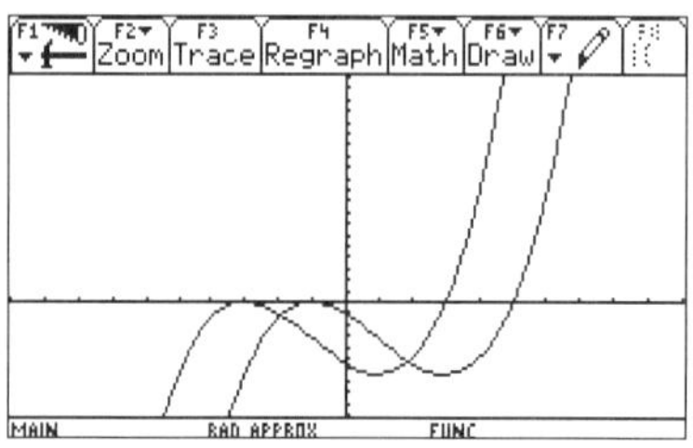

$[-10,\ 10],\ [-10,\ 20]$

$g(x+2)$

③

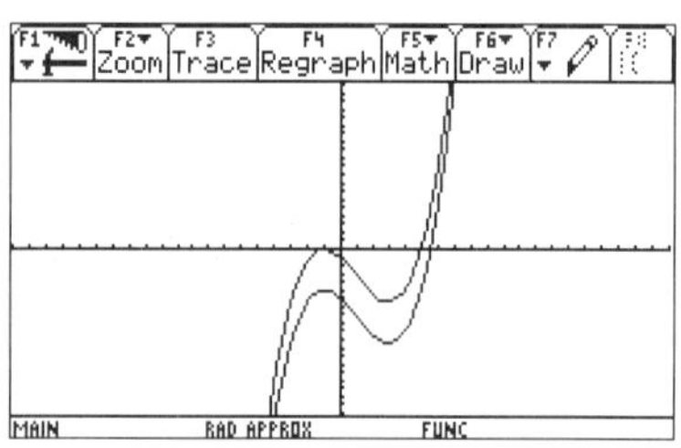

$[-20,\ 20],\ [-20,\ 20]$

$g(x)-5$

④

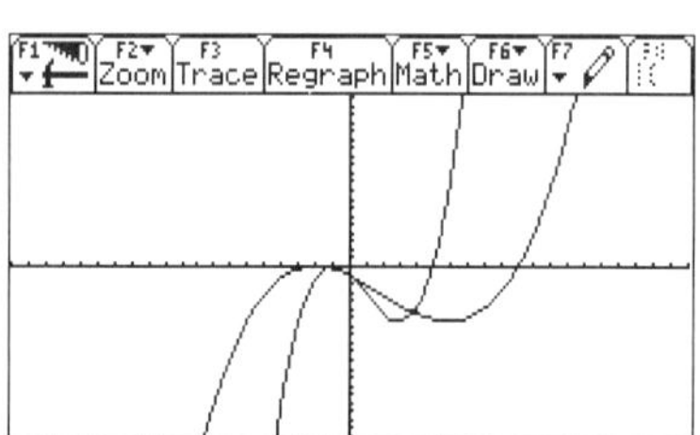

$[-20,\ 20],\ [-20,\ 20]$

$g\left(\frac{x}{2}\right)$

⑤

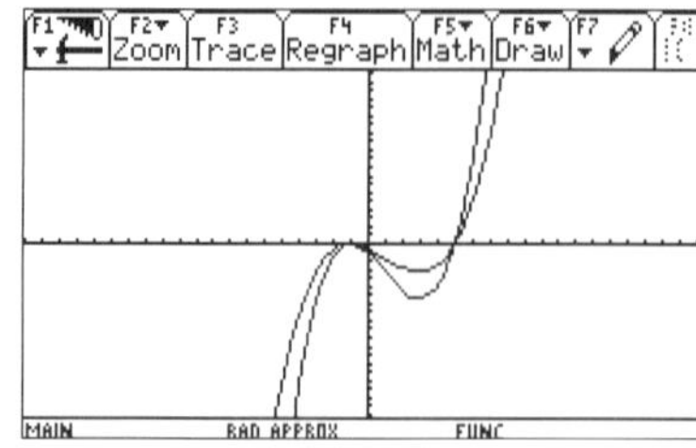

$[-20,\ 20],\ [-20,\ 20]$

$\frac{1}{2}g(x)$

3.7

연습문제

1. ①

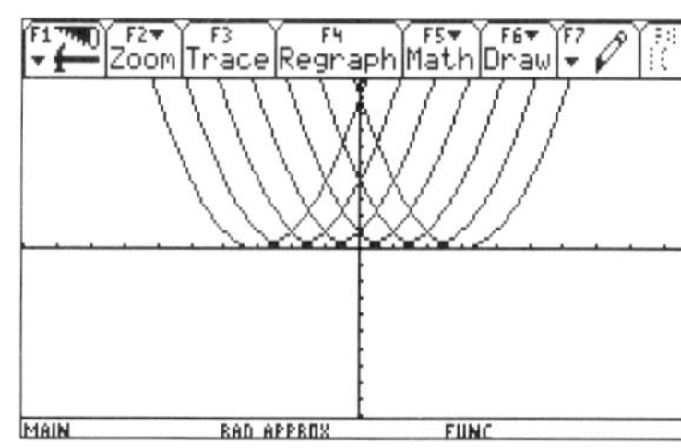

$[-10,\ 10],\ [-10,\ 10]$

②

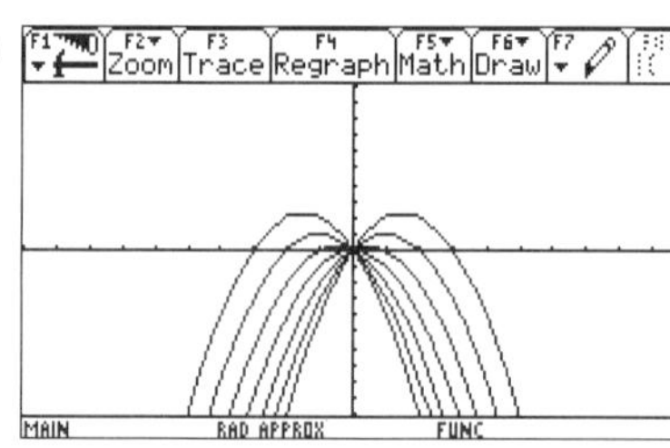

$[-10,\ 10],\ [-10,\ 10]$

③

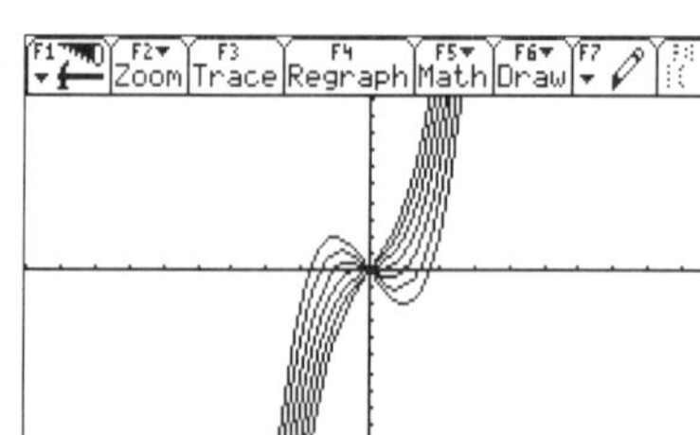

$[-10,\ 10],\ [-10,\ 10]$

2. 그래프를 x축 방향으로 평행이동
그래프를 y축 방향으로 평행이동

탐구활동

1. ① $y=a(x+1-a)$
$a\in[-5, -4, \cdots, 4.5]$
② $y=a-(x-a)^2$
$a\in[-5, -4, \cdots, 4.5]$
③ $y=a+(x+1-a)^3$
$a\in[-5, -4, \cdots, 4.5]$

4. 방정식 풀기

4.1

연습문제

1. ① $-\frac{7}{3}$　② $-\frac{27}{4}$
③ $-\frac{3}{8}$　④ $\pm\sqrt{6}$

2. ① $\frac{29}{24}$
② $2(\sqrt{3}-1)$ 또는 $-2(\sqrt{3}+1)$
③ $\frac{3y+20}{12}$　④ $\frac{2(6x-1)}{3}$
⑤ 4 또는 -1

3. ① $\pm\frac{16}{9}(\pm1.78)$
② $\frac{\sqrt{29}-3}{2}(1.19)$ 또는
$-\frac{\sqrt{29}+3}{2}(-4.19)$
③ 5 또는 $\frac{5}{2}(2.5)$ 또는
$-\frac{1}{3}(-0.33)$
④ $\frac{\sqrt{89}+1}{12}(0.87)$ 또는
$-\frac{\sqrt{89}-1}{12}(-0.70)$

4. ① $y=-\frac{2x-33}{x-21}$
② $y=\frac{-9}{x-21}-2$

탐구활동

1. ① $\sqrt{1-c}-1$ 또는 $-\sqrt{1-c}-1$
② $c=1$ ③ $c\le1$

4.2

연습문제

1. ① $x=4,\ y=3$
② $x=18,\ y=13$
③ $x=-3,\ y=4$
④ $x=-\frac{117}{35},\ y=\frac{44}{35}$

⑤ $x=\dfrac{k-40}{6}$, $y=\dfrac{k-10}{3}$

2. ① $a=\dfrac{14}{3}$, $b=1$, $c=\dfrac{25}{3}$

② $a=5$, $b=10$, $c=6$ 또는

$a=16$, $b=-\dfrac{16}{5}$, $c=\dfrac{41}{5}$

③ $a=12$, $b=-\dfrac{2}{3}$, $c=-3$ 또는

$a=12$, $b=-1$, $c=-2$ 또는

$a=2$, $b=4$, $c=3$ 또는

$a=2$, $b=1$, $c=12$

④ $a=\dfrac{k+62}{13}$, $b=\dfrac{5k+11}{13}$,

$c=\dfrac{7k-73}{13}$

탐구활동

1. ① $x=\dfrac{5b-24}{3b-8}$, $y=\dfrac{8}{3b-8}$ $\left(b\neq\dfrac{8}{3}\right)$

② $b=\dfrac{24}{5}$일 때 $x=0$; y는 0이 될 수 없다.

③ $b>\dfrac{24}{5}$

④ $\dfrac{8}{3}<b<\dfrac{24}{5}$

2. ① $x=\dfrac{t+15}{4}$, $y=\dfrac{t+5}{2}$

② $t>-5$

4.3

연습문제

1. ①, ④, ⑤ : 동치; ②, ③, ⑥, ⑦ : 동치 아님; $x\neq0$일 때 ② : 동치

2. 예를 들어

$18x^2+12$, $6(3x^2+2)$,

$2(9x^2+6)$, $18\left(x^2+\dfrac{2}{3}\right)$

3. ① $\dfrac{2}{x+1}+x+4$

② $\dfrac{1}{x+1}+\dfrac{x}{2}+2$

③ $\dfrac{1}{2(x+1)}+\dfrac{x}{4}+1$

④ $\dfrac{2}{a(x+1)}+\dfrac{x}{a}+\dfrac{4}{a}$

탐구활동

1. ① $a=2(c+3)$, $b=-2c$

② $c=-3$이면 한 개의 해가 존재하고, $c\neq-3$인 모든 다른 c값에 대해서는 2개의 해가 존재한다.

4.4

연습문제

1. ① $x=-\dfrac{2(a-10)}{3}$; 6, $\dfrac{16}{3}$, $\dfrac{22}{3}$

② $x=\dfrac{6a-5}{18}$; $\dfrac{1}{18}$, $\dfrac{7}{18}$, $-\dfrac{11}{18}$

③ $x=-\dfrac{6a}{a-8}$; $\dfrac{6}{7}$, 2, $-\dfrac{2}{3}$

2. ① $-\dfrac{c-5}{2}$, c는 실수

② $\dfrac{7}{c+4}$, $c\neq-4$

③ $c\geq-\dfrac{25}{8}$이고 $c\neq0$이면

$\dfrac{\sqrt{8c+25}-5}{4c}$ 또는

$-\dfrac{\sqrt{8c+25}+5}{4c}$이고,

$c=0$이면 $\dfrac{1}{5}$

④ $\dfrac{5(c-2)}{4}$, $c\neq2$

3. ① $x=-(2k-1)$, $y=k$

② 방정식을 나타내는 두 직선은 일치한다.

탐구활동

1. ① $\dfrac{\sqrt{1-4a}+1}{2a}$ 또는 $-\dfrac{\sqrt{1-4a}-1}{2a}$

② $\dfrac{1}{2a}$

5. 삼각함수

5.1

연습문제

1. ①

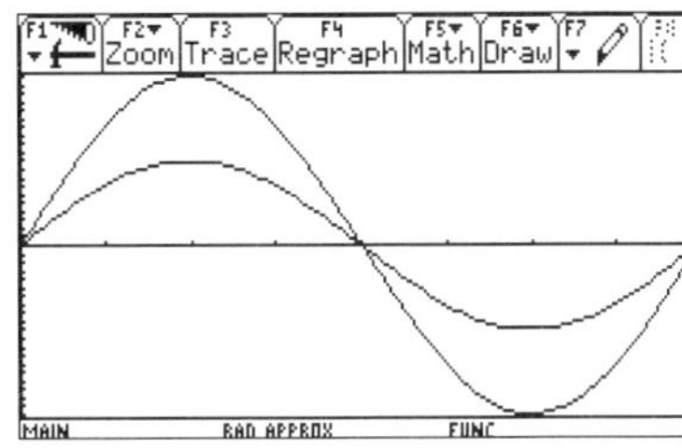

[0, 2π], [-2, 2]

②

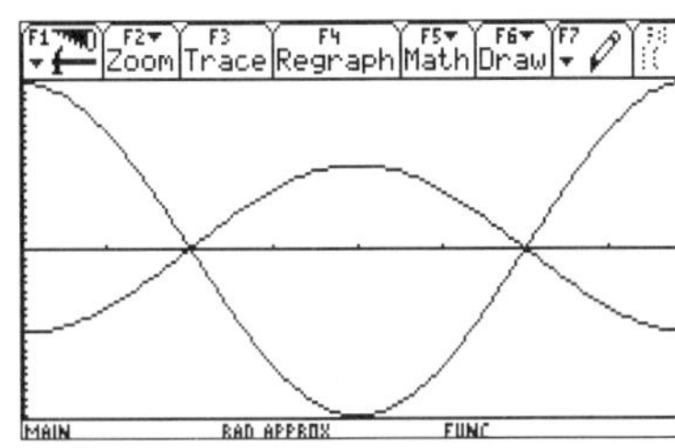

[0, 2π], [-2, 2]

③

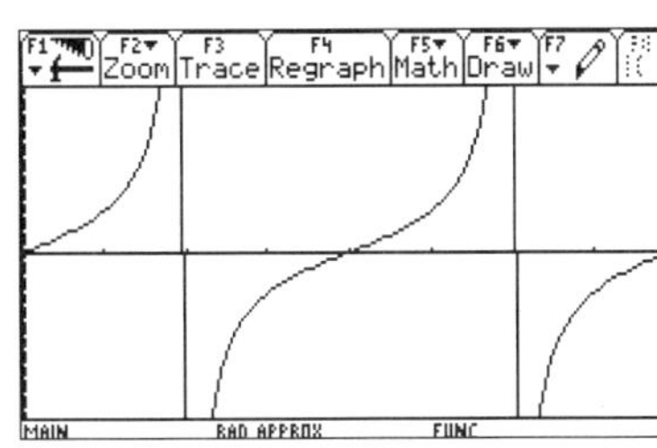

[0, 2π], [-4, 4]

(tan의 주기가 π이므로 두 그래프는 동일하다)

2. ① x축 대칭

② y축 대칭

③ x축 양의 방향으로 π만큼 평행이동

④ y축 양의 방향으로 2만큼 평행이동

⑤ x축 대칭, x축에 평행하게 $\frac{1}{2}$만큼 축소, x축 양의 방향으로 $\frac{\pi}{6}$만큼, y축 음의 방향으로 2만큼 평행이동

3. ① 0.7854, 3.9270

② 0, 2.0944, 3.1416, 4.1888, 6.2832

③ 3.1062

탐구활동

1. ① $\cos\left(\frac{\pi}{2}-x\right)$ 또는 $\cos\left(x+\frac{3\pi}{2}\right)$

(다른 답도 가능하다)

② $\cos\left(\frac{3\pi}{2}-x\right)$ 또는 $\cos\left(x+\frac{\pi}{2}\right)$

(다른 답도 가능하다)

③ $\cos(x)$ (다른 답도 가능하다)

④ $\cos\left(\frac{3\pi}{2}-2x\right)$ 또는 $\cos\left(2x+\frac{\pi}{2}\right)$

(다른 답도 가능하다)

2. $c=2, 3, \cdots$ 또는 $c=\cdots, -4, -3$이면 해가 존재하지 않는다. ;

$c=-2, -1, 0, 1$이면 해가 한개 존재한다.

3. $k=\cdots, -2, -1$이면 해가 존재하지 않는다. ; $k=0$이면 해가 두 개 존재한다.

5.2

연습문제

1. ① $2k\pi \pm 2.3005$

② $\frac{(24k+5)\pi}{12}$ 또는 $\frac{(24k-11)\pi}{12}$

③ $k\frac{\pi}{2}-1.281$

2. ① $\frac{\pi}{4}, \frac{7\pi}{4}$

② $\frac{\pi}{12}, \frac{7\pi}{12}, \frac{25\pi}{12}, \frac{31\pi}{12}$

③ $-\frac{7\pi}{8}, -\frac{5\pi}{8}, \frac{\pi}{8}, \frac{3\pi}{8}$

④ $\frac{\pi}{9}, \frac{4\pi}{9}, \frac{7\pi}{9}$

탐구활동

1. $\sin\left(x-\frac{\pi}{3}\right)=-\frac{\sqrt{3}}{2}$

$2\sin\left(\frac{4\pi}{3}-x\right)=-\sqrt{3}$

$2\sin\left(x+\frac{5\pi}{3}\right)=-\sqrt{3}$

(다른 답도 가능하다)

2. $2\cos\left(\frac{\pi}{6}-x\right)=-\sqrt{3}$

(다른 답도 가능하다)

5.3

연습문제

1. 4.95m
2. 2.5cm ; 0.1148초

6. 지수함수와 로그함수

6.1

연습문제

1. ① x축의 음의 방향으로 2만큼 평행이동

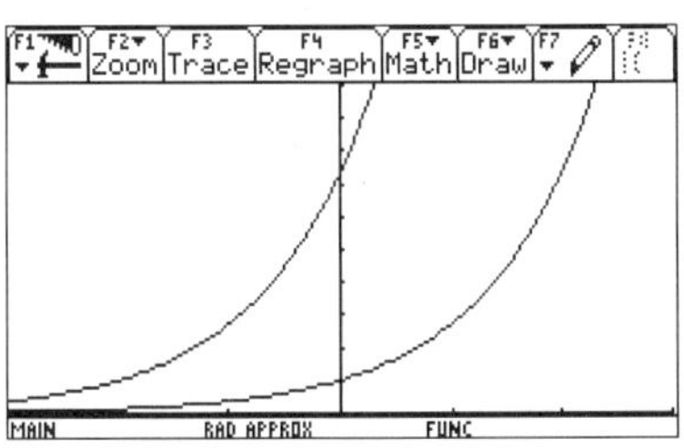

[−3, 3], [0, 10]

② y축의 양의 방향으로 2만큼 평행이동

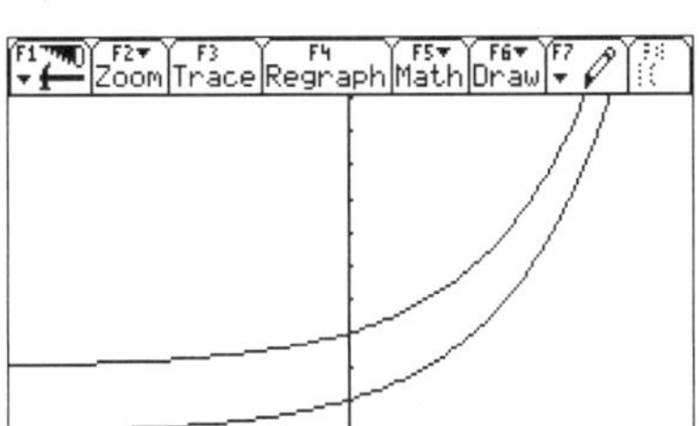

[−3, 3], [0, 10]

③ x축에 평행하게 $\frac{1}{2}$배 축소

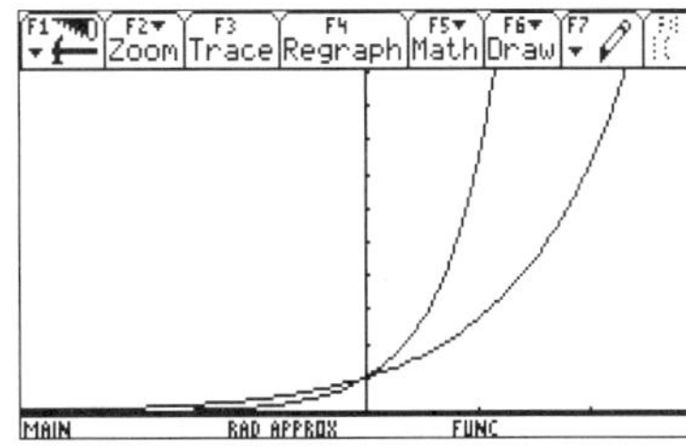

[−3, 3], [0, 10]

2. ① y축의 양의 방향으로 2만큼 평행이동

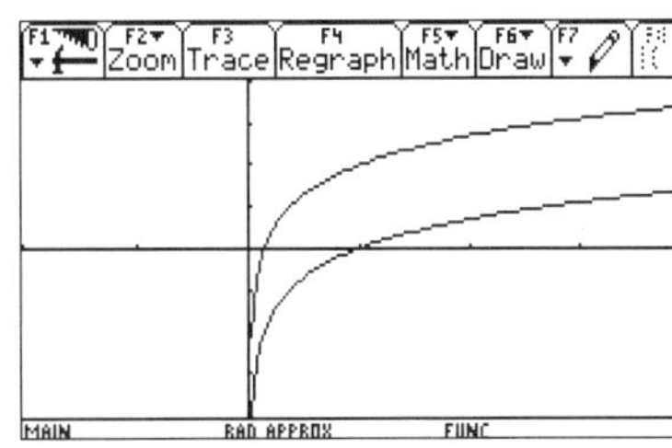

[−2, 4], [−4, 4]

② x축의 음의 방향으로 2만큼 평행이동

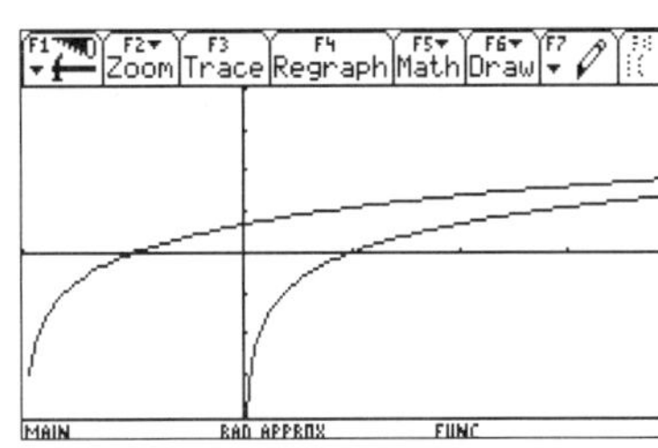

[−2, 4], [−4, 4]

③ x축에 평행하게 $\frac{1}{2}$배 축소

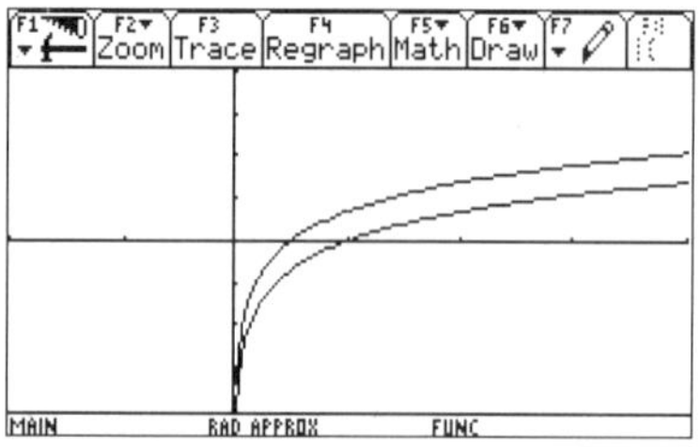

$[-2, 4]$, $[-4, 4]$

3. ① x축 대칭

② y축 대칭

③ x축에 평행하게 $\frac{1}{3}$배 축소, x축 양의 방향으로 $\frac{2}{3}$만큼 평행이동

④ y축에 평행하게 3배 확대, y축 음의 방향으로 2만큼 평행이동

⑤ x축 대칭, x축에 평행하게 $\frac{1}{2}$배 축소, x축 양의 방향으로 $\frac{1}{2}$만큼, y축 음의 방향으로 5만큼 평행이동

4. ① $y1(x)$
$=e^\wedge(x+\{-3, -2, -1, 0, 1, 2, 3\})$

② $y1(x)$
$=\ln(x)+\{-3, -2, -1, 0, 1, 2, 3\}$

③ $y1(x)$
$=e^\wedge(\{-3, -2, -1, 0, 1, 2, 3\}\times x)$

탐구활동

1. 1.693, 2.693, 3.693, 4.693
1만큼 떨어져 있다.(연속적인 지수함수들은 x축의 양의 방향으로 1만큼씩 평행이동한 것이다.)

2. $f(x)=\dfrac{\log_e(x)}{\log_e(2)}$; $f(8)=3$, $f(64)=6$

6.2

연습문제

1. ① $\dfrac{3\log_e(2)}{\log_e(3)}$ ② $\dfrac{\log_e(3)}{\log_e(2)}$

③ $\log_e\left(\dfrac{3}{2}\right)$ ④ $\log_e(2)$

⑤ e^5

2. 0 또는 $2\log_e(2)$

3. $x=\log_e\left(\dfrac{y-1}{3}\right)+2$, $y>1$

4. $x=3-e^{-\frac{y}{2}}$

6.3

연습문제

1. ① $t=-\dfrac{\log_e(2)}{k}$

② 177g

2. ① 0.0044미터

② 약 8미터

탐구활동

1. $\dfrac{\log_e(2)}{10g_e\left(1+\dfrac{r}{100}\right)}$

7. 다양한 함수와 그 특징

7.1

연습문제

1. ① 7, k^2-2k+4, 12

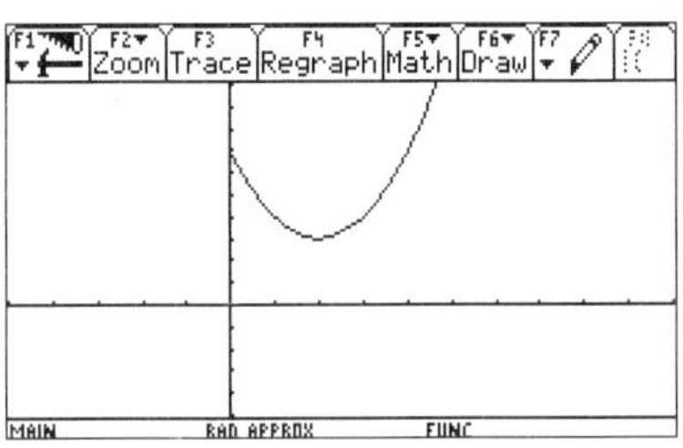

[−5, 10], [−5, 10]

② 정의 안됨, $\dfrac{3}{2}$, $\dfrac{27}{5}$, $-3x+\dfrac{1}{x}+1$

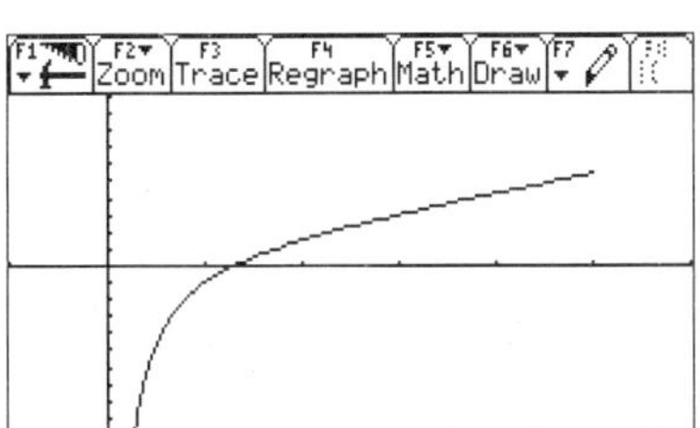

[−1, 6], [−10, 10]

2. ① 16π, 64π, 144π, 0.73

② 8.75미터, 1.7초

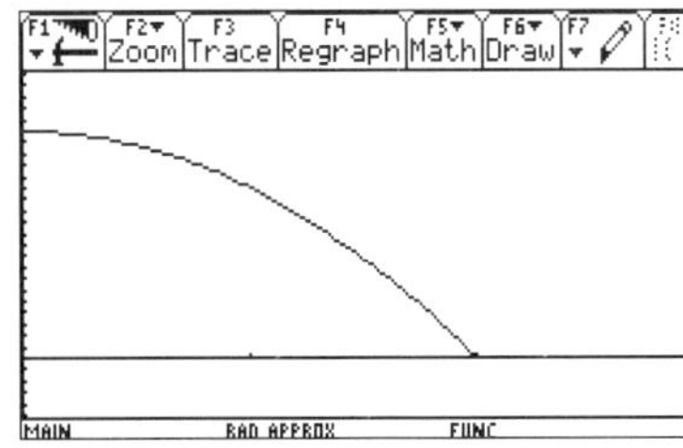

[0, 3], [−5, 25]

7.2

연습문제

1. ① $y=-(x-1)^{\frac{1}{3}}$, $x\in R$

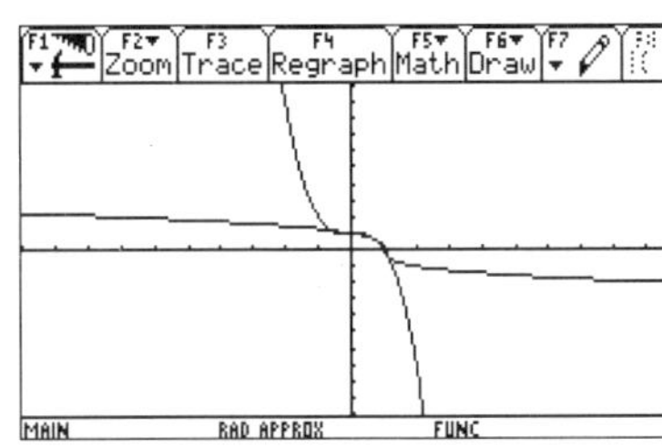

[−10, 10], [−10, 10]

② $y=e^{x+2}+1$, $x\in R$

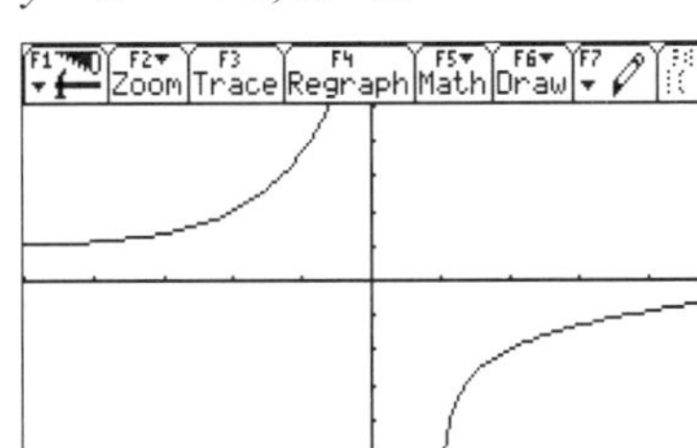

[−5, 5], [−5, 5]

③ $y=\dfrac{x^2}{3}-4x+15,\ x\le 6$

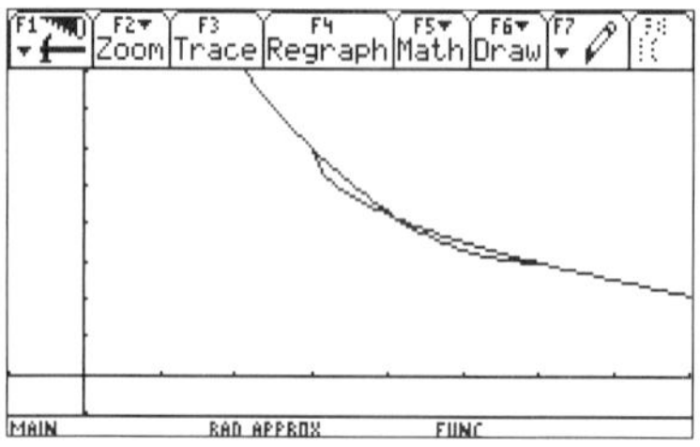

$[-1,\ 8],\ [-1,\ 8]$

④ $y=1-\sqrt{-x^2-4x-3},\ -2\le x\le -1$

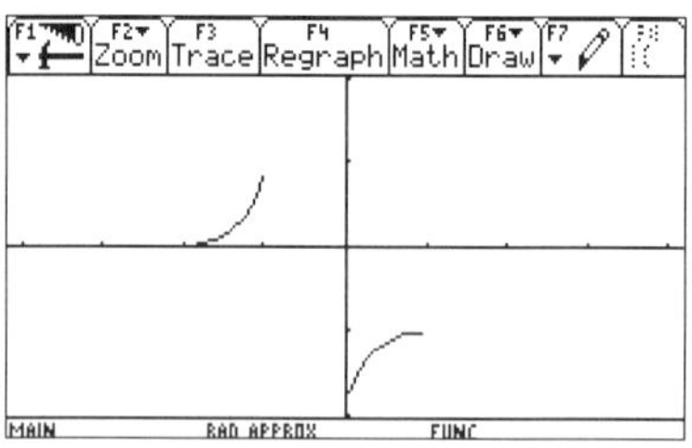

$[-4.16,\ 4.16],\ [-2,\ 2]$

2. ① 1－1이 아니다. $[2,\ \infty)$

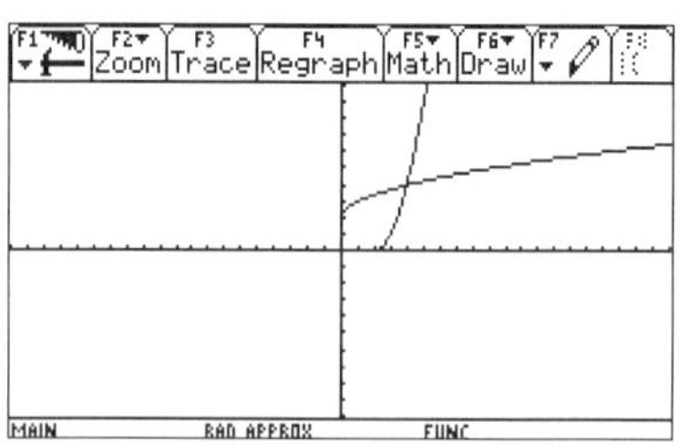

$[-20,\ 20],\ [-10,\ 10]$

② 1－1이 아니다. $[-2.5,\ \infty)$

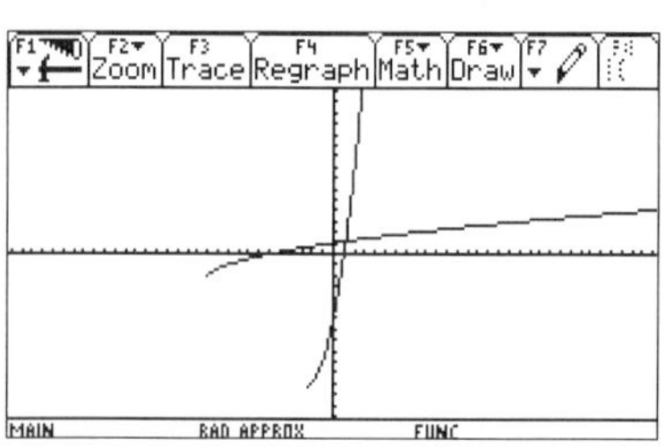

$[-31.18,\ 31.18],\ [-15,\ 15]$

③ 1－1이 아니다. $[0,\ 2]$

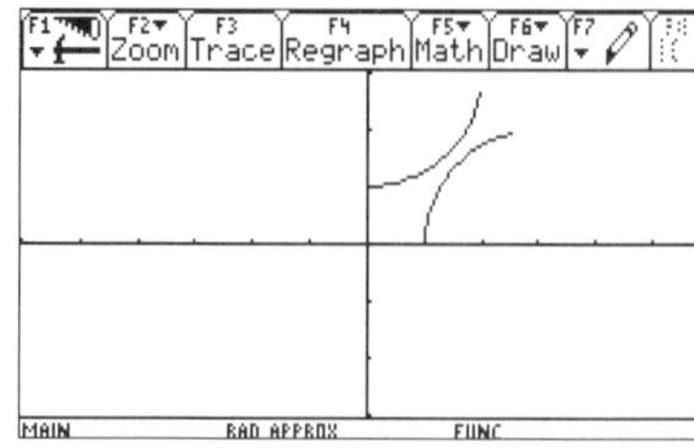

$[-6,\ 6],\ [-3,\ 3]$

7.3

연습문제

1. ①

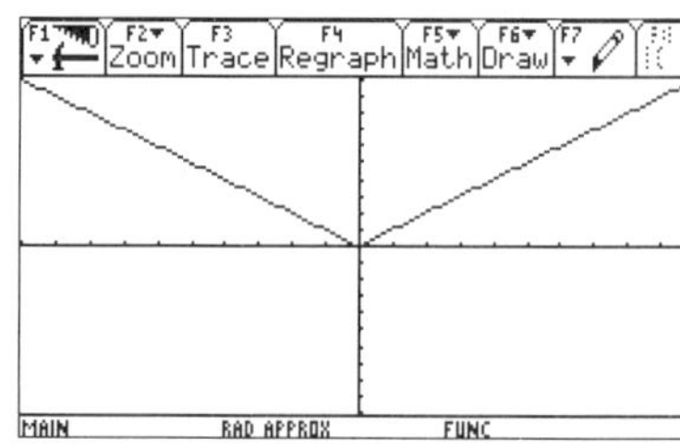

$[-10,\ 10],\ [-10,\ 10]$

②

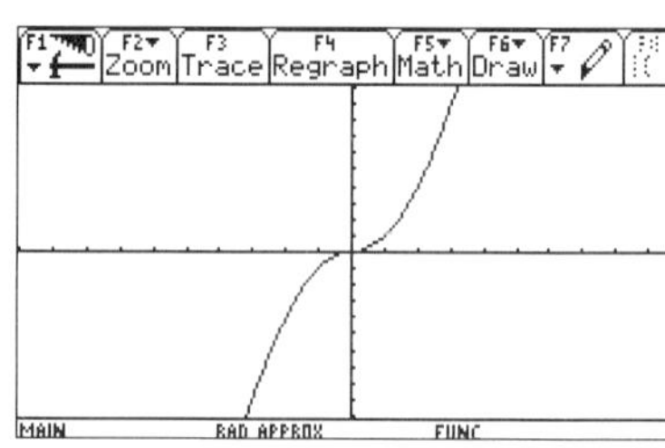

$[-10,\ 10],\ [-10,\ 10]$

③

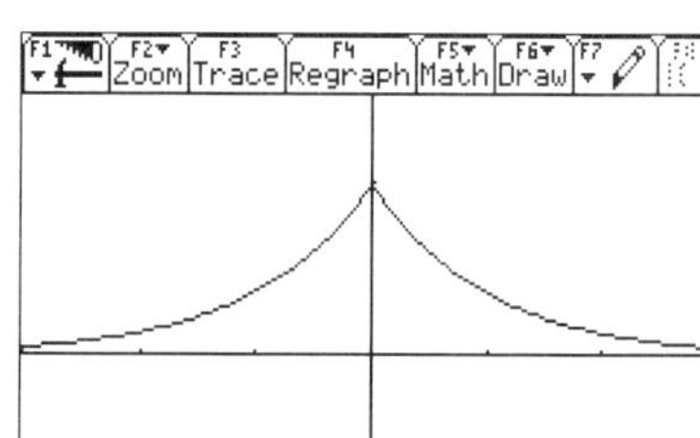

$[-3,\ 3],\ [-0.5,\ 1.5]$

2. ① 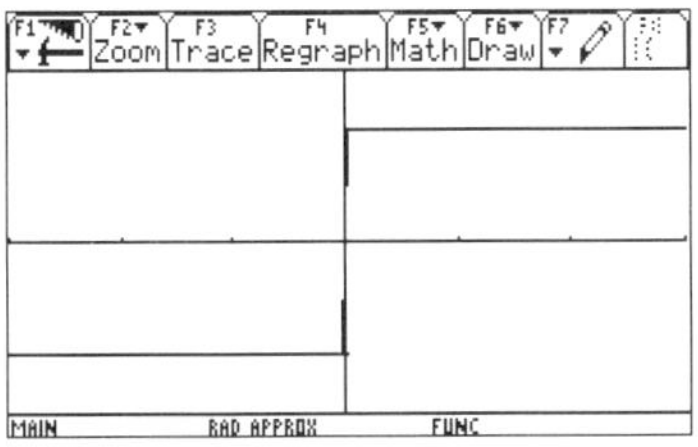

$[-3,\ 3],\ [-1.5,\ 1.5]$

② 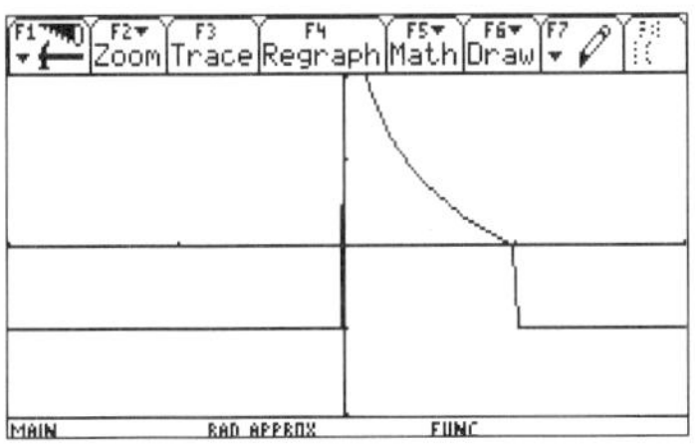

$[-2,\ 2],\ [-2,\ 2]$

③ 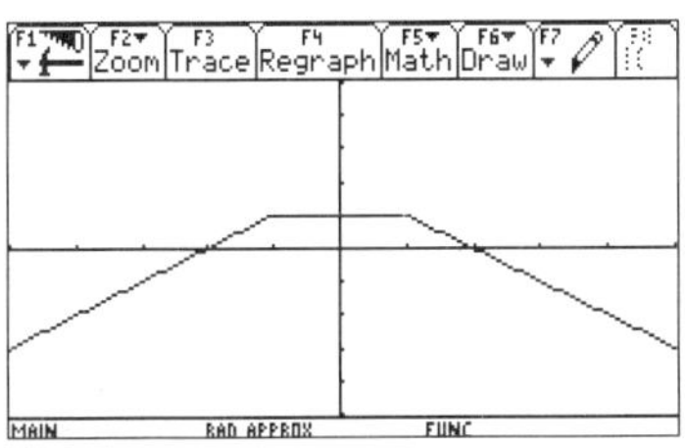

$[-5,\ 5],\ [-5,\ 5]$

7.4

연습문제

1. ① 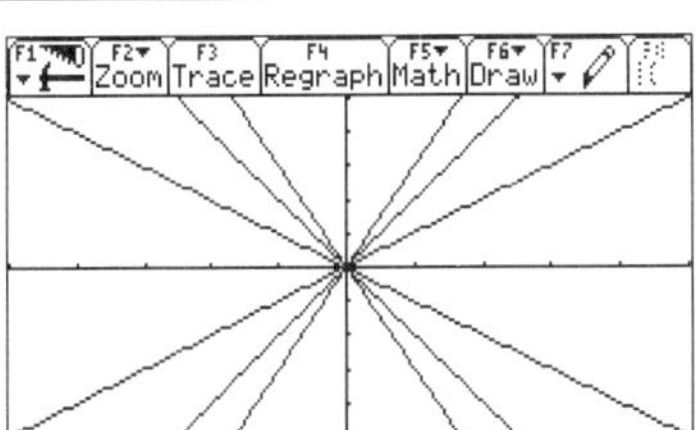

$[-10,\ 10],\ [-10,\ 10]$

② 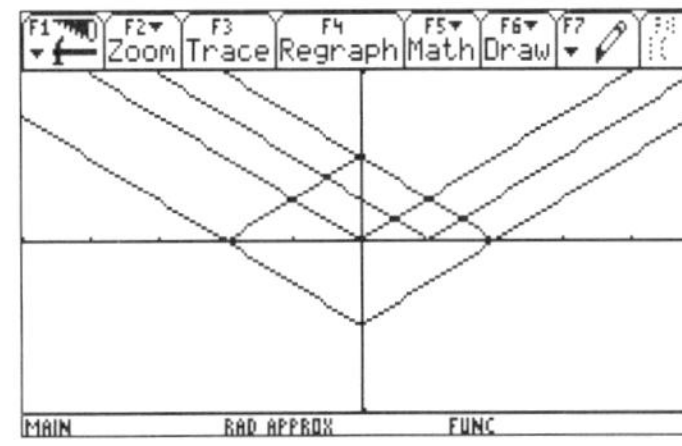

$[-5,\ 5],\ [-2,\ 2]$

2. ① 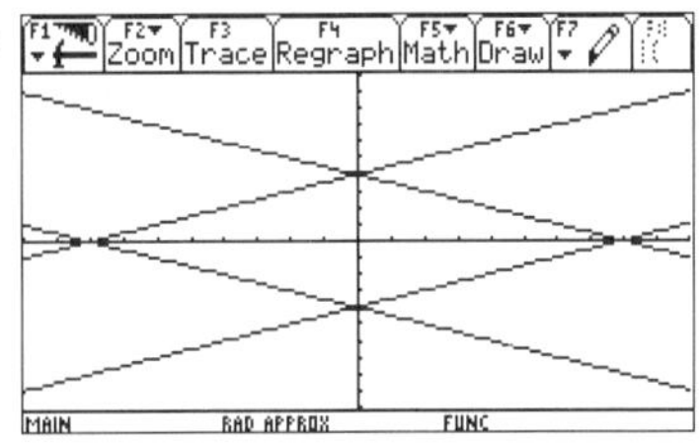

$[-10,\ 10],\ [-10,\ 10]$

② (i) 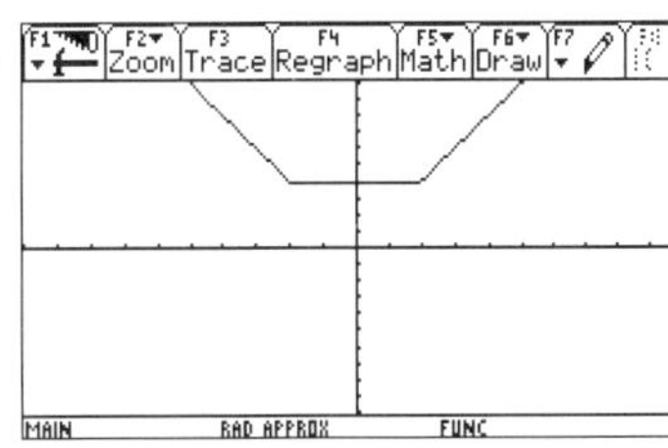

(ii) 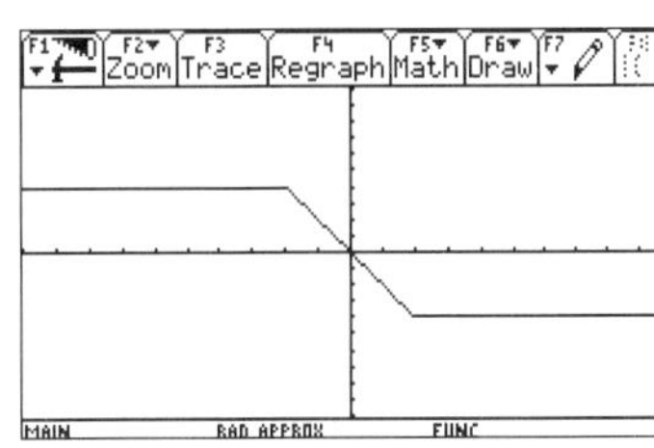

(iii) 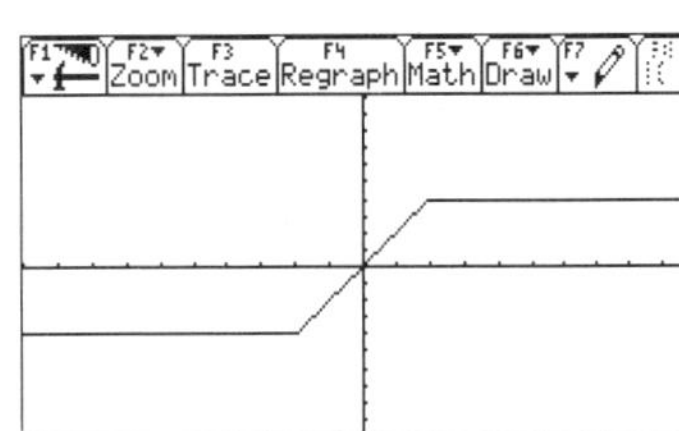

$[-10,\ 10],\ [-10,\ 10]$

3. ① 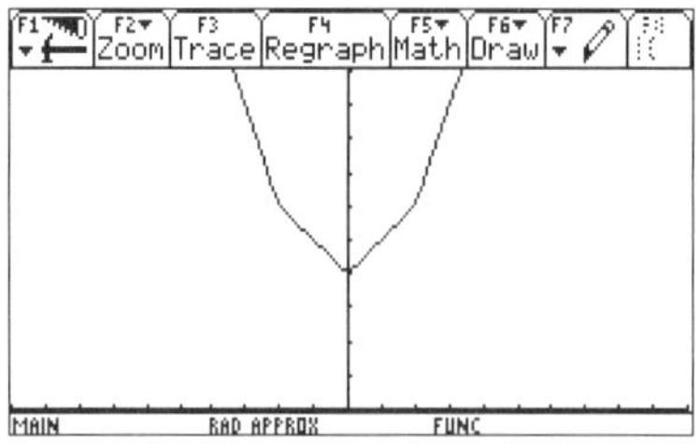

$[-10,\ 10],\ [0,\ 10]$

② 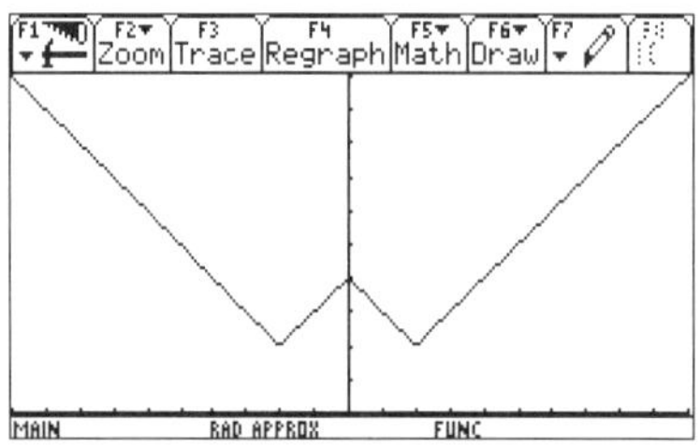

$[-10,\ 10],\ [0,\ 10]$

③ 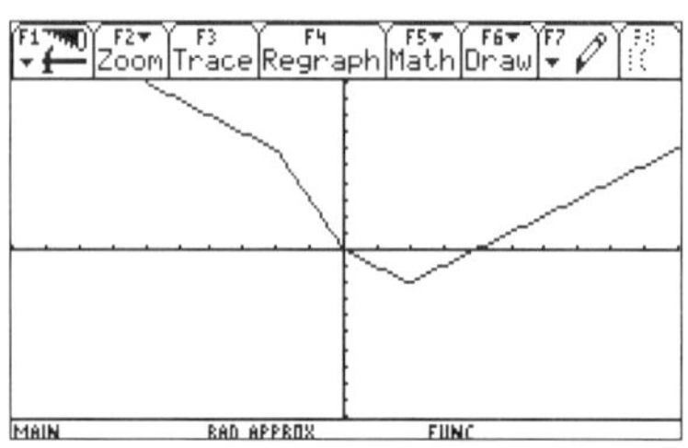

$[-10,\ 10],\ [-10,\ 10]$

탐구활동

2. ① $-0.5|x+1|,\ -0.5|x-1|,$

$-0.5|x|-0.5,\ -0.5|x|+0.5,$

$-0.5|x|-1,\ -0.5|x|+1,$

$-|-0.5|x|+1|$

② $a(|x|+1),$

$a \in \{-3,\ -2,\ -1,\ -0.5,\ 1,\ 2,\ 3\}$

7.5

연습문제

1. ① 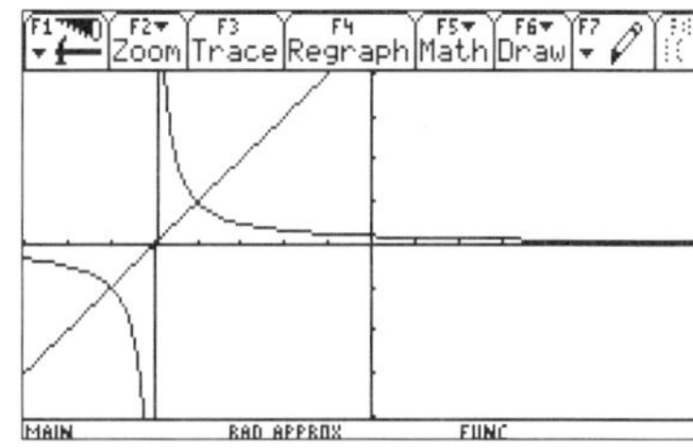

$[-8,\ 8],\ [-4,\ 4]$

② 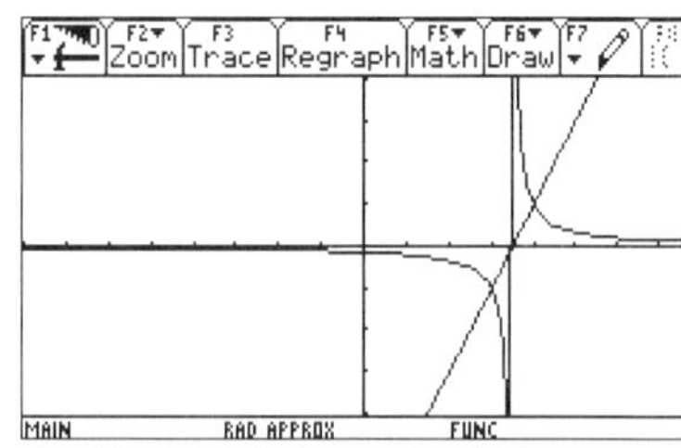

$[-8,\ 8],\ [-4,\ 4]$

③ 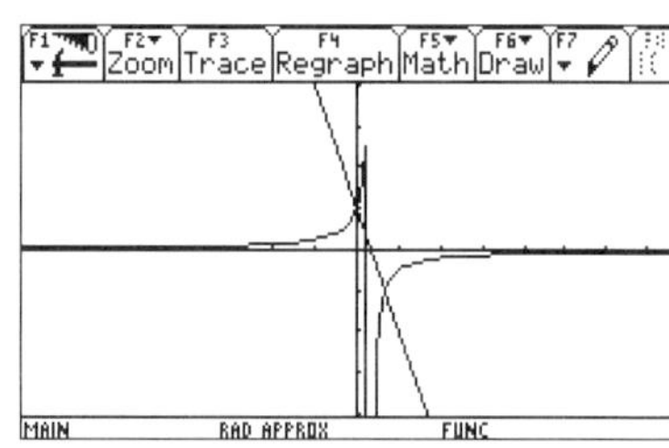

$[-8,\ 8],\ [-4,\ 4]$

④ 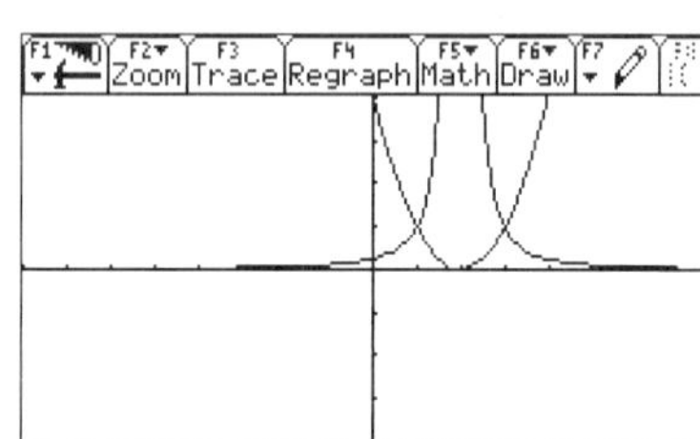

$[-8,\ 8],\ [-4,\ 4]$

2. ① 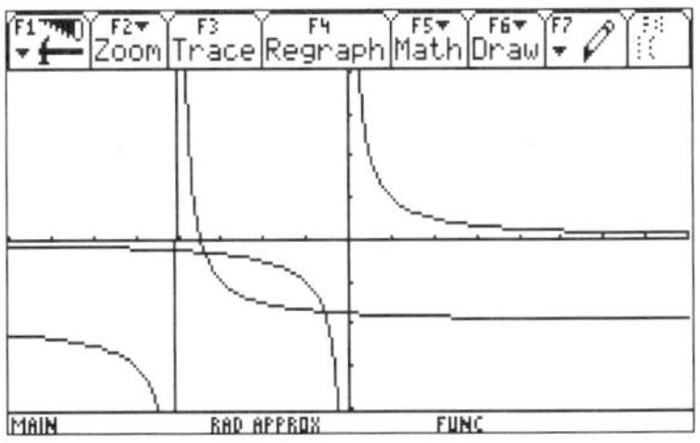

$[-8,\ 8],\ [-4,\ 4]$

$(-3.5,\ 0),\ (0,\ -1.75),$

$x=-4,\ y=-2,\ \dfrac{-2x-7}{x+4}$

② 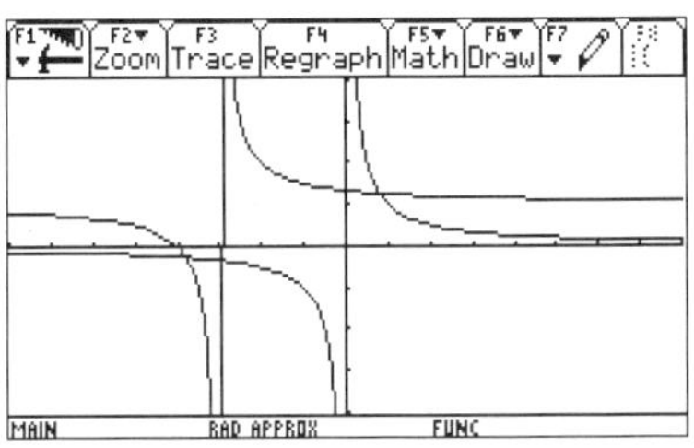

$[-8,\ 8],\ [-4,\ 4]$

$(-4,\ 0),\ \left(0,\ \dfrac{4}{3}\right),$

$x=-3,\ y=1,\ \dfrac{x+4}{x+3}$

③ 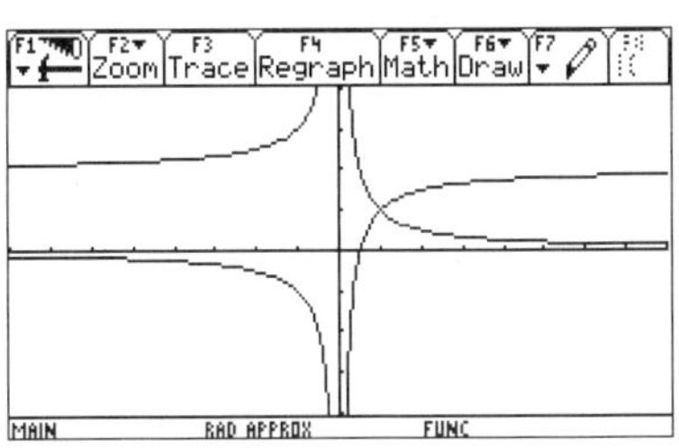

$[-8,\ 8],\ [-4,\ 4]$

$\left(\dfrac{1}{2},\ 0\right),\ x=0,\ y=2,\ \dfrac{2x-1}{x}$

④ 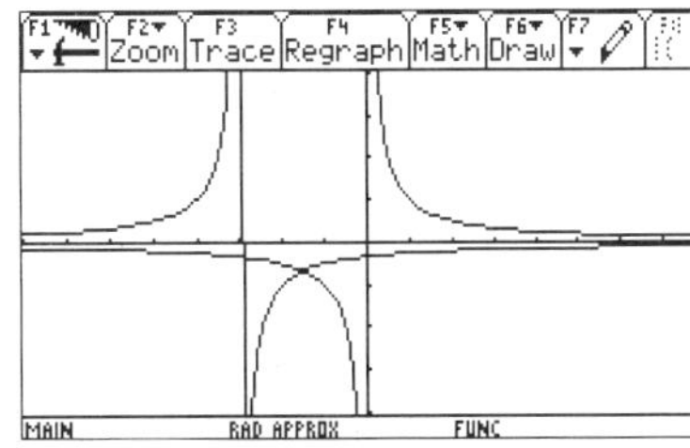

$[-8,\ 8],\ [-4,\ 4]$

$\left(0,\ -\dfrac{1}{3}\right),\ x=-3,\ y=0,$

$-\dfrac{1}{x+3}$

3. ① 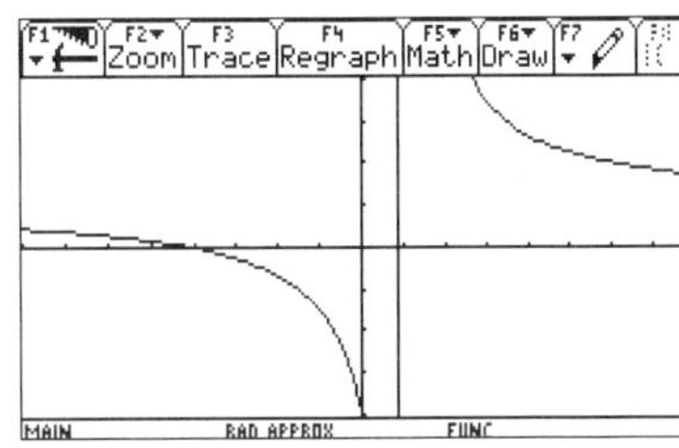

$[-8,\ 8],\ [-4,\ 4]$

$(-4,\ 0),\ (0,\ -4),\ x=1,\ y=1$

② 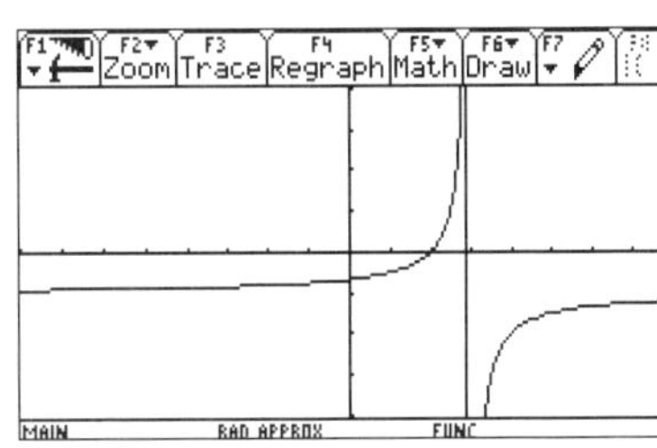

$[-8,\ 8],\ [-4,\ 4]$

$(2,\ 0),\ \left(0,\ -\dfrac{2}{3}\right),\ x=3,\ y=-1$

탐구활동

2. ① $\dfrac{26}{5},\ \dfrac{5}{2},\ \dfrac{5}{2},\ \dfrac{26}{5},\ f(x)=f\left(\dfrac{1}{x}\right)$

② 모든 x에 대해 성립

③ 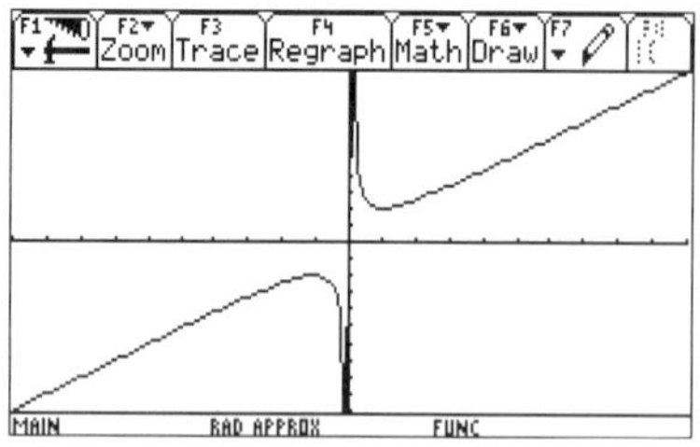

$[-10, 10], [-10, 10]$

④ 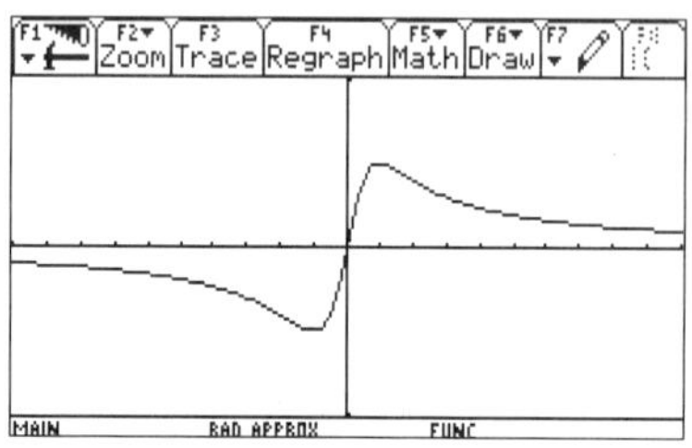

$[-10, 10], [-1, 1]$

⑤ 아니요

7.6

연습문제

1. ① 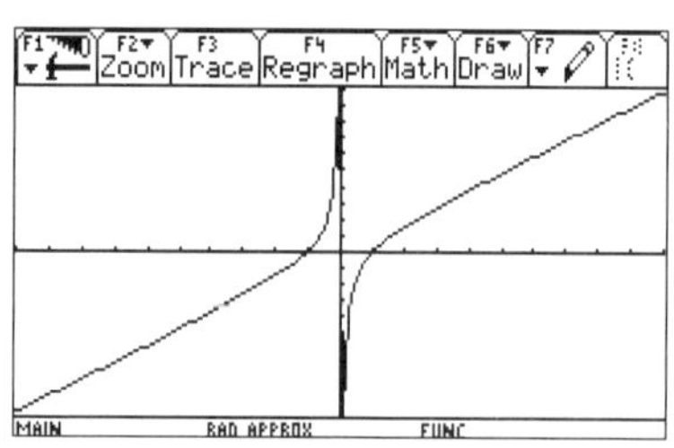

$[-10, 10], [-10, 10]$

점근선 : $y=x$, $x=0$

② 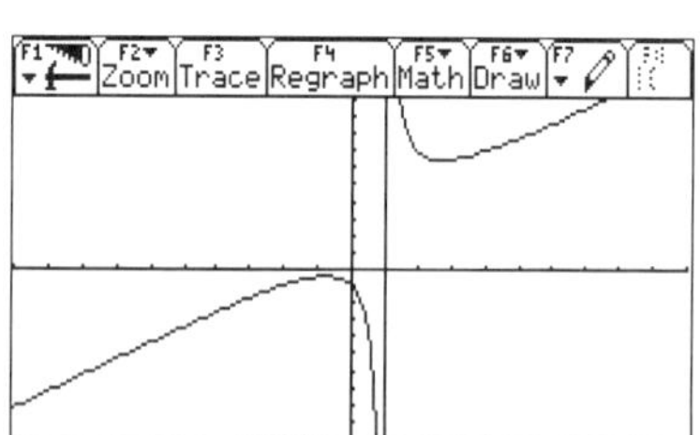

$[-10, 10], [-10, 10]$

점근선 : $y=x+2$, $x=1$

③ 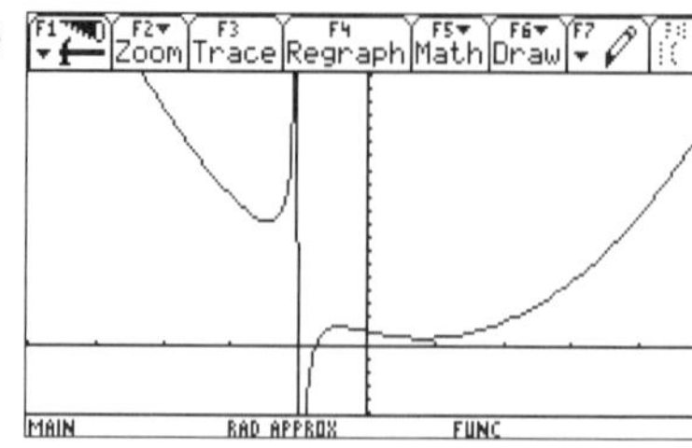

$[-5, 5], [-5, 20]$

점근선 : $y=x^2-2x+2$, $x=-1$

④ 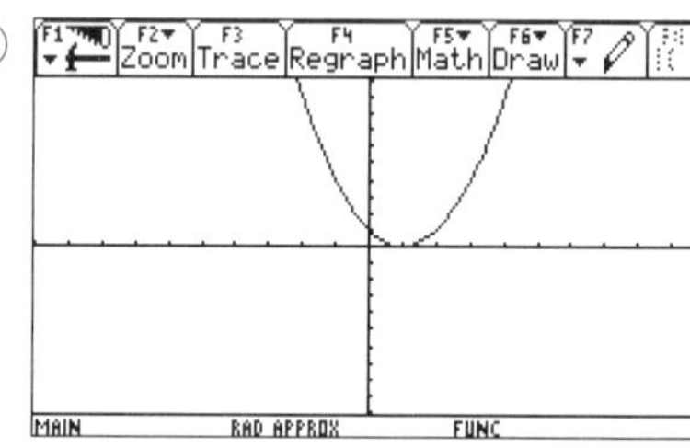

$[-10, 10], [-10, 10]$

점근선 : $y=x^2-2x+1$, $x\neq-1$

2. ① 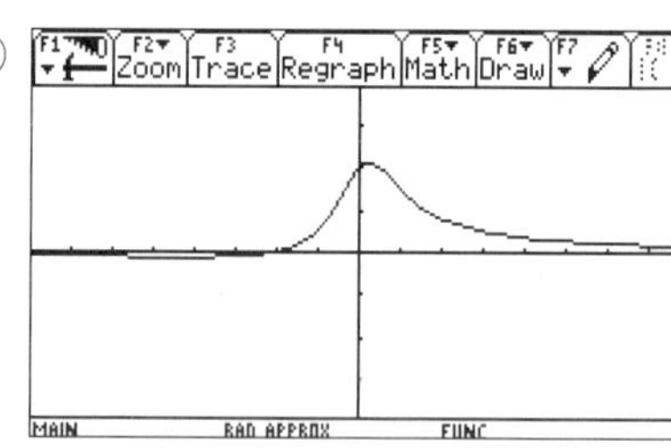

$[-7.9, 7.9], [-3.8, 3.8]$

점근선 : $x=0$

② 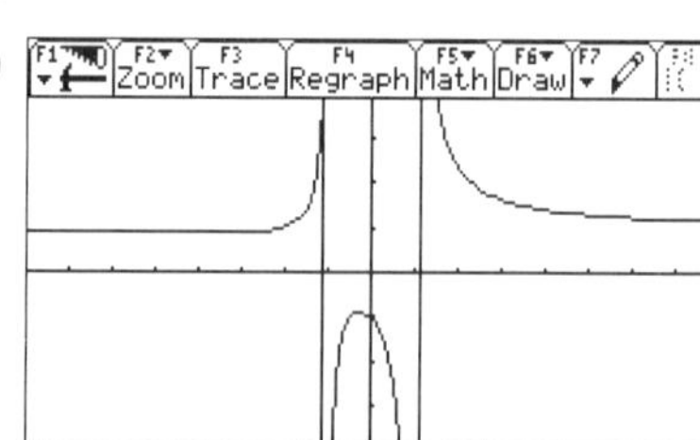

$[-7.9, 7.9], [-3.8, 3.8]$

점근선 : $x=\pm1$, $y=1$

③ 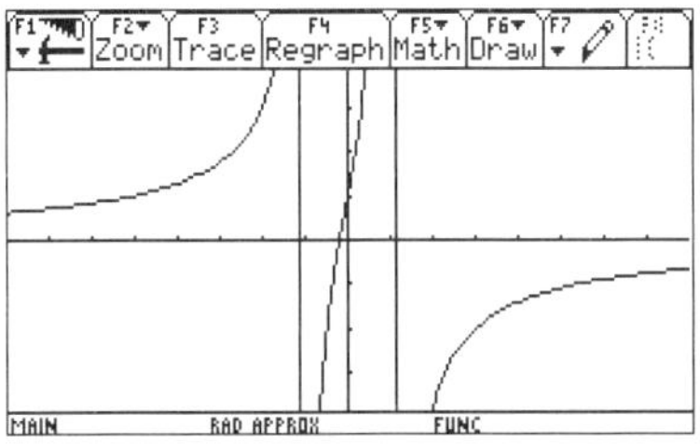

$[-7.9,\ 7.9],\ [-3.8,\ 3.8]$

점근선 : $x=\pm 1,\ y=0$

④ 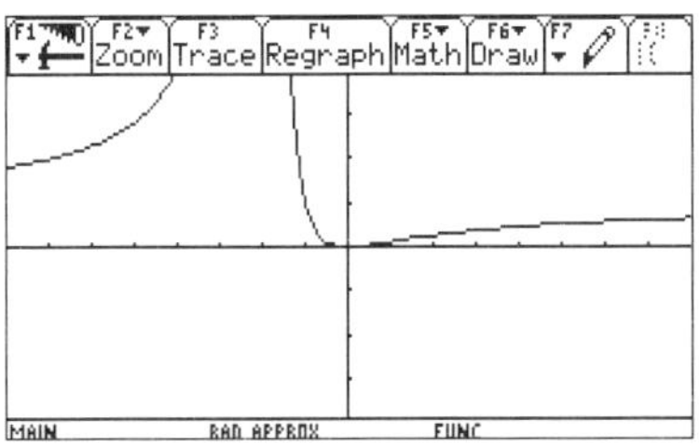

$[-7.9,\ 7.9],\ [-3.8,\ 3.8]$

점근선 : $x=-2,\ y=1$

7.7

연습문제

1. ① 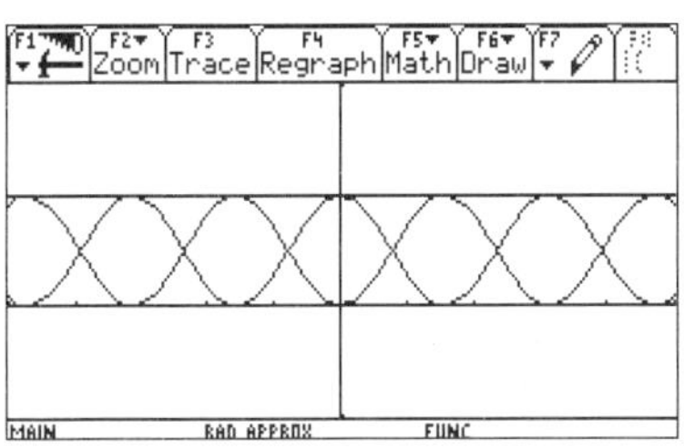

$[-5,\ 5],\ [-1,\ 2]$

② 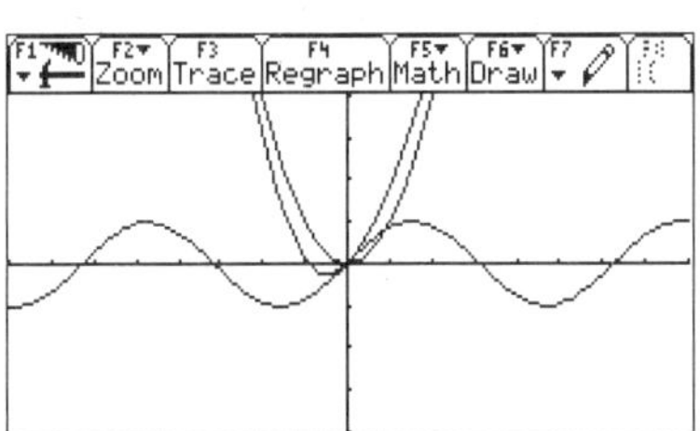

$[-8,\ 8],\ [-4,\ 4]$

③ 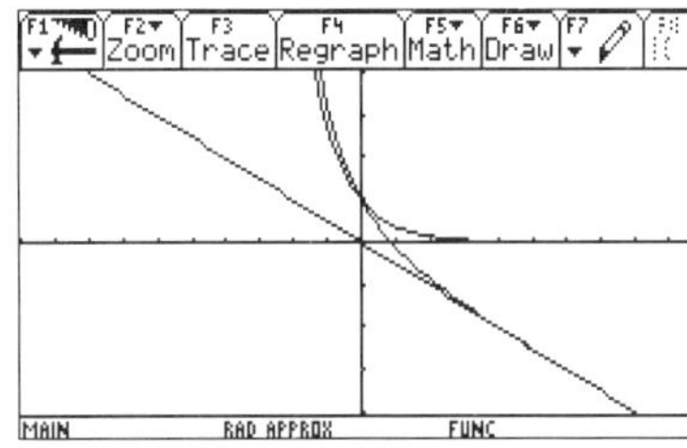

$[-10,\ 10],\ [-4,\ 4]$

④ 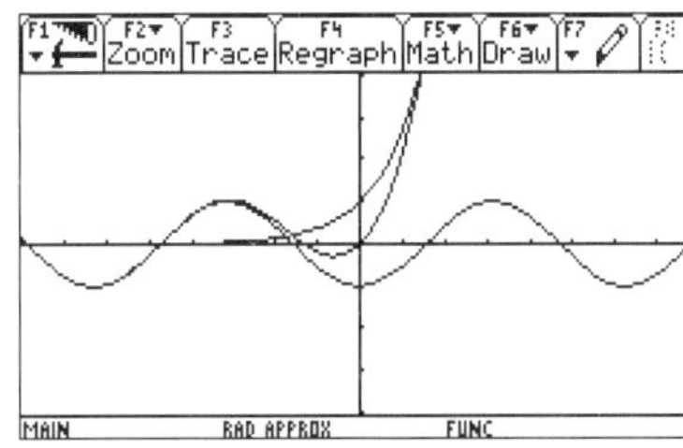

$[-8,\ 8],\ [-4,\ 4]$

2. ① 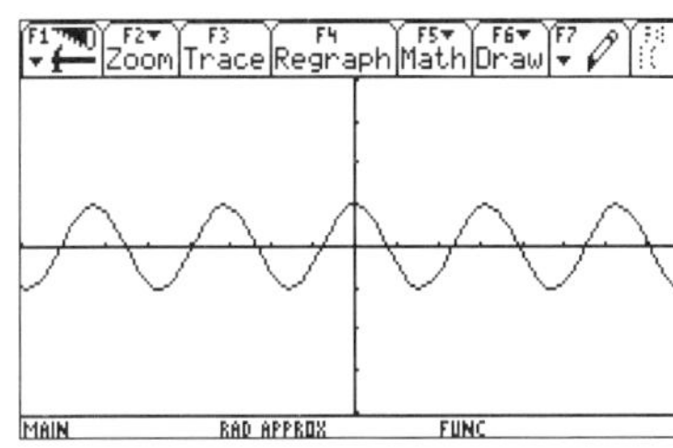

$[-8,\ 8],\ [-4,\ 4]$

② 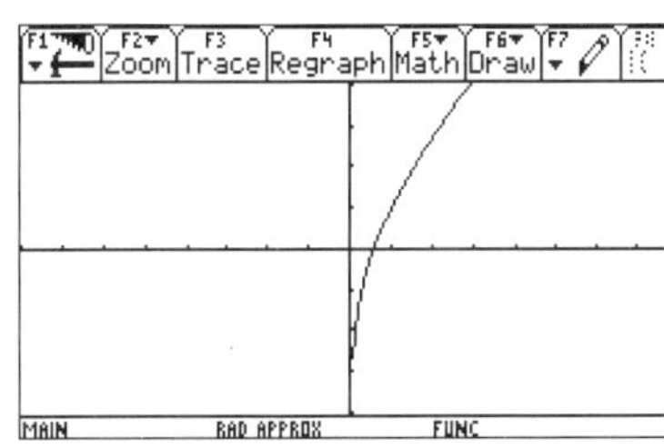

$[-8,\ 8],\ [-4,\ 4]$

③ 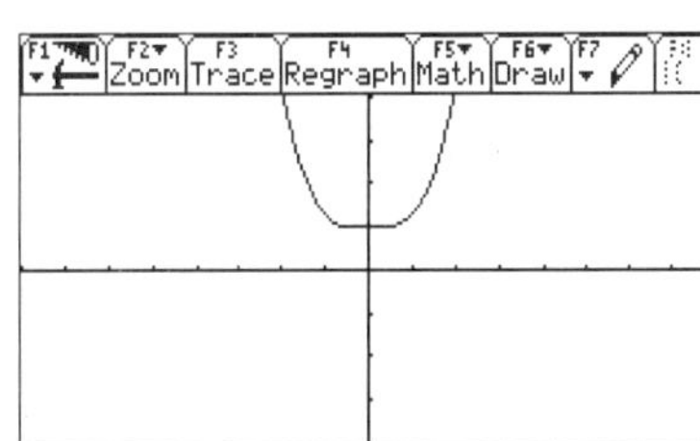

$[-8,\ 8],\ [-4,\ 4]$

④ 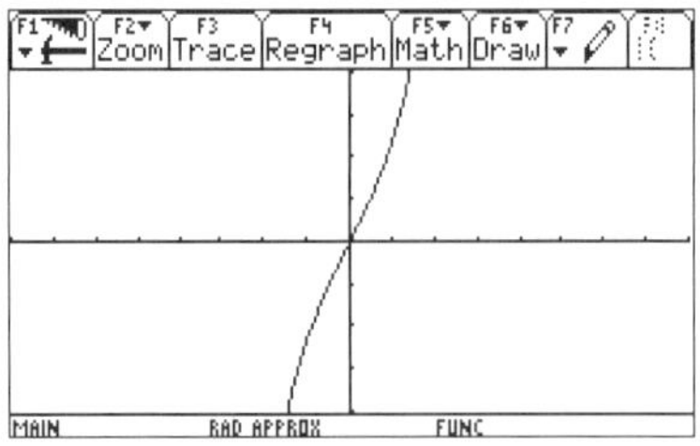

$[-8,\ 8],\ [-4,\ 4]$

⑤ 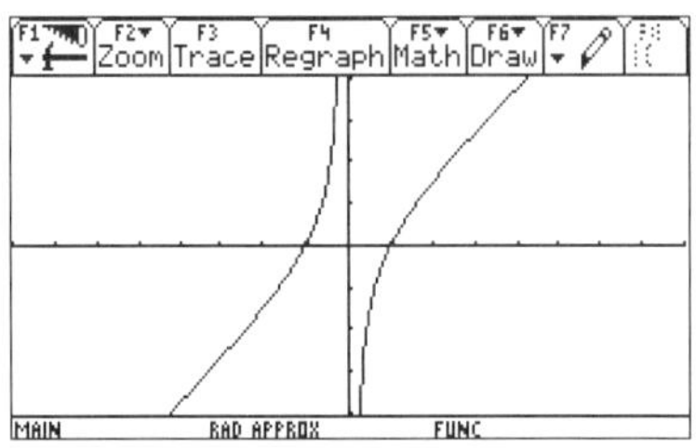

$[-8,\ 8],\ [-4,\ 4]$

⑥ 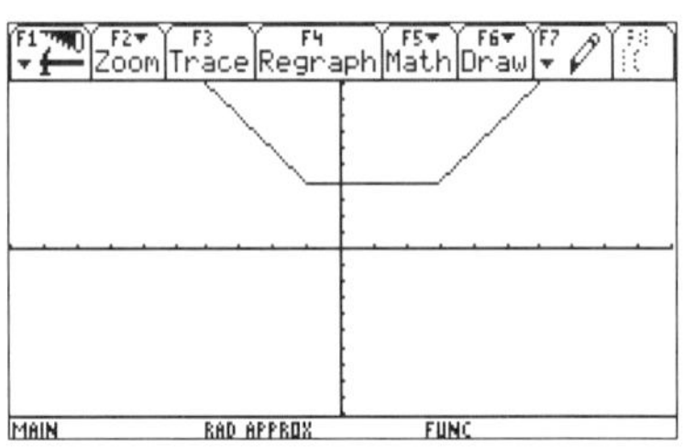

$[-10,\ 10],\ [-10,\ 10]$

⑦ 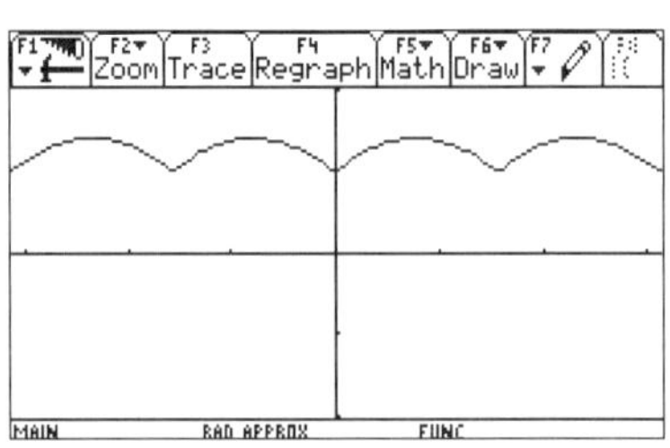

$[-3.14,\ 3.14],\ [-2,\ 2]$

탐구활동

1. $a=\sqrt{2},\ b=1,\ c=\dfrac{3\pi}{4},\ d=0$

7.8

연습문제

1. ① 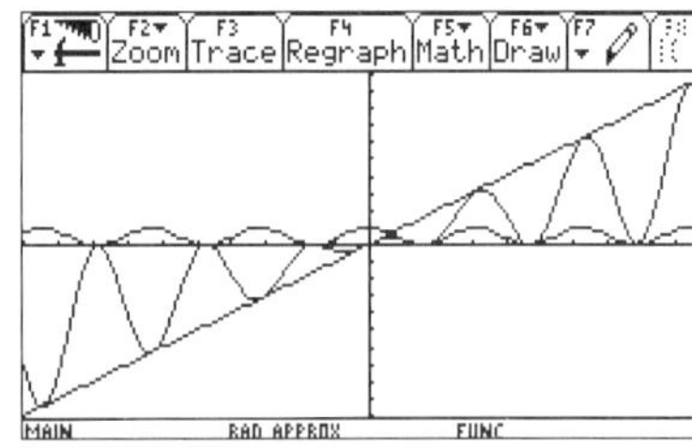

$[-10,\ 10],\ [-10,\ 10]$

② 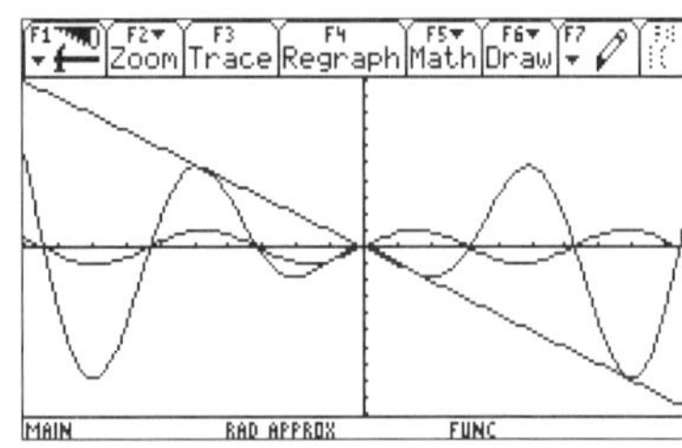

$[-10,\ 10],\ [-10,\ 10]$

③ 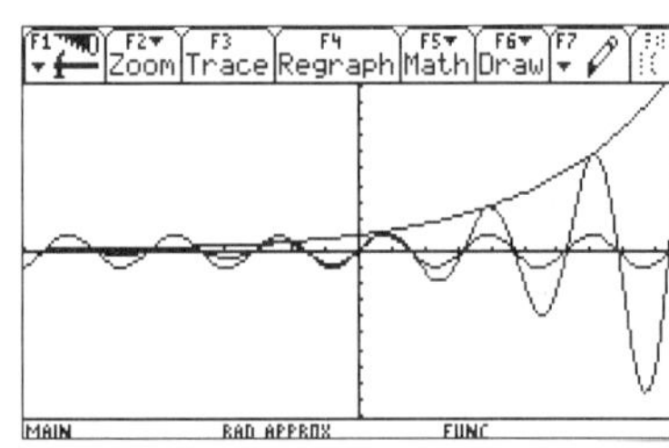

$[-10,\ 10],\ [-10,\ 10]$

④ 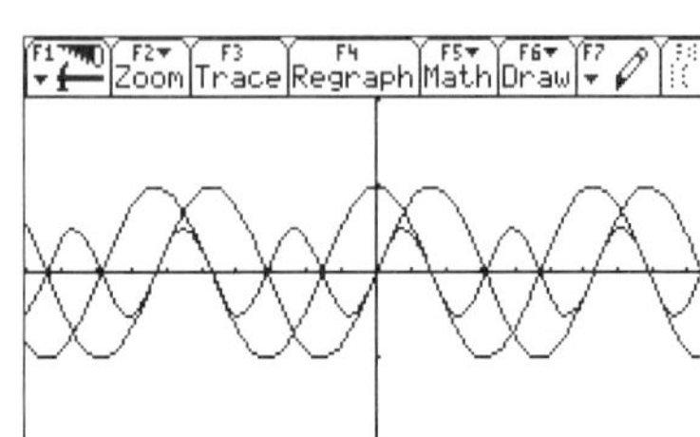

$[-10,\ 10],\ [-2,\ 2]$

2. ① 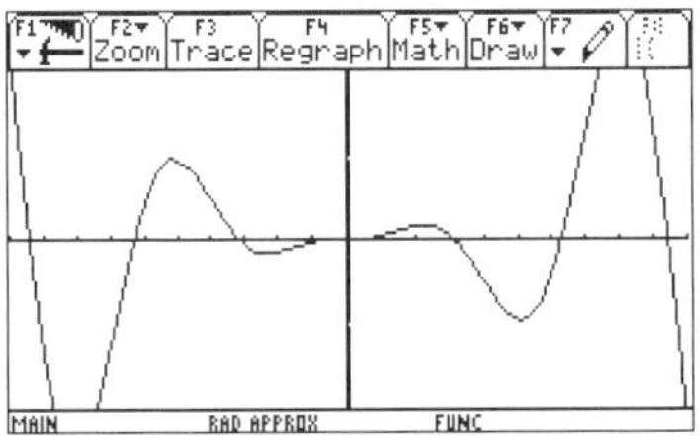

[−10, 10], [−50, 50]

② 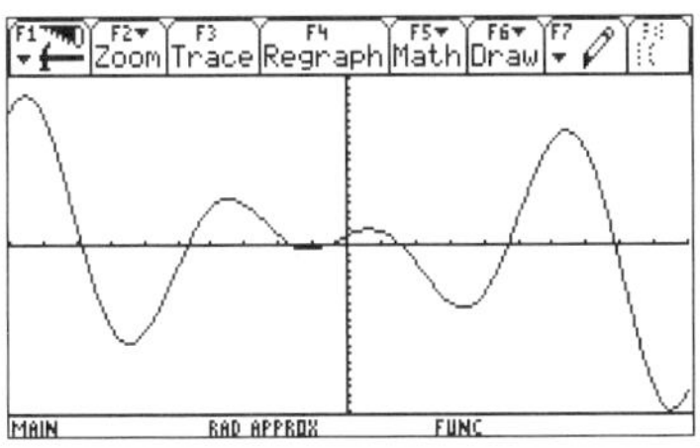

[−10, 10], [−20, 20]

③ 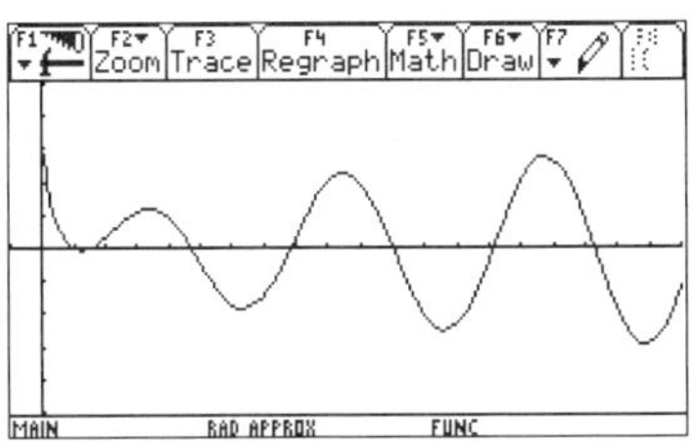

[−1, 20], [−5, 5]

④ 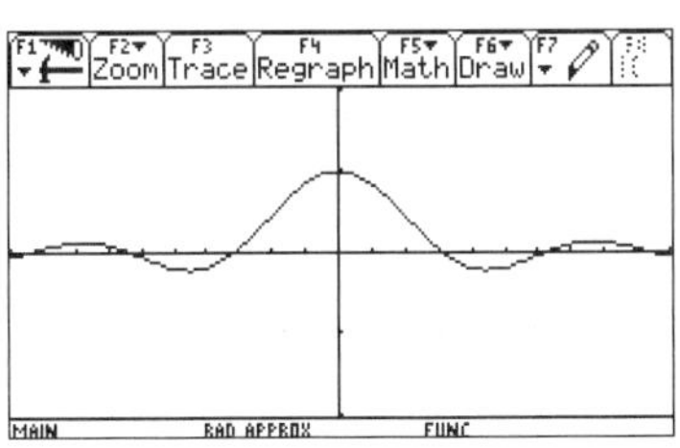

[−10, 10], [−2, 2]

7.9

연습문제

1. ① R, R, R, R, $\sin^2 x$, $\sin(x^2)$

(i) 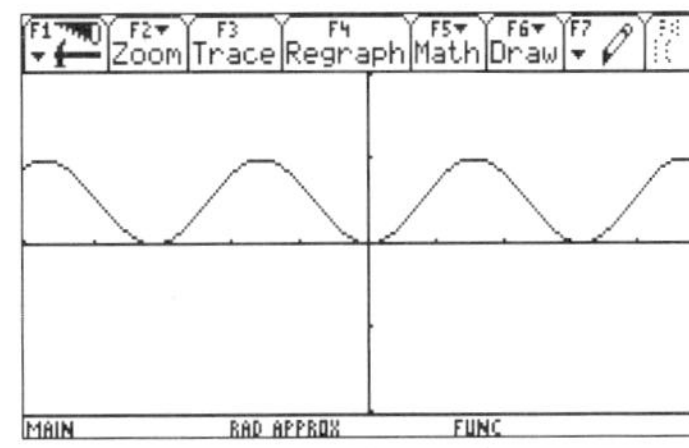

[−5, 5], [−2, 2]

(ii) 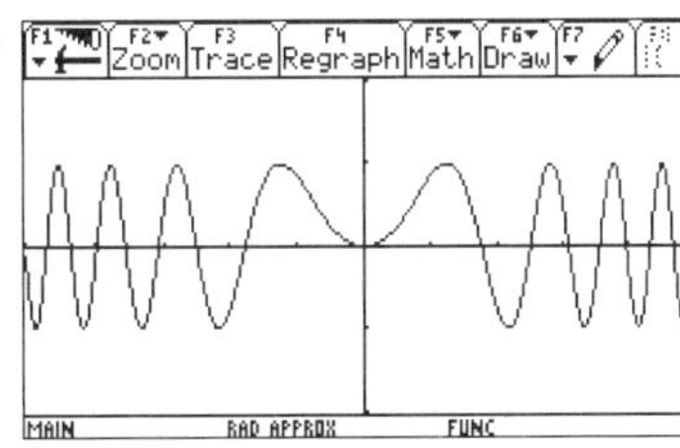

[−5, 5], [−2, 2]

② R, R, R, R $|x(x^2-1)|$, $|x^3|-|x|$

(i) 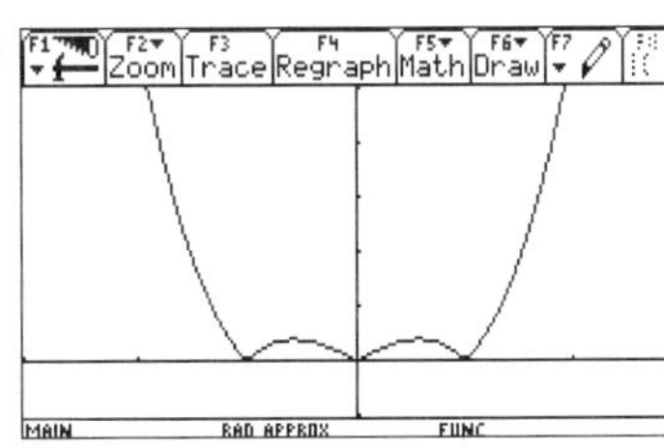

[−3, 3], [−1, 5]

(ii) 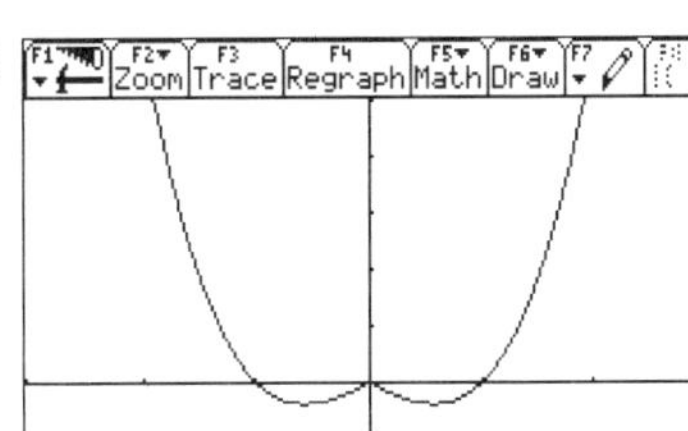

[−3, 3], [−1, 5]

③ R, R^+, R^+, R, $\frac{1}{x^2}$, $-2x$

(i) 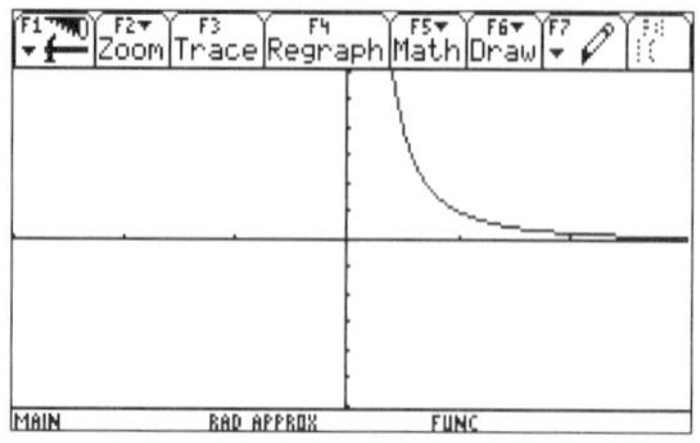

[−3, 3], [−6, 6]

(ii) 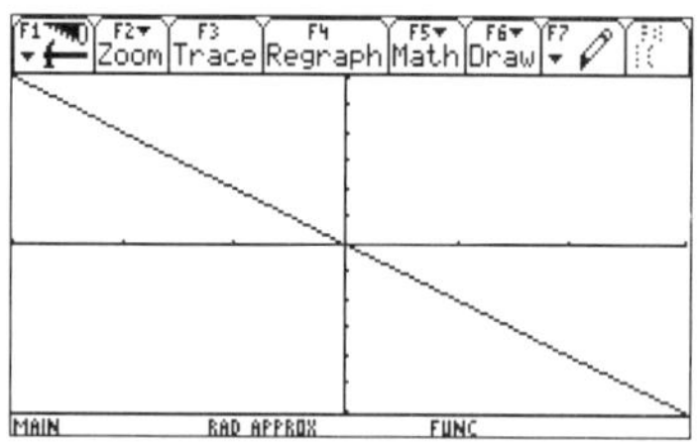

[−3, 3], [−6, 6]

④ $R^+ \cup \{0\}$, $R \setminus \{0\}$, $R \setminus \{0\}$, R^+,

$\left|\frac{1}{x}\right|$, [−5, 5], [−5, 5]에서 $\frac{1}{x}$

(i) 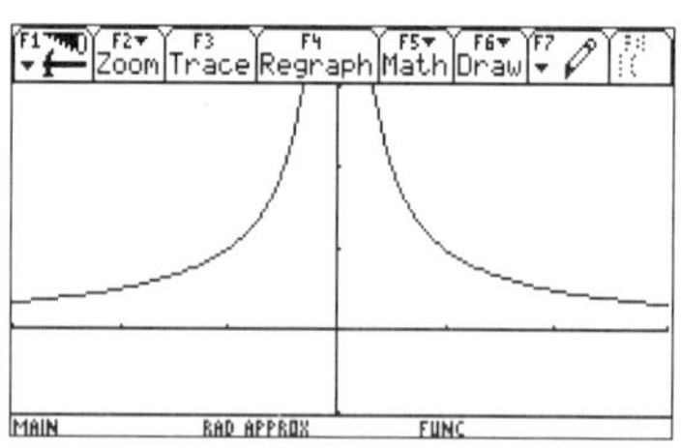

[−3, 3], [−1, 3]

(ii) 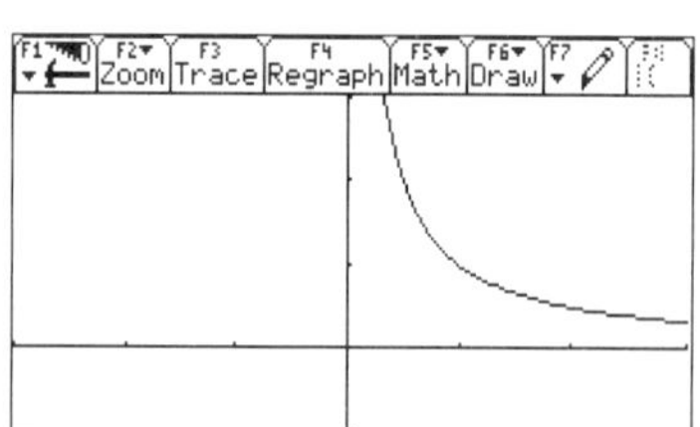

[−3, 3], [−1, 3]

⑤ R, R, R, R, $3\sin\left|2x-\frac{\pi}{2}\right|$,

$\left|6\sin x-\frac{\pi}{2}\right|$

(i) 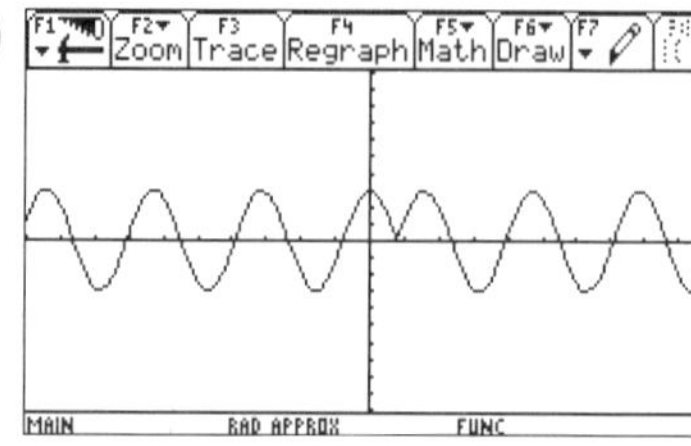

[−10, 10], [−10, 10]

(ii) 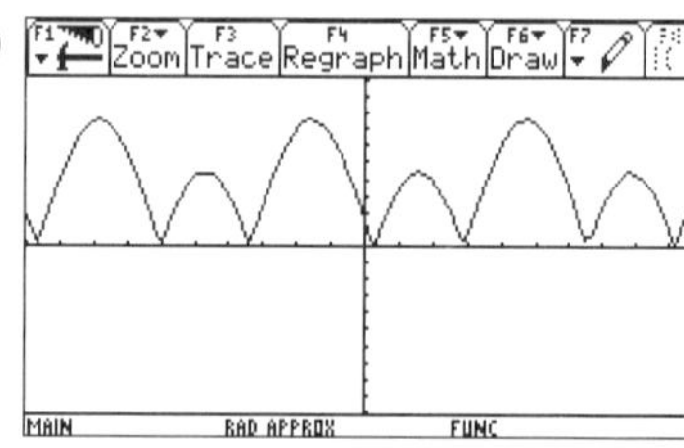

[−10, 10], [−10, 10]

⑥ $(1, \infty)$, $R \setminus \{0\}$, $(0, 1)$,

$(1, 2) \cup (2, \infty)$

$\log_e\left(\frac{1}{x}-1\right)$, $\frac{1}{\log_e(x-1)}$

(i) 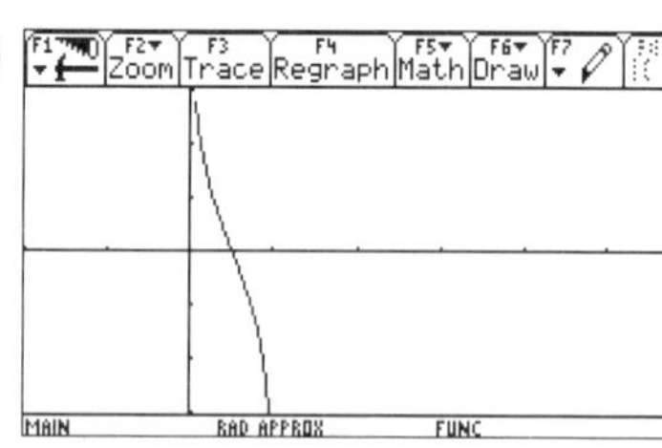

[−2, 5.9], [−3, 3]

(ii) 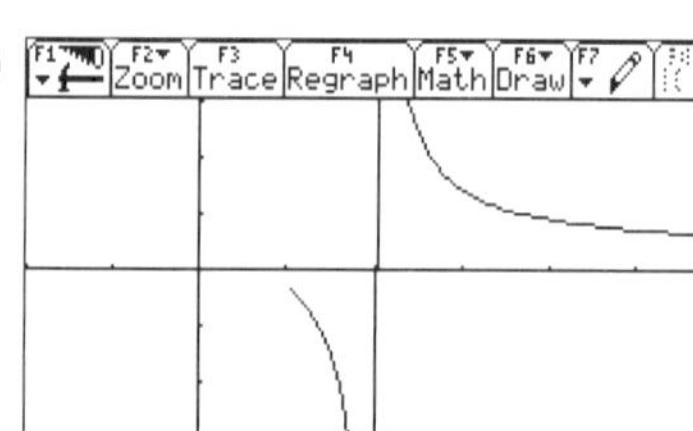

[−2, 5.9], [−3, 3]

⑦ R, R, R, R, $\sin(e^x)$, $e^{\sin x}$

(i) 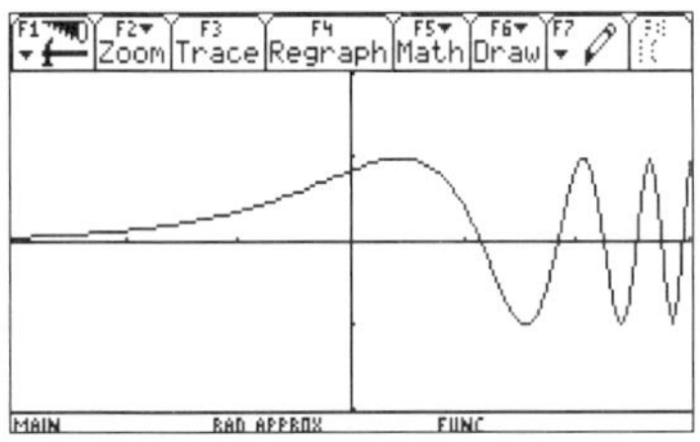

$[-3,\ 3]$, $[-2,\ 2]$

(ii) 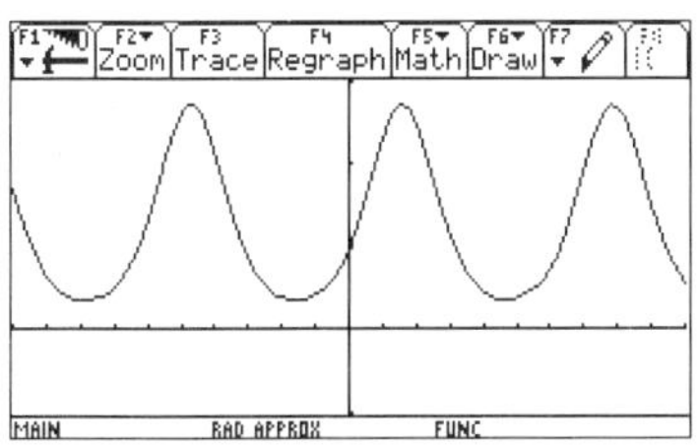

$[-10,\ 10]$, $[-1,\ 3]$

⑧ $R^+ \cup \{0\}$, R, R, $R^+ \cup \{0\}$, $\sqrt{|x|}$, $\sqrt{x}$

(i) 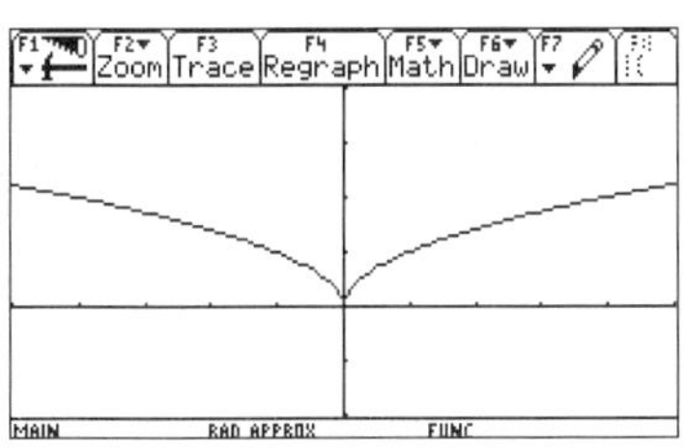

$[-5,\ 5]$, $[-2,\ 4]$

(ii) 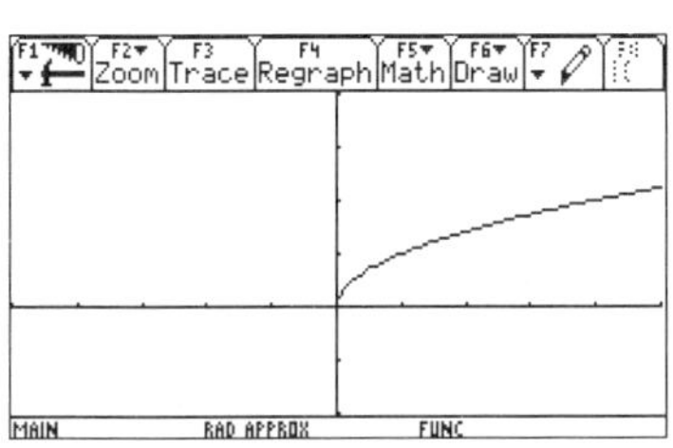

$[-5,\ 5]$, $[-2,\ 4]$

7.10

연습문제

1. ① 아니요　② 예
③ 예　④ 아니요
⑤ 아니요　⑥ 예

2. ① 아니요
② 예, $f(x)=(x-1)^2$
③ 아니요

탐구활동

2. $f(x)=ax$일 때 $f(x+y)=f(x)+f(y)$
$f(x)=x^a$일 때 $f(xy)=f(x)\cdot f(y)$
$f(x)=a\log_e x$일 때 $f(xy)=f(x)+f(y)$
$f(x)=e^{ax}$일 때 $f(x-y)=\dfrac{f(x)}{f(y)}$
$f(x)=ax^2$이면 $f(x)=f(-x)$
(다른 답도 가능하다)

8. 미분

8.1

연습문제

1. ① 정의 안됨

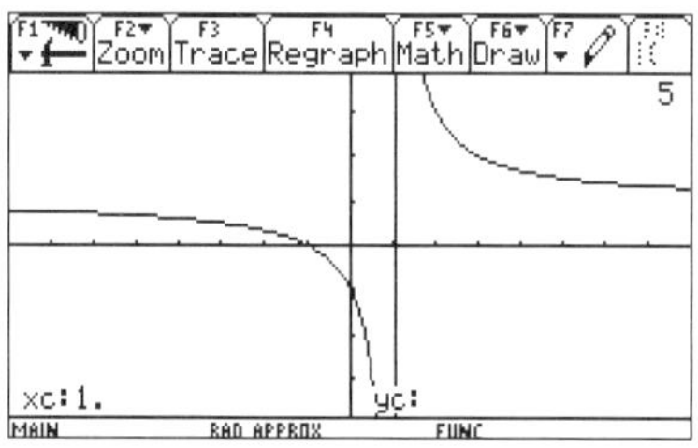

$[-7.9,\ 7.9],\ [-3.8,\ 3.8]$ xres $=1$

② 정의 안됨

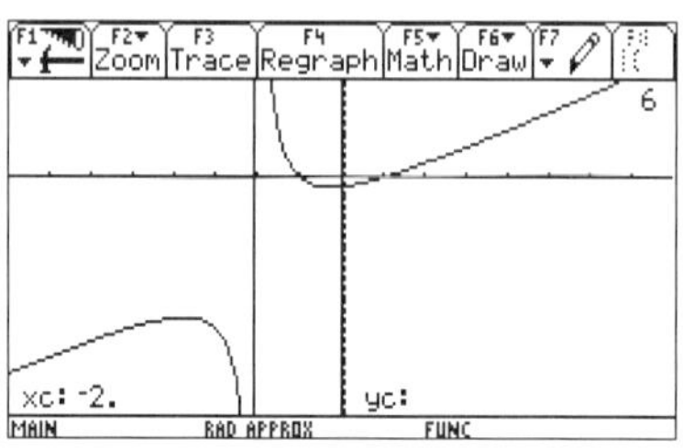

$[-7.9,\ 7.9],\ [-50,\ 20]$ xres $=1$

③ 1

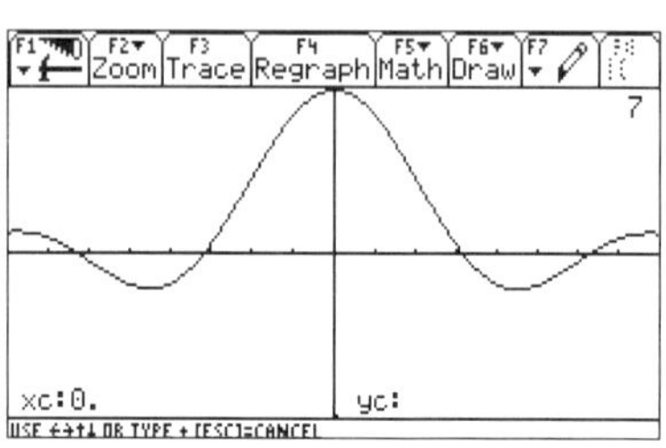

$[-7.9,\ 7.9],\ [-1,\ 1]$ xres $=1$

④ 0

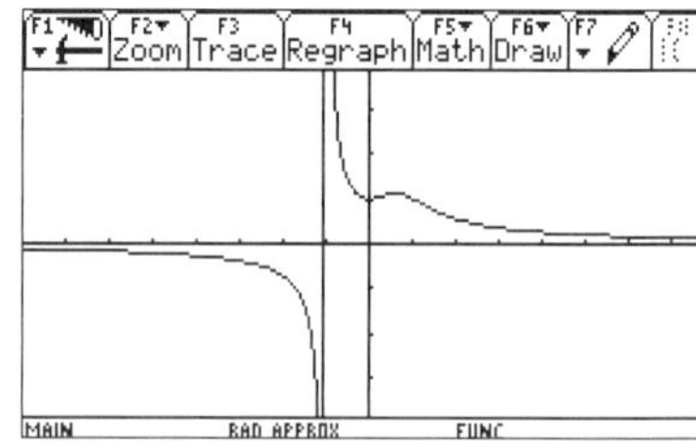

$[-7.9,\ 7.9],\ [-3.8,\ 3.8]$ xres $=1$

⑤ 0

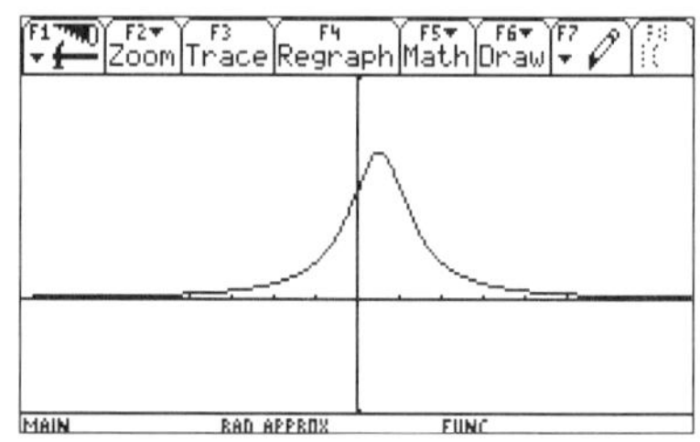

$[-7.9,\ 7.9],\ [-1,\ 2]$ xres $=1$

⑥ $\frac{1}{3}$

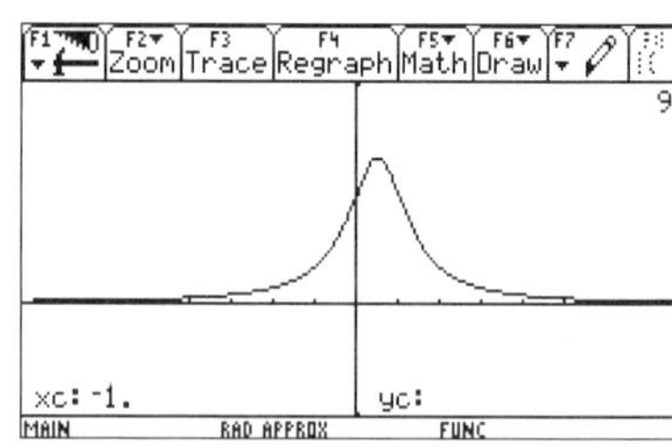

$[-7.9,\ 7.9],\ [-1,\ 2]$ xres $=1$

⑦ 2

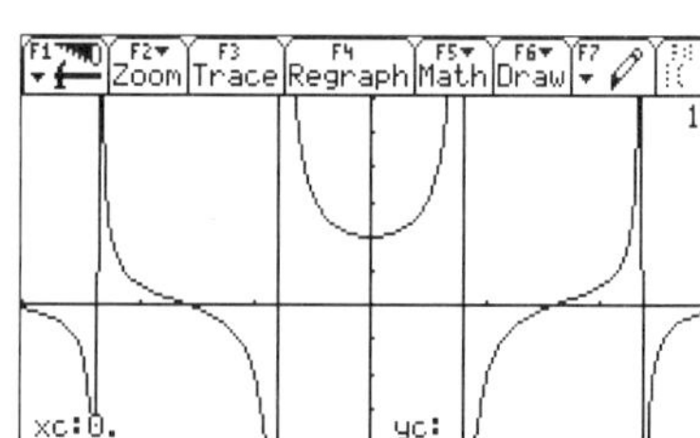

$[-3,\ 3],\ [-4,\ 6]$

8.2

연습문제

1. ① 28.84　② 27.91
   ③ 27.01　④ 48.01
   ⑤ 75.00　⑥ 27, 48, 75
   ⑦ 27, 48, 75
2. ① 3　② 3
   ③ 3　④ 3
   ⑤ 상수 값 3＝직선의기울기

탐구활동

1. ① (i) 21.124
   (ii) 20.18
   (iii) 20.096
   (iv) 20.087
   (v) 20.09(소수점 아래 둘째자리까지)
   ② 54.60
   ③ 7.39 ; 148.41
   ④ 7.39 ; 20.09 ; 54.60 ; 148.41
   ⑤ 모두 같다.

8.3

연습문제

1. ① 7.68　② 0.707
   ③ 18.05　④ −1
   ⑤ −2, 0, 3, 6

탐구활동

1. ② 0.0183, 0.1353, 1, 7.3891, 54.5892
   ③ 0.0366, 0.2707, 2, 14.7781, 109.1963
   ④ 그 값의 두 배가 된다.
   ⑤ 2y(3)＝806.86 ; 806.86
   ⑥ $2e^{2x}$

8.4

연습문제

1. ① $20x^4+3x^3$
   ② $\dfrac{5x^2}{2}+\dfrac{4}{x^3}$
   ③ $2\cos^2(x)-1$
   ④ $(-x^2+6x-4)e^{-x}$
   ⑤ $(6x^4+12x^3-4)e^{2x}$
   ⑥ $-4\sin(x)\cos^3(x)$
   ⑦ $-4x^3\sin(x^4)$
   ⑧ $(3-8x)e^{3x-4x^2}$

탐구활동

1. ① (i) $\cos(x)$,
   (ii) $2\sin(x)\cos(x)$,
   (iii) $3\sin^2(x)\cos(x)$,
   (iv) $4\sin^3(x)\cos(x)$
   ② $n\sin^{n-1}(x)\cos(x)$

2. ① $\frac{d}{dx}(f(x))g(x)+\frac{d}{dx}(g(x))f(x)$

② $\frac{\frac{d}{dx}(f(x))}{g(x)}-\frac{\frac{d}{dx}(g(x))f(x)}{(g(x))^2}$

$=\frac{\frac{d}{dx}(f(x))g(x)-\frac{d}{dx}(g(x))f(x)}{(g(x))^2}$

(comDenom 사용)

③ $6x(x^2+3)^2$ ④ $3e^{3x}$

⑤ $3\sin^2(x)\cos(x)$ ⑥ $\cos(x)\,e^{\sin(x)}$

⑦ $3x^2e^{x^3}$ ⑧ $2xe^{x^2+3}$

8.5

연습문제

1. 2500㎡

2. ② $\sqrt{x^2+((x-4)^2+2)^2}$

③ (3.324, 4.133)

3. ② $(-2m,\ 9-4m^2)$ ③ $\pm\frac{3}{2}$

8.6

연습문제

1. ① P : (−3.523, 1.378), Q : (0.189, −24.193)

② P에서 $f''=-11.136<0$이므로 P가 최대 ; Q에서 $f''=11.136>0$이므로 Q가 최소

2. ① P : (−2, 0),
Q : (−0.333, −0.549),
R : (1, 0),
S : (2.5, −2.050)

② P에서 $f''=0$; Q에서 $f''=1.259$; R에서 $f''=-2.16$; S에서 $f''=10.33$

③ P에서 $f''=0$이므로 P의 특징을 알 수 없다. ;
Q에서 $f''>0$이므로 Q가 극소 ;
R에서 $f''<0$이므로 R이 극대 ;
S에서 $f''>0$이므로 S가 극소

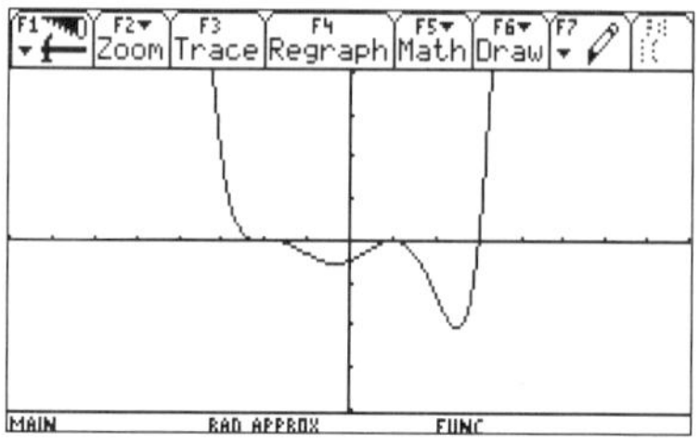

④ (−1.063, −0.284),
(0.410, −0.252), (1.986, 0.249)

⑤ (1.986, 0.249), 114°3′

9. 적분

9.1

연습문제

1. ① $\frac{1}{6}x^6+x^4+6x+c$

② $\frac{1}{15}x^6+\frac{1}{8}x^4+2x+c$

③ $\frac{(x+3)^3}{15}+c$

④ $3\log_e|x|-\frac{1}{3}x^6+c$

⑤ $-\frac{1}{2}\cos(2x)+c$

⑥ $-\frac{1}{4}e^{-4x}+c$

⑦ $\frac{1}{2}e^{2x+3}+c$

⑧ $-\frac{1}{2}\sin(6x)+c$

⑨ $\frac{1}{3}\log_e|3x-5|+c$

⑩ $\frac{1}{a}\log_e|x-3|+c$

9.2

연습문제

1. ① $\frac{1}{3}$ ② $\frac{35}{288}$

③ $\frac{1}{2}$ ④ $\frac{1}{2}e^{10}-\frac{1}{2}e^2$

⑤ $13e^3-3e$

2. ① $\frac{a^4-1}{8}$ ② $-0.164a$

③ $3a+1$

④ $\frac{75a}{2}-\frac{875b}{3}$

탐구활동

1. ① (i) 9 (ii) $\frac{8}{3}$ (iii) 39

② $\frac{35}{3}$; $\frac{125}{3}$

③ $\frac{152}{3}\left(=9+\frac{8}{3}+39\right)$

④ $\int_a^c f(x)dx$

2. ① 39 ; −39

② 0.666 ; −0.666

③ −c

9.3

연습문제

1. ① $\frac{124}{3}$([CALC HOME]),

41.33([GRAPH])

② $\frac{124}{3}$([CALC HOME]),

41.33([GRAPH])

③ 2([CALC HOME]), 2([GRAPH])

④ e^2-e^{-1}([CALC HOME]), 7.02([GRAPH])

⑤ 8([CALC HOME]), 8([GRAPH])

⑥ 4([CALC HOME]), 4([GRAPH])

2. ① $\frac{16\sqrt{2}}{3}$(7.542)

② $\frac{13\sqrt{13}}{6}$(7.812)

③ $2(\sqrt{2}-1)$(0.828)

탐구활동

1. ① $(-\sqrt{k}, 0)$이고 $(\sqrt{k}, 0)$

② $\frac{8}{3}k^{\frac{3}{2}}$　　③ $\frac{3^{\frac{2}{3}}}{4}$

9.4

연습문제

1. ① $\frac{32}{3}$　　② $\frac{(e^2-1)e}{2}$

③ $\frac{2}{\pi}$　　④ $\frac{121}{15}$

10. 일변량 통계

10.1

연습문제

1. 평균 : 161.86, 표준편차 : 85.06, 최솟값 : 50,
제1사분위수 : 90.9, 중앙값 : 164.1,
제3사분위수 : 193.6, 최댓값 : 383
2. 1.725, 1.339, 2, 1.5

탐구활동

1. ① (i) 가장 최근 표본이 0mm일지라도, 평균값은 여전히 중앙값보다 크다

(ii) 가장 최근 표본이 약 1125mm이면, 평균값이 약 200mm이다.

② (i) 12년 (ii) 7년

10.2

연습문제

1. ① Plot1에 있는 Category를 {1}로, Plot2에 있는 Category를 {2}로 바꾼다.

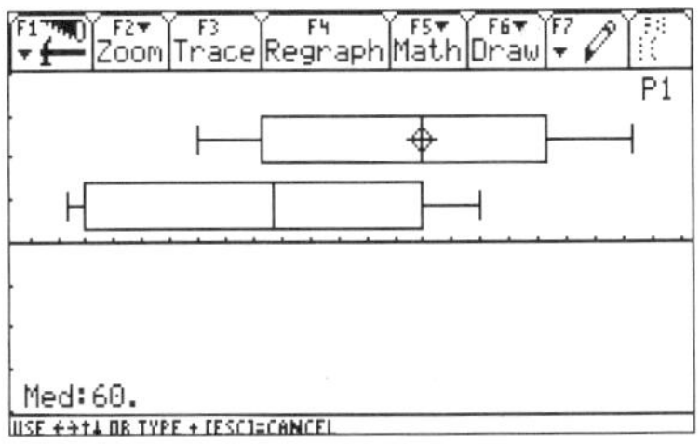

이 상자 그림은 옅은 금발이 짙은 금발보다 다소 통증에 대한 내성이 강함을 보여준다.

② 앞선 두 개의 상자 그림에 Plot3에 있는 Category를 {3}으로, Plot4에 있는 Category를 {4}로 설정한다.

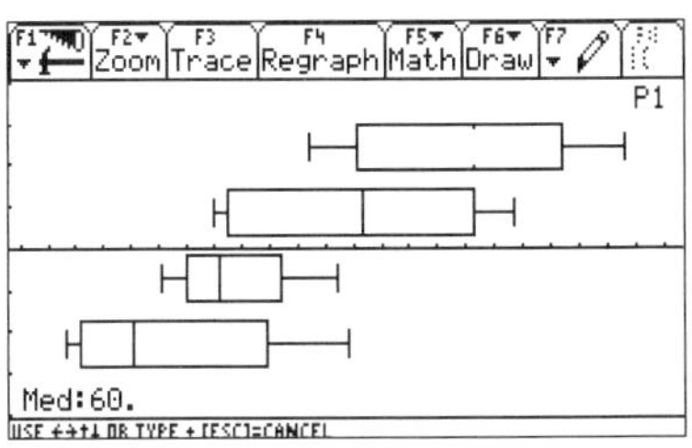

이 상자 그림은 옅은 금발이 가장 강한 통증 내성을 가지고 있고, 짙은 금발이 이 보다 낮은 통증 내성을, 옅은 흑발이 좀 더 낮은 통증 내성을, 짙은 흑발이 가장 낮은 통증 내성이 존재함을 알 수 있다. 그러나 흑발사이에 고려할만한 겹침이 있음을 알 수 있다.

2. ① 다음과 같은 하나의 숫자 코드가 가능하다.

1=11살 남자

2=11살 여자

3=12살 남자

4=12살 여자

②

학생	1	2	3	4	5	6	7	8	9
나이	11	12	11	12	12	11	11	12	11
성	남	남	여	남	여	남	남	남	여
범주	1	3	2	3	4	1	1	3	2
멀리뛰기 (m)	3.4	3.2	2.9	3.1	3.6	3.0	2.3	2.9	2.0

학생	10	11	12	13	14	15	16	17	18
나이	12	12	11	12	11	12	12	12	11
성	남	여	여	남	남	남	여	여	남
범주	3	4	2	3	1	3	4	4	1
멀리뛰기 (m)	2.5	2.1	2.6	3.4	2.9	4.1	3.3	3.1	4.0

③ (i) Plot1(남자) : Category는 {1, 3}

Plot2(여자) : Category는 {2, 4}

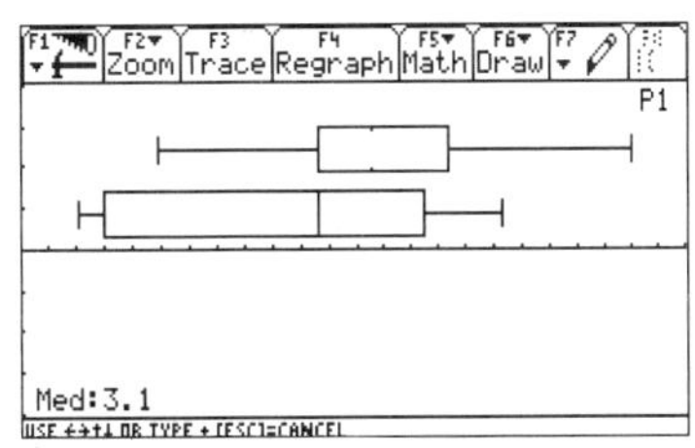

(ii) Plot1(11세) : Category는 {1, 2}

Plot2(11세) : Category는 {3, 4}

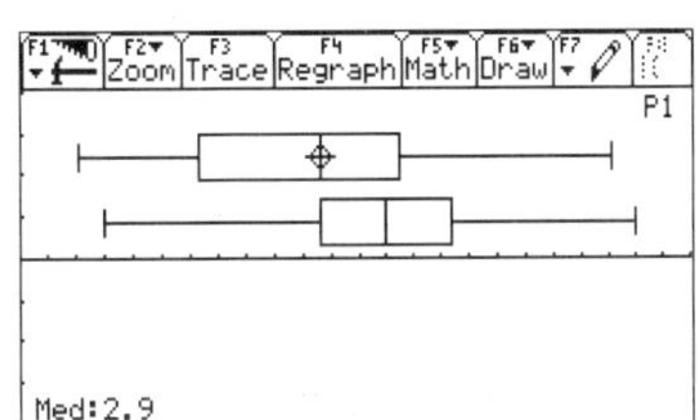

(iii) Plot1(11세 남자) : Category는 {1}

Plot2(11세 여자) : Category는 {2}

Plot3(12세 남자) : Category는 {3}

Plot4(12세 여자) : Category는 {4}

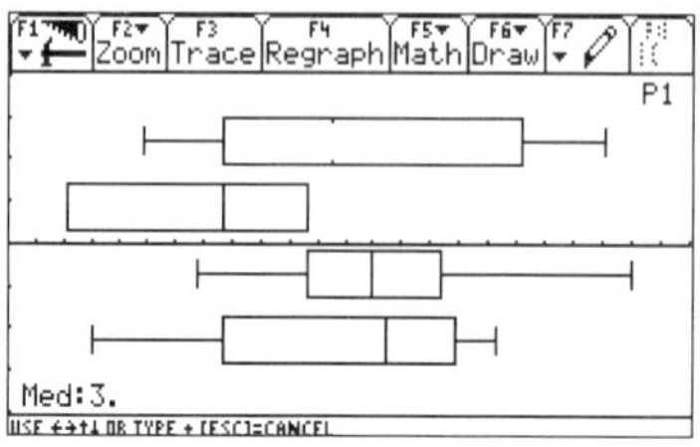

10.3

연습문제

1. ① 최빈계급 20 이상~30 미만

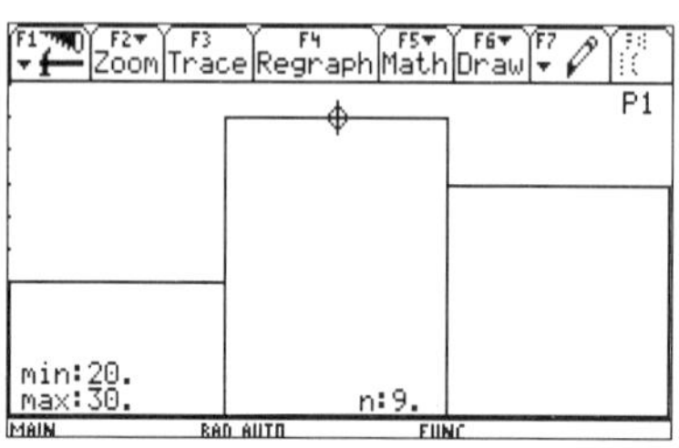

② 최빈계급 25 이상~30 미만

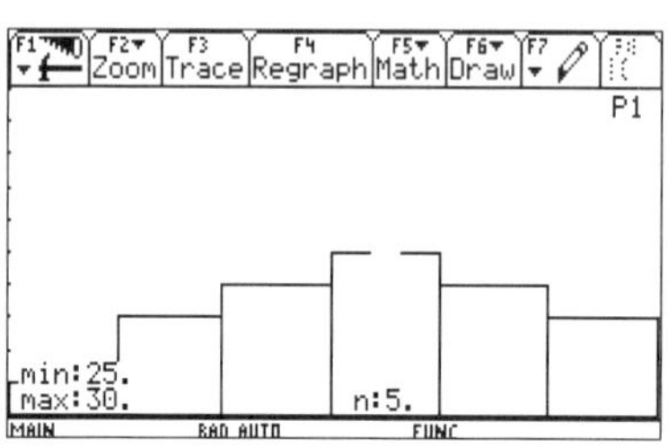

③ 최빈계급 22 이상~24 미만, 28 이상~30 미만, 32 이상~34 미만

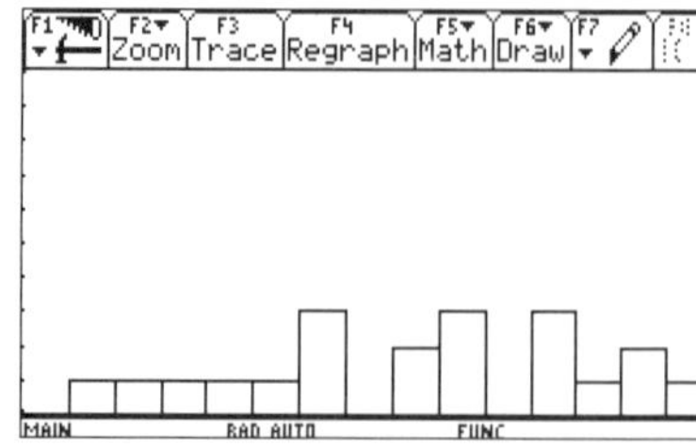

2. 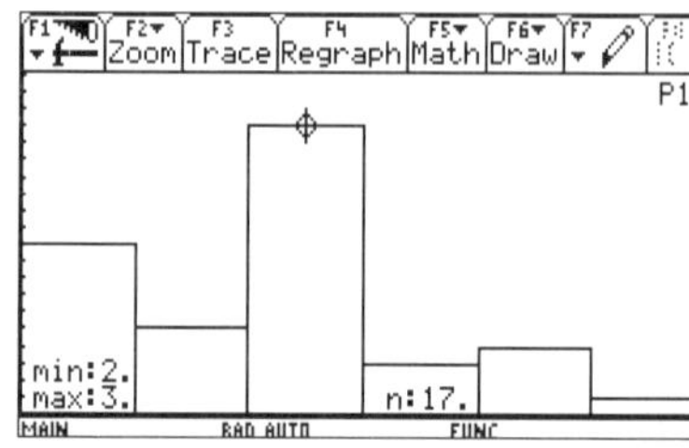

[0, 6], [0, 20]

10.4

연습문제

1. ② 중앙값≈43(실제 자료의 중앙값은 42.5이다)

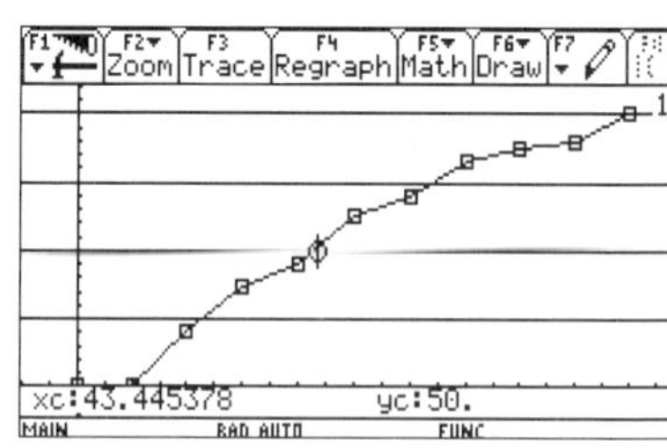

11. 이변량 통계

11.1

연습문제

1. ① 7.457, 5.279

   ② 이 통계에서 키가 몸무게보다 더 변화가 많음을 알 수 있다.

   ③ 표준편차는 원래 주어진 단위이고, 센티미터와 킬로미터를 비교하는 것은 무의미하다. 대안적인 측정기준은 차원이 없는 것이다.

11.2

연습문제

1. ①

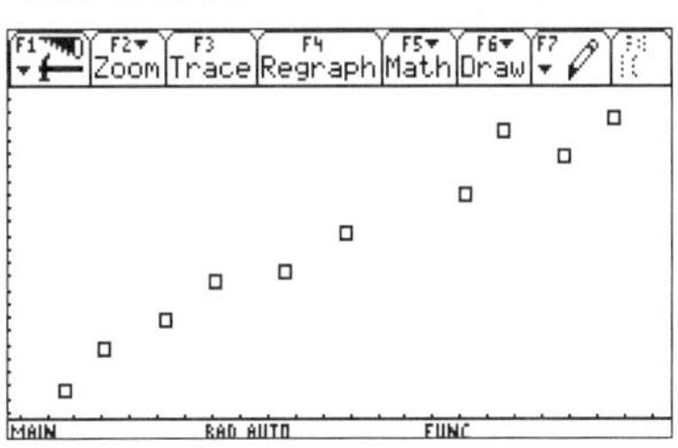

   ② 강한 양의 상관관계

11.3

연습문제

1. ①

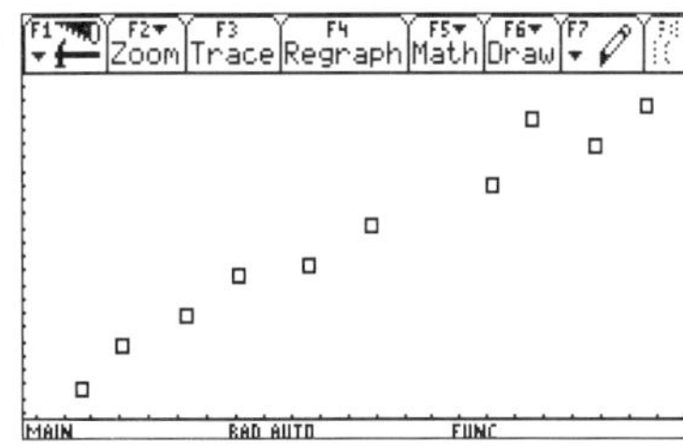

   ② 키의 중앙값=145cm

   무게의 중앙값=62.5kg

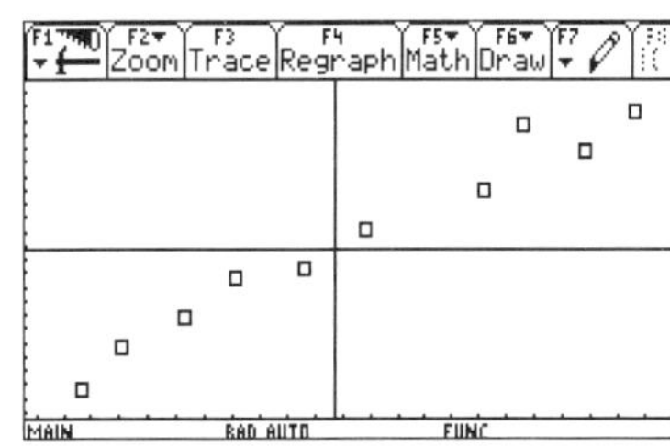

   ③ $q=1$

   ④ $r=0.9849$, $r^2=0.9699$

2. ① $r=0.7242$, $r^2=0.5244$

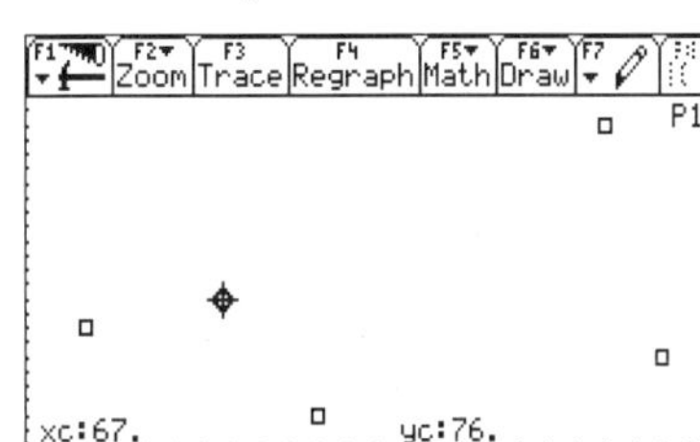

   ② 약한 양의 상관관계

11.4

연습문제

1. ① 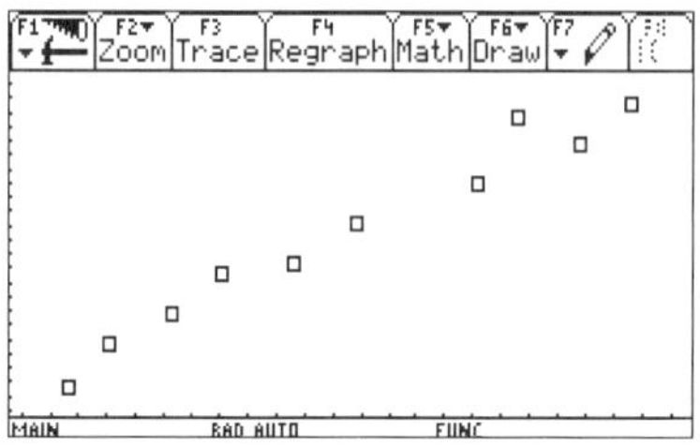

② w=0.6028h−24.89

③ 89.6kg

④ $r=0.9849$, $r^2=0.9699$, 그래서 변수들 간 강한 상관관계가 성립한다. 또한 잔차들이 무작위로 분포되어 있어서 이 모델이 매우 적합하다.

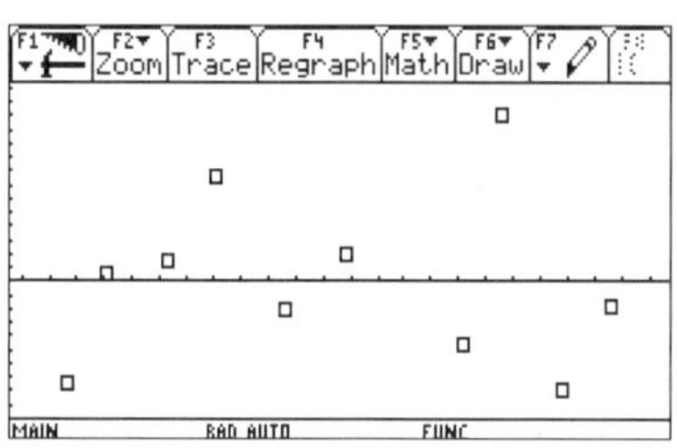

탐구활동

1. ① 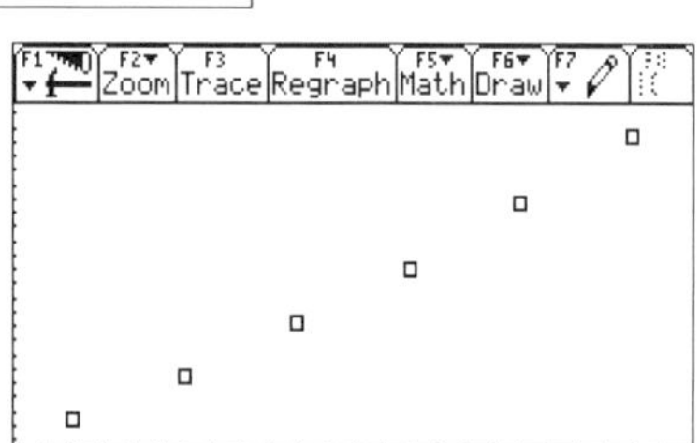

② $y=0.896x-16.6$ y는 멈춘 거리이고, xkm/h는 속도이다.

③ r=0.9963, $r^2=0.9925$는 강한 양의 상관관계임을 나타낸다. 아래 잔차 플롯은 강한 패턴을 보이지만 1차 모델이 그 상관 관계에도 불구하고 적당한 모델이 아님을 나타내고 있다.

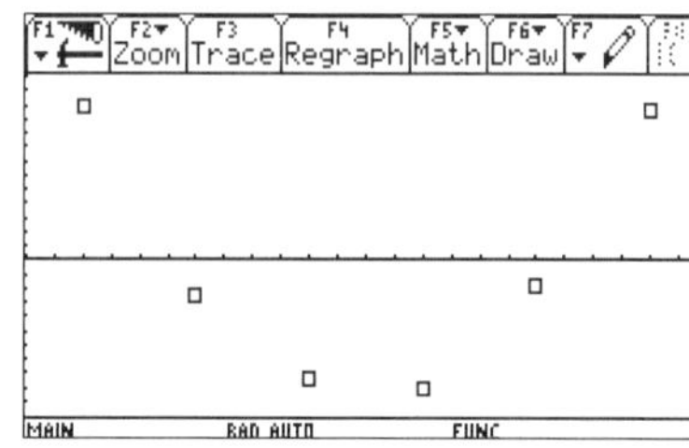

④ $y=0.00664x^2+0.205x+0.104$

⑤ 1. ③으로부터, 변수들이 강한 상관관계에 있다. 아래 잔차 플롯은 매우 무작위적이기 때문에 이차 모델이 적합하다.

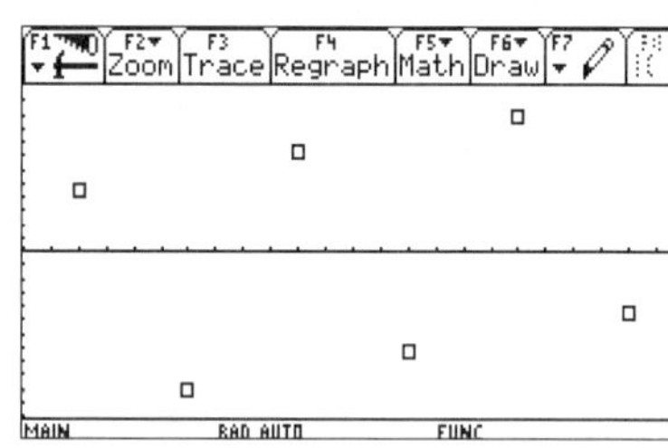

11.5

연습문제

1. 8.80미터, 즉 변화가 없다,(1968년의 결과를 변화시켜도 중앙값은 변화가 없다,)
2. 8.73미터

12. 확률분포

12.1

연습문제

1. ① $\frac{1}{15}$ ② $\frac{1}{20}$

③ $\frac{1}{1275}$ ④ $\frac{20}{49}$

⑤ $\frac{1}{5}$

2. $\frac{12}{21}$

3. ① $\frac{1}{20}$ ② $\frac{7}{10}$

③ $\frac{7}{9}$

4. ① $\frac{1}{5}$

② $-\frac{1}{10} \le d \le \frac{2}{5}$

12.2

연습문제

1. ① $\frac{32}{15}$, $\frac{146}{225}$, 0.806

② $\frac{5}{2}$, $\frac{21}{20}$, 1.025

③ $\frac{2277}{425}$, 5.237, 2.288

④ $\frac{120}{49}$, 2.574, 1.604

⑤ 4, 20, 4.472

2. $\frac{20}{21}=0.95$

탐구활동

1. ① $\frac{1}{36}$, $\frac{1}{18}$, $\frac{1}{12}$, $\frac{1}{9}$, $\frac{5}{36}$, $\frac{1}{6}$, $\frac{5}{36}$, $\frac{1}{9}$, $\frac{1}{12}$, $\frac{1}{18}$, $\frac{1}{36}$

② $\frac{2}{3}=0.67$, $\frac{17}{18}=0.94$ 그리고 1

12.3

연습문제

1. ① $\frac{2}{3}$

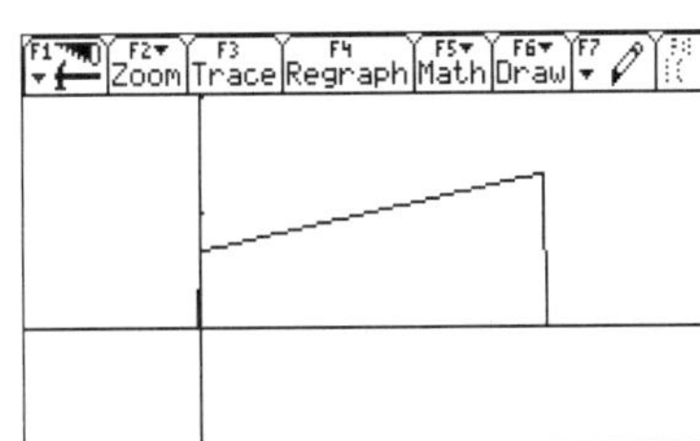

$[-0.5,\ 1.5]$, $[-1,\ 2]$

② $\dfrac{6}{125}$

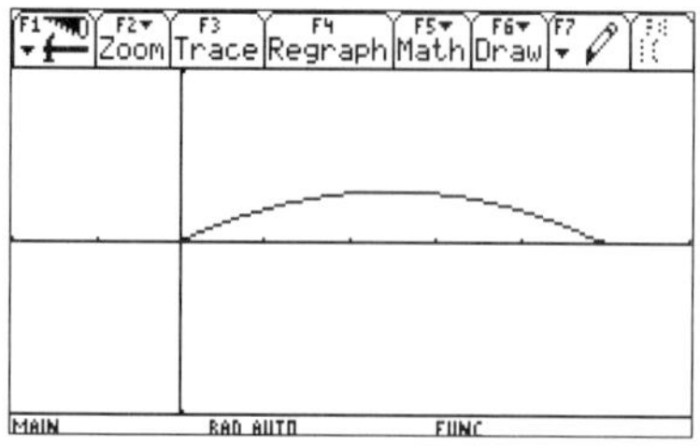

[−2, 6], [−1, 1]

③ $\dfrac{1}{2}$

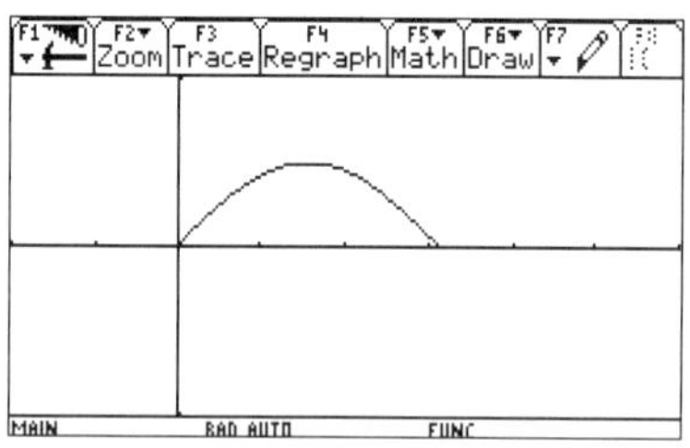

[−2, 6], [−1, 1]

④ $6^{\frac{1}{3}}-1$

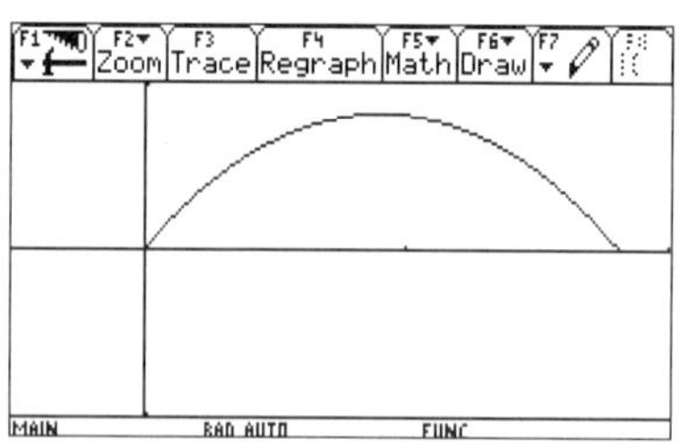

[−0.5, 2], [−1, 1]

⑤ π

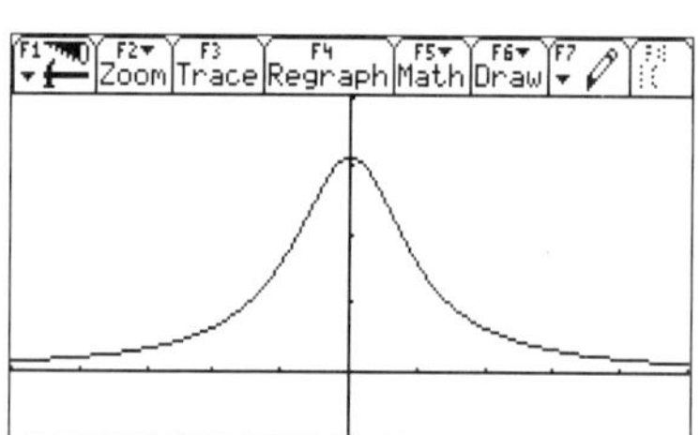

[−5, 5], [−1, 4]

2. ①

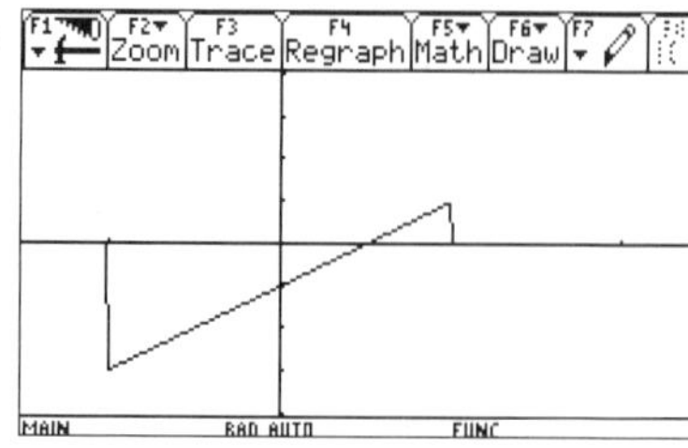

[−1.5, 2.5], [−4, 4]
아니요

②

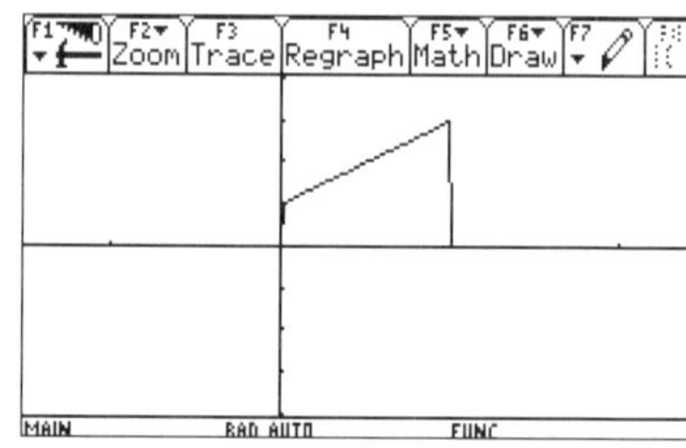

[−1.5, 2.5], [−4, 4]
아니요

③

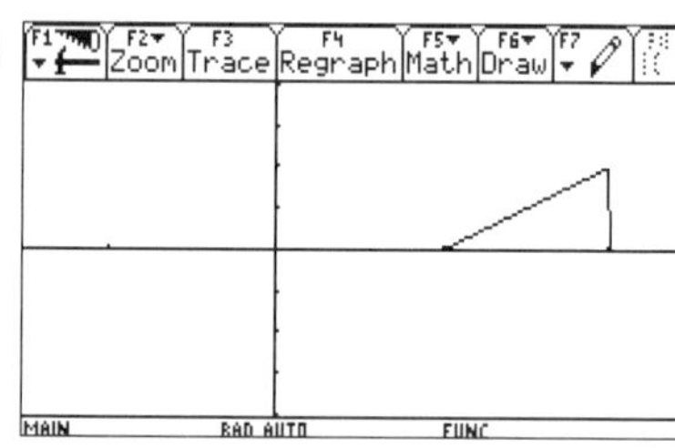

[−1.5, 2.5], [−4, 4]
예

3. ① 60분에 75, 그러므로 1분에 1.25
② 0
③ 0.71
④ 0.02
⑤ 0.8분(48초)

12.4

연습문제

1. ① $\frac{5}{9}$, $\frac{13}{162}$, $\frac{\sqrt{26}}{18}$

   ② $\frac{5}{2}$, $\frac{5}{4}$, $\frac{\sqrt{5}}{2}$

   ③ $\frac{\pi}{2}$, $\frac{\pi^2-8}{4}$, $\frac{\sqrt{\pi^2-8}}{2}$

   ④ $\frac{6^{\frac{1}{3}}}{2}$, $\frac{6^{\frac{2}{3}}}{20}$, 0.406

   ⑤ ∞, ∞, ∞. 그래서 평균, 분산, 표준편차는 존재하지 않는다.

2. ① 0.8

   ② 분산=0.64, 표준편차=0.8

   ③ 0.9502

3. ① $\frac{3}{4}$

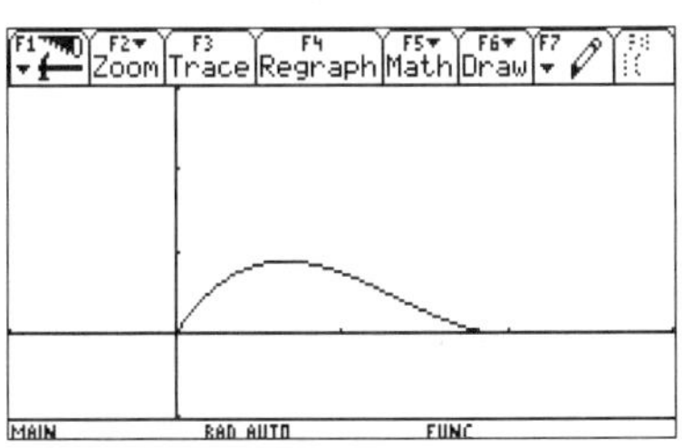

   [−1, 3], [−1, 3]

   ② $\frac{2}{3}$, $\frac{4}{5}$, 0.117

   ③ 0.047, 0.525

   ④ 0.77

12.5

연습문제

1. ① 0.26, 0.63, 1, 0.75

   ② 0.65, 0.91, 3.05, 1.19

   ③ 0.71, 0.67, 2.24, 1.52

2. ① 0.077, 0.35, 6.75, 3.71

   ② 0.68, 0.75, 3.75, 3.19

   ③ 0.99, 0.59, 27, 2.7

12.6

연습문제

1. ① 0.90, 0.50

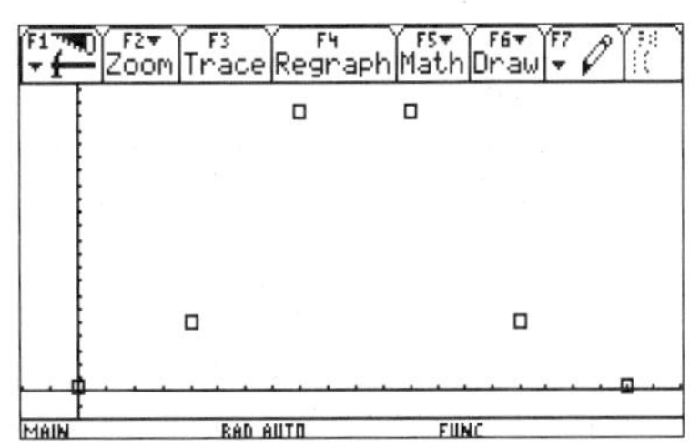

   ② 0.62, 0.92

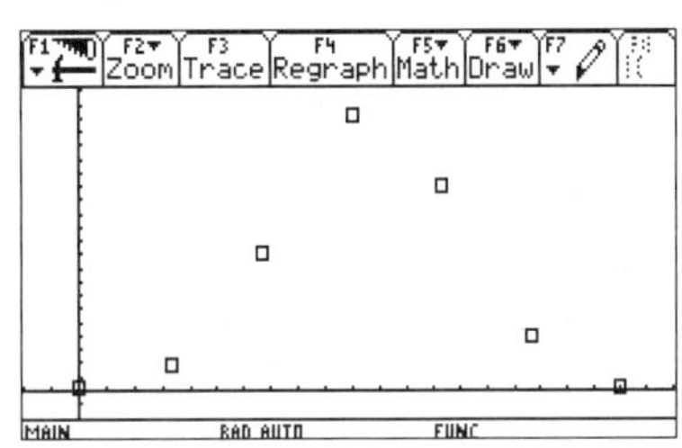

③ 0.59, 0.59

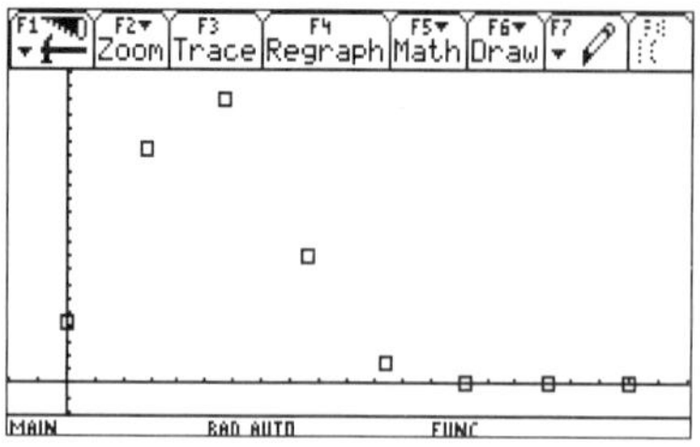

2. ① 3, $\frac{42}{29}$ ② 1, $\frac{36}{49}$

12.7

연습문제

1. ① 0.866, 0.330, 0.885

   ② −1.341

   ③ 0.878

   ④

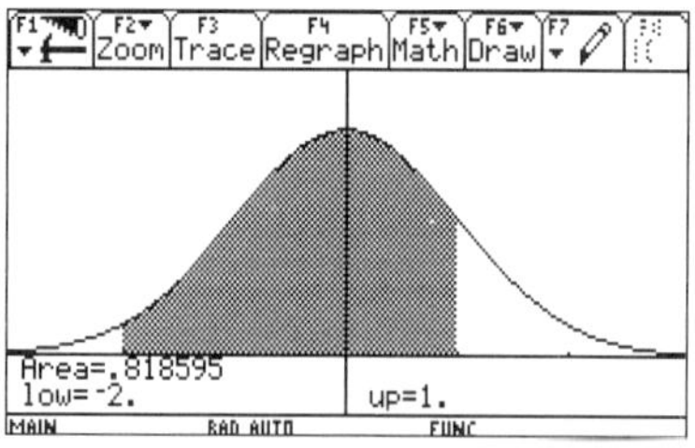

2. ① 0.700, 0.023, 0.326

   ② 54.94

   ③ 57.73

   ④

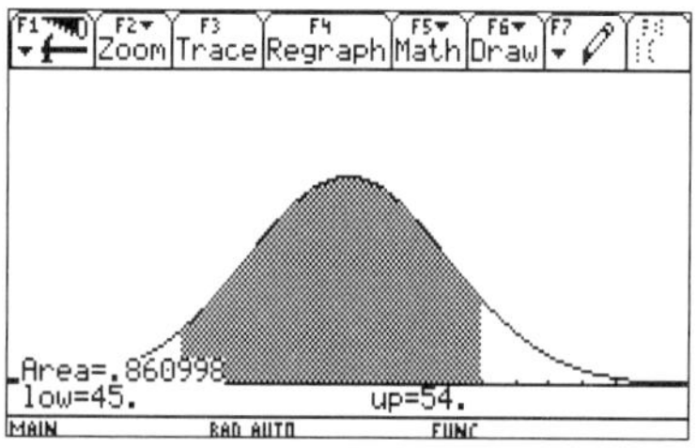

3. 다음과 같은 표준정규분포의 그래프

y1(x) = normpdf(x)

y2(x) = normpdf(x, −1,0.5)

y3(x) = normpdf(x,1,2)

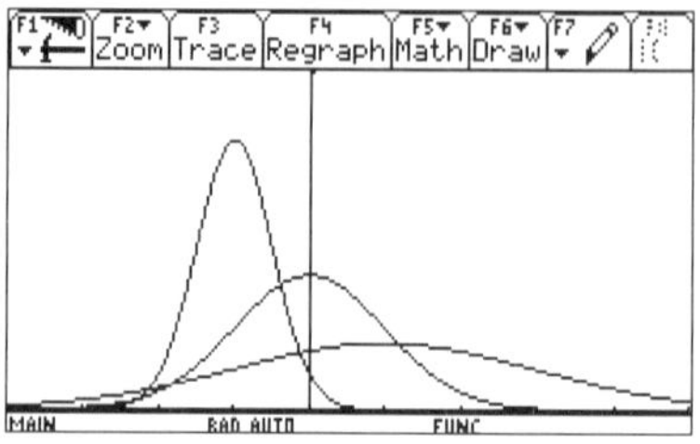

[−4, 5], [0, 1]

4. ① 0.68 ② 0.95

   ③ 0.997

5. ① 2.6kg ② 0.48kg

   ③ 2.7kg, 0.5kg

13. 수열과 급수

13.1

연습문제

1. ① 16 ② 384

   ③ 1.05 ④ 0.036

2. ① −56 ② 1.25

   ③ 133 ④ 1

13.2

연습문제

1. ① 78, $t_n = 5n-2$, $t_n - t_{n-1} = 5$, $t_1 = 3$

   ② -95, $t_n = 273-23n$, $t_n - t_{n-1} = -23$, $t_1 = 250$

   ③ 78, $t_n = 6n-18$, $t_n - t_{n-1} = 6$, $t_1 = -12$

2. ① 124, $t_n = 5n-1$, $t_n - t_{n-1} = 5$, $t_1 = 4$, sum$=1600$

   ② $\frac{149}{2}$, $t_n = \frac{3}{2}n+37$, $t_n - t_{n-1} = \frac{3}{2}$, $t_1 = \frac{77}{2}$, sum$=\frac{2825}{2}$

   ③ -8, $t_n = -2n=42$, $t_n - t_{n-1} = -2$, $t_1 = 40$, sum$=400$

   ④ -33, $t_n = \frac{-n}{2} - \frac{41}{2}$, $t_n - t_{n-1} = -\frac{1}{2}$, $t_1 = -21$, sum$=-675$

3. ① 324, $2n^2+3n$

   ② 20472, $-27n^2+2030n$

   ③ 906, $\frac{27}{2}n^2 - \frac{173}{2}n$

4. 118

탐구활동

① 37, 39, 41

② 5, 7, 9, 11, 13, 15, 17, 19, 21

13.3

연습문제

1. ① 96, $\frac{3}{2}(2^n)$, $t_n = 2t_{n-1}$, $t_1 = 3$

   ② $\frac{4}{5}$, $12500(5)^{-n}$, $t_n = \frac{1}{5}t_{n-1}$, $t_1 = 2500$

   ③ 1215, $\frac{5}{3}(-3)^n$, $t_n = -3t_{n-1}$, $t_1 = -5$

   ④ 53.2, $4.667(1.5)^n$, $t_n = 1.5t_{n-1}$, $t_1 = 7$

2. ① $\frac{1024}{729}$, $81\left(\frac{2}{3}\right)^n$, $t_n = \frac{2}{3}t_{n-1}$, $t_1 = 54$, $\frac{422}{3}$, 162

   ② 1536, $\frac{3}{2}(-2)^n$, $t_n = -2t_{n-1}$, $t_1 = -3$, -33

   ③ $\frac{98415}{32}$, $\frac{160}{3}\left(\frac{3}{2}\right)^n$, $t_n = \frac{3}{2}t_{n-1}$, $t_1 = 80$, 1055

④ $-13.422,\ -125(-0.8)^n,$

$t_n=-0.8t_{n-1},$

$t_1=100,\ 73.76,\ 55.56$

3. 6560, 3^n-1

4. 8192

탐구활동

① $10 499, 8년

② $r=1-0.18=0.82$

③ $10 380

13.4

연습문제

1. ① $-98,\ -315$

② 0.00977, 319.69

③ 16 389, 1073

④ 1, 10

2. ① $t_n=t_{n-1}+\frac{1}{2},\ t_1=8,\ 55.5$

② $t_n=t_{n-1}-23,\ t_1=100,\ 255$

③ $t_n=\frac{3}{2}(t_{n-1}),\ t_1=5,\ 103.91$

④ $t_n=\frac{1}{5}(t_{n-1}),\ t_1=12500,\ 15624$

3. ① $109 341

② 112달

14. 행렬

14.1

연습문제

1. ① $\begin{bmatrix}-1\\2\end{bmatrix}$ ② $[4\ \ 5]$

③ $\begin{bmatrix}1\\-1\end{bmatrix}$

④ DA는 2×2이고 5B는 1×2이므로 존재하지 않는다.

⑤ $\begin{bmatrix}\frac{1}{3} & -\frac{1}{3}\\ \frac{1}{3} & \frac{2}{3}\end{bmatrix}$

탐구활동

3. ② $s=-p$이고 $p^2=-qr$

4. ② $s+p=1$이고 $p-p^2=qr$

14.2

연습문제

1. $X=\begin{bmatrix}\frac{11}{10}\\ \frac{37}{10}\end{bmatrix}$

2. ① $x=\frac{29}{5},\ y=-\frac{6}{5}$

② $x=10,\ y=17$

3. ① 평행하다. 그래서 해가 없다(해가

없다).

② 일치한다. 그래서 직선 위에 모든 점들이 해가 된다(해가 무수히 많다).

4. ① $-a+b-c+d=1$,

$a+b+c+d=\frac{5}{3}$

$3a+2b+c=-2,\ c=0$

② $a,\ b,\ d$를 갖는 3×3 방정식을 얻기 위해 $c=0$을 다른 세 개의 방정식에 대입한다.

$$\begin{bmatrix}-1 & 1 & 1\\ 1 & 1 & 1\\ 3 & 2 & 0\end{bmatrix}\begin{bmatrix}a\\ b\\ d\end{bmatrix}=\begin{bmatrix}1\\ \frac{5}{3}\\ -2\end{bmatrix}$$

③ $f(x)=\frac{1}{3}x^3-\frac{3}{2}x^2+\frac{17}{6}$

탐구활동

1. 오직 한 쌍의 해 : $p\neq6$,
해가 없다 : $p=6$이고 $q\neq2$,
해가 무수히 많다 : $p=6$이고 $q=2$

14.3

연습문제

1. ① 1 ; 0.8, 0.76, 0.752

② 75%

14.4

연습문제

1. $(8,\ -6)$

2. ① $\begin{bmatrix}2 & 0\\ 0 & 1\end{bmatrix}$; $(6,\ 7)$

② $\begin{bmatrix}1 & 0\\ 0 & \frac{1}{3}\end{bmatrix}$; $\left(3,\ \frac{7}{3}\right)$

③ $\begin{bmatrix}1 & 0\\ 0 & -1\end{bmatrix}$; $(3,\ -7)$

3. ① $v=\frac{1}{4}u^2+1\left(y=\frac{1}{4}x^2+1\right)$;

$v=\frac{6}{u-4}\left(y=\frac{6}{x-4}\right)$

② x축에 평행하게 2배만큼 확대

탐구활동

1. $(0,\ 0)\rightarrow(0,\ 0)$;
$(0,\ -2)\rightarrow(2,\ -6)$;
$(3,\ 0)\rightarrow(6,\ 0)$;
$(3,\ -2)\rightarrow(8,\ -6)$
직사각형의 상은 평행사변형이다.

저자 소개

David Tyman은 교사로 CAS를 이용한 VCE(Victorian Certificate of Education-호주 Victoria 주의 중등 교육과정) 수학 교육과정 1-4에 관한 예비 연구에 참여하였고, 중등학교 수학 교실에서 통합적인 기술공학을 사용한 풍부한 경험을 가지고 있다.

John Dowsey는 Melbourne 대학의 과학 · 수학 교육학과(Department of Science Mathematics Education)의 교수로 25년 동안 수학교육을 강의해왔다. 그는 VCE 특별 수학 시험 2의 수석 책임자였다.

Lynda Ball은 Kew 고등학교의 수학교사이고 VCE CAS-CAT 프로젝트 2000~2002의 프로젝트 담당자였다. 현재 Melborune 대학에서 박사과정을 공부하고 있다.

역자 소개

황우형 고려대학교 수학교육과 교수
김경미 고려대학교 교과교육연구소 연구원
박희정 자운고등학교 교사
백형윤 덕수중학교 교사
조영주 계산여자고등학교 교사

CAS 그래핑계산기와 수학교실

2009년 12월 21일 초판 인쇄
2010년 1월 5일 초판 발행

저 자 / David Tyman · John Dowsey · Lynda Ball
역 자 / 황우형 · 김경미 · 박희정 · 백형윤 · 조영주
발행자 / 오판근
발행처 / 교우사

주 소 / 서울 동대문구 제기2동 148-19
전 화 / 925-2861(代), 편집부 / 925-2825
팩 스 / 925-2860
E-mail / kyowoo@kyowoo.co.kr
http://www.kyowoo.co.kr

등록 / 1994. 3. 24 제6-0256호

ISBN 978-89-8172-816-8 (93410)

값 21,000 원